气候脉动一千年

——推动文明发展的环境危机与社会响应

麻庭光 —— 著

上海科学技术文献出版社
Shanghai Scientific and Technological Literature Press

图书在版编目（CIP）数据

气候脉动一千年：推动文明发展的环境危机与社会
响应 / 麻庭光著 . —上海：上海科学技术文献出版社，
2023

ISBN 978-7-5439-8789-0

Ⅰ. ①气… Ⅱ. ①麻… Ⅲ. ①环境危机—普及
读物 Ⅳ. ① X503-49

中国国家版本馆 CIP 数据核字（2023）第 037138 号

责任编辑：王　珺
封面设计：方　明

气候脉动一千年——推动文明发展的环境危机与社会响应
QIHOU MAIDONG YIQIANNIAN: TUIDONG WENMING FAZHAN DE HUANJING WEIJI YU SHEHUI XIANGYING
麻庭光　著
出版发行：上海科学技术文献出版社
地　　址：上海市长乐路 746 号
邮政编码：200040
经　　销：全国新华书店
印　　刷：商务印书馆上海印刷有限公司
开　　本：720mm×1000mm　1/16
印　　张：24.25
字　　数：407 000
版　　次：2023 年 7 月第 1 版　2023 年 7 月第 1 次印刷
书　　号：ISBN 978-7-5439-8789-0
定　　价：78.00 元
http://www.sstlp.com

前 言

　　2022 年初,我完成了自己的第三本气候与环境史研究专著,并用前三本书的原始材料重新组合,完成了第四本资料性的小书《气候脉动一千年》。

　　美国著名的环境史学家约翰·R·麦克尼尔认为,"中国的环境史学家们,至少那些对近几世纪有兴趣的,幸而有很好的文字纪录。由帝国级、省级、和地方级的绅士们和官僚所撰修的地方志提供的丰富讯息,有关人口、农业、水利、渔业、有时涉及森林和牧场和其他更多方面。这些回溯至宋代(当然是不规则的)。在其他地方很难找到可比较的资讯"[1]。然而,在丰厚的环境史史料背后,每个人都能够钻研得到一块成果,却鲜有能够像伊懋可那样旗帜鲜明、高度综合的研究成果,让我这个工程师百般琢磨,不得其解,只好自己动手,搭建与消防史相关的环境史研究。

　　2011 年夏,作为消防工程师的我第一次接触到《中国火灾大典》,本着研究火灾案例的目的,我琢磨了中国古代社区大火发生的周期性特征,并发现"嘉靖十六年(1537),(广西义宁县)城内下街火,古传六十年遇一火灾"[2]。为了求证和破解古代火灾的周期性,我开始关注气候的脉动性和规律性。又通过研究气候的周期性,认识到了司马迁的"天运周期"。历时 11 年多,出版 3 本书之后,才有本书的出版,

---

1　刘翠溶,伊懋可,积渐所至,中国环境史论文集,中央研究院经济研究所,1995,第 53 页。
2　《中国火灾大典》编辑委员会,中国火灾大典,上海科学技术出版社,1997,第 668 页。

主题也从原来的火灾气候变成了气候脉动,从1种响应模式(冷暖),变成了20多种社会响应模式。在预设气候脉动的前提下,很多政治、经济、军事、文化方面的谜团迎刃而解。然而,最本质的问题是,气候是脉动的吗?为什么前人发现不了?

由于气候与地理条件的复杂性,历代发掘气候周期的努力史不绝书,能够观测的气候数据通常无法直接关联到社会,因为自然界与社会响应气候变化的机制不同,脱离社会看气候,就不能解开社会和文明的演化奥秘。然而,真正对气候周期的有效响应,并不是频繁的植物和动物响应(如竺可桢的物候学证据),而是人类社会经过深思熟虑之后的改革措施(即本书重点关注的人类文化和文明成果)。人类在排除气候干扰之后的政经决策,比自然界的响应更有效地反映气候的变化规律。在完成三本气候变化与社会文明的专著之后,我才能够在这本书中试图证明气候脉动的规律性,有点亡羊补牢的意味。为什么不早一点开始?因为社会响应律是一步一步发现的,只有先按照假设(气候周期和气候节点)去收集到足够的社会学证据,才有足够的证据来证明先期假设的合理性和正确性,从而加深我们对气候脉动的认识。这貌似走了一个大弯路,却是认识气候与社会关系的必由之路。刚开始,我也觉得自己在做一个牵强附会、貌似无序的研究,只有对脉动性的响应分析多了,我才能忽视表面的气候证据,看出某些社会响应的气候本质,才会发现社会演化的规律性和重复性。社会如同一个巨大的缓冲器,只有真正的变化(气候脉动),才能造成涟漪(各种改革)推动社会进步,深入分析这些改革的性质,才能发现源头扰动的本质,这才是认识气候与社会鼓动的完整过程。本书大约收集了发生在35个气候节点的500多种响应,从中提取30多套脉动性的规律,从而反证气候脉动的规律性。没有气候脉动的前提假设,这些证据都不可能如此规律地在预期的节点发生。

根据习近平总书记在2013年3月1日在中央党校建校80周年庆祝大会暨2013年春季学期开学典礼上的讲话,"各级领导干部还要认真学习党史、国史,知史爱党,知史爱国。要了解我们党和国家事业的来龙去脉,汲取我们党和国家的历史经验,正确了解党和国家历史上的重大事件和重要人物。这对正确认识党情、国情十分必要,对开创未来也十分必要,因为历史是最好的教科书"。本书提供了大量的在古代环境危机下发生的决策故事,尤其是那些以兴利劝课为中心的古代德政、以政经改革为中心的仁政、以冲突战争为中心的暴政,都是那时的管理和决策者响应气候危机做出的应对措施。也就是说,光有为人民服务的心态还是不够,要有认识环境危机、认识古人应对的态度,才能从古代的应急管理中寻找理解古人的智慧,才能借鉴古人,造福一方。因此本书可以为各级领导干部提供认识环境危机、做出最佳决策的经验。犹太之王所罗门曾经说过,"太阳底下无新事",每一桩重大决策,其实都是在响应当时的环境危机,只不过去很少有人注意到,因为环境史和气候史没有发展起来,大家没办法进行凭借和参考。现在有了系统的气候脉动理论和完整的气候变化框架,就可以、也有必要把历史事件放到气候变化规律的视角下考察,从中可以看到很多的重复性和规律性,大大缩小了人类主观能动性的贡献,强化了人类决策的必然性和外部原因。因此,本书把气候决定论添加到过去的地理决定论和人祸决定论中,重新解读了历史重大事件的环境原因,给各级领导干部对环境认识和重大决策提供了一种全新的视角:每一项决策都是在环境的框架下进行,个人的贡献必须和环境的需求发生共振,才能成为英雄。

虽然中国的气候变化规律完全可以延伸到共和元年(前841),但覆盖中华文明史(从国人共和算起到现在约2860年,48个60年气候周期)工作量太大,相当于重建一本中国通史,早期的气候证据收集非常零碎,不够整齐。所以本书立足于公元720年到1740年之间(共35个节点,覆盖17个完整的60年气候周期下的1020年)的国史,着眼于中国商业文明的兴衰。之所以选择720年作为起点,是因为公元716年张九龄开通了大庾岭道(梅岭)和开元年间的茶叶消费,是中国海外贸易崛起的标志性事件,代表着中国商业文明的一个起点。从这一点到南宋灭亡(1279),中国都是积极发展海外贸易,卖出农业和工业产品(茶叶和瓷器),赚取国外的硬通货(象牙和香料),补偿因中世纪温暖期气候变暖导致人口增长和政府扩张带来的经济危机。之所以选择1740年作为终点,是因为美国(殖民地)、中国、日本分别在1742、1746和1752年引入欧洲消防车,开启了社区消防或城市文明的新纪元。从此之后,社会的发展规律越来越偏离阳光雨露(气候)主导的农耕经济,走入文化(人才、技术、商业和贸易)主导的工业经济,因此气候的脉动性不再那么重要。中间的1000年,恰好是中国强盛的前半段(中国商业文明的崛起)和欧洲崛起的后半段(欧洲商业文明的崛起),因此对于理解"中欧科技大分流"有特别的用途,故选择中国社会危机响应最丰富的一千年来解读气候脉动对社会发展的影响。

本书相当于是一本以环境史为中心的《中国通史》,截取中国社会和环境变化最剧烈的一千年,所有案例(经济改革、技术进步、诗歌艺术、宗教文化、政治决策等)都代表了环境张力最大时(即气候节点附近)的环境危机和社会响应模式。通过当时的各种社会危机和应对,选取了一些重复性发生的事件,即气候变化的社会学证据,可以让我们更好地认识环境与社会的互动,从而理解文明发展的本质是响应环境危机。如果仔细发展下去,可以把每一个节点的环境危机都写成一本《万历十五年》。事实上,万历十五年(1587)本身就是靠近一个环境张力剧增的环境节点,虽然当年什么也没有发生,可是该发生的,几年之后很快就发生了,因为该年的政治决策对接下来的危机处理是顺应当时的环境危机,因此是环境危机推动了制度性的贡献,对危机处理的结果有很大的推动和限制,即新版的环境决定论。

美国鸟类学家戴蒙德通过《枪炮、细菌和钢铁》和《崩溃》两本书,提出了人类文明发展的地理决定论和制度(文化)决定论,深入解读了影响文明发展的关键决策。本书则补上人类文明发展的重要一环,气候决定论。三者共同组合起来,就是中国古代的"天地人三才理论"。本书偏重开发推动社会变化主要变量的气候,从气候角度来诠释历史与文明,相当于复兴了古人的"天地人三才理论"(即符合中国国情的环境决定论),也能从欧洲史中获得相互的验证。

那么,该如何利用这本书呢?当我们读书遇到历史上的诗歌文学、艺术绘画、科学技术、经济改革、政治改革、军事冲突、医学著作、宗教活动等领域的重大进展时,其发生时机都隐含着当时的环境特征信息,需要用气候脉动律来认识和解读。然后,我们可以到这本书中寻找类似的环境危机和古代社会的应对方式,起到"它山之石,可以攻玉"的效果;最后,研究其他周期类似的应对方式,从而达到"知古鉴今,向史而新"的效果。从这本小书中(计划把中国通史分成三段来解读,这是中间的一段),我们可以:

● 认识每一个节点附近的气候特征,从而识别当时的经济与社会,认识环境危机的来源和本质,理解掌握当时的政治、经济、军事和文化形势;并根据气候变化和社会响应的规律性,认识某一社会现象的气候背景、产生条件和发生时机;

● 从气候脉动对物候学(自然界)和社会学(政经文化)的影响和改变来认识气候脉动律对人类社会的影响;认清该节点重大事件背后的危机和应对,学会欣赏古人在德政措施背后的政治智慧、决策手段和社会需要;

● 根据某些事件(如搞改革、下西洋、修长城、推纸钞、废土司等)的重复性和周期性,认识重大改革事件的内在必然性。通过解读古人解决环境危机的经验和智慧,有针对性地认识古代、当前和未来的环境危机、信仰危机和经济危机;

● 认识古代诗歌、消防文化、绘画艺术和科技突破背后的环境危机本质。古代文明的每一项突破,不论是一首诗、一张图、一项技术进步,都有时间信息,大多可以通过当时的环境危机和社会发展状态,来解读其发生原因,发挥解读文化的课程思政效果,把古代的文明成果都当作环境危机下的社会应对来解读,从而更好地认识文化、宗教、技术、历史的起源,解决文明起源和突破的时机难题,因此在科技史研究有重要的价值;

● 借鉴司马迁天运周期的常识,对未来的新技术、新政策、新趋势做出正确的预判和解读。"以人为本"和"环境危机"是古代社会演化的主旋律,未来也是如此;

● "环球同此凉热",通过遥远欧洲发生的重大事件也可以反推中国的环境危机,气候变化规律可以让中欧发展形势在全球气候变化的视野下一并解读,提升我们的全球和全局史观。

本书分成三大部分,第一部分3万字引入气候变化的基本常识,从司马迁周期引入气候脉动律,并结合自然界、经济学、中国社会和欧洲社会的响应,认识气候脉动律对社会的一般影响。第二部分分成2章,用35个节点发生的约550个事件,来认识34个气候半周期(共1020年)的气候脉动。通过解读每一个节点的社会响应(气候变化的社会学证据),认识当时的环境危机和社会响应。第三部分10万字也分成2章,主要是应用(解读谜团)和总结,通过气候脉动律来解释历史发生的众多重复现象,如经济改革之谜、海外贸易之谜、人口增长之谜、中欧科技大分流之谜、建设长城的动机和时机之谜等,全力展示周期性的气候脉动对中国人思维方式和传统文化的烙印和影响。

"滚滚长江东逝水,浪花淘尽英雄"。古今多少事,在气候脉动律的框架下,都是环境危机,都是社会响应,都是文明进步,都需要从环境史和社会史的角度下来认识和解读。司马迁提出的历史周期律和亨廷顿首次提出、本书加以完善的气候脉动律,为深入认识文明发展的进程和规律提供了一套完整可用的辅助工具,这才是写作本书的根本目的和出发点。

最后,学习金庸引用李白的《侠客行》作为引子,提升大家对本书工具性价值的期待:

赵客缦胡缨,吴钩霜雪明。银鞍照白马,飒沓如流星。

十步杀一人,千里不留行。事了拂衣去,深藏身与名。

闲过信陵饮,脱剑膝前横。将炙啖朱亥,持觞劝侯嬴。

三杯吐然诺,五岳倒为轻。眼花耳热后,意气素霓生。

救赵挥金槌,邯郸先震惊。千秋二壮士,烜赫大梁城。

纵死侠骨香,不惭世上英。谁能书阁下,白首《太玄经》。

目 录

第一章
气候变化规律性

司马迁的天运周期

爱德华·吉本提出著名的史学观点"人们的祸福无常,系于一人的品格。贤君在位则国治,暴君在位则国乱",构成了史学领域的主流观点人因论。宋人编撰的《资治通鉴》《册府元龟》等也是基于这种自发的"贤君决定论"的影响,过分强调历史人物的作用而忽略时代背景和人民群众的影响。在这种观点的影响下,科技的发明和传播是一种偶然的、自发的、随机的事件,如林毅夫认为只要人口规模足够大,就会有足够的创新和发明,其内在的假设是,一群人创造发明的概率是差不多的,人多力量大。然而,历史经验表明,发明创造并不是一个随机的事件,而是集中发生、密集响应当时的环境危机。通过这些集中发生的改革措施,可以发现当时的气候变化线索,这是本书的主旨。

近年来异常高产的气候变化理论科普专家 Brian Fagan 早就注意到,"小冰河时代的气候进行无休止的曲折变化,很少会持续超过四分之一世纪"[1]。他没有想到中国古人也有类似的观察,早在公元前 90 年前后,史学大师司马迁就注意到气候的

---

1 Fagan, B., The Little Ice Age, How Climate Made History 1300-1850, Basic Books, 2000, pp. 2.

变化性特征,他提出"夫天运三十岁一小变,百年中变,五百年大变,三大变一纪,三纪而大备,此其大数也"[1]。虽然司马迁并不知道天运变化的发生原因是什么,但他对天运变化对社会的广泛影响有深刻的认识。百多年之后的史学家班固也赞同这一对气候变化的经验性观察和周期论观点。这一规律性更被千年之后的吴敬梓巧妙地总结为"三十年河东,三十年河西"[2],成为中国社会的共识。大部分读者都止步于司马迁的经验之谈,然而司马迁的观察并不仅限于历史,在政治、经济、文化等领域也有深远的影响,因为这一句话就包含了影响人类文明发展进程的四大周期:技术周期、政治(霸权)周期、文明周期和(长)气候周期。

▶ 司马迁第一周期:技术周期

司马迁的第一天运周期覆盖 30 年,是某一种气候模式的持续时间,通常与技术周期、经济周期、战争周期等密切相关。在这方面最著名的应用是 1927 年俄国经济学家康德拉季耶夫(Nikolai D. Kondratiev)发现的、经济领域的 54~60 年波动周期,即广为人知的康波周期、经济景气周期或长波周期[3]。不过,深入分析经济景气周期的经济学家熊彼特认为,早在 1830 年代英国经济学家图克就提出类似的看法,比他们两人更早提出经济的周期性。这一周期中国人非常熟悉,历史上一直有干支纪年的 60 年周期,因为中国古人从商周时期就相信和发展气候的 60 年周期说。湖南地区流传一本预测天气的地方性预报手册《娄景书》,相传为西汉年间湖南人娄景所作,用于预测周期性的农业气象规律,并指导农业生产。该书运用干支 60 年周期对每一年的气象条件进行了预测,虽然是关注湖南一隅的天象变化,其周而复始的特征,说明当事人非常相信气候的 60 年周期性和可重复性。该书成书时间大概是汉高祖刘邦元年(前 206)前后,不但能够保存 2000 多年的流传历史,还能得到其他类似书籍的跟随,是因为人们相信气候的周期性。这是一种西方没有的、假设气候不断重复的地方认识和文化,有着地理和气候(即环境)特征的贡献。

---

1 (汉)司马迁,史记·天官书卷 27;(汉)班固,汉书·天文志卷 26。

2 (清)吴敬梓,儒林外史·第四十六回,"大先生,'三十年河东,三十年河西',就像三十年前,你二位府上何等优势,我是亲眼看见的"。

3 Tylecote A., The long wave in the world economy: the current crisis in historical perspective, Routledge, 1993.

▶ 司马迁第二周期：霸权周期

司马迁的第二天运周期覆盖约 100 年，可以是三个第一周期，也可以是四个第一周期，通常和一个王朝的兴衰有关。早在 13 世纪，中东著名的历史学家伊本·赫勒敦就提出[1]，能够让部落团结的力量（阿萨比亚，asabiya）只能持续 100 到 120 年，大约 3 代人，每代 40 年。一般来说，两到三代，也就是 100 到 120 年就足以让最初的团结精神消失殆尽。

美国政治学家乔治·莫德尔斯基（George Modelski）提出的 100～120 年的霸权（政治）周期[2]，也可以算是司马迁第二天运周期的一个应用。莫德尔斯基对 1494 年以来的 500 年间国际冲突与领导权的周期模式进行了分析，指出了 5 个长波周期的存在：1494～1580 年是葡萄牙称霸的时期；1580～1688 年，荷兰是最重要的欧洲强权；1688～1792 年，英国成为世界政治的中心；1792～1914 年，不列颠再次充当世界领导者；1914 后，美国成为新的世界霸主。仅据这 5 个案例，他就提出了世界霸权存在 100～120 年的周期。

中国古代也有"胡运不过百年"的说法。隋朝杨素曾在《出塞》中写道："横行万里外，胡运百年穷。"南宋文天祥也预言过："胡运不过百年。"到了元末明初，宋濂给朱元璋起草的《谕中原檄》也再次提到："古人云，胡虏无百年之运。"可以说是中国版的霸权周期。不过，历史上的草原政权并不真正满足 100 或 120 年的周期，如匈奴大约 300 年，北魏国祚延续 149 年，以北周宇文觉接受西魏禅让算上，延续 171 年。突厥从 552 到 745，延续了 193 年；西夏从 1038 到 1227 延续了 189 年；辽国从 916 到 1125 年，延续了 209 年；女真金从 1115 到 1234 年，延续了 119 年；北元从 1388 年到 1635 年，延续了 267 年。它们都内嵌 30 年的周期，因此是气候脉动推动的结果。值得一提的是，中国历史上的著名王朝，如汉、唐、宋、元、明、清，在王朝之初确实经历了 100～120 年的成长期，可以算作司马迁第二周期对中国历史的一个应用。

▶ 司马迁第三周期：文明周期

司马迁的第三天运周期覆盖 500 年，大致覆盖一种生产方式（文明）的兴衰周

---

1 （法）加布里埃尔·马丁内斯 - 格罗斯，历史上的大帝国：2000 年暴力与和平的全球简史，中信出版社，2020 年。

2 Modelski, G., Long Cycles in World Politics [M], Palgrave Macmillan UK, 1987.

期。人类文明史上,鲜有一种文明得到长期的发展。通常一个文明或生产方式只能维持500年的热度,就会因为其他文明的攻击而衰落,如汉代的农耕文明、南北朝的渔猎文明、唐宋的商业文明、元明的游牧文明和清代的渔猎文明等。在国际上,各地的文明通常持续发展500年,就被其他文明征服或替代。中华文明虽然比较持久,可是在3000年文明史上,中国也曾经经历了火耕文明、农耕文明、游牧文明、商业文明、渔猎文明等的反复兴衰,每一种文明都代表一种生产方式,有其最合适的环境条件和地理条件。冲突与战争背后,是生产方式的较量,即文明的冲突。人类主要文明的活跃期如下表所示。

表1　500年文明周期

时间段	500年文明周期	气候模式	主要成员	主导文明
前1750～前1250	迈锡尼文明	变暖	迈锡尼	商业文明
前1250～前750	荷马黑暗时代	变冷	以色列、埃及	渔猎文明
前700～前250	轴心时代	变暖	罗马、东周、印度	火耕文明
前250～公元250	罗马温暖期	变暖	罗马帝国、汉帝国、印度	商业(欧洲)/农业(中国)
250～750	中世纪黑暗期	变冷	玛雅、拜占庭、中国(鲜卑)	游牧/渔猎文明
750～1250	中世纪温暖期	变暖	阿拉伯、唐宋中国,维京,吴哥、威尼斯、契丹	商业文明
1250～1750	小冰河期	变冷	西欧、缅甸、奥斯曼土耳其、俄国、波兰立陶宛	渔猎文明
1750～当代	现代温暖期	变暖	英国、美国、法国、德国、日本,中国	工业/商业文明

上表展示了文明(生产方式)对气候条件的适应性。如果气候条件发生变化,某些文明得到推动,而某些文明得到抑制,结果就是各种各样的"大分流"事件。

▶ 司马迁第四周期:气候周期

最后,司马迁的第四天运周期覆盖1500年,目前只有三个证据。其一是格陵兰岛的冰层采样及其相关的验证。自从1980年代以来,丹麦的威利·彤斯加德(Willi Dansgaard)和瑞士的汉斯·奥其格(Hans Oeschger)研究了来自格陵兰岛的两英里长的冰芯,这些冰芯代表了地球25万年的冰冻分层气候历史。他们从初步研究中估计,较小的温度周期为2550年,随后的研究将周期的估计长度缩短到 1500 年（正负 500 年）[1]。

另一个证据来自太平洋岛屿的移民历史。从公元前 750 年左右的某个时间点西波利尼西亚群岛被殖民之后，有一个 1500 年的空窗期（没有移民，说明气候变冷，海平面低，缺乏潮灾（暖相气候），因此无法推动海上移民）[2]，直到公元 600～800 年后，东波利尼西亚群岛才继续得到探险和殖民，在公元 1200 年前后发现了新西兰，太平洋才算全部被征服。海上的探索移民风险很高，代价很大，这些义无反顾的海上移民背后，是严重的气候温暖型危机（表现为潮水上涨的灭顶之灾和缺乏洋流的海上交通安全）；反观 1500 年的海上移民空窗期（从公元前 750 到公元 750 年），则说明气候寒冷，洋流恶化，海平面下降，海岛面积增加，岛民缺乏探索外部世界的勇气和动力。今天马尔代夫的困境（海平面上涨，有效生存空间减少），也曾经是历史上推动海上移民的主要驱动力。

第三个证据来自中国夏商断代工程。尽管中国学术界投入很大的金钱和精力，试图发掘"国人共和"之前的历史，然而无论代价多大，进展十分有限，因此人们常常认为，从"大禹治水"到"国人共和"，中国历史存在 1500 年的"空窗期"。这一空窗期与之后的太平洋岛屿的"移民开发空窗期"对接，说明当时的气候十分温暖，瘟疫和粮食危机制约了人口的增长，所以人们可以从事远离战争的和平生产（虽然寿命短，人口稀少）。暖相气候（少洋流灾害，但海平面上升）让大陆的火耕文明更加稳定，而冷相气候（多洋流灾害，但海平面下降）让太平洋上的渔猎文明更加稳定，两者都有气候脉动和自然环境的制约和推动。

上述司马迁的四个天运周期，仅仅是一个笼统的框架，我们需要把气候脉动规律落实到某一个具体的时间点，才能对历史和未来进行更好的分析和预报，这才是本书的主题。

气候脉动律

从人类社会利用外部资源的角度看，农业是最高效利用外部资源的生存方式，

1 Singer, S.F., Avery, D.T., Unstoppable Global Warming: Every 1,500 Years, Updated and expanded edition. Rowman & Littlefield Publishers, Inc.2008.
2 Diamond, J., Collapse: How Societies Choose to Fail or Survive. Viking Penguin, London, 2005.

除非当地的阳光雨水条件不适合农业的维持。因此通过农业生产条件和人口生产条件的变化就可以认识当时的环境危机。

在讨论自然现象和社会响应之前，我们先根据司马迁第一天运周期引入气候脉动律。该规则可以简单地用两个常数来表达。**如果公历中的某一年可以被60整除，则它是全球变暖的峰值节点。**该节点附近发生了暖相气候特征，如日照增加、降水减少、缺乏寒潮等。**否则，如果该年不能被60整除，但可以被30整除，则它是全球降温的峰值年。**在这个节点周围发生了很多冷相气候特征，如气候变冷、降水增加、南方寒潮等。众多生态事件（例如饥荒，农业日历调整，物种迁徙等），经济事件（例如经济危机，技术转让和价格波动等）和政治事件（例如灌溉工程，政治改革，战争与和平，朝代兴衰等）大体符合这一规律性。下文用小括号标示从古代历法转化而来的公历（格里高利历法）的年代，因为我们更熟悉公历，而中括号则表达当时的时间节点，透过该节点，我们应当自己换算出当时气候危机的性质，从而更好地认识当时的环境危机。

下面举几个因气候周期性造成的例子。唐代宗大历二年（767）三月"内出水车样，令京兆府造水车，散给沿郑白渠百姓。以溉水田"[1]。太和二年（828）闰三月丙戌朔，"内出水车样，令京兆府造水车，散给缘郑白渠百姓，以溉水田"[2]。很多人都认为是历史记录失误，发生在不同时间点的政府推广技术事件怎么会重复发生呢？两者相距61年，恰好是一个完整的气候周期，发生在暖相气候向冷暖气候进行转换的转折点，代表着当时的环境危机，因此有可能都是真实的。

从1371年征服河套，到1438年建议重置东胜卫（但没有实现），明政府对河套地区的管理持续了67年，约一个气候周期。从该点到1500年达延汗吞并土默特，占据河套，明政府丧失河套的过程大约是62年。从1500年永久离开河套到1616年完全收复河套，河套之争耗时116年，约2个气候周期。其间，明政府关于河套地位有两次较大的廷议[3]，分别是由丘濬写作出版的《大学衍义补》（1487）和曾铣的奏折（1547年1月8日）[4]所引发，都位于气候恶化推动蒙古入侵的关键点，两次朝

1 唐会要·卷89。
2 旧唐书·本纪第17上。
3 Waldron, A., The Great Wall of China: From History to Myth [M]. New York: Cambridge University Press. 1990. 第113～126页。
4 《御选明臣奏议》卷二四，曾铣:《请复河套疏》，文渊阁四库全书本。

廷大辩论刚好相距 60 年,又是一个完整的气候周期。

据《义宁县志》记载,嘉靖十六年(1537),"(广西义宁县)城内下街火,古传六十年遇一火灾"[1]。不过,更多的证据表明,古代的城镇大火,往往是 30 年来一回。根据《中国火灾大典》的附录部分,下列古代城镇曾经发生两次相距 30 年的火灾。云南姚安(1568/1596)、台湾宜兰(1810/1852)、四川乐山(1582/1609)、四川忠县(1770/1812)、安徽休宁(1513/1541)、安徽和县(1178/1212)、山西汾阳(1551/1581)、广东南海(1839/1854)、广东澄海(1762/1795)、广西苍梧(1728/1766)、广西南宁(1673/1714)、广西梧州(1741/1768)、广西荔浦(1528C/1566)、江苏淮安(1768/1794/1835)、江苏镇江(1137/1159)、江西景德镇(1470/1510)、江西武宁(1706/1740)、江西瑞金(1673/1705)、浙江平湖(1814/1850)、浙江平阳(1690W/1726)、浙江龙泉(1472C/1513)、湖南常德(1730/1763)、湖南湘乡(1531/1551)、福建寿宁(1545C/1579)、福建将乐(1636/1666)、福建崇安(1748/1782)、福建建宁(1630/1671)、福建建瓯(1587/1610)、贵州独山(1709/1733)、贵州铜仁(1665/1683)、辽宁铁岭(1572/1594)。

这一周期性火灾现象在外国城市的火灾历史也可以找到,比如挪威卑尔根(1561/1582/1589)、伦敦(1633/1666)、东京(1629/1657)、波士顿(1653/1676/1711/1770)、法国布雷斯特(1744/1784)、莫斯科(1752/1773)、底特律(1804/1845)、纽约(1835/1865/1889)、费城(1869/1899)、加拿大魁北克(1845/1876)、日本函馆(1879/106/1934)、牙买加金斯敦(1882/1907)、英国利弗莫尔(1804/1842)、菲律宾马尼拉(1833/1865),海地王子港(1865/1908)、东京(1892/1923)和香港(1953/1986)。说明气候脉动也会通过城市大火给社会带来长远的影响。

这种内含 30 年时段的周期性,在历史上有很多很多,无论是水利、物候、农业改革、科技突破等都充满了这种周期。事实上,中国古代历法一直都是按照 60 年进行组合,对气候历史一直就有气候按照 60 年周期进行变化的传统认识,其中的代表是西汉初年就开始流传的《娄景书》,历代学者对《娄景书》进行了十次以上的增补和应用,试图把气候变化的规律组织在 60 年的周期内,其核心理论来自古人对气候变化 60 年周期性的经验性认识。

这一经验性的气候脉动率,很难得到测量数据的直接证明。第一,温度计发明

1《中国火灾大典》编辑委员会, 中国火灾大典, 上海科学技术出版社, 1997 年, 第 668 页。

很迟，观测记录更迟，从百年的温度记录考察60年的波动周期，显然存在数据不够的局限性；其次，某一地的仪表读数是否可以代表全球气候，仍然令人怀疑。气候是一个非常宏观的概念，代表着全球的影响，光靠一个点测量结果不能提供足够的覆盖性和代表性；第三，由于气候扰动的存在，自然灾害高频率发生，经常会淹没气候节点附近的环境危机，比如900年和1140年前后的寒潮，让暖相节点充满了冷相危机，部分破坏了规律性；第四，自然界的响应太多，遗失的记录也很多，很难从历史文献中发现气候脉动的持续性证据，这一点竺可桢深有体会，他曾经希望从方志中寻找气候变化的内容，穷经皓首，收获有限，关键是他没有选对合适的周期，缺乏合理的假设或理论指引，因此无法总结出合理的规律；第五，人类社会的响应更符合周期性，但内在的关联不够紧密，长期的重复性不够，因此很少有人进行这方面的联想和推理。

本书放弃传统的气候变化仪器读数和分析（历史上的温度数据所代表的时间长度大多不足，难以提取周期性，所以本书没有引用任何的温度数据和曲线），也不限于竺可桢提出的物候学证据（物候学证据很可靠，但存在完整性的难题，也存在地域和时域的局限性，因此很难代表全球气候），而是直接通过社会对环境变化的响应（如气候变化推动的经济改革、政治决策和消防改革等）来认识气候危机对人类社会造成的影响。这种"气候／环境／社会"的认识模式，聚焦于气候对社会的影响和人类对气候的响应，打破了古典环境决定论过于简单、缺乏互动的推理困境，把气候变化、地理局限和人文社会结合起来，探究人类社会应对环境的一般规律。这一做法符合中国古代的"天地人"三才理论，是环境决定论的升级版，对认识历史和未来有着深远的影响。

环境响应律

自然界对气候的响应，最理想的证据来自竺可桢提出的物候学证据，尤其是热带水果的种植迁移，是当时人故意选择的结果（人因），也是符合地理条件的限制（地因），更有气候条件的促成引发（天因），因此是认识气候变化的重要窗口。

要看气候证据，最好的办法是看人类社会的响应模式。通常自然界的响应要快速而直接，比如一次寒潮就让某地所有的柑橘全部冻死，这种快速响应特征，代表当时的气象条件有可能是短时气候扰动造成，无法代表长期的气候趋势。另一方面，某地引种柑橘，并不是一蹴而就、一就而成的，需要较长时间的适应，因此引种成功更代表人类社会的主动选择，更容易代表暖相气候。

不过，这种方法还是具有很大的不确定性，环境危机可能是长期的气候脉动，也可能是短期的气候扰动造成，例如一次火山爆发。并不是每一个气候变暖的节点都会引发物种的迁移，并不是每一次物种的迁移都代表环境危机。因此需要把每一个环境节点的多种证据综合起来看，达到更立体认识环境危机的效果。

▶ 植物界的响应：柑橘

竺可桢物候学的重要证据，来自热带水果随着气候不断进行移植的农业开发史。中国是热带水果的柑橘的原产地，有着悠久的种植历史。因此，柑橘作为典型的亚热带经济作物，当极端最低气温低于 −7℃时即遭受冻害，在 −11℃以下则遭受毁灭性冻害。因此，柑橘种植的北界主要受冬季极端最低气温的限制。历史上中国柑橘种植的北界随温度的冷暖波动而南北迁移，是认识中国气候变化的一个特定窗口。据《考工记》看，春秋时期"橘逾淮而枳"，说明柑橘的北界在淮河；而到了公元前 3 世纪时起长江就成为柑橘种植的北界；隋唐时期主要柑橘朝贡地

图 1　柑橘是一种典型的热带水果，与环境温度密切相关

区的分布与现代柑橘分布区大致相近，但当时似乎不像现在这样频繁地遭受冻害；到 12～13 世纪的中世纪暖期，柑橘分布北界较今偏北 1 个纬度；到了明清小冰期时，柑橘已难在长江中下游生存[1]。这是大致的趋势，在大致的趋势背后，仍然有一些特定的脉动，如明末清初上海地区的柑橘曾经发生脉动现象，有涨有落的背后，说明气候并不是长期的变化，如竺可桢预期的 100 年以上，而是充满了脉动，只有 30 年左右的稳定性。

历史上的柑橘异动事件，大体存在 34 个样本可以推导其中的气候背景，如下表所示。

1　葛全胜，中国历朝气候变化 [M]，科学出版社，2011。

第一章　气候变化规律性

第一章　气候变化规律性

009

表 2 历史上的柑橘种植范围的变化与气候背景

	时间	节点	柑橘产地	引用来源	
1	春秋末至战国初	480	橘逾淮而北为枳……此地气然也。	周礼·冬官·考工记	
2	前157～前139年	150	今夫徙树，失其阴阳之性，则莫不枯橘。故橘树之江北，则化为枳。	淮南子·原道训	
3	前104～前91	90	蜀、汉、江陵千树橘……陈、夏千亩漆。	史记·货殖列传	
4	126	120	穰橙邓橘。	张衡，南都赋	
5	210～220	210	魏武植朱橘于雀园，华实不就，乃吴人未格之兆也。	李德裕，李文饶文集·卷20·瑞橘赋·序	
6	258～266	270	恒见汝父称太史公言，"江陵千树橘，亦当比封侯"。	习凿齿，襄阳耆旧传·卷2·人物·李衡传	异常
7	582～589	600	陈后主时（582～589），梦黄衣人围城。后主恶之，绕城橘树，尽伐去之。	隋书·五行志	
8	742	720	树橘为吴郡、襄阳等地贡品。	新唐书·卷43·地理志	
9	751	750	天宝十年，上谓宰臣曰："近日于宫内种甘子数株，今秋结实一百五十颗，与江南蜀道所进不异"。	段成式，酉阳杂俎·前集·卷18	异常
10	766前	750	吴郡、襄阳不再是柑橘贡地。	通典·卷6·食货6	
11	813	810	襄阳为相橘贡地，吴郡不是。	元和郡县志·卷21·山南道二	异常
12	841～847	840	清霜始降，圣上命中使赐宰臣等，朱橘各三枚。	李德裕，瑞桔赋并序，全唐文·卷697	
13	907	900	荆南（指今湖北沙市）高季昌进瑞橘数十颗，质状百味，倍胜常贡。且橘当冬熟，今方仲夏，时人咸异其事，因称为瑞。	旧五代史·卷3·梁书·太祖纪3	
14	1032～1038	1020	明道、景祐（1032～1038）初，（柑橘）始与竹子俱至京师	欧阳修，归田录·卷二	
15	1071～1084	1080	宜春果结洛阳枝，正遇耆朋会客时。	司马光，席君从於洛城种金橘今秋始结六实以其四馈开	
16	1111	1110	洞庭以种橘为业者，其利与农亩等。宋政和元年（1111）冬，大寒，积雪尺余，河水尽冰，凡橘皆冻死。明年伐而为薪，取给焉。叶少蕴作《橘薪》，以志其异。	陆友仁，研北杂志·卷上	

	时间	节点	柑橘产地	引用来源	
17	1125	1140	宣和末,"自阳华门入,则夹道荔枝八十株,当前椰实一株",结实分赐群臣。	蔡绦,铁围山丛谈·卷6	
18	1131～1150	1140	未几,偶岁大寒多雪,即立槁。虽厚以苫覆草拥,不能救也。盖性及畏寒。而吾居在山之半,……今吴中橘亦惟洞庭东、西两山最盛,他处好事者圆圃仅有之,不若洞庭人以为业也。……每岁大寒,则上风焚粪壤以温之。	叶梦得,避暑录话·卷下;钦定古今图书集成·卷229·博物汇编·草木典·橘部	异常
19	1178	1170	大抵柑植立甚难,灌溉锄治少失时,或岁寒霜雪频作,柑之枝头殆无生意,橘则犹故也。	韩彦直,橘录	
20	1192	1200	真柑,出洞庭东西山,柑虽橘类,而其品特高,芳香超胜,为天下第一,浙东、江西及蜀果州,皆有柑,香气标格,悉出洞庭下。	范成大,吴郡志	
21	1201	1200	比闻怀州有橙结实,官吏检视,已尝扰民。今复进柑,得无重扰民乎?	金史·本纪·卷11·章宗3	
22	1214	1200	浙江嵊县"素无柑,近有种者,撷实来,风味不减黄岩"。	郊录	
23	1260～1264	1260	在建康(今江苏南京)一带有"橘、橙、乳柑"等物产。	景定建康志	
24	1273	1270	橙,新添。西川、唐(今河南唐河)、邓(今河南邓县)多有栽种成就。怀州(河南沁阳)亦有,旧曰橙树。	农桑辑要	
25	1329	1320	冬大雨雪,太湖冰厚数尺,人履冰上如平地,洞庭山柑橘冻死几尽。	陆友仁,研北杂志·卷上	异常
26	1379	1380	果,南方柑橘虽多,然亦畏霜,不甚收,惟洞庭霜虽多无所损。	俞贞木,种树书	
27	1503	1500	冬,大雪,积四五尺,东西两山橘柚尽毙,无遗种。	太湖备考·卷14·灾异	
28	1509	1500	"有香柑一种,出新庄";"有绿橘、金橘、蜜橘数种,皆出洞庭山。近岁大寒,橘死略尽"。	正德松江府志	

	时间	节点	柑橘产地	引用来源	
29	1548	1560	近年吾城人家多种橘,种类不一,惟衢橘为佳。	嘉靖太仓州志	
30	1587	1580	柑橘产于洞庭,然终不如浙温之乳柑、闽漳之朱橘。有种红而大者,云传种自闽,而香味径庭矣。余家东海(即太仓)上,又不如洞庭之宜橘,乃土产蜕花甜、蜜橘二种,却不窗胜也。橘性畏寒,值冬霜雪稍盛,辄死。檀地须北藩多竹,霜时以草裹之,又虞春枝不发。记儿时种橘树不然,岂地气有变也?	王世懋,学圃杂疏	
31	1630	1620	橘似柑而小,吾乡之种俱移自洞庭,有绿橘,……有黄橘,……有红橘,……有波斯橘。	崇祯松江府志	
32	1654	1650	甲午冬,严寒大冻,至春,橘、柚、橙、柑之类尽槁。	叶梦珠,阅世编	
33	1677	1680	十六年(1677)丁巳,吾家苍岩叔,相继榷关赣州,两家人种之于巨瓶载归,其枝叶与此地香橼无异,而垂实累累,金碧可爱,及移植土中,大概与香橼相似,畏寒亦相同,故鲜见有开花结实者。	叶梦珠,阅世编	
34	1690	1680	庚午(1690)冬,京师不甚寒,而江南自京口达杭州,里河皆冻。扬州驿纲皆移苏杭,甚至扬子、钱塘江,鄱阳、洞庭何亦冻。江南柑橘树皆枯死。其明年,京师柑橘不至,惟福橘间有至者,价数倍。	王士禛,居易录谈	异常

上述 34 次与柑橘相关的物候学事件中,有 6 个节点的种柑趋势与气候脉动律的预报气候模式矛盾,其他节点都符合预期。第一次是李衡在公元 258～266 年前后引入柑橘,貌似与气候变冷的大趋势发生矛盾。第二次是公元前 751 年的长安宫城柑橘结果,表明当时气候变暖,实际上是冷相气候节点附近的一次异动;第三次

是公元 813 年出版的《元和郡县志》中的柑橘种植地有所北移,代表了暖相气候背景,可是当时是典型的冷相气候,因此比较异常。可能当时记录的物候代表上一个节点(或唐德宗时代)的分布,与真实的分布相比有所延迟。第四次是绍兴年间的寒潮,导致柑橘种植离不开烧火取暖,当时存在严重的寒流,因此不符合当时暖相气候节点的预期。第五次是 1329 年大寒潮的结果,因其靠近暖相气候节点而特殊。不过,当时的暖相气候特征主要发生在 1312 和 1314 年(存在暖冬)。因此,1329年发生的极端寒潮并不算特别的例外。最后一次是 1690 年的寒潮,这是公认的因为太阳黑子缺乏导致的蒙德最小期的极端气候高潮点,理应发生在 1710 年前后,对此有所提前,因此比较异常。

除此以外,上述的气候脉动律大约可以准确预报与柑橘种植相关事件气候背景的 28/34＝82%。从中我们得到柑橘种植范围的波动和变化符合气候脉动的规律性,是气候脉动规律的可靠外部表现之一。因此历史上柑橘的种植情况,可以直接用来代表当时的气候与环境特征,是认识气候和环境危机的重要窗口。

▶ 动物界的响应：老虎

气候变化在动物界的响应,是位居食物链顶端的三种动物,老虎、大象和鲸鱼。通过他们的异动事件,可以认识当时的气候危机。

既然气候是脉动的,植物会受到最直接的影响。然而植物的变化,除了柑橘、水稻、竹子等经济作物容易被观察到,一般是不容易被专注于人工栽培作物的人们观察到,可是处于食物链最高端的老虎就不同了。他们的食物(小动物)比较简单,范围狭窄,如果发生食物危机,他们就不得不扩大领地面积(50～70 平方公里),到处搜索食物,与人类发生接触,是被迫对环境危机作出的响应。以下是在气候节点处发生的老虎成灾事件。

乾德三年(965)七月,"有虎出于龙山,凡伤数十人,捕之,逾旬而获"。

淳化元年(990)十月,桂州(今广西桂林)有"虎伤人",并惊动了宋太宗,下诏专门派使者前往捕杀。至道元年(995)六月,梁泉县(今陕西凤县)有"虎伤人"。至道二年(996)九月,"苏州虎夜入福山砦,食卒四人"。庆历初,有虎盘踞敝原(陕西定边)一带,危害极大,以致"东西百里断人迹",后被勇士射死。

大中祥符九年(1016)三月,杭州"浙江侧,昼有虎入税场,巡检俞仁祐挥戈杀之"。

庆历年间(1041～1048),石介有诗云:"关中有山生虎狼,虎狼性暴不可当。

去岁食人十有一,无辜被此恶物伤。守臣具事奏圣帝,圣帝读之恻上意。乃诏天下捕虎狼,意欲斯民无枉死。"可知关中虎患相当严重。

元丰五年(1082),提举江南西路常平等事刘谊报告说:"法以役人有定数,而年岁有丰凶,故立宽剩以备岁,与夫捕虎缓急之用,此良法也。"

大观年间(1107～1110),西部的昌化(今浙江临安西)县有两虎相斗:"山中居民一夕闻虎斗声,中夜忽大吼数声,遂寂然。及晓视之,见二虎头、八蹄而已。疑其方斗,别有猛兽遇而两食之。"

乾道六年(1170),在长江江西段"自富池以西,沿江之南,皆大山起伏如涛头,山麓时有居民,往往作棚,持弓矢,伏其上以伺虎"。

宝祐六年(1258)春,有老虎入城:"虎逐一鹿,自甘露寺后入城突入故将李显忠家,诸孙皆勇悍,攒枪拒之。鹿死,虎复从故道出城遁去"。

根据历代地方志记载,在明朝正统二年(1437),上海宝山吴淞附近更是老虎成群出没,咬死咬伤多达65人,"有时咆哮啸一声,怒音十里秋风狂",以致"居民号恸死不辜,哭声夜半于穹苍"。

嘉靖四十四年(1565),境内多虎,白日噬人,知县李多柞悬赏募善捕者旬日获十三虎。

刘石溪在《蜀龟鉴》中,对清朝初年四川死于虎患的人口作过粗略估计:"自崇祯五年(1632)为蜀乱始,迄康熙三年(1664)而后定",30余年中,川南"死于瘟虎者十二三",川北"死于瘟虎者十一二",川东"死于瘟虎者十二三",川西"死于瘟虎者十一二"。

以康熙二十年(1681)为例,当年江西余干县"秋大旱,虎出伤人,连年不息"。康熙二十一年(1682),新任四川荣昌知县张懋尝带着7位随从抵达荣昌县城就任,没想到他们进入县城后却发现,全城死寂空无一人,"蒿草满地",正当大伙感觉纳闷时,突然,一群老虎猛地蹦了出来,张懋尝主仆八人惊恐之下慌忙逃命,怎奈虎口凶猛,转眼间,张懋尝的7个随从,就有5人丧生虎口之下。

陕南西乡县知县王穆,特地重金招募勇士数十人杀虎,"捕者癸巳(1713)至乙未(1715)射虎六十有四"。从1713年至1715年,短短两年间,仅仅西乡县由官方组织的打虎队,就射杀老虎达64只。

上海地区最后的老虎出现于乾隆三十二年(1767),这只老虎估计是实在在上海滩混不下去了(由于环境危机),沿苏州河(吴淞江)从青浦往西跑,昼伏夜行,屡次伤人,老百姓群起打虎,一直追到隔壁昆山地界。

咸丰六年(1856),江西德化县"大旱,自夏至冬二百余日不雨,彭泽大有年。七月德化东乡谭家坂虎昼食人,夜群虎过村"。

1950年前后,中国各地爆发虎灾,成群结队的老虎攻击社区,从1952年至1962年十年间,湖南全省共有2000多人命丧虎口。根据重庆自然博物馆动物学专家胥执清的统计,在1950年代,当时全国大概约有4000多只华南虎。根据公开数据统计,从1950年到1960年,全国各地至少猎杀了3000多只老虎,其中绝大多数为华南虎。到了1986年11月,湖南安仁县一只华南虎幼虎在被夹子捕获后,因为伤势过重死去,而这也是国家林业部门最后一次接到野生华南虎的报告。此后,国内再也未见野生华南虎出没的官方记录。从华南虎的虎患高潮到老虎灭绝,中国只用了30年。

对于老虎成灾的解释,通常的说法是人口密度增加,老虎领地减少,不得不与人类社区发生接触。小冰河期的降温有利于人口的增长,大量的人口需要开荒,侵犯了老虎的栖居地。老虎在生态危机的食物链危机压力下,不得不攻击人类,这是人类社会危机的外因论。

值得一提的是,中亚老虎(里海虎,见图2)灭绝的时机,也符合气候脉动的一般规律,与华南虎的灭绝大体相当,都是老虎族群应对气候危机失败的结果。斯文·赫定给我们记录的新疆虎异动,透露出当时暖相气候条件下(1927~1935)的环境危机。

图2　斯文·赫定关于一只新疆虎(里海虎)落入陷阱的速写

1887年,伊拉克的最后一只里海虎在摩苏尔被杀死;

1922年,格鲁吉亚的最后一只里海虎在第比利斯被杀死,因为它捕食了家畜;

1948年,哈萨克斯坦的最后一只里海虎在伊犁河附近出没,之后再也没有观察到;

1954年,土库曼斯坦最后一只里海虎在科配特达格山脉被杀死;

1958 年,伊朗的最后一只里海虎在格勒斯坦省被发现,此后再也没有被观察到。

所以,中国华南虎在 1980 年前后的灭绝,并不是偶然现象,而是顺应了气候脉动的趋势,被气候危机推动的响应事件,需要在气候脉动的背景下才能认识。

作为自然界的顶级捕食者,历史上的老虎异动显然是在响应环境危机,只不过老虎食物链的环节太多,缺乏有效的监控,所以我们只能看到结果,而不知道原因。只有每个气候节点都会出现的老虎危机,给我们透露一点老虎的食物链困境,如果野外食物充足,老虎是不会与人类发生正面冲突的。我们太强调人类对老虎领地的挤压作用,却不知道环境变化对老虎的影响,因此人因决定论流行,而对气候决定论重视不足。在新的环境决定论下,气候、地理与人因对动物和社会都会发生影响和作用,这是古人的"天地人三才理论"。

▶ 动物界的响应:大象

另一种没有天敌的动物是大象。商周时代,大象漫游在中原大地,在商代和蜀国考古遗址中发现了象骨,很多青铜器,以大象为原型,在甲骨记载中大象被用于祭祀场合,《帝王世纪》曰:舜葬苍梧,下有群象常为之耕。又云:禹葬会稽,祠下有群象耕田。伊懋可[1] 在他的环境史研究中,敏锐地感到大象的南迁标志着中国环境的变化(变冷),因此把他的环境史论文集命名为《大象的退却》,以此来说明中国环境变化的大趋势(毁林造田)。

中国历史上关于大象的记录很多,关于大象与人类的接触,有明确时间标志的事件,大约有如下 25 次。

424 年,白象见零陵洮阳。

429 年,白象见安成安复,江州刺史南谯王义宣以闻。

477 年,时有象三头至江陵城北数里,攸之自出格杀之。

492 年,象三头度蔡洲,暴稻谷及园野。

493 年,白象九头见武昌。

507 年,春三月,有三象如建邺。

537 年,天平四年八月,有巨象至于南兖州,砀郡民陈天爱以告,送京师,大赦

---

1 伊懋可,梅雪芹,毛利霞,等。大象的退却:一部中国环境史 [M]。江苏人民出版社,2014。

改年。

552 年,淮南"有野象数百","坏人室庐"。

579 年,有象到该处,遂以该年为大象元年。

675 年,华容有象入民家。

931 年,秋七月,象入信安(今浙江衢县)境,王命兵士取之,圈而育焉。

962 年,有象至黄陂县(今属武汉市境内)匿林中,食民苗稼,又至安(今湖北境内)、复(今湖北境内)、襄(今湖北境内)、唐州(今河南境内)践民田。

962 年,南汉东莞镇建象塔,纪念当时的人象冲突。

964 年,有象至澧阳安乡等县(今湖南),又有象涉江入华容县,直过阛阓门。又有象至澧州澧阳县北城。

967 年,有象自至京师(今河南境内)。

991 年,(雷州)山林中有群象,禁止出售象牙,建议半价收购。"雷、化、新、白、惠、恩等州山林有群象,民能取其牙,官禁不得卖,自今宜令送官以半价偿之,有敢隐匿及私市与人者,论如法"。

1074 年,春正月庚申,"福建路转运司言,漳州漳浦县濒海接潮州,山有群象,为民患,乞依捕虎赏格,许人捕杀,卖牙入官。从之"。

1111 年,大象从潮州迁移到达武平象洞。

1171 年,缙云陈由义自闽入广,省其父提舶司,过潮阳。见土人言比岁惠州太守挈家从福州赴官,道出于此。"此地多野象。数百为群。方秋成之际。乡民畏其蹂食禾稻。张设陷窜于田间。使不可犯。象不得食,甚忿怒,遂举群合围惠守于中。……,然为潮之害,端不在鳄鱼下也"。大象和鳄鱼,都是适应暖相气候的动物,它们的异动有气候脉动的贡献。

1192 年,朱熹在《劝农文》中指出:"本州(福建龙岩)管内荒田颇多,盖缘官司有俵寄之扰,象兽有踏食之患,是致人户不敢开垦"。为"去除灾害",使"民乐耕耘",朱熹提出了一些鼓励杀象的措施"人户陷杀象兽,约束官司"。成书于 1190～1194 之际的宋莘《视听抄》记载:"象为南方之患,土人苦之,不问蔬谷,守之稍不至,践食之立尽。性嗜酒,闻酒香辄破屋壁入饮之。"

如明朝李文凤的《月山丛谈》中记载:"嘉靖丁未(1547),大廉山群象践民稼,逐之不去。太守胡公鳌乡士夫率其乡民捕之。予令联木为牌栅,以一丈为一段,数人舁之。俟群象伏小山,一时牌栅四合,瞬息而办。栅外深堑,环以弓矢长枪，令不得破栅而逸。令人俟间伐栅中木，从日中火攻之。象畏热，不三、四日皆毙，凡得十余只。象围中生一子，生致之。以献灵山巡道，中途而毙。生才数日已大如水牛矣。"

1587年，横州仍"有象出北乡，害稼"；钦州亦多象群"践踏田禾，触害百姓"。

1594年，清道光《钦州志》记载："擒群象，象由灵山地方来（钦州）辛立乡，践踏田禾，触害百姓。知州黄廷钦遣哨官张奇设策擒之，民始安耕。"

1833年，道光《钦州县志》提到，当地"间或见象"。这是一个冷相气候的高峰时段，有人观察到越南的大象跨海游泳来到了钦州（广西）。

大象栖息地的南迁，象征着大象的退却，代表着中国整体气候的降温趋势，符合竺可桢曲线的一般趋势。然而，上述的案例，并不都是大象的退却。相反，某些人象冲突却是以大象进攻（收复失地）的形式出现的。为什么会发生这种情况？

作为陆地生活的最大体积的动物，大象拥有的大脑体积比较大，因此比较聪明，具有灵性，这让他们在生存斗争中处于较为有利的地位。气候有利则进，气候不利则退。康熙六十年《廉州府志》中所收录明代李文凤《月山丛谈》（已佚）记载："象性最灵，徐少溪从槐庭兄，宦合浦。其地有象，非其土产，乃从安南来者。能过海，于水底行，捕鱼食之。欲换气则浮以鼻向天，若植梃然，良久复没。"也就是说，只要条件合适，大象可以随意漫游，高山是良巢，大海是通途。我们观察到的人象冲突，大部分是因为大象进入了人类社区，是大象的"进攻"，而不是大象的"退却"，虽然在千年的尺度上，大象是退却的。那么，大象为什么要"有进有退"？大象并没有官僚阶层作规划，他们都是基于本能在进退，而影响本能的主要变量是环境的变化。如果大象进入到人类社区，一定是他们本来的生活环境发生了变化才导致他们这样做。

值得一提的是，李时珍的《本草纲目》中提供了一张大象的素描图（见图3），其中的大象外形异常瘦骨嶙峋，意

图3 《本草纲目》中李时珍绘制的
瘦骨嶙峋的大象

味着这是一头因为觅食而迷失道路的大象,因为气候异常的原因而深入人类社区,其异常的消瘦表明食物链的危机。李时珍在嘉靖三十一年(1552)至万历六年(1578)撰写《本草纲目》,稿凡三易,恰好是气候变冷、小冰河期第二段开启的1560年前后。所以,这很可能是一只迷途的大象,因为生态环境的压力而深入人类社区,给李时珍带来了异常消瘦的大象形象,是非常罕见的,只有环境危机才能做到这一点。

人象之间,并不都是冲突,还有和平相处的时段,发生在暖相的8次接触,有4次是以冲突形式出现,发生在冷相气候节点的17次接触,有9次是以冲突形式出现。从统计学意义上说,冷相暖相区别不明显,所以人象冲突大约占人象接触的一半。本书强调的是,人象冲突来源于气候危机造成的生态危机,因此在环境变化剧烈的气候节点附近,我们会发现人象冲突。与人虎冲突类似,人象冲突也是环境危机造成的结果,有着气候危机的参与。

社会响应律

▶ 人类社会的响应:中国的人口

人类社会对气候脉动的响应,最简单最直接的响应是人口危机。由于气候恶化导致死亡率的上升和儿童存活率的下降,有必要让政府出面来解决问题,提供农业社会的典型福利,这是农耕社会特有的现象。只有农耕文明才有"多子多福"的观念,其他文明都存在粮食瓶颈,不敢放手推动人口生产。由于农耕生产方式可以有较多的盈余,可以养活一大批官僚阶层,他们为维持这一"宏寄生"结构而殚精竭虑,谋划长远,所以在某些气候节点出现人口危机,我们会发现以"胎养令"形式出现的政府救助行为。

中国历史上因为气候危机,经常会发生以"胎养令"形式出现的人口危机。对此我们可以从古代政府发出"胎养令"的时机可以认识。我们把历史上人口危机(11次"胎养令")的发生时机与预报时间总结成下表(表3),会发现简单的规律性。

表3 历代胎养令(人口危机)发生的时机与气候节点

	时机	政府干涉的内容	预期气候节点	气候特征
汉代2次	前200	"民产子,复勿事两岁"[1]。	210	冷相
	85年	"今诸怀妊者,赐胎养谷人三斛","人有产子者复,勿算三岁","复其夫,勿算一岁,著以为令"[2]。	90	冷相
南北朝4次	489	"申明不举子之科;若有产子者,复其父"[3]。	480	暖相
	497	"民产子者,蠲其父母调役一年,又赐米十斛。新婚者,蠲夫役一年"[4]。		
	503	"岁饥,以月俸治粥,广活饥民,禁民产子不举,有孕者辄助其资金。全活者千余家"[5]。	510	冷相
	517	"若民有产子,即依格优蠲"[6]。	510	冷相
唐代2次	629	"戊戌,赐孝义之家粟五斛,八十以上二斛,九十以上三斛,百岁加绢二匹,妇人正月以来产子者粟一斛"[7]。	630	冷相
	806	"令诸怀姓者赐胎养谷人三斛"[8],并沿用汉朝的政策:"令人有产子者,复勿算三岁。","复其夫勿算一岁,著以为令"[9]。	810	冷相
宋代3次	1138	"禁贫民不举子,有不能育者,给钱养之"[10]。	1140	暖相
	1169	"诏应福建路有贫乏之家生子者,许经所属具陈,委自长官验实。每生一子给常平米一硕,钱一贯,助其养育,余路州军依此执行"[11]。	1170	冷相
	1195	五月,"修胎养令,赐胎养谷,诏诸路提举司相度施行"[12]。	1200	暖相

上述11次"胎养令",基本都是发生在冷相气候冲击的时段。有3次虽然发生在暖相气候节点,仍然表现出冷相气候特征,说明气候变冷带来的气候冲

1 (汉)班固,汉书·高帝纪 [M].北京:中华书局,1962。另见西汉会要·卷47。

2 (晋)范晔,后汉书·章帝纪 [M],北京:中华书局,1965。

3 (唐)李延寿,南史·卷四·齐本纪上。

4 (梁)萧子显,南齐书·卷六·本纪第六·明帝。

5 陆曾禹,康济录,中国荒政全书 [M]:第一辑第一卷,北京:北京古籍出版社,2004,第353页。

6 (唐)姚思廉,梁书·武帝本纪中。

7 (宋)欧阳修等,新唐书·卷二·太宗本纪。

8 (宋)王钦若等编,册府元龟·卷491·邦计部·蠲复三 [M],北京:中华书局,1960。

9 (晋)范晔,后汉书·章帝纪 [M],北京:中华书局,1965。

10 宋史·高宗本纪六 [M],北京:中华书局,1985。

11 (清)徐松辑,宋会要辑稿·食货59之45,北京:中华书局,1957。

12 (宋)撰者不详,两朝纲目备要·卷4,四库全书本。

击,外部表现是寒潮,是导致历代政府发出"胎养令"的重要原因,尤其是南北朝时期发生在南方的 4 次人口危机,在气候恶化的 30 年之间多次发生,是对冷相气候周期的应对措施。从这些规律性发出的"胎养令",我们可以大致认为这是气候变冷会带来人口危机,"胎养令"是人类社会应对冷相气候冲击的应对措施之一。

大部分人口危机都发生在气候节点附近,说明气候脉动通常在气候节点附近更显著。我们清楚知道其中一些气候冲击的触发原因,如 79 年的维苏威火山爆发扭转了当时的气候趋势,给社会带来了一连串的影响;还有一些我们不知道原因,如元和寒潮在全世界范围都有响应(玛雅文明衰败的起点,也是吴哥文明兴旺的起点),而其外部的触发原因难以确定。

宋代之后,中国不再发生人口危机,与 1300 年之后的小冰河期到来有关。小冰河期的冷相气候有利于"毁林造田",推动人口重心的南移,降低了因暖相气候导致的干旱和瘟疫带来的高死亡率,引进外来物种带来土地产出的增加,共同推动了人口的增加。

透过这些旨在挽救人口的措施,也可以认识当时的环境危机。气候对社会的最典型影响是通过人口的波动来实现。当冷相气候来临之际,日照减少,灾情增加,农业收成减少,所以农业面临收成危机,传递到社会上,就是人口危机,尤其是儿童的死亡率增加。

▶ 人类社会的响应:欧洲的饥荒

相比之下,欧洲缺乏日照,因此农耕事业不够发达。有限的日照无法支持农耕产出,养不起官僚阶层,因此欧洲在罗马之后无法统一,只能以松散自救的方式独立存在。在气候脉动下,欧洲国家在气候节点附近频繁发生饥荒。与中国人更担心降水不足导致旱灾蝗灾不同,欧洲农民更担心由于降雨过多而导致太阳能输入不足。当北大西洋暖流带来过多的降水时,欧洲的收成都会因太阳能输入不足而毁掉。在小冰河期(1300～1860)的前后,欧洲国家发生了 35 次饥荒[1],它们的时间和气候背景在下表中给出。

---

1 Alfani, G., Grada, C.O., Famine in European History, Cambridge University Press, 2017, pp: 8-9.

表 4　小冰河期欧洲的主要饥荒及其发生的气候背景

序号	欧洲饥荒	气候节点	气候模式	英国饥荒	序号	欧洲饥荒	气候节点	气候模式	英国饥荒
1	1256～1258	1260	暖相	1256～58	18	1647～1652	1650	冷相	
2	1302～1303				19	1659～1662	1650	冷相	
3	1315～17	1320	暖相	1315～17	20	1675～1676	1680	暖相	
4	1328～1330				21	1678～1679	1680	暖相	
5	1339～1340				22	1693～1700		冷相	
6	1346～1347	1350	冷相		23	1708～1711	1710	冷相	
7	1374～1375	1380	暖相		24	1719	1710	冷相	
8	1437～1438	1440	暖相	1437～1438	25	1728～1730			1727～30
9	1521～1523	1530	冷相		27	1740～1743	1740	暖相	1741～42
10	1530	1530	冷相		28	1763～1765	1770	冷相	
11	1556～1557	1560	暖相	1555～57	29	1771～1772	1770		
12	1569～1574	1560	暖相		30	1787～1789			
13	1585～1587	1590	冷相	1585～87	31	1794～1795	1800	暖相	
14	1590～1598	1590	冷相	1594～98	32	1803～1805	1800	暖相	
15	1600～1603	1590	冷相		33	1816～1817			
16	1620～1623	1620	暖相	1622～23	34	1845～1850			
17	1625～1631	1620	暖相	1629～31	35	1866～1868	1860	暖相	

从这张表中我们可以看出，大多数饥荒是由气候节点附近的环境危机引起的。欧洲的农业产出受到两个因素的限制，高纬度导致的太阳能输入微薄，以及北大西洋暖流带来的温暖和降水。洋流带来降水，而太阳能输入决定总收获量。欧洲的饥荒通常意味着阳光不足或降水过量（两者通常同时发生）。当我们深入研究历史记录时，欧洲的大多数饥荒是由过度降水和微薄的太阳能输入引起的。仅仅因为吃潮湿干草而毁了牛群这样一个单一的原因，许多欧洲人不得不离开他们的家乡以获得更好的阳光条件[1]。这是一种环境决定论。

根据位置的不同，一个地方可能在特定的气候模式下遭受的影响更大。例如，英国在 7 个气候节点附近经历了 10 次饥荒，发生在全球降温节点的饥荒只有一次。这意味着全球变暖的气候节点对不列颠群岛的农民来说更容易发生饥荒。据布莱

1 许靖华著，甘锡安译，气候创造历史，北京，生活读书新知三联书店，2014.5。

恩·费根（Brian Fagan）的观察[1]，英国的大部分饥荒是由于降水过多和日照时间缩短造成的。这与中国在灾情形势形成鲜明对比。欧洲农业经济的核心难题是纬度太高、日照不足。平时欧洲的气候收到北大西洋暖流的帮助，可以比西伯利亚暖和很多。然而暖相气候多降雨，则放大了日照不足的缺陷，导致农业大规模歉收。这一点与中国的收成形势恰好相反。中国的暖相气候特点是日照增加，农业容易增产，虽然旱蝗也会造成困扰，但大体上是暖相收成更多的，有利于推广常平仓（农业生成过剩，需要国家收储）。也就是说，暖相气候下，本来应该降在中国的降水落到欧洲去了，所以欧洲的农业生产在多雨少阳光的推动下收成陡降，奠定了欧洲饥荒的根源。这是地理条件与气候危机共同造成的结果。

尽管两种节点附近都可能出现丰收和歉收，但我们可以粗略地推断出全球变暖的气候模式对中国有利，对欧洲和英国更不利。另一方面，我们也可以大致得出结论，欧洲的降水来自中国（或远东地区），这种"跷跷板"式的气候变化可以通过"零和游戏"的方式影响着欧洲和中国。这是"中欧科技大分流"背后的背景原因（之一）。

▶ 社会的其他响应

除上述问题，古代社会还会如何响应气候变化的呢？笔者前一本书《气候与社会》[2]总结了18条响应规律，这里引用过来作为社会响应的基本模式，可以帮助我们认识每一个气候节点的响应内容和模式。换句话说，本书的主要内容都是按照这个响应模式而选取的，因此可以相互验证，共同体现气候的脉动性和历史的周期性。

首先，气候变化的最大影响反映在日照期长短和灾情频率，对农业主导的古代政府而言，就是税收和支出的变化，产生经济危机。丰收了，粮价跌，为了社会稳定，政府需要站出来办常平仓来平衡物价（保证农民的收入，维持社会稳定）；歉收了，粮价高，政府需要鼓励地方人士积极兴办社仓和义仓，通过民众的自发保险行动来维持社会的稳定性。这些社会保险思想的突然发生背后，往往是气候脉动导致的环境危机。具体说来，就"暖相办常平，冷相办义仓"。由于没有常平仓，所以会发生在1932年的丰收之后，叶圣陶创作了《多收了三五斗》，描述了生产者因为丰收而收入减少的悲剧命运。

1 Fagan, B., The Little Ice Age: How Climate Made History, 1300－1850, Revised edition, Basic Books, 2019.
2 麻庭光，气候与社会，上海科技文献出版社，2021.4.

其次，在冷相气候危机面前，存在日照期缩短和灾情增加的趋势，给社会带来人口危机，这时候又需要政府的资助来维持社会稳定。所以，政府的福利革命(举子仓、居养法与漏泽园)通常发生在气候节点，尤其是冷相气候节点。

第三，中国气候整体温暖，因此常见的瘟疫与寄生虫和昆虫有关，所以，我们会看到"冷相多疟疾，暖相多肺炎"的一般规律。气候冲击带来瘟疫，瘟疫推动医学革命。在中医理论的发展背后，也有不同气候危机带来的不同性质的瘟疫挑战，导致明代的中医理论在"伤寒"与"温病"之间摇摆不停。

第四，面对环境危机造成的经济危机、人口危机和瘟疫危机，社会必然会产生求神问卜的行动，带来宗教和占卜事业的高涨，推动各种形式的宗教改革。其中，最重要的干涉力量来自政府，政府通过"毁淫祠"来打压异常的宗教行为，有一个重要的目的是缓解通货危机或经济危机，并稳定社会的经济运行。

第五，农耕社会脱产的官僚管理阶层是靠农业税和商(交易)税来维持的，政府必须靠垄断性行业的挣钱来维持运转。农税过度征收，会引发农民暴动，带来更大的财政支出，因此在经济上提高农税经常会得不偿失，历史上只有明末的环境危机才干过。因此，历代都通过征收盐税、酒税和茶税来避免过度依赖农税的弊端。但气候变化不仅会影响消费(如酒类消费依赖气候变冷)，也会通过经济的扩张带来市场的波动(如暖相气候推动盐税和茶税的调整)，所以我们会在气候节点观察到各种经济改革行为，部分调整高价值商品的垄断性特征，推动农税、盐法、酒法、茶法等领域的改革，保持农业社会的平稳运行。

第六，日照期缩短和灾情增加导致政府支出的增加，产生乙类政府钱荒，简单说来就是"冷相救灾钱不够"；相反，日照期增加和灾情减少推动农业产出增加，农业产出增加带来经济的扩张(剩余型经济危机)，导致甲类(市场)钱荒，简单说来就是"暖相税多钱不足"。经济扩张需要货币的支持，通常会导致对通货供应放松监管，增加替代通货(如代用筹码)来解决；冷相危机需要增加货币供应，通常使用"铸大币"或"印纸币"的方法来通货膨胀，缓解当时的短缺型经济危机。两种形式的货币危机交替发生，共同推动社会的货币改革，政策在钱荒、铜禁(防止铜币外流)和纸钞革命之间不断徘徊，构成了中国社会响应气候脉动的典型经济响应模式。

第七，金属货币是一种硬通货。由于地理条件的限制，中国的本土金属货币供应不足，需要其他耐用商品来替代补充硬通货，东南亚(南洋)和中东非洲的香药和象牙作为通货引入中国，起到了润滑经济的作用。海上丝绸之路的目的之一，就是增加通货供应,应对钱荒危机,于是有海外贸易的"潮涨潮落"与类似于"郑和下西洋"的海外招商行为。

第八,非农人口的发展,城市化率逐步提高,带来的后果是城市居民人口密度的增加,从而导致治安难题(夜禁)和消防难题(火禁)。一般而言,"冷相推动火禁,暖相推动夜禁",两者交替推动社会的城市管理队伍建设,导致了中世纪发生在中国的消防革命,推动城市文明的快速发展。

第九,气候冲击推动中国北方的渔猎和游牧等文明的超常规发展。当气候危机到来之后,这些文明的对策往往是挑战和攻击农耕文明,给历代政府带来严重的国防危机。长城建设是古代中国的应对文明冲突的对策之一。一般说来,建设长城的目的是"暖相保卫扩张,冷相防御入侵"。没有长城的防护作用,宋代就需要维持一支庞大的募兵队伍,给社会发展带来很大的经济负担;另一方面,也促进中国社会的贸易经济和手工业的超常发展,推动了宋代的能源革命和工业革命。

第十,南方的火耕社会经常会因为气候脉动发生动乱,土司制度是另一种应对文明冲突的措施。一般说来,"暖相改土归流,冷相改流设土",这一南方社会的响应模式,主导了中国的南方边疆政策调整的规律性,对中国的统一和边疆带来很大的影响。

第十一,货币不足推动的海外贸易需要开发手工业(陶瓷)和丝绸(纺织业)。采矿业、陶瓷业和纺织业在唐宋时期的超常发展,推动了自然能源(木炭)的短缺现象。在气候脉动带来的能源危机面前,引发的樵采危机和取暖危机一道,推动了宋政府以石炭(煤炭)为中心的能源革命和以水磨为中心的手工业革命。

所以,我们可以把中国社会对气候脉动带来的环境危机的响应模式,总结成以下的 23 种响应模式,制成下表[1]。

表 5　社会响应气候脉动的 23 种响应模式

序号	社会领域	响应模式	
		气候变暖	气候变冷
1	热带水果(柑橘)	向北方扩张种植	冻死
2	热带动物(大象、鳄鱼)	向北方扩张	向南方后退
3	水利工程	缺水需要整修陂塘	多水需加固排水
4	抗灾互救机制	高产需要平抑物价,常平仓	低产需要应对危机,社仓
5	人口	薅子危机	薅子危机 + 胎养令

1　麻庭光,气候与社会,上海科技文献出版社,2021.4.

序号	社会领域	响应模式	
		气候变暖	气候变冷
6	瘟疫	肺炎＋痢疾＋寄生虫病	疟疾＋痢疾＋小肠炎
7	医学革命	推广	突破／重大改革
8	佛教／淫祠崇拜	抑制民间信仰为货币	提倡民间信仰为稳定
9	钱荒／通货短缺	市场缺钱（甲类钱荒）	政府缺钱（乙类钱荒）
10	铸币权	鼓励民间私铸	收归中央垄断
11	纸钞革命	制度调整，金融扩张	制度创新，通货膨胀
12	农业税改革	改革增加政府收入	改革减少农民负担
13	盐法改革	市场扩张	制度改革
14	酒法改革	推进商法（征税成本低）	推进榷法（征税成本高）
15	茶法改革	规范茶消费	推动茶文化
16	海外贸易政策	规范限制市场	邀请海外贸易
17	消防对策	加强灭火（消）	加强防火（防）
18	消防制度	加强夜禁	加强火禁
19	游牧文明	人口增加，政治分裂	人口减少，政治集中
20	火耕文明	改流设土	改土归流
21	长城建设	保卫扩张	抵御入侵
22	水能开发	暖相市场扩张	冷相降水增加
23	能源危机	樵采危机	取暖危机

因为气候只有冷暖 2 种模式，社会的所有方面只能向 2 个方向发展。这种二分法的响应模式，构成了认识社会变化的理论基础。这 23 种响应模式基本覆盖了古代社会的重要改革事件，可以完整地认识社会的演化过程。

本书第二三部分将根据这些模式来选取气候变化的社会学证据，争取在一千年的时间范围内，通过典型的社会响应，认识背后的环境危机和气候挑战，帮助我们更好地认识气候影响社会和社会演化的规律性，同时也可以更好地帮助我们认识当时的环境危机。

本书第四部分将根据这些系统的、重复性的证据，认识历史上某一决策发生的重要条件和规律性，从而认识某些宏大课题的环境背景，如"经济改革之谜"、"海外贸易之谜"、"中医突破之谜"、"人口增长之谜"、"消防文化之谜"、"战争和平之谜"等，并总结出基于"天地人三才理论"的"环境决定论"。这些脉动性的变化可以让我们更好地认识某一次文明演化的外部条件和社会规律。

第二章
中世纪温暖期的改革

虽然历史事件是突然发生的,但这些事件都是在响应某种环境危机,而环境危机不是突然发生的,其中有着气候的稳定而巨大的影响。通过对比某一气候节点附近的多种植物、动物和人类社会的响应,我们可以更全面地观察气候对社会的深远影响。

公元720年:稻米流脂粟米白

▶ 气候特征

玄宗在位时的物候及作物分布证据表明,公元712～740年仍是一个持续的温暖期,东中部地区冬半年气温可能比1961～2000年高0.3℃。开元二年(714),"天下诸州,今年稍熟,谷价全贱"[1]。同年,设置龙门仓,收贮河东之谷,就近供应京师,以省关东漕运。

开元十二年(724),唐玄宗采纳洛阳人刘宗器的建议,"先是,洛阳人刘宗器上言,请塞汜水旧汴河口,于下流荥泽界开梁公堰,置斗门,以通淮、汴,擢拜左卫

---

1 旧唐书·志卷29·食货下。

率府胄曹。至是,新漕塞,行舟不通,贬宗器焉"[1],再次对汴河引黄水的入口进行了治理。说明暖相气候条件下,黄河支流的降水不足,需要疏通支流,保障运粮船的通行。

开元十九年(731),扬州地区出现大面积的再生稻,即"扬州奏秬生稻二百五十顷,再熟稻一千八百顷,其粒与常稻无异"[2]。

景云至开元年间(711~741),洛阳曾三次上献瑞麦。开元十三年(725),河南道寿安县(今河南宜阳)"开元十三年,河南府寿安县人刘怀家有大麦六亩先熟,与众麦殊色,其中有两歧、三歧、四歧、六歧者"[3]。

迟至开元年间(727~741),河州敦煌道仍能"岁屯田,实边食,余粟转输灵州,漕下黄河,入太原仓,备关中凶年。关中粟米,藏于百姓"[4]。

▶ 洋流危机

气候的变化总是从洋流开始。唐开元元年(713)筑的捍海塘南起杭州盐官,北抵吴淞江,并先后在开元十年(722)、大历十年(775)和太和六年(832)得到过大规模整修,它一方面避免了因降水减少、入海淡水量锐减而导致的海潮倒灌及沿岸土地的盐渍化,另一方面也有利于滨海、滨湖地带的土地围垦。上述3个节点都是暖相节点,说明当时的洋流模式偏向于在钱塘江冲击捍海塘。这与小冰河期到来之后,主要是冷相节点造成海塘危机存在显著的不同。

▶ 就食危机

伴随着关中地区的降水危机,有隋唐政府的就食行动。这些就食行动是由于洛阳的粮食因渭河水浅无法运输到长安,因此也可以看作是唐代降水危机的变相表达。

开皇四年(584),隋文帝"驾幸洛阳,关内饥也"[5]。

开皇十四年(594),"八月辛未,关中大旱,人饥。上率户口就食于洛阳"[6]。

---

1 旧唐书·志卷29。
2 太平御览·卷2·嘉谷。
3 太平御览·卷838·百谷部2。
4 太平广记·卷485。
5 隋书·帝纪第1。
6 隋书·帝纪第2。

总章元年（668），"京师及山东、江淮大寒"，高宗诏命关中百姓外出就食。

唐中宗（705～710）的时候，关中再次饥荒，大臣们请求皇帝再次临幸洛阳，遭到唐中宗的拒绝，他说："岂有逐粮天子邪？"

在40多年的统治生涯中，唐玄宗东巡洛阳五次，分别是开元五年、十年、十二年、十九年和二十二年，跨度从公元717年到734年，恰好是暖相气候高峰年附近。

就食危机的解决，一方面是漕运改善（广通渠工程），另一方面是气候变冷导致安史之乱，安史之乱推动人口和经济中心的南下，间接缓解了关中地区的粮食压力。这从另一方面验证了"暖相（中原）缺水"的规律性，与中国古代水利工程的三大目的（旱灾灌溉、涝灾排水和水路运输）是一致的。隋唐时期长达150年的就食行动（584～734），伴随着无盐税无酒税的自由经济（583～722），是暖相气候与人口基数（小）共同造成的结果。

▶ 姚崇治蝗

开元四年（716），"山东大蝗，民祭且拜，坐视食苗不敢捕"[1]。通常蝗灾伴随着旱灾，是暖相气候的典型特征之一。政府一次又一次地干涉灾情，也是农耕文明摆脱火耕文明的多神论和被动史观，走上无神论道路、主动干涉灾情的重要原因。

▶ 消防火瓦

唐景云元年至开元初（710～714），"宋璟转广州都督，仍为五府经略使。广州旧族以竹茅为屋，屡有火灾。璟教人烧瓦改造店肆。自是，无复延烧之患"[2]。

图4　山西新绛稷益庙
明代壁画《捆蝗图》

▶《水部式》

针对经常性的缺水危机，唐开元年间第三次修订和颁布了针对农田水利管理

1　新唐书·卷124·列传第49·姚崇传。
2　旧唐书·宋璟传。

的法律来分配和管理水资源。这是我国最早的一部全国性水利法规《水部式》。开元二十五年（737），朝廷出台了有关水碾用水的具体法令："诸溉灌小渠上，先有碾，其水以下即弃者，每年八月卅日以后，正月一日以前，听动用。自余之月……先尽百姓溉灌，若天雨水足，不须浇田，任听动用"[1]。这一用水法规的出现，标志着暖相气候带来市场扩张，推动唐代手工业的快速发展。

▶ 碾硙危机

由于气候变暖导致水资源紧张，带来一个附带问题是手工业发展的水能危机，或称碾硙危机。

开元九年（721），京兆少尹李元纮奏疏："三辅诸渠，王公之家缘渠立硙，以害水田。一切毁之，百姓蒙利"[2]。

在此之前，永徽六年（655），"永州长史长孙祥奏言：'往日郑白渠溉田四万余顷，今为富僧大贾，竞造碾硙，止溉一万许顷。'于是高宗令分检渠上碾硙，皆毁撤之。未几，所毁皆复"[3]。

广德二年（764）三月，"户部侍郎李栖筠等奏拆京城北白渠上王公、寺观碾硙七十余所，以广水田之利，计岁收粳稻三百万石"[4]。

大历十三年（778），"复召为京兆尹。……十三年，泾水壅隔，请开郑、白支渠，复秦、汉故道以溉民田，废碾硝八十余所"[5]。"先是，黎干奏以郑白支渠硙碾拥隔水利，人不得灌溉，请皆毁废"[6]。

唐代共发生四次碾硙危机，除第三次外，都发生在气候变暖的节点。气候变暖带来的降水危机，推动了水利工程的开发，从供给侧增加了水磨的可用水能供应。另一方面，气候变暖导致经济和市场扩张，也从需求侧推动了可控水能的开发利用，两者共同推动碾硙应用的增加，推动了工业化的进程。下图是大约在1140年前后李唐绘制的一幅碾硙工作场景（见图5），与唐代的碾硙差别不大。

---

1 唐耕耦，陆宏基编：《敦煌社会经济文献真迹释录（第二辑）》，北京：全国图书馆文献缩微复制中心，1990年，第579-581页。
2 唐会要·卷89。
3 元和郡县图志·卷1·关内道。
4 唐会要·卷89。
5 新唐书·卷145·黎干传。
6 唐会要·卷89。

图 5　李唐《清溪渔隐图》局部，藏于台北故宫博物院

除此以外，当时的暖相气候推动了市场扩张，带来水能开发利用的高潮。景龙末年（707～710），"（王）晙始改筑罗郭，奏罢屯兵及转运。又堰江水，开屯田数千顷，百姓赖之"[1]。开元初（711），"先是，河、汴之间有梁公堰，年久堰破，江、淮漕运不通。（李）杰奏调发汴、郑丁夫以浚之，省功速就，公私深以为利，刊石水滨，以纪其绩"[2]。

▶ 水稻推广

开元年间，由于日照（太阳能供应）的增加，黄河流域的水稻种植盛极一时。高宗、武后年间，地处关中的同州即种植了水稻，宰相苏颋（670～727）曾言"变芜粳稻实，流恶水泉通"[3]。开元七年（719），水利学家姜师度迁任同州（今陕西大荔县）刺史，"又于朝邑、河西二县界，就古通灵陂，择地引洛水及堰黄河灌之，以种稻田，凡二千余顷，内置屯十余所，收获万计"[4]。开元八年（720）九月，唐玄宗在《褒姜师度诏》中特别提到："昔史起溉漳之策，郑国凿泾之利"，使"今原田弥望，畎浍连属，蘫来榛棘之所，遍为秔稻之川"[5]。这里唐玄宗又提到的两位水利名人，史起是魏襄王

1　旧唐书·列传卷 43·王晙传。
2　旧唐书·列传卷 50·李杰传。
3　[唐]苏颋：《奉和圣制至长春宫登楼望稼穑之作》，《全唐诗·卷 74》。
4　旧唐书·列传·卷 135。
5　册府元龟·卷 678·牧守部·兴利劝课。

（前318～296年在位）时代人，郑国花了10年时间（前246～前236）主持修建郑国渠。上述三人都是在暖相气候节点附近因兴修水利、开发北方的农业而出名，当时的暖相气候造成了关键的机会窗口，为三人创造了青史留名的条件。

开元二十二年（734）七月，"甲申，遣中书令张九龄充河南开稻田使"[1]。开元二十五年（737），"夏四月庚戌，陈、许、豫、寿四州开稻田"[2]。二十六年（738），"京兆府新开稻田，并散给贫人"[3]。开元中，大臣宇文融亦曾筹划"开河北王莽河，溉田数千顷，以营稻田"[4]。由于京兆府的"水土稻"质量好，当地还将该种稻米纳入贡赋名单。

▶ 茶叶普及

中国的茶文化，始于唐玄宗开元年间（713～741）。"开元中，泰山灵岩寺有降魔大师大兴禅教，学禅务于不寐，又不夕食，皆许其饮茶。人自怀挟，到处煮饮，从此转相仿效，遂成风俗。自邹、齐、沧、棣，渐至京邑，城市多开店铺煎茶卖之"[5]。这段话勾勒了茶叶消费的缘起，代表着中国（也是世界）茶叶消费的从无到有，是一种消费革命。随着气候变暖，禅宗得到推动和广传，和尚需要念经，又存在"过午不食"的习惯，只好靠喝茶充饥。当时的泡茶方式，还是以煎（煮）茶为主，与现在的泡茶有所不同。茶叶消费的普及，标志着某种消费革命，又推动了60年后榷茶政策的出现。

▶ 置常平仓

唐玄宗开元二年（714）九月，唐政府下诏书命令在全国范围扩大在京师实行的常平仓制度。"九月二十五日敕，天下诸州，今年稍熟，谷价全贱，或虑伤农。常平之法，行之自古，宜令诸州，加时价三两钱籴，不得抑敛"[6]。开元七年（719），常平仓推广到其他州县。"六月敕关内、陇右、河南、河北五道，及荆、扬、襄、夔、绵、益、彭、蜀、汉、剑、茂等州，并置常平仓。"[7]正是由于气候变暖，日照增加，导致了"今年稍熟，谷价全贱"的丰收增产效果。

---

1 旧唐书·卷8·玄宗本纪。
2 旧唐书·卷8·玄宗本纪。
3 旧唐书·卷52·食货志。
4 新唐书·卷41·地理志。
5 （唐）封演，封氏见闻记·饮茶。
6 旧唐书·志卷29·食货下。
7 唐会要·卷88·盐铁。

在上一个气候周期的永徽六年（655），唐政府也曾经经历普遍的丰收，要求各地建立常平仓来挽救物价。也就是说，暖相气候带来日照增加，推动农业生产的丰收，也是推动设立常平仓的主要原因。

▶ 恢复盐税

唐开元十年（722）八月十日，因财用不足（即暖相气候造成的市场扩张带来的甲类货币危机），玄宗采纳左拾遗刘彤建议，派御史中丞与诸道按察使检校海内盐铁之课，逐步恢复征收盐税，结束了自从公元583年隋文帝废除盐税以来近130年中国政府运行无需征收盐、铁、酒税的局面。盐税具有易垄断性、普及性、（人均）公平性等特征，在中国的商业文明发展历程中具有重要地位，是农业社会除土地税人口税之外的最主要税种，承担着调节社会税负、维持社会稳定的重任。

▶ 铸币权争议

唐玄宗开元二十二年（734），宰相张九龄建议："古者以布帛菽粟不可尺寸抄勺而均，乃为钱以通贸易。官铸所入无几，而工费多，宜纵民铸。"[1] 他提出许民自铸的主张来缓解钱荒，遭到群僚反对，这是中国历史上著名的第四次铸币权之争（一共四次）。秘书监崔沔（miǎn）提出反对放铸的理由说："夫国之有钱，时所通用，若许私铸，人必竞为。各徇所求，小如有利，渐忘本业，大计斯贫……况依法则不成，违法乃有利。"[2] 由于反对自由铸钱的人占优势，张九龄的建议没有被采纳，只是再一次下令禁止恶钱的流通。

铸币权之争的本质是因为市场上通货供应不足（甲类钱荒），来源于暖相气候造成的市场扩张、产量增加造成通货不足。本地贵金属储量产量不足问题，一直困扰着中世纪的中国，也推动着唐宋时期的中国社会全面挖掘商业潜力，推动（手）工业、农业和商业的超前发展和繁荣。

▶ 屯田事业

唐开元年间，云州设有7乡，并有吐谷浑、党项、沙陀等民族从事牧业，南面的岚

---

1 （宋）欧阳修，宋祁，新唐书·食货志四，北京：中华书局，1975：1385。
2 文献通考·钱币一。

州、代州、朔州、蔚州分别设有 23、28、13、11 个乡，并设有牧马监[1]。《南宋本大唐六典校勘记》记，现今的怀柔、密云、蓟县、卢龙、抚宁、朝阳等地在开元年间共设有 95 个屯开垦农田。这意味着当时已经气候变暖，原本日照不足的地方也可以有足够的农业产出支持农耕生产方式。历史上的屯田大部分是因为气候变暖，日照增加带来可耕种面积增加，需要开荒；少部分是因为气候变冷人口减少，需要集体劳动，整修水利，因此在气候节点都有可能发生集体性的开荒行动。

▶ 市舶使

开元二年（714），"柳泽，……开元中，转殿中侍御史，监岭南选。时市舶使、右威卫中郎将周庆立造奇器以进"[2]。从有限的史料判断，这是古代朝廷管理南方海外贸易机构市舶使的最早记载，代表了暖相气候下市场扩张，海外贸易兴盛的大趋势，需要专人专职进行管理。派出市舶使，标志着海外贸易的政府推动和专人管理，是中国商业文明崛起的另一个重要标志。

▶ 大庾岭工程

唐玄宗开元四年（716），张九龄告病归乡时经过大庾岭（后改名梅关），上奏玄宗，请求开凿大庾岭路，改善南北交通，以利"齿革羽毛之殷，鱼盐蜃蛤之利"运抵中原，达到"上足以备府库之用，下足以赡江淮之求"[3]目的。是年十一月，大庾岭路动工，仅用了两三个月时间就完成了。这一工程破解了南方的交通瓶颈，奠定了广州的海外贸易中心地位，是中国商业文明崛起和海外贸易兴盛的标志性事件。

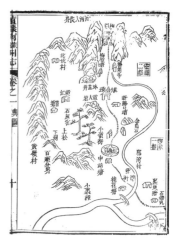

图 6　道光《直隶南雄州志》所载梅关（大庾岭）古道图

▶ 历法改革

开元九年（721），因《麟德历》所推算的日食不

1　（唐）元和郡县志。

2　（宋）欧阳修，新唐书·柳泽传，另见册府元龟·卷 546·谏诤部·直谏。

3　（唐）张九龄，开大庾岭路记，见王水照．传世藏书·集库·总集·7-12·全唐文·1-6 [M]．海口：海南国际新闻出版中心，第 2057 页。

准,唐玄宗命僧一行重新造历。一行受诏改历后,首先在开元九年(721)率府兵曹参军梁令瓒设计并制造了自创的黄道游仪,从事岁差现象(当时认为岁差是黄道沿赤道西退,实则相反)的实测和模拟研究。其次,组织发起了一次大规模的天文大地测量工作,提供了相当精确的地球子午线一度弧的长度。第三,全面研究了我国历法的结构,并且参考了当时天竺国(印度)传来的历法知识,在开元十五年(727)发行了《大衍历》。大衍历弃用表征寒冷气候的《正光历》"七十二候"时令,复用西汉后期使用的《逸周书·时训解》中的时令。在该时令中,山桃的始花日要比1961~2000年平均日期早4天以上,因此代表了当时的暖相气候特征[1]。最后,一行和梁令瓒等又设计制造水运浑象仪,是我国历史上计时技术领域的一大突破。

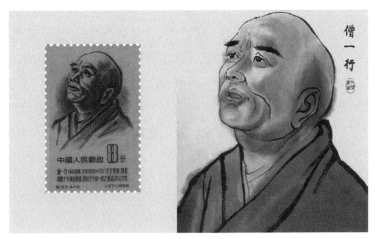

图7　僧一行开发的《大衍历》有印度历法的贡献

大衍历虽然对天体运动预报很准,但其物候学证据偏重当时的暖相气候特征。当气候变冷之后,《大衍历》因为提供的物候特征不能反映真实情况而被放弃,让位于更适应冷相气候的《五纪历》(注意,五纪就是六十年,代表着古人对气候周期的认识)。另一方面,大衍历的历法推算仍然是高度准确的,虽然日本不需要中国的物候来指导农业生产,但大衍历仍然能够在日本得到推崇,流行使用了很久。

▶ 公共医疗

开元十一年(723)七月,唐玄宗下诏,"自今远路僻州,医术全无,下人疾苦,将

---

1 葛全胜,中国历朝气候变化 [M],科学出版社,2011,第 305 页。

035

第二章　中世纪温暖期的改革

何侍赖？宜令天下诸州,各置职事医学博士一员,阶品同于录事。每州写《本草》及《百一集验方》,与经史同贮。"[1] 这是书中第一次提到唐政府对瘟疫的免费支持态度,说明暖相气候带来的瘟疫危机需要政府的强力干涉才能减少人口的损失。

无独有偶。汉元始二年(2),"民疾疫者,空舍邸第,为置医药"[2]。也就是西汉政府需要设置医院专收患疫病者,免费提供医疗服务。这两件事都说明暖相气候带来的流行病瘟疫需要政府资源才能得到控制(见第四章古代的医学革命发生时机),也间接说明暖相气候下的政府有实力提供经济上的支持。

▶ 宗教危机

暖相气候必然会推动民间信仰的兴盛,这些民间信仰吸纳了大量的民间资本,必然会招致缺乏商业资本的农耕政府的干涉,于是有不断发生的"毁淫祠"运动。开元十七年(729),韦景骏任房州刺史,其地"穷险,有蛮夷风,无学校,好祀淫鬼。景骏为诸生贡举,通隘道,作传舍,罢祠房无名者"[3]。开元二十四年(736),卢奂为陕州刺史,此地亦尚"淫祀",他推行"毁淫祠"。当地人通过一首无名作者的短诗《陕州语》表达了当时社会对他的支持态度,"不须赛神明,不必求巫祝,尔莫犯卢公,立便有祸福"。暖相气候危机容易造成信仰的扩张,而民间信仰对于货币和财富的汇聚引流作用,是招致政府干涉的重要原因。

▶ 募兵制崛起

开元十年(722),宰相张说以宿卫之数不给,建议招募强壮。次年,募取京兆、蒲、同、歧、华等州府兵及白丁为长从宿卫,是为募兵制的肇始。天宝八载(749)鉴于军府无兵可交,遂停折冲府上下鱼书,府兵制终于废止。府兵制起于西魏大统八年(542),终于天宝八载(749),前后维持了207年,约3.5个气候周期。

府兵制的衰落与募兵制的崛起,对于发展商业文明具有重要的意义。募兵制从720年一直维系到1279年(一共560年,伴随着商业文明的繁荣时段,完整覆盖从公元750到1250年之间的商业文明周期),其后又回到准府兵制或卫所制,代表着对外部威胁和内部经济的重新认识。

---

1 (宋)宋敏求,唐大诏令集·卷114·医术·令诸州置医学博士诏。

2 汉书·卷十二·平帝纪第十二。

3 (宋)欧阳修等,新唐书·卷一百九十七·韦景骏传。另见,新唐书·循吏传。

图8　西域壁画中的唐朝武士与制式武器

　　由于募兵制需要强大的中央财政支持，各级政府不得不大力发展经济，工商农牧业都得到同步的推动和发展，而府兵制把国防重任分派给少数人，经济上越办越贫穷，越办越腐败，虽然支出少，农民负担轻，但无法有效推动社会的发展。因此，这一事件对于中华文明在中世纪的超前发展具有重大的标志性意义。为了维持募兵制，中世纪的中国进行了一系列改革，带来宋代商业经济高度发达的辉煌成果。

▶ 安南之乱

　　唐玄宗开元初年，安南首领梅玄成叛乱，自称"黑帝"。与林邑、真腊国通谋，攻陷安南府。开元十年（722），唐玄宗命宦官杨思勖（xù）率兵讨之。杨思勖军至岭表，募兵十余万，取东汉伏波将军马援的故道以进，出其不意。玄成突然闻听唐兵来到，计无所出，竟为所擒，临阵斩首。安南之乱，符合暖相气候条件下，南方社区容易发生内乱的大趋势，间接导致"司马迁陷阱"（见第567节）。

▶ 时代之歌

　　杜甫在其《忆昔二首》一诗中追忆开元时的盛况，说："忆昔开元全盛日，小邑犹藏万家室。稻米流脂粟米白，公私仓廪俱丰实。九州道路无豺虎，远行不劳吉日出。齐纨鲁缟车班班，男耕女桑不相失。"气候变暖带来的日照增加，推动南方水稻和北方粟的产量增长,导致丰衣足食的局面。

在气候变暖、日照增加的帮助下,才会有交通革命、水利立法、海外贸易革命、水稻革命、铸币权争议、公共医学突破、碾硙危机(工业革命)、茶叶普及(消费革命)、消防火瓦(消防革命)、军制改革等一系列社会响应。背后的原因,离不开导致"稻米流脂粟米白"的阳光雨露条件。

公元 750 年: 欲渡黄河冰塞川

▶ 气候危机

公元741年的一场提早38天的降雪拉开了气候变冷的序幕[1],并让唐玄宗改元天宝,并推动了其后30年的冷相气候。冷相气候通常伴随着洋流的恶化,因为气候变化的源头是北冰洋,北冰洋的信息需要通过洋流通过大西洋、印度洋才能传播到太平洋,所以气候变冷意味着洋流加剧,潮灾增加。

天宝四年(744),河南、河北诸郡"收麦倍胜尝(常)"[2]。湿润的气候,还为水稻在河南道等地的推广提供了条件,如张九龄"教河南数州水种稻,以广屯田"。一些年份的降水甚至过多,给华北地区造成了严重的涝灾。如天宝十三年(754)秋,"霖雨六十余日,京师庐舍垣墉颓毁殆尽"。

天宝十一年(752),全国在籍人口数约5997余万人,超过了隋朝,是整个唐朝户口的最高纪录。天宝十二载(753),"是时中国盛强,自安远门西尽唐境万二千里,闾阎相望,桑麻翳野,天下称富庶者无如陇右"[3]。由于中国西北存在"冷相气候暖湿化"的气候特征,楼兰古城的最后两批驻军,分别出现在270年和330年前后。所以唐代陇右地区在冷相节点表现出的富庶,是局部降雨条件改善的结果。安史之乱其实也是冷相气候推动北方降雨改善,导致北方经济实力大增的结果。

成书于大历元年(766)的《通典·食货六》也记有柑橘的贡地分布,彼时吴郡、襄阳等地已不复是柑橘贡地。这说明公元742~766年,柑橘的种植区域北界可能向南迁移,说明当时气候变冷的趋势。

---

1 葛全胜,中国历朝气候变化 [M],科学出版社,2011,第306-307页。
2 册府元龟·卷502·邦计部·平籴·常平。
3 资治通鉴·唐纪32。

大历二、三年（767～768），杜甫在三峡奉节观察物候"楚江巫峡冰入怀，虎豹哀号又堪记"、"冰雪莺难至，春寒花较迟"，又于大历四年过洞庭湖时观察到"寒冰争倚薄，云月迟微明"，这样的江湖封冻程度在现在的长江流域非常罕见的[1]。

由于气候恶化，天宝后期各地灾荒不断，唐政府被迫频繁蠲复，天下诸郡农户"生资"无着，普遍逃亡欠租，政府的粮食储备也逐渐枯竭。永泰二年（766），元结感叹："然忽遇凶岁，谷犹耗尽。三河膏壤、淮泗沃野皆荆棘已老，则耕可知太仓空虚、雀鼠犹饿，至于百姓则朝暮不足，而诸道聚兵百有余万，遭岁不稔，将为何谋？"[2]

▶ 广州蕃坊

开元二十九年（741），在广州城西设置"蕃坊"，供外国商人侨居，并设"蕃坊司"和蕃长进行管理[3]。岭南、扬州、福州也先后设置了市舶司，对外贸易的主要港口还有登州（山东烟台蓬莱市）、明州（宁波）、泉州、交州港（比景港，今属越南）等等。由于该年气候突然恶化，意味着海上潮灾加剧，阿拉伯商人无法按期准时回国，只能留下暂时居住，这是推动阿拉伯商人留在广州、扩大海外贸易的关键性环境变量。由此可以推论，冷相气候带来洋流危机，导致海上贸易风险增加、成本提升，推动政

图9 广州唐代番坊遗址示意图

---

1 葛全胜，中国历朝气候变化 [M]，科学出版社，2011，第307页。

2 （唐）元结，元次山集。

3 （宋）朱彧，萍州可谈·卷2。

府不得不给海外商人提供避难停留经商的机会,间接促成了中东商人对中国市场的了解,推动了中世纪的海上丝绸之路开发。

▶ **历法调整**

"安史之乱"爆发后的天宝十六年(756),玄宗仓皇逃至蜀中(见图10),当地初霜较今蜀中地区竟提前了54天,表明当年四川气候已经转冷。也就在这一年,实施了29年的《大衍历》因为物候不准遭到普遍质疑,取而代之的是郭献之编纂的、于唐代宗宝应元年(762)施行的《五纪历》(一纪为十二年,五纪为六十年)。该历法仅仅是对《大衍历》稍作修改,根据当时的物候学特征判断,这是一部适应冷相气候的历法。

图10 (唐)李思训(一说李昭道)《明皇幸蜀图》(局部),藏于台北故宫博物院

▶ **捣练图**

天宝元年(742)八月,李白在朋友元丹丘的推荐下接到朝廷召他入京的诏书。他注意到在突然降温带来的气候危机中,全长安城的老百姓都在匆匆忙忙制衣,于是创作了《子夜四时歌四首·秋歌》:"长安一片月,万户捣衣声。秋风吹不尽,总是玉关情。何日平胡虏,良人罢远征。"同样在这一次寒潮中,女画家张萱给我们留下了一张反映宫廷生活的《捣练图》(约750年)。练就是未处理的丝,可以是蚕丝,也可以麻丝,这里是后者,代表着寒潮和环境危机对唐代社会的影响,

在宫廷和民间都产生了回响。《捣练图》相当于是唐代版的《耕织图》，符合应对环境危机的目的。以后宋元明清《耕织图》的出现，都符合这一气候脉动的社会响应模式。

图 11 《捣练图》绢本，张萱绘，藏于美国波士顿美术博物馆

▶ 瘟疫危机：广济方

唐玄宗天宝初（743），唐玄宗曾亲撰《广济方》颁行天下，并令郡县长官到处公示："又曰：天宝中诏曰：'朕顷者所撰《广济方》救人疾患，颁行已久，传习亦多。犹虑单贫之家未能缮写，闾阎之内或有不知，倘医疗失时，因致夭横性命之际，宁忘恻隐？按庶郡县长官就《广济方》中逐要者於大板上件录，当村方要路榜示，仍委彩访使勾当，无令脱错。'"[1]《广济方》的发行，代表着气候变冷导致瘟疫增加，政府的又一次医学推广活动，代表新一轮气候危机带来的瘟疫危机。

▶ 税制的调整

天宝三年（744），诏令"每载庸调八月征，以农功未毕，恐难济办。自今以后，延至九月三十日为限"[2]。由于当时的秋熟期在阴历九月三十（阳历 10 月 29 日）结束，较唐初提前了 30 天，唐代秋粮征收时间不得不加以调整，以适应气候变冷的趋势。请注意，此时的税收发生在唐代两税法改革（农税部分货币化改革）之前，因此以实物税为主，而农产品实物税需要根据农业的收成季节进行调整。秋熟期提前意味着气候变冷，日照期缩短，太阳能输入减少，这是典型的冷相气候应对措施。

▶ 茶文化的崛起

天宝十三年（754），陆羽（字鸿渐）开始跋山涉水，到各地茶区考察茶事。上

---

1 太平御览·方术部·卷五·医四。
2 旧唐书·卷52·食货志。

元元年（760），陆羽抵达湖州，与抒山妙喜寺的茶僧皎然相识定交，并结庐隐居苕溪草堂。公元756年，陆羽根据32州郡茶区的实地调查资料，写出了中国和世界第一部茶学著作——《茶经》。后又经过多次修改，终于在建中元年（780），在释皎然（730～799）的支持下，修改后的《茶经》正式刊印。茶叶消费，一方面是市场扩张，另一方面也有寒冷气候的贡献。通过泡热茶，解决了饮用水卫生难题，也给国人带来了饮用开水的习惯和文化。

▶ 酒税改革

唐初无酒禁。乾元元年（758），"京师酒贵，肃宗以禀食方屈，乃禁京城酤酒，期以麦熟如初。二年，饥，复禁酤，非光禄祭祀、燕蕃客，不御酒"[1]，这是因小麦歉收而进行的短暂禁酒，目的是保证粮食供应。

安史之乱的爆发，令中央财政吃力，为了筹集军费，开始征收酒税。唐代宗大历二年（767），"定天下酤户纳税"[2]。"二年十二月敕天下州各量定酤酒户，随月纳税，除此之外，不问官私，一切禁断"[3]，官府登记全国的酒户，每个月必须缴完酒税，才可以卖酒，标准是长安附近的酒户交15文/升。建中元年（780），罢之。也就是说，这一轮榷酒制度维持了16年，因冷相气候而引发，因暖相气候而结束。

然而，因为战乱和经济危机，建中三年（782），"复禁民酤，以佐军费，置肆酿酒，斛收直三千，州县总领，醨薄私酿者论其罪。寻以京师四方所凑，罢榷"。贞元二年（786），"复禁京城、畿县酒，天下置肆以酤者，斗钱百五十，免其徭役，独淮南、忠武、宣武、河东榷麹而已"[4]。这一次为时很短，因为饥荒而禁酒，因为缺钱而榷酒，体现了社会响应冷相气候的经济危机所采取的有限对策的局限性。

通常，气候变冷总是会推动酒类消费的增加。所以，李白的"斗酒诗百篇"，也有气候变冷的贡献。

▶ 广通渠工程

在天宝元年（742）重开广通渠的水利工程，又叫漕渠，由韦坚主持，在咸阳附近

---

1 新唐书·卷54·志第44·食货4。
2 新唐书·卷54·志第44·食货4。
3 通典·卷11·食货卷11·鬻爵 榷酤 算缗 杂税 平准。
4 新唐书·卷54·志卷44·食货4。

的渭水河床上修建兴成堰。新渠的主要水源是渭水，同时又将源自南山的沣水、泸水也拦入渠中，作为补充水源。漕渠东到潼关西面的永丰仓与渭水会合，长150多千米。漕渠开通，有效缓解了渭河漕粮运输经常遭遇的干旱瓶颈，从此关中不再需要就食行动，原因是降雨增加、人口减少和漕渠工程。

▶ 鉴真之困

天宝二年（743），唐代最繁华的外贸城市扬州大明寺接待了两位日本遣唐使。二人奉天皇之命而来，特意邀请一位大唐高僧前往日本讲经传法。然而当时气候恶化、潮灾加剧的局面，也间接导致了鉴真和尚花了12年时间，经过5次失败，才在第六次东渡时到达日本。所以，一次简单的文化交流事件，因为靠近气候节点推动的宗教需求而引发，又因为潮灾而历经千难万阻，成为中日之间文化交流事业的一段佳话。

图 12　鉴真和尚坐像，藏于日本律宗总寺院唐招提寺

从鉴真之困，我们可以发现中日文化交流的历史，深受气候脉动的影响。

公元57年东汉送给日本使节的一枚"汉委奴国王"金印，在日本福冈县出土。这是中日两国的首次接触。这意味着当时曾经有日本使节利用气候变暖、海上交通风险降低的机会窗口，通过海路访问中国。

图 13　汉委奴国王金印,藏于福冈市博物馆

姫美子皇后(公元前 170～248 年)在魏国授予她"倭国统治者"的头衔后,于公元 238 年向魏国统治者派遣了一些使者和礼物。公元 243 年,又一批遣唐使再次访问中国。显然,他们充分利用了这一环境温升、洋流平和的交流窗口。

公元 478 年,另一批日本代表团被派往中国,这是第三个气候变暖的窗口。

根据《日本书纪》的记载,公元 544 年 12 月,一群肃慎移民乘船来到日本的佐渡岛。他们继续以捕鱼为生,但被当地的居民驱逐。显然这是利用暖相气候进行武装移民的一群气候移民。

大和氏于公元 600 年向中国派遣了遣唐使,并一直模仿中国文明。直到公元 838 年派遣了最后一批遣唐使,日本和中国之间的这一和平交流窗口持续了将近 240 年。

公元 660 年,著名将领安倍平夫上台,对日本北部的居民,包括伊佐和肃慎移民,发动了一系列袭击。有一次,他带着 200 艘船和土著人一起包围了一个肃慎人的营地。这些肃慎人迅速响应,派人与安倍平夫进行和平谈判。然而,他坚决拒绝了和平请求,所有肃慎移民都战死。

在公元 717 年派遣的遣唐使中,有一位不同寻常的天才日本学生,阿倍仲麻吕(Abe no Nakamaro,698～770,又名朝衡(晁衡))通过了汉语考试,成为了中国官僚体系的一员。阿倍仲麻吕不仅学识渊博,才华过人,而且感情丰富,性格豪爽,是一位天才诗人。他和唐代著名诗人名士,如李白、王维、储光羲、赵晔(骅)、包佶等人都有密切交往。天宝十二年(753),仲麻吕与鉴真和尚第六次东渡时同一批次出发回国,结果被恶化的洋流送到了越南,同行大部分人死于因语言不通导致的冲突中,只有精通汉语的他平安返回长安,并且终生因为洋流危机,无法回到自己的祖国。传闻他在海上遇难,李白听了十分悲痛,挥泪写下了《哭晁卿衡》的著名诗篇:"日本晁卿辞帝都,征帆一片绕蓬壶。明月不归沉碧海,白云愁色满苍梧。"阿倍家族是日本皇室分支,其子孙世代传承重要的岗位,后代包括前不久过世的日本前首相安倍晋三。

这些事件证明,日中两国早期的文化交流都是利用了气候变暖的气候窗口,气候变暖意味着海上旅行更加安全,在变暖的环境,中市场扩展也推动了文化交流的必要性。"鉴真之困"的本质就是气候恶化、洋流危机,这也是困扰中日之间海上贸易和文化交流的主要变量。

▶ 重视佛教

在冷相气候周期,有一位中国密宗最重要的创始者和开拓者兼著名佛经翻译家不空和尚受到了朝廷的尊崇和礼遇:753 年,河西节度使哥舒翰奏请至武威传密法,756 年被肃宗征召入朝,后又受到代宗的殊礼,说明冷相气候有宣传佛法、稳定社会的必要性。

▶ 突厥衰落

公元 742 年,巴斯米尔人(突厥人阿史那的后裔率领的突厥人分支)率领的附属部落联盟,推翻了突厥人的后突厥汗国。突厥汗国下属的回纥人骨咄录·颉跌利施可汗(又称骨力裴罗)领导的吴格尔人(现称维吾尔)随后在 744 年推翻了巴斯米尔人,成立回纥汗国。结果,突厥人被赶出大草原并进入了现代土耳其。这符合游牧文明在全球降温周期发生统一和融合的大趋势。

▶ 怛逻斯之役

怛逻斯之战(怛,音 dá)是唐朝安西都护府的军队与阿拉伯帝国的穆斯林、中亚诸国联军在怛罗斯相遇而导致的战役。战场在葱岭(今帕米尔高原)以北,具体位置还未完全确定。怛逻斯城得名于塔拉斯河,在今哈萨克斯坦塔拉兹市西约 18 公里。751 年 7 月,唐朝远征军与阿拉伯军队对攻了 5 天,由于仆从军葛逻禄突然叛变,唐军失利。这是阿拉伯与大唐几次边境冲突中唯一一次战胜安西军,该战导致了中国造纸术流传到西方。

▶ 安史之乱

公元747年至749年间，唐朝达到国力的顶峰，唐朝边防军深入印度边境作战，声称对喀布尔和克什米尔都拥有主权。然而，在公元751年的怛逻斯战役失利之后，唐对中亚的控制崩溃了。同年，唐朝军队入侵南诏的军事行动失败，损兵折将；新崛起的游牧邦联契丹在东北边境击败了第三支帝国军队。这三场政府军的惨败诱发了公元755年爆发并使中国瘫痪八年的"安史之乱"。

唐朝天宝十四年十一月初九（755年12月16日），身兼范阳、平卢、河东三镇节度使的安禄山趁唐朝内部空虚腐败，联合同罗、奚、契丹、室韦、突厥等民族组成共15万士兵，号称20万，以"忧国之危"、奉密诏讨伐杨国忠为借口在范阳起兵。安史之乱历经八年，从755年12月16日至763年2月17日，由唐朝将领安禄山与史思明背叛唐朝后发起，是同唐玄宗集团争夺统治权的内战，为唐由盛而衰的转折点。这场内战使得唐朝人口大量丧失，国力锐减。因为发起反唐叛乱的指挥官以安禄山与史思明二人为主，因此事件被冠以"安史"之名。又由于其爆发于唐玄宗天宝年间，也称天宝之乱。

▶ 广文馆

天宝九年（750），广文馆建立[1]。广文馆为进士考试的补习班，但补习者不是贵胄子弟，而是一向以孤寒著称的广文生。这说明气候变冷导致很多家庭经济困难，有必要在政府层面进行公平的帮助。广文馆的出现并未改变国子进士不景气的局面。不过，由于唐代流行贵族文化，广文进士排在进士的榜末，广文馆的地位一直建立不起来，只能借寓国子馆。同样是科举制，唐代的精英考试制度，与宋代的平民考试制度，形成鲜明的对比。

▶ 黑衣大食

公元747年，在呼罗珊爆发的阿布·穆斯里姆起义，有许多中亚农民和手工业者参加。阿拔斯利用了这次起义推翻倭马亚王朝，自立为哈里发，建立阿巴斯王朝。阿巴斯王朝（黑衣大食）取代倭马亚王朝（白衣大食），定都巴格达，后于1258年被

---

1 （唐）李肇，唐国史补·卷中。

蒙古旭烈兀西征所灭。在该王朝统治时期,中世纪的伊斯兰教世界达到了极盛,在哈伦·拉希德和马蒙统治时期(786～833)科学文化更达到了顶峰。阿巴斯王朝的游牧文明,兴盛于750～1258之间(约510年,一个完整的文明周期),与唐宋的募兵制和商业文明并行发展,是中世纪温暖期造成的结果,是暖相气候推动游牧文明崛起的典型代表。

▶ 丕平献土

公元751年,法兰克王国的宫相查理·马特之子丕平,在罗马教皇支持下废除墨洛温王朝末代国王自立,这便是加洛林王朝。当时的教会正处在伦巴第人的威胁之下,教皇迫切需要同盟者来帮助他对抗外来的干涉。于是丕平与教皇一拍即合,决定让"有实权的人称王"。公元751年,丕平在苏瓦松郑重地宣布了教皇的态度,依靠部分贵族的支持成功推翻了墨洛温王朝并将末代国王驱赶进了修道院,开创了加洛林王朝。

图14 赋予丕平权力的教皇

▶ 时代之歌

天宝三年(744),李白离开长安时所作《行路难·其一》:"闲来垂钓碧溪上,忽复乘舟梦日边。行路难! 行路难! 多歧路,今安在? 长风破浪会有时,直挂云帆济沧海。"今天我们认为这是李白的夸张和想象,其实当时的气候确实如此恶劣。

第二章 中世纪温暖期的改革

危险就是机遇,唐政府面临的洋流恶化困局,给日本带来了鉴真和盛唐文化。唐政府也作了历法、税收、宗教、水利、文化、艺术等改革措施来响应当时的环境危机。本节点对世界文明最大的影响是造纸术西传,原因却是"欲渡黄河冰塞川"。

公元 780 年:新雨山头荔枝熟

▶ 气候危机

公元 770～800 年,东中部地区的气候出现了明显的回暖,其中,公元 781～800 年东中部地区冬半年气温比 1961～2000 年高约 0.65℃。大历七年(772)四月乙未(5 月 15 日),诏曰:"……属盛阳之候,大暑方蒸,仍念狴牢,何堪郁灼?"[1]这说明当年春季回温较快,时令较早进入夏季。之后的公元 773/777/780 三年,西安地区连续出现"冬无雪"的现象。气候变暖,日照增加,意味着更大的收成。德宗朝(780～805)宰相陆贽(754～805)曾上奏"近岁关辅之地,年谷屡登","比岁关中之地,百谷丰成"[2]。

图 15　唐人宫乐图,藏于台北故宫博物院

1　旧唐书·本纪·卷 11·代宗。
2　文献通考·卷 25·国用考 3。

公元 779 年,宰相杨炎建议唐德宗开始两税法改革;为配合两税法改革,建中元年(780),据大历十四年(779)之议,唐廷将夏秋粮的税收时间改回"夏税六月内毕,秋税十一月内纳毕"的旧例,说明公元 780 年以前的气候已回暖至与唐初相仿的程度,约比 1961～2000 年高 0.97℃。

兴元元年(784)改用《正元历》,这是一部代表暖相气候的历法,以适应当时气候变暖的趋势。在这种气候条件下,诞生了《唐人宫乐图》(见图 15),具体创作时间不详。

▶ 旱灾危机

永泰二年(766),"关内大旱,自三月不雨,至于六月"。贞元年间的 21 年(785～806)中,有 8 年发生旱灾,一些河流甚至断流,如贞元元年(785)春,"旱,无麦苗,至于八月,旱甚,灞、浐将竭,井皆无水。六年春,关辅大旱,无麦苗"[1]。为了减灾祈福,德宗、宪宗积极赈济,如贞元十五年(799)德宗"以久旱岁饥,出太仓粟十八万石于诸县贱粜"[2]。汉代时修建的水利工程鸿隙陂,运行了近千年,终于在这一轮干旱危机中被开发垦殖殆尽,再也没有恢复昔日的储水盛况。

大历七年(772)十月唐廷"以淮南旱,免租,庸三之二";贞元元年(785)春,"旱,无麦苗,至于八月,旱甚,灞、浐将竭,井皆无水";贞元七年(791),"扬、楚、滁、寿、澧等州旱"。

大历十二年(777),"京兆尹黎幹开决郑、白二水支渠,毁碾硙,以便水利,复秦、汉水道"[3],"京兆尹请修六门堰,朝廷许之。辛酉,坏白渠碾硙八十余所,以夺农溉田也"[4]。这些记录都展现了当时的缺水危机。

贞元元年(785),"蝗灾,关东大饥,赋调不入";"寒,饥民,多冻死者"。二年(786),"河北蝗、旱,米斗一千五百文,复大兵之后,民无蓄积,饿殍相枕"。

贞元八年(792),"嗣曹王皋为荆南节度观察使。先是,江陵东北七十里有废田旁汉古堤,坏决凡二处,每夏则为浸溢。皋始命塞之,广良田五千顷,亩收一锺。楚

---

1 新唐书·五行志。
2 唐会要·卷 88。
3 唐会要·卷 89。
4 旧唐书·本纪卷 11·十三年春正月戊申朔。

俗侻薄,旧不凿井,悉饮陂泽。皋乃令合钱凿井,人以为便"[1]。这些水利工程说明当时因为气候变暖造成的(环境)缺水危机。

▶ 南方火政

古代的第一次防火间距产生在唐代。贞元时(785年正月—805年八月),杜佑"迁岭南节度使,杜佑为开大衢,疏析廛闬,以息火灾"[2]。显然,杜佑到广州,从事的是开辟消防间距的工作,这意味着,当时火灾发展极为迅猛,其他消防手段(如调水和消防队伍)跟不上火灾发展的形势,意味着暖相气候带来的气流扰动性超出人力控制的范围,所以社区得到的共识是采取被动消防措施进行隔离,以牺牲某一防火区的办法来避免全体的损失。

大约相同的时间,"苏州贞元(785年正月～805年八月)中,有义师状如风狂。有百姓起店十余间,义师忽运斤坏其檐。禁之不止。主人素知其神。礼曰:"弟子活计赖此。"顾曰:"尔惜乎。"乃掷斤于地而去。其夜市火,唯义师所坏檐屋数间存焉[3]。这一故事最早出现在《酉阳杂俎》,宋代的范成大撰《吴郡志·卷第42·浮屠》也引用这一故事,其本质是因为气候变暖造成的火灾危机超出了当时社区的灭火能力,义师认为增加防火隔离是唯一的对策,符合这一时段全球变暖的气候模式。

▶ 开荒屯田

气候变暖,日照增加,水利工程随之增加,本来不适农耕的抛荒地带又有了重新开发的可行性和必要性,于是就有了官方组织的屯田行动。代宗广德初年,苏州刺史李栖筠委派大理评事朱自勉至嘉兴,"择封内闲田荒壤人所不耕者,为之屯"[4];太湖流域句容县的绛岩湖在大历十二年(777)得以修复,"置两斗门,用以为节……开田万顷"。不断完善的农田水利,使嘉兴屯田区"畎距于沟,沟达于川。故道既湮,变沟为田","旱则溉之,水则泄焉","俾我公私,就无饥年"。

建中三年(782),"宰相杨炎请置屯田於丰州,发关辅民凿陵阳渠以增溉。京

---

1 唐会要·卷89。

2 新唐书·杜佑传·卷166。

3 太平广记 卷83·异人3·苏州义师。

4 (清)董诰,全唐文,北京:中华书局,1983:38-6618。

兆尹严郢尝从事朔方,知其利害,以为不便,疏奏不报。郢乃奏:五城旧屯,其数至广,以开渠之粮贷诸城官田,约以冬输;又以开渠功直布帛先给田者,据估转谷。如此,则关辅免调发,五城田辟,比之浚渠利十倍也。时杨炎方用事,郢议不用,而陵阳渠亦不成,然振武、天德良田广袤千里"[1]。陵阳渠不成,是因为降水稀少,而屯田很成功,则是因为气候变暖带来的日照增加。

▶ 地方德政

环境危机同样推动了一系列旨在环境暖相气候环境危机的水利工程。

兴元(784)初,"扬州官河填淤,漕輓埋塞,又侨寄衣冠及工商等多侵衢造宅,行旅拥弊。亚乃开拓疏启,公私悦赖,而盛为奢侈"[2]。

唐贞元八年(792),"江陵东北七十里,有废田傍汉古堤坏决,凡二处每夏为浸溢","节度使嗣曹王皋始命塞之,得其下良田五千顷,亩收一钟"[3]。

贞元七年(791),"因行县至长城方山,其下有水曰西湖,南朝疏凿,溉田三千顷,久埋废。(于)頔命设堤塘以复之,岁获粳稻蒲鱼之利,人赖以济"[4]。

贞元(785~805)中,"李景略为丰州刺史。西受降城使凿感应、永清二渠,溉田数百顷,公私利焉"[5]。

▶ 商山古道

唐贞元七年(791),商州刺史李西华拓宽商山道,并别开偏路,以避水潦。从商州西至蓝田,东抵内乡,凡七百余里皆山险,行人苦之。西华役工十余万,修桥道,起官舍。旧时每至夏秋,水盛积山涧,行旅受阻,有时达数日。西华通商山路,人不留滞,行者为便。商山路横穿今丹凤县境。其时境内有棣花驿、四皓驿、桃花驿、武关驿。是年转输江西、湖南稻米15万石,经商州入京师[6]。这说明暖相气候带来的商业扩张,推动了商山古道的整修工程。

---

1 文献通考·卷7·田赋考7·屯田。
2 旧唐书·列传第96·杜亚传。
3 文献通考·卷6·田赋考6。
4 旧唐书·列传·卷106·于頔传。
5 册府元龟·卷678·牧守·兴利。
6 唐会要·道路。

▶ 粮食危机

暖相气候导致降水危机,导致渭河水浅无法运粮。贞元二年(786),"关中仓廪竭,禁军或自脱巾呼于道曰:'拘吾于军而不给粮,吾罪人也!'上忧之甚,会韩滉运米三万斛至陕,李泌即奏之。上喜,遽至东宫,谓太子曰:'米已至陕,吾父子得生矣!'"[1]由于唐代气候整体温暖,关中地区主要提供兵源(因此不能供应政府),经济危机并不是收成不足造成,而是由于供水危机导致的漕运危机,这是唐代特有的经济危机表现形式。

▶ 两税法改革

经过安史之乱,唐政府面临的是封建割据,政出多门,税收紊乱的战后经济局面。为了既增加政府收入,也减少农民负担,有两税法改革。唐德宗建中元年(780),宰相杨炎建议颁行"两税法"。两税法是以原有的地税和户税为主,统一各项税收而制定的新税法。由于分夏、秋两季征收,所以称为"两税法"。两税法的改革思路是扩大纳税面,让有地产、有钱财的人多纳税,有分类就可以提高分类征税率,提高征税总量,增加政府的总收入,以便应对当时的气候危机(暖相气候有利于方镇割据,减少了政府的财政收入,增加了战争支出)。因为社会有了分工,为了满足交税任务,农民不得不织布,换取货币来交税,但由于货币供应不足,"货轻钱重"导致农民的手工业产出日益贬值,相当于把增税负担部分转嫁到农民头上,增加了农民的负担。农业增产却不快乐,就是两税法超前改革的后果。唐德宗年间的自然灾害(旱灾多发)和经济改革(两税法),是导致"四海无闲田,农夫犹饿死"的外部环境和社会应对。

▶ 市场钱荒

到唐德宗实行两税法之后,"物轻钱重,民以为患",越来越成为一个严重的问题。贞元年间(785~805)陆贽已经明确提出,两税的征收,要"以布帛为额",而"不计钱数"[2]。这是因为,在陆贽看来,物价的贵贱,决定于货币流通量的多少,而在当时正是由于钱少才物贵的,这说明当时暖相气候造成的甲类(市场)钱荒,是市场钱少,而不是政府钱少。这一货币紧缩的趋势和经济危机,一直持续了60年,到武

---

1 资治通鉴·唐纪48。
2 (唐)陆贽,全唐文·第5部·卷465·均节赋税恤百姓六条其二请两税以布帛为额不计钱数。

宗灭佛,从没收佛教庙产中获得金属铜（来自佛像），才得到缓解。

▶ 灭佛未遂

　　大历末年（779）李叔明（本姓鲜于氏，鲜于仲通之弟，代为豪族）曾上书请淘汰东川寺观，僧尼中只留下有道行的，其余的还俗。朝廷争议一番，"议虽上，罢之"。"深恶道、佛不事生产，曾上言限定僧道名额，余皆还俗为民。帝善之"[1]。也就是说李叔明曾经试图主导一次灭佛运动，没有成功，但预告了60年后的"会昌法难"。

▶ 始征茶税

　　唐朝对茶叶征税始于唐德宗建中三年（782），"初，德宗纳户部侍郎赵赞议，税天下茶、漆、竹、木，十取一，以为常平本钱。及出奉天，乃悼悔，下诏亟罢之。及朱泚平，佞臣希意兴利者益进。贞元八年，以水灾减税，明年，诸道盐铁使张滂奏：出茶州县若山及商人要路，以三等定估，十税其一"[2]。从此，茶税成为国家的一项重要财政收入。当时的气候是暖相，暖相经济扩张，战乱造成财政支出增加，两者都推动了茶叶税收的发展，也推动了消费革命和商品流通的发展。

▶ 盐法改革

　　根据宋人的考证，宋代的榷盐制度始于唐代的盐法改革。"其始原于唐第五琦及刘晏代其任，大历末，一岁征赋所入盐当天下大半之赋"[3]。也就是说，722年的改革是税盐，779年的改革是榷盐。榷盐具有高度垄断和暴利的特征，如果维护得当，可以让盐税和农税相当，化解农业社会因农税过重、负担太大而引发的暴力反抗难题，后者需要更大的军事投入来维持社会稳定。所以当经济发生危机之后，需要给农税减负来促进社会和谐，而农税削减的部分让盐税来补足，盐税具有人头税的普及特征，较为公平。

▶ 酒法改革

　　然而，因为战乱和经济危机，建中三年（782），"复禁民酤，以佐军费，置肆酿酒，

1　新唐书·卷160·列传第62·李叔明传。

2　新唐书·卷54·志第44·食货4。

3　（宋）高承，事物纪原·卷一·朝廷注措部五·榷盐。

斛收直三千,州县总领,醨薄私酿者论其罪。寻以京师四方所凑,罢榷"[1]。贞元二年(786),"复禁京城、畿县酒,天下置肆以酤者,斗钱百五十,免其徭役,独淮南、忠武、宣武、河东榷麴而已"[2]。元和六年(811),粮食大熟,有的地方斗米只值二钱,粮食多,必然酿酒风行,酒价必然下跌。如果再不改变原来斗酒纳税百五十元的政策,酒户就将破产。统治者在此时及时调整了其酒政,是年,"罢京师酤肆,以榷酒钱随两税青苗敛之"[3],把面向少数单位征收的榷酒钱改成向全体人民征收的附加税,相当于改榷酒为税酒。这样既可平息民众对官办酒坊或官方认可的酒店的怨恨,降低因气候变暖导致私酿增加带来的榷酒征收成本,政府仍然有一定的财政收入。这一轮榷酒制度针对当时的暖相气候,一共维持了25年。

▶ 海上贸易

在市场钱荒的推动下,唐政府推动海上贸易,目的是引入海外的通货(香料、象牙等)。唐德宗贞元元年(785)四月,宦官杨良瑶(736~806)受命出使黑衣大食(即阿拉伯阿拔斯王朝,因服饰尚黑而得名),成为中国第一位航海抵达地中海沿岸的外交使节,"充聘国使于黑衣大食,备判官、内傔,受国信、诏书"[4]。贞元间(785~

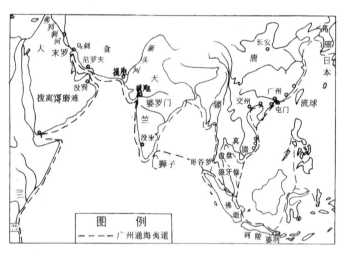

图16 广州通海夷道是唐代版"海上丝绸之路"

1 新唐书·志卷44。

2 新唐书·志卷44·食货4。

3 新唐书·志卷44·食货4。

4 《杨良瑶神道碑》,1984年在陕西泾阳出土发现。

805），唐代宰相、地理学家贾耽（730～805）在《皇华四达记》（已佚）中提到了海上丝绸之路的最早叫法——"广州通海夷道"[1]，从广州经东南亚至印度、斯里兰卡直到西亚阿拉伯诸国，途经一百多个国家和地区，全程共约14,000公里，是当时世界上最长的远洋航线。

▶ 瘟疫危机

气候变暖带来严重的瘟疫危机，于是就有了各种应对措施。

德宗贞元年间（785～805），令编成《贞元集要广利方》五卷，颁下州府，并令"阎闾之内，咸使闻知"。贞元十二年（796）"春正月乙丑，上制《贞元广利药方》，五百八十六首，颁降天下"[2]，是书为唐德宗年间颁行，但未见传世。

贞元十五年（799）四月敕，"殿中省尚药局司医，宜更置一员：医佐加置两员，仍并留授翰林医官，所司不得注拟"[3]。翰林医官何时设置待考，这可能是中国医学史上最早设置之翰林医官，意味着医生地位的提升。唐代各州县设有医学博士及医学生，亦经常免费为贫民治病，这是响应当时的暖相瘟疫危机。

▶ 景教流行

景教，即基督教聂斯脱里派，也就是东方亚述教会。起源于今叙利亚，是从希腊正教（东正教）分裂出来的基督教教派，由叙利亚教士君士坦丁堡牧首聂斯脱里于公元428～431创立，在波斯建立教会。632年，伊斯兰教指引的阿拉伯帝国（大食）吞并波斯。唐贞观九年（635），大秦国有大德阿罗本带来经书到长安，由名相房玄龄迎接，获唐太宗李世民接见。自635年开始，景教在中国顺利发展了150年，与祆教及摩尼教并称唐代"三夷教"。

大秦景教（基督教）流行碑是指吐火罗人伊斯（或景净）受唐政府资助在国都长安义宁坊大秦寺修建的一块记述景教在唐朝流传情况的碑刻。此碑于

图17 大秦景教流行中国碑

---

1 新唐书·艺文志·地理类。

2 旧唐书·德宗本纪。

3 王傅，唐会要·卷65，中华书局，1955年，P.1127。

唐建中二年（781）2月4日由波斯传教士伊斯（Yazdhozid）建立于大秦寺的院中，明天启三年（1623）出土。

▶ 宗教危机

在肃宗、代宗年间（780年前后），罗向曾任庐州刺史，其地"民间病者，舍医药，祷淫祀，向下令止之"[1]。唐德宗贞元十年（794），于頔任苏州刺史，为地方的基础建设做了很多工作，如为百姓"浚沟渎，整街衢"，"吴俗事鬼，頔疾其淫祀废生业，神宇皆撤去，唯吴太伯、伍员等三数庙存焉"[2]。暖相气候伴随着多神信仰的兴盛，毁淫祠是可以预期的结果。

▶ 加强夜禁

与唐代"坊市制"相配套的还有另一项城市制度："夜禁制"。按唐代立法，唐政府在城内各主干道设置街鼓，入夜敲鼓，宣告夜禁开始："昼漏尽，顺天门击鼓四百槌讫，闭门。后更击六百槌，坊门皆闭，禁人行。"次日早晨，"五更三筹，顺天门击鼓，听人行"。唯元宵节三天不禁夜，《西都杂记》载："西都禁城街衢，有执金吾晓暝传呼，以禁夜行，惟正月十五夜敕许驰禁前后各一日，谓之放夜。"

在坊市制和夜禁的高压管理之下，居民的生活是非常不便的，因此到了大历十四年（779），有不少官员（可以将他们理解为具有特权的居民）干脆在"坊市之内置邸铺贩鬻，与人争利"。但这种冲击坊市制的做法，显然不受唐政府的欢迎，为了避免更大的治安支出，朝廷下令，"并宜禁断，仍委御史台及京兆尹纠察"[3]。加强夜禁，反衬当时夜禁已经放松，而放松的原因，与气候变暖有关。由于气候变暖带来的市场扩张，导致了夜禁的放松。为了避免增加政府支出来维持城市治安，有必要重申加强夜禁，来解决政府资金不足时的治安难题，这是不得已而采取的应对暖相气候的措施，历代都有重复。

▶ 时代之歌

因气候温暖，"安史之乱"后成都地区曾广泛种植荔枝。诗人卢纶在大历十四

1 新唐书·卷197·罗向传。

2 新唐书·卷156·于頔传。

3 册府元龟·卷160。

年(779)有诗云,"晚程椒瘴热,野饭荔枝阴",同时代的张籍(767～830)亦云,"锦江近西烟水绿,新雨山头荔枝熟。万里桥边多酒家,游人爱向谁家宿"。曾经供应杨贵妃的四川荔枝再次成熟,可见当时多么温暖。

由于气候温暖,社会对火耕文化典型代表的寒食节的热情大增,于是有韩翃著名的《寒食》:春城无处不飞花,寒食东风御柳斜。日暮汉宫传蜡烛,轻烟散入五侯家。

随着气候再次变暖,军阀纷争符合"冷相集中,暖相分裂"的政治形势。为了破解暖相气候造成的经济紧张,唐政府改革税收办法,加强货币的作用,并进行屯田、开道、茶税、酒税等经济改革措施来化解经济危局,可以说是"新雨山头荔枝熟"带来的结果。

公元 810 年:孤舟独钓寒江雪

▶ 气候危机

公元 800～802 年(日本延历 19～21 年)的日本富士山发生"延历喷发",给全球带来一次寒潮。达卡陶安火山爆发(800),也可能是造成这一轮 9 世纪初全球显著降温的直接原因。

公元 801～820 年,气候再次转冷[1],东中部地区温暖程度大致与今相当。据史料记载,公元 801/803/804 年等 11 年异常初、终霜雪现象增多;与公元 807 年关中地区极早初霜的记载相对应,白居易诗云"田家少闲月,五月人倍忙,夜来南风起,小麦伏陇黄",这表明盩厔(今陕西西安周至县)当年的夏粮收获期为阴历五月(即阳历 6 月 10 日左右),晚于现今的 6 月 5 日,说明当时气候已经变冷。唐宪宗元和八年(813)"六月庚寅京师大风雨,毁屋扬瓦,人多压死,城南积水丈余。辛卯渭水暴涨,毁三渭桥,南北绝济者一月"[2]。公元 815 年冬季,九江附近的江面甚至出现冻结(现今九江一带是中国河流出现冰情的南界)。长庆二年(822)正月十一日,"海州海水结冰"[3]。

---

1 葛全胜,中国历朝气候变化 [M],科学出版社,2011,第 310 页。

2 旧唐书・五行志。

3 (宋)欧阳修等,新唐书・穆宗本纪。

元和二年（807）冬，柳宗元写道，"幸大雪逾岭，被南越中数州。数州之犬，皆仓黄吠噬，狂走者累日，至无雪乃已，然后始信前所闻者"[1]。这一南方罕见的气候危机，800年后再次发生，"余忆万历己酉（1609）二月初旬，天气陡寒，家中集诸弟妹，构火炙蛎房啖之，俄而雪花零落如絮，逾数刻，地下深几六七寸"[2]。古代发生在岭南的寒潮，最著名的就是这两次，一次807年，一次1606年。

元和十二年（817），李愬夜袭蔡州之战发生时，"时大风雪，旌旗裂，人马冻死者相望……人人自以为必死，然畏愬，莫敢违"[3]。

长庆元年（821）二月和长庆二年（822）正月，在海州湾和莱州湾连续两年出现二百里的海冰。

敬宗至文宗在位期间（825～840），气候仍比较寒冷，公元823年、825年、832年、833年、838年、839年等均有寒冷事件和初霜雪较今提早到来的记录。

▶ 牧守德政

公元810年前后，中国经历了另一次寒潮和气候危机，各地的响应措施非常多。

元和初（806），"比年水旱，人民荐饥。瑀召集州民，绕郭立堤塘一百八十里，蓄泄既均，人无饥年"[4]。

元和二年（807），观察使韩皋、刺史李素又开常熟塘，自苏州齐门北抵常熟长九十里，"旁引湖水，下通江潮……实出灌溉之利，故名常熟塘"。

唐元和年间（806～820），韦丹在江南道（江西省）"凡为陂塘五百九十八所，灌田万二千顷"。

元和八年（813），孟简为常州刺史，"开漕古孟渎。长四十里。得沃壤四千余顷。观察使举其课。遂就赐金紫焉。其年四月。以神策军士修城南之浇渠"[5]。

元和中（806～820），李吉甫"于高邮县筑堤为塘，溉田数千顷，人受其惠"[6]。

唐穆宗长庆（821～827）初年，官拜杭州刺史的白居易"始筑堤捍钱塘湖，钟泄其水，溉田千顷"，成绩卓著。

---

1 （唐）柳宗元，集部·卷18·柳河东集·答韦中立论师道书。
2 五杂俎·卷1·闽中雪。
3 旧唐书·卷133·列传第83，新唐书·卷154·列传第79，资治通鉴·卷第239·唐纪55。
4 旧唐书·列传第112·高瑀传。
5 唐会要·卷89。
6 旧唐书·列传卷98·李吉甫传。

这些主要是泄水灌溉为目的的水利工程提高了沿海、沿湖低洼地区抵御水旱灾害的能力，对繁荣长江流域的农业起到了重要的推动作用。

▶ 地方火政

气候变冷带来了严重的火灾危机，同一时期有 5 名官员留下了防火的德政，在中国千年消防史上仅此一回。

柳宗元："永州元和七年（812）夏，多火灾。日夜数十发，少尚五六发，过三月乃止。八年夏，又如之。人咸无安处，老弱燔死，晨不爨，夜不烛，皆列坐屋上，左右视，罢不得休。"[1] 柳宗元写了著名的《逐毕方文》，列举"毕方"造成火灾的罪状，命令"毕方"火速离开，否则将其捉拿碾得粉碎。

元和二年（807），韦丹出任江南道观察便，"始，民不知为瓦屋，草茨竹椽，久燥则戛而焚。丹召工教为陶，聚材于场，度其费为估，不取赢利。人能为屋者，受材瓦于官，免半赋，徐取其偿；逃未复者，官为为之；贫不能者，畀以财；身往劝督"[2]。韦丹的贡献还有，整顿吏治，精简大批冗员，为国家积省开支；大抓消防治理，改善居民建筑条件，同时兴修水利，排涝灌溉，受到人们敬仰。但因受诬诬而被罢官。在其死后 40 余年，得到平反昭雪，唐宣宗下令整理韦丹生前功绩，刻碑纪念。

元和四年（809），弘农（今河南灵宝）人杨于陵（字达夫），因为提拔牛僧孺（唐代的另一位宰相）对策第一而得罪了李吉甫，被贬为岭南节度使，他"辟韦词、李翱等在幕府，咨访得失，教民陶瓦易蒲屋，以绝火患"[3]。

王仲舒："元和初，召为吏部员外郎，未几，知制诰。杨凭得罪斥去，无敢过其家，仲舒屡存之。将直凭冤，贬峡州刺史，母丧解。服除，为婺州刺史。州疫旱，人徙死几空；居五年，里闾增完，就加金紫服。徙苏州，堤松江为路，变屋瓦，绝火灾，赋调尝与民为期，不扰自办[4]。"元和五年（810）苏州刺史王仲舒沿运河西岸分段修筑塘路。"转苏州，变其屋居，以绝火延，堤松江路，害绝阻滞。秋夏赋调，自为书与人以期，吏无及门而集，政成为天下守之最"[5]。

---

1 （唐）柳宗元，集部·卷 18·柳河东集。
2 新唐书·列传卷 122·韦丹传。
3 新唐书·列传·卷 88·杨于陵传。
4 新唐书·卷 174·列传第 86·王仲舒传。
5 唐故江南西道观察使中大夫洪州刺史兼御史中丞上柱国赐紫金鱼袋赠左散骑常侍太原王公神道碑铭。

李渠在府城西,源出官陂口。《唐书》亦载：袁州西南十里有李渠,引仰山水入城。元和四年(809),李将顺守袁州时,州多火灾,居民负江汲溉甚艰,将顺以州城地势高,而秀江低城数丈,不可堰使入城,惟南山水可堰,乃凿渠引水,溉田二万。又决而入城,缭绕闾巷,其深阔使可通舟,经城东北而入秀江。邦人利之,目曰李渠。自唐以后,守土者相继修浚,渠屡废而复治[1]。李渠是作为消防水而准备的,在中国历史上也是仅此一例。其有规律的维护修缮行动,也体现了气候对火灾形势和环境水源的周期性影响。

此外因为和柳宗元相同的原因,得罪了唐宪宗的刘禹锡也被贬南方,写作了《武陵观火诗》,描述了当地火灾失控的情况,是历史上很少见的"烧荒"现象的描述,因此具有记录火耕文明生产实践的史料价值。他对南方畲田经济中的刀耕火种的观察和诗文《畲田行》,也代表着火耕文明的典型操作,有着人类学历史文献的重要价值。

这一次气候变冷,在全球范围都发挥影响(如玛雅文明的衰落,维京和吴哥文明的崛起)。然而,由于当时的建筑特征(气候温暖导致竹木建筑到处普及,遇到气候变冷必然会成灾),导致当时中国社会普遍发生火灾危机,中国历史上仅此一例,代表环境危机的严重程度。

▶ 降水危机

冷相气候通常降水严重,因此有黄河水灾。元和八年(813),京师大风雨,城南积水长余；814年,滑州开分水河(进行疏水引导),即历史上著名的"薛平分河"事件；元和八年(813),在卫州黎阳县(今河南浚县东北)开排水新河,长14里,阔60步,深1丈7尺,解除了滑州的水患。元和十二年(817),六月"河南、河北大水,铭、邢尤甚至",长庆四年(824),"秋,河南及陈、许二州水害稼"。太和二年(828)夏,"京畿及陈、滑二州水,害稼；河阳水,平地五尺；河决,坏棣州城；越州大风,海溢；河南郓、曹、濮、淄、青、齐、德、兖、海等州并大水"[2]；太和四年(830),"河南大水,害稼"。

▶《元和郡县志》

《元和郡县志》成书于唐宪宗元和年间(806～820),全书共40卷。有关水利

---

1 [清]顾祖禹,读史方舆纪要·卷87。
2 新唐书·卷26·五行三。

的记述十分丰富,并收录水道 395 条、湖泊 92 个。它不仅保存了《水经注》的内容,而且加以印证补充;并且对水利工程皆有条目,对郑国渠、白渠都有记载。该书的出现,符合我们对冷相气候降雨增加的预期,另一地理学名著《水经注》也是诞生于 300 年前的冷相气候周期。

▶ 历法改革

随着气候在 9 世纪初再次进入冷相周期,于是有司天徐昂献新历法,称之为《观象历》,元和二年(807)颁布发行。从当时的物候特征判断,这是一部代表冷相气候的历法。《宣明历》,由唐代徐昂制订,颁发实行于唐穆宗长庆二年(822)[1],是继《大衍历》之后,唐代的又一部优良历法,它给出的近点月以及交点月日数分别为 27.55455 日(今测值 27.5545503 日)和 27.2122 日(今测值 27.2122206 日);它尤以提出日食三差,即时差、气差、刻差而著称,这就提高了推算日食的准确度。鉴于气候持续转冷,在《宣明历》中,司天徐昂将先前唐代诸历法(包括)普遍使用的"启蛰 – 雨水 – 清明 – 谷雨"(暖相节气次序)调整恢复到"雨水 – 惊蛰 – 清明 – 谷雨"(冷相节气次序)。《观象历》和《宣明历》一直使用到 892 年,持续近 90 年,代表了晚唐气候整体偏冷的趋势。

▶ 通货危机

由于两税法改革之后,"钱重物轻"。随着气候变冷,政府更加面临在无钱可用的局面,于是在货币市场上,存在下列的政策调整。

贞元二十年(804),"命市井交易,以绫、罗、绢、布、杂货与钱兼用。宪宗以钱少,复禁用铜器。时商贾至京师,委钱诸道进奏院及诸军、诸使富家,以轻装趋四方,合券乃取之,号'飞钱'。京兆尹裴武请禁与商贾飞钱者,廋索诸坊,二人为保"[2]。这标志着通货数量的增加,是通过"绫、罗、绢、布、杂货与钱兼用"来实现的,唐代发展商业最大的困境是"缺乏通货"。

元和三年(808),预告蓄钱之禁。元和六年(811),"贸易钱十缗以上者,兼用布帛"[3]。其实就是禁止铜钱外流的一种对策。然而由于飞钱(便换)的便利性,该禁令很快

---

1 葛全胜,中国历朝气候变化 [M],科学出版社,2011,第 310 页。

2 新唐书・志・卷 44・食货四。

3 (宋)欧阳修,新唐书・卷 54・食货志。

就被取消了。这也是应对气候变化的经济改革措施，以便应对当时的乙类钱荒问题。

元和十二年（817），唐政府再次下令禁止蓄积铜钱，之后亦有规定，这说明钱荒日益加剧。此外，朝廷采纳白居易、元稹、杨于陵等人的意见，从长庆元年（821）改两税征钱为征布帛（即通货），且让酒税、盐利以货币定税额，但可以按时价折纳布帛，可以看作是当时就发生钱荒的社会表现。把布帛引入通货范围，等于增加了货币供应，相当于引入了通货膨胀。

▶ 卖炭翁溯源

陈寅恪认为《卖炭翁》来源于公元805年前不久的一桩公案。贞元二十一年（805）正月德宗死，太子李诵即位，是为顺宗。他"初登位"即禁宫市，"二月甲子，上御丹凤门，大赦天下"，"又明禁"，说明农夫卖柴这件事不会晚于贞元二十一年顺宗即位。

一般将《新乐府》五十首定于白居易长安任左拾遗期间所作，他在《新乐府序》中也自云作于元和四年（809）。中间发生了什么？公元805年11月，柳宗元被加贬为永州司马。第二年冬天发生"元和寒潮"，让柳宗元创作了著名的《江雪》。所以，我们可以认为，白居易是根据807年初的寒潮和805年之前的"宫市事件"改编而成的《卖炭翁》。"一车炭，千余斤，宫使驱将惜不得。半匹红纱一丈绫，系向牛头充炭直"，告诉我们两件事，由于气候危机，唐政府发生乙类钱荒（政府缺钱），导致宫市出现横征暴敛现象；由于经济危机和钱重货轻现象，导致绢和绫都是被当做货币使用（通常发生在暖相气候通货不足时），而且价格走低（即通货危机），这是公元780年两税法改革推动的后果，在环境危机面前"货轻钱重"的趋势非常严重。由于当时的货币危机，"半匹红纱一丈绫"不值钱，所以卖炭翁才能在当时获得全社会广泛的同情和关注。

《卖炭翁》在货币史上具有重要的标志性意义，是布帛成为货币的一个重要样本，是环境危机下的重要表现，需要结合当时的环境危机和经济改革才能认识背后深刻的金融学原理。

▶ 税收改革

在气候危机的推动下，公元809年，一项法令改变了税收分配[1]。以前的税收是

---

1 陆威仪（Mark Edward Lewis），张晓东／冯世明译，哈佛中国史之世界性帝国：唐朝，中信出版社，2016，第57页。

在朝廷、藩镇和州之间分配。根据新政策，藩镇在治所收税，但不承担对朝廷的义务。其他州在自己和朝廷之间瓜分税收，不经过藩镇。这样恢复到唐初，中央政府直接与州打交道，消除藩镇作为中间一级的行政区。这是针对气候变化的经济改革措施，以便应对当时的乙类（政府）钱荒问题。

▶ 南方漕运

元和六年（811），宰相李绛（764～830）在奏疏中说："遇江淮荒歉，三度恩赦。赈贷百姓斛斗，多至一百万石，少至七十万石。本道饥俭无米，皆赐江西、湖南等道米。江淮诸道百姓，差使于江西、湖南搬运"[1]。元和九年（814），唐廷又在汴河入淮口南岸（今盱眙县南都梁山上）筑都梁仓，以备汴河航运受阻时江南漕米暂时储贮之用。

▶ 丧失西域

唐朝经安史之乱重创，无意与吐蕃争雄长。公元789年，吐蕃军队以在怛逻斯之战中背叛唐军的葛罗禄部，以及白服突厥作为向导，大举进攻孤军坚守的北庭都护府，对此与唐朝友好的回鹘率军援救，却被吐蕃所败。790年，失去回鹘的支援后的北庭都护府最终被吐蕃攻占，北庭节度使杨袭古率领2000多残兵退入西州（今吐鲁番）。至此，新疆北部一带基本被回鹘占领，新疆南部则大部分被吐蕃占领，而葱岭（帕米尔高原）以西地区，则被阿拉伯帝国占领。至此，大唐帝国的势力，基本退出了西域。公元808年吐蕃攻陷龟兹，大唐自此完全退出了西域。吐蕃在西域挡住阿拉伯帝国的武力试探，然而伊斯兰教在西域逐渐取得优势地位。

▶ 人口危机

在这一段气候寒潮中，唐宪宗元和二年（807）诏："令诸怀妊者赐胎养谷人三斛"[2]，并沿用汉朝的政策："令人有产子者，复勿算三岁。""复其夫勿算一岁，著以为令。"[3] 显然，这一救助措施是针对当时的寒潮所导致的人口危机。

---

1 （唐）李绛，李相国论事集·卷5。
2 （宋）王钦若等编，册府元龟·卷491·邦计部·蠲复三 [M]，北京：中华书局，1960。
3 （晋）范晔，后汉书·章帝纪 [M]，北京：中华书局，1965。

▶ 迎佛骨运动

由于气候变冷恶化,佛教再次得到政府的大力推崇,于是有"迎佛骨"的狂热行为。元和十四年(819),唐宪宗遣中使持香花迎佛骨于宫内供养三日,造成社会狂热的礼佛风潮。时任刑部侍郎的韩愈为此写《谏迎佛骨表》,中心论点是"佛不足事",集中表现了作者坚决反对唐宪宗拜迎佛骨这一迷信举动,充分显示了作者反佛明儒的坚定立场和英勇无畏的战斗精神。该表广征博引,说古论今,结构严谨,逻辑性强,感情激烈,代表了当时士大夫阶层对唐宪宗提倡佛教态度的反对,而唐宪宗的礼佛狂热行为,可以用当时的气候变冷,自然灾害增加和民间信仰增加来解释。此外,唐穆宗长庆三年(823),"十二月,浙西观察使李德裕奏去管内淫祠一千一十五所"[1],代表着冷相气候危机推动民间信仰高涨的局面。

▶ 韩愈的《鳄鱼文》

唐元和十四年(819),韩愈因"谏迎佛骨"被贬为潮州刺史。刚到潮州,就听说境内的恶溪中有鳄鱼为害,把附近百姓的牲口都吃光了。于是在四月二十四日,写下了著名的《鳄鱼文》,劝诫鳄鱼搬迁。不久,恶溪之水西迁六十里,潮州境内永远消除了鳄鱼之患。显然,鳄鱼吃人现象是因为气候危机导致的生态危机,鳄鱼在野外的失踪也是因为气候危机加深的结果。随着气候变冷的加剧,鳄鱼离开了潮州地区,因此韩愈的表演非常成功,是地方官出面解决地方环境危机的典型案例。另据《潮州志》载,"明初,鳄鱼复来潮州"。

韩愈赶走的鳄鱼,是一种全新的、人类未知的鳄鱼,它们可能是中国"龙"的原型,也就是《周易》中经常提到的"见龙在田",并推测这种鳄鱼在大约300年前因为人类捕杀而灭绝。最终学术界将其命名为:中华韩愈鳄(Hanyusuchus sinensis)(见图18)。世界上的鳄分为三类,长吻鳄科、短吻鳄科以及鳄科。中国现存的扬子鳄属于短吻鳄,湾鳄属于鳄科。长吻鳄科目前世界上现存两种:马来鳄、恒河鳄(都只能存活于热带),中华韩愈鳄是长吻鳄的一种,因此不能适应气候变冷,并因为环境变化而灭绝。

1 旧唐书·纪第 16·穆宗。

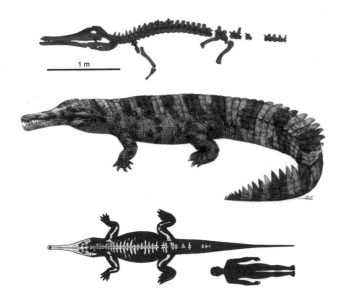

图 18　因为中世纪温暖期气候危机而消失的中华韩愈鳄

▶ 玛雅文明的衰落

　　因为降温和气候改变,玛雅民族(火耕文明)逃离原地,放弃现有的耕作方式,玛雅文化(包括秘鲁北部的莫契文明)开始衰亡。玛雅文明是分布于现今墨西哥东南部、危地马拉、洪都拉斯、萨尔瓦多和伯利兹国家的雨林文明。虽然处于新石器时代,却在天文学、数学、农业、艺术等方面都有极高成就。玛雅文明处于新石器时代,玛雅人未发明使用青铜器,更不用说铁器。玛雅人也不会使用铜。玛雅人掌握了高度的建造技术,能对坚固的石料进行雕镂加工。

▶ 维京文明的崛起

　　最早见于历史记载中的维京海盗是记录在《盎格鲁·撒克逊编年史》中的789年一次对英国海岸的突袭,杀死要向他们征税的官员。第二次记录发生在792年6月8日,维京人突袭了英格兰附近岛屿的修道院。此后200年间维京不断地侵扰欧洲各沿海国家,对欧洲历史尤其是英格兰和法兰西的历史进程产生过深远影响。从北方日耳曼人从790年开始扩张,直到1066年丹麦人的后裔(诺曼人)征服英格兰,这段时期一般称之为"维京时代",是欧洲远古时代和中世纪之间的过渡时期。

▶ 吴哥文明的崛起

公元802年,柬埔寨的高棉王国被吴哥王国(火耕文明)占领,开启了吴哥文明的辉煌历程。从公元802年到1201年,前后长达400年的建造过程中,吴哥文明三易中心。第一次王都中心建在巴肯寺(耶输跋摩一世时代),第二次王都中心是在巴戎寺(罗因陀罗跋摩二世时代),第三次王朝中心又定在巴芳寺(乌答牙提耶跋摩二世时代)。吴哥曾先后两次遭洗劫和破坏。第一次是在1177年占婆人侵入柬埔寨时,吴哥遭受了劫掠;第二次是1431年暹罗军队的入侵,攻陷了首都吴哥。吴哥窟遭到了严重破坏,王朝被迫迁都金边。此后,吴哥窟被遗弃,逐渐淹没在丛林莽野之中,直到1863年才被法国博物学家亨利·穆奥重新发现。

▶ 时代之歌

柳宗元被贬的第二年(807),位于亚热带气候区的永州也下了一场罕见的大雪,于是他写下了中国诗歌史上最冰冷的二十字:"千山鸟飞绝,万径人踪灭。孤舟蓑笠翁,独钓寒江雪。"每句诗的首字连起来,就是"千万孤独",无论刻意还是无意。当时的寒潮,让柳宗元的寂寞心情在诗中表达得淋漓尽致。

9世纪初的寒潮,在全世界都有回响,如维京海盗和吴哥文明的崛起、玛雅文明的衰落。唐政府通过放弃西域、改革税法、打击割据势力、推动佛骨崇拜等措施来挽救经济,取得宪宗中兴的效果。关键是这一"千山鸟飞绝"寒潮,推动了社会的变革。

公元840年:不问苍生问鬼神

▶ 气候特征

唐中后期的气候在公元841年以后再度回暖[1]。史载,会昌年间(841～846),长安皇宫及南郊曲江池都有梅和柑橘生长,长安皇宫内移栽的柑橘树大面积结果,橘果还曾被武宗赏给大臣,今天的柑橘只能在浙江黄岩一带结果了,因此是气候变暖的典型表现。

---

1 葛全胜,中国历朝气候变化 [M],科学出版社,2011,第310页。

▶ 降水危机

开成二年到会昌元年（837～841）之间的5年是一个连续干旱期，旱蝗灾害大面积出现。其中，开成二年（837）京畿干旱时，浐水流量仅及正常年份一分，唐文宗也"因旱避正殿"，五年（840）夏，"幽、魏、博、郓、曹、濮、沧、齐、德、淄、青、兖、海、河阳、淮南、虢、陈、许、汝等州螟蝗害稼"。会昌元年（841），"七月，关东、山南邓、唐等州蝗"。

开成二年（837），"夏旱，扬州运河竭"。咸通二年（861）秋，"淮南、河南不雨，至于明年六月"。唐文宗太和七年（833）的诏书言，"八年于兹。而水旱流行，疫疾作诊，兆庶艰食，札瘥相仍"。另据《旧唐书》《资治通鉴》载，开成年间（836～840）灾荒更甚，北方旱蝗连年、赤地千里，黄河以南则千里之地，水灾泛滥。

咸通三年（862）夏，"淮南、河南蝗旱"，咸通九年（868），"江、淮蝗食稼，大旱"。在连年旱灾的侵扰下，唐中后期江淮地区粮食储备日益匮乏，以至于"淮南遇岁旱，有至骨肉相食者"。旱蝗之灾，都是典型的暖相气候带来的结果。

▶ 水利工程

暖相气候迎来了各种水利工程。它（读作驼）山堰[1]，位于宁波鄞县鄞江镇西南，是御咸蓄淡灌溉工程。大和七年（833）由王元玮修建，1536年加高它山堰顶一尺（冷相水多），1857年又有一次较大的治理。所以，它山堰的修建规律也是符合降水规律的，"暖相缺水需治理，冷相多水需加固"。

大和九年（835），"王起大和中，代裴度镇襄阳，为民修淇堰以灌田，一境利之"[2]。

会昌元年（841），卢钧曾修复山南东道节度使所管辖的邓州穰县与南阳县之间的召堰（六门堰）[3]。

▶ 重申夜禁

随着气候变暖，市场扩张，夜禁制逐渐松弛紊乱，城市居民开始获得更丰富的夜生活。然而，农耕文明主导的唐代政府没有足够的财力来像商业文明主导的北宋政

---

1 姚汉源，中国水利发展史 [M]，上海人民出版社，2005，第233页。

2 册府元龟·卷678·牧守部·兴利。

3 （宋）王钦若，册府元龟·卷678·牧守部·兴利。

府那样通过增加巡铺（城管队伍，在商业主导的社会脱产办公安，代价高昂）管理治安，为了让有限的资金投入成果最大化，唐文宗开成五年（840），朝廷颁下敕令："京夜市，宜令禁断"[1]。夜禁是为了解决暖相气候带来治安管理危机的一种应对办法，在后来的暖相气候节点多次重复发生。

▶ 武宗灭佛

会昌五年（845），武宗诏令毁佛，这是"三武一宗"灭佛运动的第三次，佛教内部称作"会昌法难"。凡毁寺 4600 余座、招提兰若 4 万所，收回良田数千万顷；归俗僧尼 26.05 万人，释放奴婢 15 万。这一行动，对唐代的货币经济有重要的里程碑意义，由于两税法改革导致的重金属缺乏危机迅速得到缓解，结束了持续 60 年的货币紧缩政策[2]。唐武宗如此果断急迫地发动对佛教的迫害，当时的市场已经因为缺乏通货无法完成交易，即市场上面临着甲类（市场）钱荒。武宗不得不发动灭佛运动，从佛教庙产中获得宝贵的通货，维持市场经济的正常运转。就此而论，"灭佛"是化解甲类钱荒的"正解"，是气候脉动的必然结果，响应了 60 年前的李叔明"灭佛未遂"事件，两者的动机都是针对当时暖相气候带来的环境危机。

可以说，这是一次有计划、有目的的灭佛事件，从头到尾都有严密部署，重点是

图 19　唐代的景教壁画

1　唐会要·卷 86。

2　彭信威，中国货币史 [M]，上海人民出版社，1955，第 220 页。

调整经济结构、增加财政收入，同时打击隐藏在佛教里的"三夷教（景教、祆教及摩尼教）"。对佛教寺院和僧尼，先是控制度牒数量、寺院规模，然后是借助打击摩尼教名义试探性打击一部分寺院，而后是禁止佛骨、佛塔、石幢、庄园等，最后是摸清底细之后的一次性打击。可谓相当彻底，成果也非常理想。在这场运动中，基督教的旁支景教（见图19）也受到了池鱼之灾，得到毁灭性的打击。

▶ 再毁淫祠

宣宗朝（846～859）时，韦正贯（784～851）任岭南节度使时，"南方风俗右鬼，正贯毁淫祠，教民毋妄祈"[1]。这发生在武宗灭佛之后，代表了官方态度在民间的回响。

▶ 回鹘瓦解

回纥之名来源于部落韦纥、乌护。回纥是铁勒诸部的一支，韦纥居住在土剌河北，乌护居住在天山一带。其后统一铁勒诸部，回纥逐渐成为铁勒诸部的统称。

天宝三年（744），突厥汗国下属的回纥人骨咄录·颉跌利施可汗（又称骨力裴罗）领导的吴格尔人（维吾尔人）推翻了巴斯米尔人，成立回纥汗国。

广德元年（763），英义可汗（牟羽可汗）正式皈依摩尼教，摩尼教成为回纥汗国国教。

贞元四年（788），武义天亲可汗上表请改称回鹘，取"回旋轻捷如鹘"之义。

元和三年（808），回鹘保义可汗连续击破吐蕃、大食，征服葛逻禄，收复北庭、龟兹，疆域达到费尔干纳，令唐代丝路交通重新打开，代表着冷相气候下政治集中的趋势。

开成五年（840），回鹘汗国因为内乱而分崩离析，被曾经的部下黠戛斯（今天的吉尔吉斯族）逆袭推翻，漠北回鹘部落大部分南下华北，其余部分分三支西迁，一支迁到葱岭以西，一支迁到河西走廊，一支迁到西州（今新疆吐鲁番）。其中，西州回鹘后来改称为"畏兀儿"，也就是今天维吾尔族的先人。

回鹘人（维吾尔人）的兴衰，符合游牧文明"冷相集中统一，暖相分裂衰落"的大趋势，是气候通过日照影响社会的一种途径。

---

1 新唐书·卷158·韦正贯传。

▶ 黠戛斯崛起

公元 843 年,夺取游牧政权的黠戛斯(后称作吉尔吉斯)部落遣使来唐,重申宗亲之谊并请求册封。不久,唐武宗便任命太仆卿赵蕃为安抚黠戛斯使,并携带《赐黠戛斯可汗书》出使。公元 845 年,唐武宗拟遣使册封黠戛斯可汗为"宗英雄武诚明可汗",尚未实施,便因武宗驾崩而未成行。直到两年后,宣宗才遣使册封黠戛斯可汗为"英武诚明可汗"。此后,黠戛斯与唐朝间又维持了一段联系,直到唐末战乱迭兴,河西吐蕃、党项肆虐,两国间才再一次中断联系。

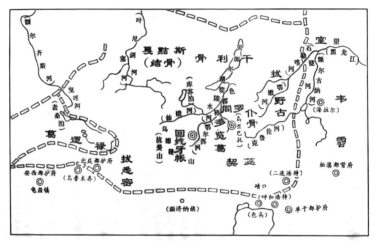

图 20 唐代黠戛斯的地理位置

▶ 吐蕃瓦解

公元 842 年,吐蕃赞普朗达玛被杀,于是其子云丹(占据拉萨)与俄松(占据雅隆)争夺王位,发生了大规模的"伍约之战"。而后西藏又爆发了大规模的起义,这些起义虽然被镇压,但是吐蕃已经大乱,地方割据政权趁机兴起。此后,吐蕃形成了拉萨王系、阿里王系、亚泽王系和雅隆觉阿王系,共四大王系。四大王系内部又不断分化,出现了大大小小的割据政权。如阿里王系又分出了拉达克、普兰和古格王国。暖相气候有利割据和分裂,吐蕃的分裂形势最明显。

▶ 欧洲法兰克王国瓦解

公元 840 年法兰克王国唯一的继承人"虔诚者"路易的去世,再次使帝国陷入分裂的状态。"虔诚者"路易的三个儿子此时都活着,分别是洛塔尔(副皇,意大利国王)、日耳曼人路德维希(巴伐利亚国王,占有东法兰克地区)和秃头查理(占有西法兰克地区),他们三个发生激烈争夺。841 年,路德维希和秃头查理联合打败了长兄洛塔尔,两人结盟并立下《斯特拉斯堡誓约》,誓约分别用罗曼语和德语两种语言宣布,是东西法兰克国家语言分裂的标志。公元 843 年,三兄弟在凡尔登签订了最终的条约,史称"凡尔登分割",条约规定:日耳曼人路德维希获得莱茵河东部地区,连同桥头堡美因茨、沃尔姆斯和斯派耶尔,称东法兰克王国,后来演变成德意志(德国);秃头查理获得帝国西部地区,称西法兰克王国,后来演变为法兰西(法国);长子洛塔尔承袭罗马帝国的皇位,定都亚琛,在东西法兰克王国之间,领土范围北起北海、南到意大利,包括阿尔萨斯、洛林、勃艮第,称中法兰克王国,又称洛林王国。然而长子洛塔尔先于两弟而死,中法兰克王国继续被他的儿子瓜分,而进一步受到了削弱,奠定今日意大利的雏形。

▶ 时代之歌

李商隐在大中二年(848)正月受桂州刺史郑亚之命,赴昭州任郡守时写了一首诗《贾生》:"宣室求贤访逐臣,贾生才调更无伦。可怜夜半虚前席,不问苍生问鬼神。"该诗说的是公元前 173 年汉文帝召见贾谊讨论祭祀事宜。两者都是暖相气候节点之后 7 年左右发生,说明暖相气候有利于鬼神崇拜的发生,这是社会的正常反应。贾生的时代和李商隐的时代都是典型的暖相气候,都存在造成"不问苍生问鬼神"的环境危机。

气候变暖带来的最大困境是政治分裂的趋势,吐蕃、回鹘、法兰克几乎同步瓦解,都是因为内乱,而不是外部入侵,因此是暖相气候推动的结果。武宗灭佛,是典型的应对暖相气候"通货紧缩",在经济史上具有出现在教科书的价值。而"不问苍生问鬼神"则不论冷相和暖相,都是对环境危机的一种社会响应。

公元 870 年:满城尽带黄金甲

▶ 气候危机

晚唐的气候缺乏典型症状,但在 880 年之后再次发生变冷[1]。史载,公元 863 年

---

1 葛全胜.中国历朝气候变化 [M].科学出版社,2011,第 311 页。

和公元875年，冬雷不断（表明气候变暖）；乾符元年（874），河北道沧州乾符县"生野稻水谷二千余顷，燕、魏饥民就食之"；公元876年，"冬无雪"；公元880年"十一月暖如仲春"，"冬，桃李华，山华皆发"。中和元年（881）秋，"河东早霜，杀稼"；中和二年（882），"七月丙午（7月24日）夜……宜君磐（今陕西铜川），雨雪盈尺，甚寒"。从此唐朝气候愈发寒冷。

▶ 降水危机

公元863年，萧倣移（黄）河；866年，河南大水灾；

咸通八年（867）秋七月，"怀州民诉旱，刺史刘仁规揭榜禁之，民怒，相与作乱"。次年（868），"自关东至海大旱，冬蔬皆尽，贫者以蓬子为面、槐叶为产"。由桂州（治今广西桂林）转战今安徽、江苏等地的起义戍兵在得到当地农民的广泛响应后，队伍一度扩大至20万人；咸通十年（869）六月，陕州民众向官府上诉旱情，察使崔荛手指庭中树说："此尚有叶，何旱之有！"，对诉者杖之，于是乎民怒而乱。

早在懿宗咸通八至九年（867～869），全国各地就已因为旱灾而发生多起民变。咸通十四年（873）和乾符元年（874），关东旱情愈发严重，翰林学士卢携（824～880）在公元874年的奏折中云："关东去年旱灾，自虢至海，麦才半收，秋稼几无，冬菜至少，贫者硇蓬实为面，蓄槐叶为齑。或更衰羸，亦难采拾。常年不稔，则散之邻境。今所在皆饥，无所依投，坐守乡闾，待尽沟壑。其蠲免余税，实无可征。而州县以有上供及三司钱，督趣甚急，动如捶挞，虽撤屋伐木，雇妻鬻子，止可供所由酒食之费，未得至于府库也。或租税之外，更有他徭。朝廷倘不抚存，百姓实无生计。"[1] 在这种天灾之下，有最后一次法门寺活动（见本节"法门寺狂热"）。

乾符三年（876），"关东大水"；龙纪元年（889），"冬，（徐州）大雨水，不能军而旋"。

继前一个时期的干旱，频繁涝灾给唐王朝千疮百孔的社会经济以沉重打击。《资治通鉴》卷252因云："自懿宗（860～874）以来，奢侈日甚，用兵不息，赋敛愈急。关东连年水旱，州县不以实闻。上下相蒙，百姓流殍，无所控诉，相聚为盗，所在蜂起。"

僖宗时（874～888），"连岁旱、蝗，寇盗充斥，耕桑半废，租赋不足，内藏虚

---

1 资治通鉴·唐纪·唐纪68，国学原典·史部·资治通鉴·卷第252。

竭，无所攸助"[1]。其中，光启二年（886），"十一月雨雪阴晦至三年二月不解，比岁不稔"。

▶ 修成国渠

在唐关内道京兆武功（今陕西武功西北）西。西魏大统十三年（547）筑，置六斗门以节水流，后废。

唐懿宗咸通十一年（870）因六门堰工程损坏（在暖相气候中毁坏）已有二十多年，导致成国渠未能发挥灌溉效益。灌区农田仍旧"岁以水籍为税"，当地百姓要求政府贷款用作修堰经费，承诺"候水通流，追利户钱以还"，并得到皇帝的支持。"咸阳县民薄逢等上言，六门淤塞，请假钱以为修堰费，乃诏借内藏钱，以充令本县官专之，记役凡用万七千缗云"，遂于咸通十三年（872）大修，"夏四月戊子，京兆府奏修六门堰毕，其渠合韦川、莫谷、香谷、武安四水，溉武功、兴平、咸阳、高陵等县田二万余顷，俗号渭白渠，言其利与泾白相上下，又曰成国渠"[2]。

唐懿宗（859～873）时，"有六门堰者，廞（xīn）废百五十年，方岁饥，频发官廥庸民浚渠，按故道厮（sī析，分开）水溉田，谷（gǔ）以大稔"[3]。也就是说，成国渠因为540年前后的旱灾而修，又因720年前后的暖相气候而废，又因为870年前后的旱灾而重修。

▶ 洋流危机

高骈在咸通末（873年之前）为安南都护奏开本州海路。"初交趾以北距南海，有水路，多覆巨舟。骈往视之，乃有横石隐隐然在水中，因奏请开凿以通南海之利。其表略云：'人牵利楫，石限横津。才登一去之舟，便作九泉之计'。时有诏听之，乃召工者啖以厚利，竟削其石。交广之利民至今赖之以济焉"[4]。这说明气候变冷导致洋流恶化，有必要削石开道，保障海上交通安全。这也是冷相气候，海上贸易减少的原因之一，海上的运输风险和成本随着洋流而恶化，所以需要"郑和下西洋"来邀请海外贸易。

1 资治通鉴·唐纪·唐纪69。
2 大清一统志·卷177·
3 新唐书·卷203·列传第128·李频传。
4 （宋）孙光宪，北梦琐言·卷2。

▶ 飞钱兑换危机

唐代的最后一次钱荒，发生在唐懿宗时，因各地政府对应兑的汇票发生支付危机。咸通八年（867），唐政府下令各州府不得留难[1]。这是典型的乙类（政府）钱荒应对措施，在金融史上有特殊的地位，为后世的纸钞革命奠定了基础。

▶ 法门寺狂热

陕西扶风法门寺真身塔，相传是天竺阿育王在大千世界驱使神力建造的八万四千座舍利塔之一，史称法门寺，创建于东汉，原名无忧王寺，唐高祖将其改名为法门寺。

贞观五年（631），岐州刺史张德亮（一说张亮）奏请开塔供养祭祀佛指舍利，得到唐太宗批准。

显庆四年（659），僧智琮等奏请弘护法门寺真身塔，高宗即予"钱五千贯、绢五千匹"以充供养。旋以绢三千匹令造高宗等身阿育王像，余钱修塔。次年将佛骨迎于洛阳宫内供养。皇后武则天"舍所寝衣帐直绢一千匹，为舍利造金棺银椁，数有九重，雕镂穷奇"。

长安四年（704），武则天迎佛骨于神都，敕令"王公已降，洛城近事之众，精事幡华（花）幢盖，仍命太常具乐奏迎，置于明堂。观灯日，则天身心护净，头面净虔，请（僧法）藏奉持，普为善祷"。景龙二年（708）唐中宗及皇后等剪下部分头发"入塔供养舍利"。四年，他将法门寺"旌为圣朝无忧王寺，题舍利塔为大圣真身宝塔"。

至德元年（756），唐肃宗再迎佛骨"入禁中，立道场，命沙门朝夕赞礼"。上元初年（760），唐肃宗敕僧法澄等迎佛骨至内道场，他"躬临筵昼夜苦行"。

贞元六年（790），唐德宗"诏出岐山无忧王寺佛指骨迎置禁中"，"德宗礼之法宫"。

元和十四年（819），上令中使杜英奇押宫人三十人，持香花，赴临皋驿迎佛骨。留禁中三日，"宪宗启塔，亲奉香灯"，乃送诸寺。百姓有废业破产、烧顶灼臂而求供养者[2]。在这种狂热之下，韩愈乃上《谏迎佛骨表》，抨击佛教，被流放。

咸通十四年（873），唐懿宗诏供奉官李奉建等虔请佛骨，"群臣谏者甚众，至有

---

1 彭信威，中国货币史 [M]，上海人民出版社，1955，第 254 页。
2 （宋）刘昫，旧唐书 [M]，北京：中华书局，1975，第 4198 页。

言宪宗迎佛骨寻晏驾者。上曰:'朕生得见之,死亦无恨'"。佛骨至长安,唐懿宗亲"御安福门,降楼膜拜,流涕沾臆",供奉大批金银珠宝。尽管李唐诸帝迎奉法门寺佛指舍利,有其祈愿天子"圣寿万春,圣枝万叶,八荒来服,四海无波",具有鲜明政治色彩,也充分表明了他们对佛祖的崇敬。

　　唐懿宗咸通十五年(874)正月初四,法门寺地宫最后一次封闭,下一次打开是公元1987年4月9日,因为佛塔倒塌而重建的工程偶然发现了地宫大门。

图 21　法门寺地宫出土的"佛指骨舍利"

　　寺内护国真身塔中藏有释迦牟尼佛指舍利,"相传三十年一开,开则岁丰人安",天下太平。也就是说,法门寺能够响应气候脉动律,每30年面临一次环境危机导致的大批信众,通过佛法渡劫来挽救民众,因此推动每30年一次的宗教狂热。显然,气候脉动就是通过这种环境危机的方式来推动宗教狂热,通过经济和宗教来影响和改变社会,推动社会的文明与进步。法门寺作为官方最接近皇权的佛门机构,兴旺了240年,6个完整的气候周期。由于气候不利和政治中心的转移,法门寺被封闭的时间是1113年,完美错过了37个司马迁第一天运周期。

▶ 播州土司

　　唐朝末年,雄踞云南的南诏政权逐渐做大,多次北侵,数次攻陷播州,也就是今天的遵义地区。此时朝廷四面楚歌,唐懿宗便以永镇斯土为条件向民间征募豪杰之士以夺回播州。谁能夺回来就能做一方诸侯,这个诱惑力就太大了,于是多路人马都奔向播州。公元876年,太原人杨端也带领着家丁属人奔到播州。杨端作战勇猛,运筹帷幄,之前被南诏打败的各路义军纷纷归附。杨端将南诏人彻底赶出播州，并重创了依附南诏的罗闽等部族，建立了对播州的统治。有皇帝"永镇斯土"的承诺，杨端充分发扬主人翁的精神，兴修水利劝课农桑。真正把播州当成自己的私家财产一样的爱惜。一时间播州大治，开创了杨氏家族管理播州810年的土司统治。

▶ 庞勋起义

唐咸通四年（863），唐懿宗派兵征南诏，下令在徐、泗地区（今江苏徐州、安徽泗县地区）募兵两千人，开赴邕州，其中分出八百人戍守桂林，约定三年期满后即调回原籍。徐泗观察使崔彦曾一再食言背约，戍兵在桂林防守六年，仍无还乡希望。戍兵苦于兵役，群情激愤，唐咸通九年（868）七月，公推粮科判官庞勋为首起兵，哗变北还。这些桂州戍兵发动的反唐农民起义，史称庞勋起义。庞勋率领数百人，历尽艰苦，由桂林、湖南、湖北、安徽、浙江、江苏，到达徐州。在徐州，竖起农民起义的旗帜。第二年十月，庞勋在安徽宿州战死牺牲，起义失败。

▶ 墨尔森分割

公元870年，日耳曼人路德维希和秃头查理签订墨尔森条约，再次瓜分了中法兰克王国（洛林王国），路德维希获得了洛林王国西部、阿尔萨斯和勃艮第北部，秃头查理获得了荷兰南部、比利时和洛林。这样中法兰克王国只有洛林王国南部没有受到兼并，因为地理上在意大利境内，而逐渐发展成意大利国家。至此，法兰克王国经过凡尔登分割和墨尔森分割，彻底一分为三，西法兰克王国发展成法兰西王国，东法兰克王国发展成德意志王国（神圣罗马帝国），中法兰克王国的南部发展成意大利（中世纪分分合合，无法称其为国）。欧洲的最后一次分裂，奠定了今日欧洲分裂的雏形。

▶ 宗教（佛希要）分裂

公元847年即位的君士坦丁宗主教伊纳爵，虽然道德以及学识方面非凡，但是却因着自己的正直引起了拜占庭皇帝的愤怒，他被废逐。又令佛希要替其职位，佛希要曾担任过政府要职，学识也不凡，但是单单一位教友却在短时间被授予全部圣秩，这样的一步登天加上伊纳爵的废逐合法与否都是令人怀疑的，所以这件事引起了不满的声浪。公元863年，此时的罗马教宗尼克老一世也采取了行动，立即声明伊纳爵的废黜非法,以及开除佛希要的教籍。佛希要也开始了反击,他攻击西方教会更动信经的内容,甚至在 867 年擅自于君士坦丁堡召开会议,开除教宗教籍。这是千古之奇事——宗主教开除教皇。双方的紧张关系越演越烈,不料支持佛希要的皇帝遭人暗杀,凶手自立为王,是为巴西略一世,他将前任一切的措施推翻,包括废逐伊纳爵跟佛希要的提升。同年教宗尼克老一世逝世,继任的雅德良二世(867～872)在君士坦丁堡召开第八次大公会议,东西教会重新统一,而东方教会也承认罗马的首席地位。虽然佛希要分裂只维持了几年,但是却种下了 180 年后宗教大分裂的诱因,两者都是因为冷相气候危机处理不当所引发。

▶ 冰岛开发

维京人在 800 年钱荒发现了冰岛,因为海岛附近经常漂浮着浮冰,所以命名为冰岛。今天我们知道,全球气候变冷的突出性标志,是以冰岛附近出现浮冰为症状的。正式向冰岛的移民工作开始于 874 年,第一批移民的雷克雅未克家族把他们定居的地方叫做雷克雅未克,后来成为冰岛的首都。虽然冰岛冰川不大,可是大面积的火山灰不适合种植,所以畜牧业是主流经济。岛上的人口或多或少都是那最初的几个移民繁衍出来的后代。今天的冰岛人结婚,一定要查族谱,防止因近亲结婚带来的基因缺陷和人口隐患。

▶ 维京入侵

公元 871 年,威塞克斯王朝 22 岁的阿尔弗雷德一世继承王位,成为威塞克斯王朝第六代国王。威塞克斯王朝统治英国期间,是北欧海盗入侵英国的白热化阶段,英国沿海地区遭到北欧海盗的烧杀抢掠,威塞克斯王朝的历代国王都领兵抵抗过北欧海盗,但北欧海盗生性强悍,威塞克斯王朝多次大败而回,英国部分地区被北欧海盗侵占。到了阿尔弗雷德一世在位期间,他励精图治,改革了军队,创新了战术,终于打败了北欧海盗,收复了所有被北欧海盗侵占的领土。由于阿尔弗雷德一世对英国历史有伟大贡献,因此后世英国尊称“阿尔弗雷德大帝”,是英国历史仅有的两个尊称大帝的君主之一,也是早期英国历史文治武功最显赫的君主。公元 872 年,阿尔弗雷德一世推广火禁(fire curfew),对付当时的火灾问题,是典型的应对冷相气候危机的一种对策。

▶ 时代之歌

根据明代郎瑛《七修类稿》引《清暇录》的记载,黄巢在起义之前,曾到京城长安参加科举考试,但没有被录取。贵族的垄断和吏治的腐败,使他对李唐王朝益发不满。考试不第后,黄巢创作了《不第后赋菊》:"待到秋来九月八,我花开后百花杀。冲天香阵透长安,满城尽带黄金甲。"由于唐政府在冷相气候危机面前应对不当,让民众对政府充满怨念,为黄巢起义席卷全国奠定了基础。

在冷相气候节点表现出暖相气候特征(干旱),是"满城尽带黄金甲"的首要原因。不过,洋流危机、飞钱危机、欧洲的宗教分裂、海盗危机等确实是冷相气候下的典型症状。从某种角度来看,社会很诚实,不受自然界表现的干扰,仍然表现出冷相气候相应的模式。

公元 900 年: 时挑野菜和根煮

▶ 气候特征

公元 881 年秋,"河东早霜,杀稼",中和二年(882),"七月丙午(7 月 24 日)夜……宜君磐(今陕西铜川),雨雪盈尺,甚寒"。从此唐朝气候愈发寒冷。公元886~904 年的 9 年中,有 6 年气候较为寒冷。

晚唐以来的寒冷气候依然延续,如光化三年(900),"冬大雪,富春江冻合旬日乃解"。天复三年(903)三月,"浙西大雪,平地三尺余","十二月,又大雪、江海冰"以及次年"九月壬戌朔,大风,寒如仲冬。是冬,浙东、浙西大雪。吴、越地气常燠而积雪,近常寒也"。这一寒潮仅仅是气候节点附近的一次气候反常行为,公元881~900 年之间是唐代三个最冷的 20 年之一。

其后 30 年,重大寒冷事件的记载呈现减少趋势,气候回暖日趋显著。如开平元年(907)五月,"荆南(指今湖北沙市)高季昌进瑞橘数十颗,质状百味,倍胜常贡。且橘当冬熟,今方仲夏,时人咸异其事,因称为瑞"[1]。

庚午、辛未之间(910~911),有童谣曰:"花开来裹,花谢来裹,而又节气变而

---

1 旧五代史·卷 3·梁书·太祖纪 3。

不寒,冬节和煦,夏节暑毒,甚于南中芭蕉,于是花开秦人不识,远近士女来看者,填咽衢路。……自尔年年一来,不失芭蕉开谢之候……暑湿之候一如巴、邛者,盖剑外节气先布于秦城童谣之言不可不察"[1],说明当时的气候已经变暖。

▶ 占稻来华

后梁开平四年(910),王审知为闽王,建立闽国。时值中原大乱,闽中相对稳定,王审知开辟甘棠港,开展对外贸易,将原产于越南中南部的占城稻引进闽中。福建多山,所以第一次引入是利用其适应性特征,用于山区开荒。"稻比中国者,穗长而无芒,粒差小,不择地而生"[2]。

▶ 雨雪饥荒

唐末气候变冷,降水增加,推动了一次雨雪主导的饥荒灾情。天复元年(901),"(崔)胤召梁太祖以西,梁军至同州,全诲等惧,与继筠劫昭宗幸凤翔。梁军围之逾年,茂贞每战辄败,闭壁不敢出。城中薪食俱尽,自冬涉春,雨雪不止,民冻饿死者日以千数。米斗直钱七千,至烧人屎煮尸而食。父自食其子,人有争其肉者,曰:'此吾子也,汝安得而食之!'人肉斤直钱百,狗肉斤直钱五百。父甘食其子,而人肉贱于狗。天子于宫中设小磨,遣宫人自屑豆麦以供御,自后宫、诸王十六宅,冻馁而死者日三四"[3]。

▶ 寒潮危机

天复三年(903)十二月,长江口附近的海面出现封冻现象。据唐末农学家韩鄂在《四时纂要》中的记述,其私家田庄种植的葡萄在十月被盘起枝蔓并埋入土中,这一措施相当于现代葡萄种植冬季过冬技术中的全埋土方法。据考证,韩鄂记载的庄园在京都一带,"非今西安,即今洛阳",属黄河中游地区,中国目前葡萄过冬不埋土与半埋土(指植株基部埋土)的界线相当于年极端最低气温平均值−14℃等温线,位于渭河一线,而全埋土与半埋土的界线相当于−18~−20℃。以此推知,唐末极端最低温度多年平均值−18~−20℃线可能南移至渭河一线。韩鄂还在《四时纂

---

1 太平广记·卷140·秦城芭蕉。
2 (元)脱脱,宋史·卷173·食货志。
3 新五代史·卷40·杂传第28·李茂贞。

要》中记载了石榴和栗两种果树的冬季包裹防冻措施,即十月中"造牛衣;盘瘗蒲桃,包裹栗树、石榴树,不尔即冻死"。鲁明善(1271～1368)在《农桑衣食撮要》中曾解释牛衣的功用:"遇极寒,鼻流清涕,腰软无力;将蓑衣搭牛背脊,用麻绳拴紧,可以敌寒,免致冻损",说明当时的寒潮严重。

▶ 降水危机

9世纪下半叶,江南地区长期处于干旱期中,旱情于公元880年前后达到极点,以致引发饥馑。如中和四年(884),"江南大旱,饥,人相食"。光启二年(886),"荆南、襄阳仍岁蝗、旱,人相食"。需要说明的是,唐中后期江南湿润程度逐渐降低,为江南地区摆脱"火耕水耨"的农业生产方式、兴修水利、增加粮食产量提供了重要的气候条件。

▶ 清口之战

清口之战是一次决定天下大势的战事。唐昭宗乾宁二年(895)南方割据势力杨行密上表天子陈述朱温罪恶。唐昭宗乾宁四年(897)八月朱温发布进攻淮南的命令。大军兵分两路,庞师古率7万人进入清口预定阵地;葛从周率1万人进入安丰预定阵地,十一月杨行密用水攻打败庞师古,进击打败葛从周。清口之战杨行密获胜。清口之战是朱温和杨行密之间的决战。朱温投入总兵力八万多大军,而杨行密不过区区三万人。然而朱温在兵力上占有绝对的优势,结果却是失败了。朱温如果获胜,那他就有可能进而占领整个东南半壁,很有可能他就能统一天下。可以说清口之战是一次决定天下走势的大战,由于此役失败,中国再次统一被推迟了一个气候周期。

▶ 时代之歌

杜荀鹤(约846～约904),字彦之,在唐昭宗大顺二年(891)进士及第。传世作品有300多首,编为《唐风集》,其中最有名的作品,代表着当时诸侯乱局,就是这首《山中寡妇》,又名《时世行》:"夫因兵死守蓬茅,麻苎衣衫鬓发焦。桑柘废来犹纳税,田园荒后尚征苗。时挑野菜和根煮,旋斫生柴带叶烧。任是深山更深处,也应无计避征徭。"因为气候异常,多方势力角力中原,形成的独立离心趋势,构成了唐末的政治主流形势。

现在的历史学家大多承认,唐朝毁于"淫雨霏霏",表明当时的气候异常。面对农民起义之后的军阀割据乱局,宫廷和百姓都是"时挑野菜和根煮"。等气候变暖到来,改朝换代已经完成了。

公元 930 年: 岳气秋来早亭寒

▶ 棉衣提前

后唐天成元年(926),"冬十月甲申朔,诏赐文武百僚冬服绵帛有差。近例,十月初寒之始天子赐近侍执政大臣冬服"[1]。气候变冷令冬服提前。

▶ 火禁

后唐同光二年(924),唐庄宗根据有司的建议,因"荧惑犯星二度,星周分也,请依法禳之。于京城四门悬东流水一罂,兼令都市严备盗火,止绝夜行"[2]。这是标准的、冷相气候推动的防火宵禁,与暖相气候推动的夜禁显著不同。

▶ 榷酒垄断

五代时,后梁不行榷酤,允许各州府百姓私造酒。梁开平三年(909)敕:"听诸道州府百姓自造麴,官中不禁"。这说明暖相气候征税成本高,干脆不禁。

后唐天成三年(928),"其京都及诸道州府县镇坊界及关城草市内,应逐年买官麴酒户,便许自造麴,酝酒货卖,仍取天成二年正月至年终一年,逐月计算,都买麴钱数内十分纳二分,以充榷酒钱,便从今年七月后,管数征纳"[3]。这说明冷相气候经济发生危机,需要榷酒来弥补税收不足。

后周显德四年(957)敕:"停罢先置卖麴都务。应乡村人户今后并许自造米醋,及买糟造醋供食,仍许於本州县界就精美处酤卖。其酒麴条法依旧施行"[4]。这并不是废止榷酒制度,而是放松,符合暖相气候放松榷酒的典型模式,相当于完成一轮榷酒制度,前后 29 年。

---

1 旧五代史·明宗纪 3。
2 旧五代史·唐书·卷 32·庄宗纪 6。
3 (宋)马端临,文献通考·卷 17·征榷考四·榷酤禁酒。
4 (宋)马端临,文献通考·卷 17·征榷考四·榷酤禁酒。

气候变冷有利于促进酒类的消费,政府推动榷酒更加有利可图,因此冷相气候让政府更有动力去维持榷酒。

▶ 唐明宗赠牛

后唐唐明宗在位期间(926～933),有一桩赐牛事,历来为史家引用。"帝顾谓侍臣曰:'朕昨日以雨霁,暂巡绿野,遥望西南山坡之下,初谓群羊,俯而察之,乃贫民耦耕。朕甚悯焉"[1]。"帝观稼于近郊,民有父子三人同挽犁耕者,帝悯之,赐耕牛三头(《册府元龟》卷106记此事,谓'可赐耕牛二头')"[2]。这说明当时已经变冷,降雨有所增加,牛耕势在必行,然而挽犁尚在,牛却没有了(因为环境危机造成的经济危机,被卖了),所以唐明宗赠牛是应对当时的冷相气候危机。

▶ 时代之歌

韦鼎,生卒年、字号均不详,五代十国时期后唐前后的诗人。今仅存一首《赠廖凝》中得以传世:"君与白云邻,生涯久忍贫。姓名高雅道,寰海许何人。岳气秋来早,亨寒果落新。几回吟石畔,孤鹤自相亲[3]。"秋来早,意味着气候变冷。

五代的乱局,部分导致了缺乏典型气候变化证据。棉衣和火禁,确实是冷相气候的典型应对措施。

公元 960 年: 春到青门柳色黄

▶ 气候特征

后周显德二年(955)四月,柴荣颁布了建筑外城的诏书《京城别筑罗城诏》,提到"入夏有暑湿之苦,冬居常多烟火之忧"。

后周显德五年(958),以尚书司勋郎中何幼冲为开中渠堰使,命於雍耀二州界疏泾水以溉田。

公元956～963年之间施行的《钦天历》,继唐代《大衍历》后,再度延用温暖

---

1 (宋)王钦若,册府元龟·卷70·帝王部·务农。

2 (宋)薛居正,旧五代史·卷43·唐书·卷19。

3 全唐诗·卷740。

的西汉后期所盛行的《逸周书·时训解》中的七十二候时令，说明当时的气候已经变暖了。

▶ 占城献稻

建隆四年（963），"甲戌，占城国遣使来献（占城稻）"[1]。占城稻是源自印度高地山区的早熟抗旱品种[2]，占城稻的引进，说明当时的暖相气候背景。

▶ 樵采危机

宋代经常颁布对名山大川、祠庙陵寝等先贤遗迹禁止樵采的诏令。如建隆元年（960）诏："前代帝王陵寝、忠臣贤士丘垄，或樵采不禁、风雨不庇，宜以郡国置户以守，隳毁者修葺之"[3]。乾德初（963）诏："先代帝王，载在祀典，或庙貌犹在，久废牲牢，或陵墓虽存，不禁樵采"[4]。因而诏令自太昊至后唐末帝"诸陵，常禁樵采"。又如乾德三年（965）正月"丁酉，先贤邱垄并禁樵采，前代祠庙咸加营葺"[5]。当时的气候缺乏寒潮，因此不能用取暖缺柴来解释。那么还有一种解释，就是社会手工业发展（主要是采矿冶炼业）所需要的木炭量大增，引发人们深入陵区开发木炭资源，触动了皇家的基于风水理论的隐忧，所以出面禁止。

▶ 开封防火

后周显德二年（955）四月十七日，柴荣下诏修建开封外城。"而又屋宇交连，街衢湫（jiǎo，[地势]低下）隘，入夏有暑湿之苦，居常多烟火之忧。将便公私，须广都邑"[6]。这段话，一方面说明当时的气候变暖，符合暖相气候节点的预期；另一方面，说明火灾高发，需要增加防火间距，提供防火隔离，防范城市大灾。虽然其主要的目的是改造都市环境，并不是防灾第一，但当时确有在暖相气候下增加防火间距的社会共识。

1　宋史·本纪·卷2。

2　Barker, R., The Origin and Spread of Early-Ripening Champa Rice-It's Impact on Song Dynasty China [J], Rice (2011) 4: 184－186。

3　宋史·卷105·礼八，第2558页。

4　宋史·卷105·礼八，第2558-2559页。

5　（清）毕沅，续资治通鉴长编·卷6·乾德三年。

6　全唐文·第02部 卷125·京城别筑罗城诏。

▶ 闸口盘车图

由于气候变暖导致经济和市场扩张，利用水能进行磨粉作业的碾硙（水磨）得到推广，于是有下面的《闸口盘车图》。该图据说是五代宋初画家卫贤绘制的绢本设色画，也有一说是北宋末年张择端的绘画。水磨的兴盛，有两个前提条件：旱灾导致供水工程的扩张，暖相气候导致商品交易市场的扩张，两者都是在暖相气候周期实现。所以，水磨的兴盛，代表手工业的扩张和交易市场的增加，通常会发生在气候变暖的时段，这和欧洲工业革命主要发生在冷相气候周期有本质性的不同。

图 22　五代末年的《闸口盘车图》（局部），藏于上海博物馆

▶ 严申榷酒

宋太祖立国之初也因谷贵缺粮于建隆二年（961）下令，"夏四月庚申，班私炼货易盐及货造酒曲律"[1]，禁止私市酒曲以及以私酒入城。建隆三年（962），太祖又修酒曲之禁，禁止私造及持私酒入官沽地。这说明暖相气候有利于私酿和偷卖，对国家财政造成不利的影响，所以我们会发现"冷相鼓励榷酒，暖相鼓励酒税（放松酒禁）"的一般趋势。

▶ 世宗灭佛

气候变暖意味着市场扩张，市场扩张带来严重的甲类钱荒，导致市场缺钱润滑。

1　宋史·太祖本纪一。

而暖相气候推动的宗教热潮又积蓄了大量的重金属（主要是铜），在这种情况下，后周显德二年（955）五月，周世宗柴荣昭告天下，"凡后周境内佛教寺庙，非敕赐寺额者皆废之，所有功德佛像及僧尼并于当留寺院中，今后不得再造寺院"[1]。天下寺院存者 2694 座，废者 30336 座，有僧 42694 名，尼 18756 名。在北周武帝的一次打击下，寺院经济再次为之衰落，寺院土地变成国家土地，寺院控制下的劳动人口也登记在国家版籍上，从而大大加强了封建国家的力量。与此同时，后周还利用寺院的铜像铸造铜钱，改善了货币供应量。

"三武灭佛"，指的是北魏太武帝灭佛、北周武帝灭佛、唐武宗灭佛这三次事件的合称。这些在位者的谥号或庙号都带有个武字。若加上后周世宗时的灭佛则合称为"三武一宗灭佛"。关键看谥号，他们都有"武"（周世宗也是以武功而青史留名），意味着他们穷兵黩武，财政支出巨大，所以是政府支出危机（乙类钱荒）推动了灭佛运动。前两次是冷相气候节点，后两次是暖相气候节点，中国政府与宗教的冲突，在气候节点附近的环境危机中更加突出。值得一提的是，欧洲的王权与教权之争，主要发生在冷相气候节点附近，政教冲突也是一个推动"中欧科技大分流"的社会响应模式。

▶ 神圣罗马帝国

公元 962 年，德意志国王奥托一世在罗马由教皇约翰十二世加冕称帝，称为"罗马皇帝"，德意志王国便称为"德意志民族神圣罗马帝国"，这便是古德意志帝国，或称为第一帝国。

公元 1474 年起，帝国被称为德意志民族神圣罗马帝国，已成为徒具虚名的政治组合。

公元 1806 年，在拿破仑的威逼利诱下，16 个神圣罗马帝国的邦国成员签订了《莱茵邦联条约》，脱离帝国加入了莱茵邦联。与此同时，为了吸引更多国家加入邦联，拿破仑决定亲手终结神圣罗马帝国。因此他对皇帝弗朗茨二世发出了最后通牒，要求他解散神圣罗马帝国，并且放弃神圣罗马皇帝和罗马人民的国王的称号。注意 1805 年维苏威火山爆发，1806 年气候突然变冷，苏州地区的双季稻在持续 90 年之后无法维系。所以，拿破仑的决策有着气候变冷需要集中资源的

---

1 （宋）欧阳修等，新五代史·卷 12·周本纪第 12，另见，五代会要·卷十二。

政治考量。

神圣罗马帝国存在了895或844年（也就是15或14个60年的气候周期），其中存在"暖相崛起，冷相衰落"的特点，符合欧洲的地理位置和气候特征。

▶ 时代之歌

冯延巳创作一首《浣溪沙·春到青门柳色黄》："春到青门柳色黄，一梢红杏出低墙。莺窗人起未梳妆，绣帐已阑离别梦。玉炉空袅寂寥香，闺中红日奈何长。"

赵匡胤顺利篡位，符合"司马迁陷阱"（见第5、6、7节）的基本条件，气候变暖、经济稳定、商业地位上升，政府实力不足。古代的地方不稳、篡位成功大多出现在暖相气候，如王莽、刘裕、萧道成、赵匡胤等。民间开发工业（盘车图和樵采危机），挣的钱比政府多，自然就是政府的隐患，所以需要用权法加以控制和限制。汉武帝最担心的，其实就是"春到青门柳色黄"带来的游侠和商贾。

公元 990 年：二月寒食经新雨

▶ 气候危机

太平兴国七年（982）三月"宣州雪霜杀桑害稼"，雍熙二年（985）冬"南康军（今江西星子）大雨雪，江水冰，胜重载"。淳化三年（992）三月，"商州霜，花皆死"，九月"京兆府大雪害苗稼"[1]。淳化五年（994），宋太宗对大臣兴高采烈地大谈都城繁荣时，吕蒙正立即指出："臣常见都城外不数里，饥寒而死者甚众"[2]，当时是冷相气候，因此饥寒交迫造成的丧葬危机比较严重。

公元1000年，中国长白山火山爆发（中国文明历史上唯一的一次火山爆发），带来了一轮冷相气候冲击。咸平四年（1001）三月"京师及近甸诸州雪，损桑"；景德四年（1007）七月，"渭州瓦亭砦早霜伤稼"。所以，"澶渊之盟"（1004）带来的宋辽百年和平，是气候危机推动的结果。

1 宋史·志·卷15·五行下·水下。
2 宋史·列传第24·吕蒙正传。

▶ 淀泊工程

宋太宗端拱元年（988），雄州地方官何承矩上书，建议"假设于顺安砦西开易河蒲口，导水东注于海，资其陂泽，筑堤贮水为屯田，可以遏敌骑之奔轶。其无水田处，亦望选兵戍之，简其精锐，去其冗缪"[1]，同时在这一地区"播为稻田"，"收地利以实边"。这样便可形成一条东西长150多千米、南北宽25～35千米的防御工事，阻拦辽国骑兵南下。沧州临津令黄懋也认为屯田种稻其利甚大，因此也上书说："今河北州军多陂塘，引水溉田，有功易就，三、五年间，公私必大获其利。"宋太宗采纳了这一建议，这是河北海河地区农田水利一次大开发，也是河北海河地区种植水稻的一次高潮。直到北宋后期，淀泊工程才日渐埋废。淀泊工程的产生，其实也是地理条件的结果，预示了北京作为大都市，必然会深受涝灾的困扰。现在的"南水北调"工程，也深受北京因冷相气候降雨增加而产生的困扰。

▶ 一修李渠

李渠的第一次修复，发生在至道三年（997），"王懿守袁州，州人频困于火，懿曰，郡之火无水备耳，命众协力分治旧渠。民歌之曰，李渠塞，王君开，四城惠利绝火灾"。

▶ 水稻普及

在淀泊工程的帮助下，北宋端拱年间（988～989）朝廷诏令江北诸州："于是诏江南、两浙、荆湖、岭南、福建诸州长吏，劝民益种诸谷（代表暖干气候的作物），民乏粟、麦、黍、豆种者，于淮北州郡给之；江北诸州，亦令就水广种粳稻（代表暖湿气候的作物），并免其租"[2]。在这个典型的冷相气候节点，宋太宗政府的对策是"南方推广旱作主粮，北方推广水稻种植"，可以说是对当时降雨模式的最佳应对办法。

▶ 竹林萎缩

因气候转冷，10世纪末黄河中、上游竹林曾较大程度上萎缩，故成书于太平兴

---

1 （清）顾祖禹，读史方舆纪要·卷12·滹沱河。
2 宋史·志·卷126·食货上一（农田）。

国年间（976～983）的《太平寰宇记》载道："司竹监，……，汉官有司竹长丞，魏晋河内园竹各置司守之官，江左省。后魏有司竹都尉，北齐、后周俱阙，隋有司竹监及丞，唐因之，在京兆、鄠、盩厔、怀州、河内。今皇朝惟有鄠、盩厔一监，属凤翔"[1]。竹林栽种面积的缩小，说明当时气候变冷的大趋势，这是竺可桢难题的主要观点。

▶ 小麦推广

南宋初期长江中下游地区出现的相对冷干气候无疑是使这种耕作制度稳定和完善的重要因素。小麦是喜寒忌湿作物，早在唐昭宗（公元889～904年在位）时，就曾有人试图将其移种广州，然因"广州地热，种麦则苗不实"而失败。北宋前期，宋廷也曾试图在江南推广冬小麦，但并未能达到预期目的。

端拱（988～998）初，就有人谏言："江南诸州长吏遂被诏令，劝民"益种诸谷，民乏粟、麦、黍、豆种者，于淮北州郡给之；江北诸州亦令就水种粳稻，并免其租"。尽管在宋廷的积极倡导下，南方地区开始种植小麦，但并没有得到普遍推广，如《吴郡图经续记》载："吴中地沃而物夥……其稼则刈麦种禾，一岁再熟，稻有早晚。"然而，咸平三年（1000），知泰州田锡在奏疏中说，江南、两浙种麦稀少。

随着气候转暖，小麦推广的气候条件前提不存在了，因此推广不成功。元祐年间（1086～1094）在杭州为官的苏轼（1037～1101）也曾上奏道："两浙水乡，种麦绝少，来岁之熟，指秋为期。"[2]所以我们会发现在冷相气候时段推广小麦的政府行动，如宋孝宗、真德秀等（见下文），就比较成功。总的说来，小麦需要气候变冷才能向南方推广，水稻需要气候变暖才能向北方推广。

▶ 鄂尔多斯环境恶化

宋初，夏州城已"深在沙漠"，其南部的环州（今环县）也因降水减少而"河水咸苦"，宋廷遂于淳化五年（994）毁夏州城。夏州城，即历史上著名的统万城，故址在今陕西靖边县东北白城子，属于鄂尔多斯高原的气候特征。自北魏太和以后为夏州所治，故又名夏州城。毁夏州城意味着鄂尔多斯环境恶化，农耕的日照条件不足，耕种土地向牧场转化，符合当时冷相气候下北方日照不足、环境恶化的趋势。

---

1 太平寰宇记·凤翔府·司竹监。
2 吴郡图经续记·卷上·物产；苏轼《东坡奏议·卷6·乞赈济浙西七州状》。

▶ 鳄鱼危机

陈尧佐,字希元,北宋阆州阆中县人(即现今四川阆中市人),出身官宦之家。北宋初期的咸平二年(999),时任首都开封府推官的陈尧佐,因为上书直指时弊,说出了别人不敢说的话,触怒了宋真宗,跟随韩愈的脚步,被贬为潮州通判。陈尧佐来潮州的第二年,韩江又发生鳄鱼吃人的惨剧。他在有经验的渔夫指点下,派了百名勇士把鳄鱼抓住,又效仿韩愈的《祭鳄鱼文》,亲笔写了一篇《戮鳄鱼文》,宣布鳄鱼的罪恶,并当众杀掉。潮州鳄鱼在韩愈之后第二次"伤人",说明气候变冷的危机再次发生,两者相距约180年。

▶《太平圣惠方》

《太平圣惠方》,宋时称为"国朝第一方书",实际上也是中国的第一部官修方书,由宋太宗亲自授命编撰。据《宋史》记载,宋太宗未即位时即留意医术,藏名方千余首,即位后又组织翰林医官院献方万余首,"命怀隐与副使王祐、郑奇,医官陈昭遇参对编类",编成此书。全书一百卷,分1670门,载方16834首,分类论述各种病证的病理、病因、证候、方药,即理法方药俱全。因此书实用性强,且"医药之书,性命攸关",宋太宗特颁《行圣惠方诏》,应诸道州府各赐二部,特设医学博士掌之,并鼓励官民传写,有宋一代,此书的经典地位不曾动摇,既是太医局医生考试的教材,也是文人家藏至宝。北宋晚期韩城盘乐村宋墓壁画上绘有一幅备药图(见图23),左侧男子手持《太平圣惠方》,右侧男子手持两个药包,上有"大黄""白术"字样,似乎

图23 韩城盘乐村宋墓壁画《备药图》(局部)

在等待左侧男子查阅《太平圣惠方》之后的具体指示。这幅图很生动的显示出该书在宋代被重视的程度。当时已经是宋神宗之后不久,女主人手上拿着一枚"熙宁元宝",大约是该书出现90年之后了。

▶ 常平法

由于应对环境危机措施有力,"京畿大穰。淳化三年(992)辛卯,分遣使臣于京城四门置场,增价以籴,令有司虚近仓贮之,命曰常平,俟岁饥即减价粜与贫民,遂为永制"[1]。 也就是说,如果冷相气候改善中国的降雨条件,也有可能造成全面的丰收。这是天宝十三年(753)时"中国强盛,天下称富庶者,无出陇右"的根本性原因。农业丰收造成工商业的通货短缺,也是冷相气候需要"下西洋"的金融原因。

▶ 下西洋

宋太宗雍熙四年(987)"遣内侍八人持勅书各往海南诸国互通贸易,博买香药、象牙、真珠、龙脑"。当时的冷相气候导致乙类钱荒(政府收支不能平衡,政府缺钱),所以需要开源节流,创造新的收入增长点。政府走出去邀请贸易,开启了"郑和下西洋"的第一次预演。

既然国家重视开源,私人也可以顺风争利。太宗至道元年(995)三月,颁布禁令"自今宜令诸路转运司指挥部内州县,专切纠察,内外文武官僚,敢遣亲信于化外贩瓷者,所在以姓名闻"[2]。这说明当时有大臣到国外贩卖瓷器,宋太宗不得不出面干涉,保证政府垄断性贸易的排他性。所以,冷相气候推动的乙类通货危机是导致农业主导的社会向外部寻求经济扩张,这是海外贸易的引力。而甲类通货危机导致外部各国前来交易,这是海外贸易的驱力。气候冷暖,通过交替产生引力和驱力,推动海外贸易的扩张。

▶ 人牲现象

宋太淳化元年(990)8月27日,"峡州长扬县民向祚与兄向收,共受富人钱十贯,俾之采生。巴峡之俗,杀人为牺牲以祀鬼。以钱募人求之,谓之采生。祚与其兄谋杀县民李祈女,割截耳鼻,断支节,以与富人"[3]。虽然具体杀人的原因不明,但发生在气候节点,说明这是因气候危机而更加突出的社会现象。一方面这是环境危机造

1 (清)毕沅,续资治通鉴·宋纪·宋纪十六。

2 (清)徐松,宋会要辑稿·职官44。

3 宋会要辑稿·刑法。

成的宗教危机或人祭现象,另一方面这是环境危机造成的经济危机,两者叠加,造成了"人牲"现象,可以说是环境危机的变相表达,符合当时习惯做法。

▶ 榷酒法改革

宋代经济的最大特色是榷酒法(酒类专卖法)的普及和持续。据《续资治通鉴长编》记载:"宋太祖开宝三年(970),令扑买坊务者收抵当。臣按,扑买之名,始见于此。"开宝九年(976)冬十月,宋太祖的诏书中也记载:"先是,茶盐榷酤课额少者,募豪民主之,民多增额求利,岁或荒谦,

图24 张择端本《清明上河图》中的酿酒缸

商旅不行,至亏失常课,乃籍其资产以备偿。于是诏以开宝八年额为定,勿辄增其额"[1]。由此可见,在宋太祖开宝年间已经出现了酒务买扑。"淳化五年(994),诏募民自酿,输官钱减常课三之二,使易办;民有应募者,检视其资产,长吏及大姓其保之,後课不登则均偿之"[2]。这是北宋榷酒法的肇始,推动了"欲得官,杀人放火受招安;欲得富,赶着行在卖酒醋"的社会主流认识。《清明上河图》中的孙羊正店一角有大量的酒缸(见图24),预示着这是有酿酒权的"正店",有别于只能批发不能自酿的"脚店"。

▶ 恢复火禁

宋太宗至道元年(995),宋廷"诏参知政事张洎,改撰京城内外坊名八十余。由是分定布列,始有雍洛之制"[3]。这个"雍洛之制"便是指唐代洛阳城的坊市制。宋真宗咸平五年(1002),朝廷又任命谢德权拆除汴京的侵街建筑物,谢德权以霹雳手段拆迁后,上书建议置立"禁鼓昏晓,皆复长安旧制"[4]。这个"禁鼓昏晓"乃是唐代坊

---

1 (宋)徐松,宋会要辑稿补编。
2 (宋)马端临,文献通考·卷17·征榷考四·榷酤禁酒。
3 续资治通鉴长编·卷38。
4 续资治通鉴长编·卷51。

市制的配套制度，入夜街鼓击响，便是向市民发出警告：坊门马上就要关闭，请速速回家。显然，街鼓制度是火禁，夜禁是暖相紧张，冷相松弛；火禁是冷相紧张，暖相松弛。两者交替决定了古代城市居民的夜生活。

然而，在坊市制趋于解体的历史进程中，这一"复古"举措终究要被难以抑制的市民与商业力量，结果必然是破墙开店和市坊制解体。成书于宋神宗熙宁七年（1074）前后的宋敏求《春明退朝录》称："二纪以来，不闻街鼓之声，金吾之职废矣。""二纪"为二十四年，由此可推算出，至迟在1050年左右，即宋仁宗皇祐年间，实行不到50年的开封街鼓制度已被官方放弃废除了。

▶ 佛教再兴

在这种偏冷的气候氛围下，形成了向佛寺施舍田产财物的高潮[1]。例如，"杯酒释兵权"的主角之一、"专务聚敛，积财巨万"的石守信，"尤信奉释氏，在西京（即洛阳），建崇德寺，募民辇瓦木，驱迫甚急，而佣直不给，人多苦之"[2]。这件事大约发生在公元976～984年之间。另一个武将安守忠于992年将在永兴军万年县和泾阳县临泾的两所庄田四十七八顷，都奉献施舍给了广慈禅院[3]。这说明当时的冷相气候有利于佛法的兴盛，即"冷相倡佛"。

太平兴国七年（982）年宋太宗效法唐太宗故事，"置译经院，后改为传法院，隶属鸿胪寺，掌翻译佛经"[4]，至1071年废。宋代翻译佛经的事业经历89年，"成于冷相气候，废于暖相气候"，几乎一个半气候周期，完全符合"冷相倡佛，暖相抑佛"的规律性，说明译经行动也是响应气候脉动的社会应对措施。

▶ 农民起义

淳化四年（993）春，川峡遭受大面积旱灾，以致饥馑蔓延，民不聊生，饿殍载道。然官府却"始议掊取"原本没有的榷茶，赋敛急迫，使农民失业，不能自存同时，官商勾结乘机操纵市场，"释贱贩贵"，进一步加剧了灾民对宋廷设置在当地的"博买务"垄断布帛贸易，贱价强购农民生产的布帛细绢的不满。因贩茶失业的王小波等借

---

1 漆侠,宋代经济史［M］,上海人民出版社,1987年,第271页。

2 宋史·卷250·石守信传。

3 陆耀遹,金石续编·卷一三·广济禅院龙地碑。

4 （清）徐松,宋会要辑稿·道释·传法院。

机在青城县聚集农民起义,利用当地基于李冰等人的"水神崇拜"发动群众,"旬日之间,归之者数万人"一举攻占青城县,又转战邛、蜀各州县,在成都建立农民政权。起义军诛杀贪官彭山县令齐元振,随后兵进成都。王小波战场中箭身亡后,众人拥立李顺继续起义。李顺率众攻下成都后不久遭到宋军的反扑,李顺被擒杀,起义失败。王小波、李顺依托二郎神祠赛活动发动起义[1],从而导致宋政府加大了打击水神(二郎神)的力度。政府镇压李顺之乱后,还有像李顺一样打着"李冰神子"(二郎神)旗号聚众之事。这一农民起义,有宗教因素,有经济原因,本质上还是气候脉动推动的环境危机。这是中国历史上第一次提出"均贫富"的主张,意味着环境危机加剧了中国社会的贫富差距。

▶ 格陵兰的兴衰

公元 982 年,一个野蛮的挪威人"红发埃里克"因为杀了人而被驱逐出冰岛,来到附近一个比较原始的岛屿,开启了在那里的定居生活。岛上冰天雪地,埃里克还是发现了一块不到一公里的绿色草地,于是将该岛命名为"Greenland",就是格陵兰岛。追诉期结束后,埃里克回到冰岛,逢人便说,自己发现了一块绿色大陆。他的身边很快聚集了一大批追随者。4 年后,也就是公元 986 年,埃里克带领一支由 25 艘船组成的远征队,最终只有 14 艘船 500 人达到了格陵兰岛。这些人上岛后,定居在布拉塔利德点,开始了近 500 年的殖民和渔猎生活。

1075 年,格陵兰岛移民中有人向丹麦国王进贡活的北极熊。

1261 年,以挪威国王特许每年派 2 次船只给格陵兰提供物资为由,格陵兰承认挪威的宗主权,格陵兰岛成为挪威殖民地。

1380 年,格陵兰转由丹麦、挪威共同管辖。

1408 年,格陵兰岛在唯一的教堂举办过最后一次有记录的婚礼(见图 25),其后人口星散,湮没不闻。考古学家发现,格陵兰岛上残留衣物的放射性碳同位素年代测定结果为 1435 年(1440)。到 1450 年前后,岛上已经完全没有移民活动的痕迹了。

---

1 吴天墀《王小波、李顺起义考索二题》,载《宋史研究论文集》1984 年年会编刊,杭州:浙江人民出版社,1987 年;后以《水神崇奉与王小波、李顺起义》为题收入《吴天墀文史存稿》,第 71-81 页。大致同一时期,胡昭曦也曾指出过这一问题,参见氏著《四川古史考察札记》"王小波发动起义与宗教的关系"条,重庆出版社,1986 年,第 276-277 页。

图 25　1408 年最后一次举办婚礼的格林兰教堂遗迹犹存

1721 年,埃格德经丹麦—挪威联合王国允许,于今日的戈特霍布附近建立一家贸易公司和信义会传道会,标志着格陵兰开始重新进入殖民时代。

1776 年,丹麦政府独揽了格陵兰的贸易活动。此后格陵兰的海岸对外关闭。

1841 年,丹麦、挪威分治后,成为丹麦的殖民地。后挪威与丹麦为该岛归属问题发生争执。

1933 年,丹麦和挪威两国同意将此争端提交国联下属的常设国际法院讼裁,根据仲裁结果,丹麦获得了格陵兰岛的全部主权。

1950 年,格陵兰的海岸开始对外开放。在海岸关闭期间,丹麦努力使格陵兰人逐渐适应外部世界,以免开放后经济蒙受损失。

1979 年 5 月 1 日起格陵兰正式实行内部自治,但外交、防务和司法仍由丹麦掌管。

2008 年,格陵兰岛自治联合委员会公布了一份丹麦与格陵兰岛之间的新协议草案。协议中首次恢复格陵兰岛居民对本岛自然资源的处置权。

显然,格陵兰岛需要到下一个暖相气候节点(公元 2040 年)前后才能获得完整的自治权,符合"冷相集中,暖相分裂"的大趋势。

▶ 时代之歌

宋太宗赵光义也曾经写诗《缘识》:"二月寒食经新雨,开花绽柳人无语。近水溪边嫩枝条,攀折悠扬还似舞。车骑园林看不若,村笛歌声更互作。光阴番次不因循,民安万岁家家乐。"

"二月寒食经新雨",貌似是暖相,然而北方雨多就是冷相气候了。宋代的淀泊工程,就是今天"南水北调"工程的恶梦。鄂尔多斯的恶化,就是宋辽战争的环境原因。竹林萎缩、火禁出现、小麦推广、邀请贸易(说明海上贸易萎缩)等现象,都是气候变冷的结果。

公元 1020 年: 柔情不断如春水

▶ 气候特征

景德年间(1004~1007),宋真宗曾因雨雪不时求教于熟习田事的经学家邢房,"上勤政悯农,每雨雪不时,忧形于色,以昺素习田事,多委曲访之。……四事之害,旱暵为甚,盖田无畎浍,悉不可救,所损必尽。《传》曰:'天灾流行,国家代有。'此之谓也"[1]。相比之下,中国更担心旱蝗之灾,暖相气候更显著。

大中祥符五年(1012)"五月辛未,江、淮、两浙旱,给占城稻种,教民种之"。占城稻向北方的推广,离不开日照期增加、降雨量减少的帮助,因此昭示着当时的暖相气候背景。

天禧年间(1017~1021),杭州湾曾经连续发生潮灾[2](潮灾是气候恶化的先兆)。大中祥符九年(1016)十二月,"大名、澶、相州并霜,害稼"[3];天禧元年(1017)十一月,"京师大雪,苦寒,人多冻死",次年正月湖南永州"大雪六昼夜方止,江、溪鱼皆死"。

不久气候变暖,天圣五年(1027),"冬温无雪,夏秋大暑,毒气中人"[4]。同年,"自夏不雨,至七月暑气尤甚。宰臣王曾等言:'按《洪范》云:僭常旸若。臣等备位台衡,深虑朝政之间,或有差失。'帝曰:'朕亦夙夜循省,上天鉴诚,岂徒然哉 当与卿等共修政事,以答天戒也。'"[5]。此外,"金橘产于江西,以远难致,都人初不识。明

---

1 宋史·列传·卷 190·刑昺传。

2 陆人骥,中国历代灾害性海潮史料 [M],海洋出版社,1984,第 28 页。

3 宋史·志·卷 15。

4 宋史·志第 16·五行 2 上。

5 宋会要辑稿·瑞异 2·旱。

道、景祐（1032～1038）初，始与竹子俱至京师"[1]。橘子和竹子都是南方对生长环境温度非常敏感的物种，物种北移代表着气候变暖。

▶ 降水危机

公元1027～1047年是北宋第一个比较明显的连续干旱期。其中，明道元年至至和二年（1032～1055），朝廷频频遣官诣天下名山大川祠庙祈雨；庆历年间（1041～1048），宋廷更是连续八年遣使至岳渎祈雨。同期，辽国武定军境内也于兴宗重熙十五年（1046）出现大旱，苗核枯槁。宋明道中（1032～1033），张旨知安丰县（今寿县），他对安丰塘作了较大规模修治，"浚渒河三十里，疏泄支流，注芍陂；为斗门，溉田数万顷；外筑堤，以备水患"[2]。显然，气候变暖加剧了中国北方的降雨危机。

▶ 二修李渠

李渠的第二次修复，发生在天禧三年（1019），"通判袁延庆复浚旧渠，创建疏泉亭，刻石纪其事，并赋诗有本，与居民御火灾，不辞迢递，费纡回之句"[3]。

▶ 能源危机

大中祥符五年（1012）冬天，"民间乏炭，其价甚贵，每秤可及二百文。虽开封府不住条约，其如贩夫求利，唯务增长"。为赈济寒潮之中的灾民，"三司出炭四十万减半价鬻与贫民"[4]。求炭若渴的灾民纷纷抢购，造成"人相拥并至有践死者"的群体性踩踏事件。大中祥符八年（1015），"三司以炭十万秤减价出卖以济贫民"，"自是畜藏薪、炭之家无以邀致厚利而小民获济焉"。天禧元年（1017）十二月，"京师大雪，苦寒，人多冻死，路有僵尸，遣中使埋之四郊"[5]。

天圣四年（1026）后，才开始允许民间私人插手煤炭买卖，这说明气候从此开始变暖。燃料危机的本质是管理危机，燃料紧缺在准备充分后有所减缓。此后几

---

1 （宋）欧阳修，归田录·卷2。
2 宋史·张旨传。
3 钦定四库全书·江西通志·卷15·水利2·袁州府。
4 宋会要·食货·三七之六。
5 宋史·志·卷15·五行下·水下。

年,宋代负责经济和计划的三司(盐铁司、度支司和户部司)不得不仿常平仓之制,"于年支外,别计度五十万秤殷载赴京,以备济民"[1]。暖相气候节点发生的寒潮危机,推动了北宋政府的能源开发、运输和储备,为下一个节点的煤炭革命奠定了基础。

▶ 丧葬危机

由于暖相节点附近的寒潮危机,政府不得不开办丧葬服务。天禧中(1017~1021),"于京畿近郊佛寺买地,以瘗(埋葬)死之无主者"[2]。官府拨给棺钱,"一棺给钱六百,幼者半之。"后不复给,"死者暴露于道"。这种政府福利制度,伴随着同时发生的城市革命,是响应当时的气候危机,也代表着城市文明的重大突破,为北宋后期的漏泽园制度奠定了基础。

▶ 蝗虫危机

由于长期偏旱,北宋中后期蝗灾记录较多,并呈现由北向南逐步扩展的趋势。大中祥符元年(1008)以前,旱蝗记录主要出现在京畿、京东西、河北等路,"蝗蝻继生,弥覆郊野"。之后,蝗灾又绵延至河东和江、淮等路。其中,大中祥符九年(1016)和天禧元年(1017)从黄河中下游地区到长江中下游地区,由春及秋,蝗灾此起彼伏,而天禧元年二月,仅开封、京东西、河北、陕西、两浙、荆湖等地 就有 30 州郡爆发了蝗灾。

大中祥符九年(1016)六月,"京畿、京东西、河北路蝗蝻继生,弥覆郊野,食民田殆尽,入公私庐舍;七月辛亥,过京师,群飞翳空,延至江、淮南,趣河东,及霜寒始毙"[3]。"大中祥符中,天下大蝗,真宗使人于野得死蝗以示大臣。明日,他宰相有袖蝗以进者,曰:'蝗实死矣,请示于朝,率百官贺。'公(王旦)独以为不可。后数日,方奏事,飞蝗蔽天,真宗顾公曰:'使百官方贺,而蝗如此,岂不为天下笑邪?'"[4]蝗虫最多的时候,恰好是干旱少雨的气候温暖期。

1　宋会要・食货・37 之 6,参考《资治通鉴长编・卷79》。
2　宋史・卷 178・食货志上六・振恤。
3　文献通考・卷 314・物异考 20。
4　欧阳修,太尉文正王公神道碑铭。

▶ 黄河水灾

北宋天禧三年（1019），黄河"又从滑州决口，岸摧七百步，漫溢州城，历澶、濮、曹、郓，注梁山泊，围徐州城"[1]。此口于宋天禧四年（1020）二月堵复，可是4个月后又决，灾情比上年更甚，未能当即堵合，决河流淌8年。到天圣五年（1027）十月才堵塞。当时黄河下游共45埽，其中濮州（鄄城）有任村、东、西、北4埽，郓州有博陵、张秋、关山、子路、王陵、竹口6埽。涉及菏泽地区范围的有10处险工（埽）。"天禧中，河决，起知滑州，造木龙以杀水势，又筑长堤，人呼为陈（尧佐）公堤"[2]。

▶ 占稻革命

大中祥符五年（1012），"五月，遣使福建州，取占城稻三万斛，分给江淮、两浙三路转运使，并出种法"[3]。结果是，（南宋政府）"赋入惟恃二浙而已。吴地海陵之仓，天下莫及，秔稻再熟"[4]。何炳棣认为中国的第一次农业革命开始于北宋1012年后[5]，高产、耐旱、早熟的占城稻在江淮以南逐步传播。"早稻"、"和稻"的品种越来越多，水源比较充足的丘陵辟为梯田的面积越来越广。这不但增加全国稻米的生产面积，并因早熟之故，不断地提高了稻作区的复种指数。也就是说，宋代的温暖气候带来的降雨减少趋势（一种环境危机），有利于占城稻的普及，有利于推动土地的复种指数，推动了以抗旱、复种和山区开发为特征的农业革命，是推动宋代人口打破1亿人口瓶颈的重要原因之一。所以，不是农业技术或（抗旱）基因推动农业革命，而是气候脉动带来的环境危机，推动了原有技术和抗灾基因的普及，相当于发动了农业革命，奠定了北宋时期人口突破千年瓶颈（一亿人口）的基础。因此，农业革命的本质是基因革命，目的是应对环境危机。

▶ 水利专家范仲淹

开宝年间（968～976），泰州知事王文佑增修捍海堰。11世纪初，泰州延袤

---

1 宋史・志・卷91・河渠志。

2 宋史・陈尧佐传。

3 宋史・食货志。

4 （宋）苏籀，双溪集・卷9・务农札子。

5 何炳棣，美洲作物的引进、传播及其对中国粮食生产的影响（三）[J]，世界农业，1979(5)：25-31。

百五十里的捍海堰久废不治，"岁患海涛冒民田"，泰州西溪盐官范仲淹目睹了"风潮泛溢，淹没田产，毁坏亭"，于天圣元年（1023）主持海塘修复工程。"本朝天圣改元，范仲淹为泰州西溪盐官日，风潮泛溢，淹没田产，毁坏亭灶，有请于朝，调四万余夫修筑，三旬毕工。遂使海濒沮洳泻卤之地，化为良田，民得奠居，至今赖之"[1]。当地百姓为了纪念范仲淹，就将此堤称为范公堤。海潮增加，说明气候危机；海潮影响盐场的产盐，意味着背后的经济危机。所以，范仲淹才有经济支持来完成这一海塘工程。

▶ 燕肃发明指南车

指南车、记里鼓车是我国古代用来测定方向和记录行程的仪器。指南车亦称司南车，据传它为四、五千年前黄帝时代发明的，到宋朝时，制造方法已经失传了，没有任何详细资料；记里鼓车，亦名大章车，远在晋朝时就会制造，后来也失传了。燕肃曾任宋仁宗时的工部郎中，长于机械，他于天圣五年（1027）在"……至国朝，不闻得其制"的情况下，"创意成之"[2]，根据传闻复原了指南车和记里鼓车。由于某种未知原因，他的设计被用于1053年的大驾卤簿中，并被记录下来（见图26）。大驾卤

图26 《大驾卤簿图书》(局部)中的指南车和记里鼓车,藏于中国国家博物馆

---

1 宋史·志·卷50·河渠7·东南诸水下。
2 宋书·志·卷18·礼5。

簿,仗卫名,是皇帝出行时专用的规格最高、规模最大的车驾仪仗队简介仗卫名,代表着皇帝出行时专用的规格最高、规模最大的车驾仪仗队,往往有着宣示主权稳定的作用,类似于当代的国庆阅兵。

指南车是一种力能转换技术,是工业革命的最核心技术,来源于中国的政治需要。帝王需要宣示主权,指南车和记里鼓车是一种道具,代表着皇家的权威。为了满足这一需要而发明改进的齿轮技术,不仅在中国推动了水磨技术的发展,而且也通过王祯的《农书》流传到西方,推动英国工业革命的发生。水轮技术是英国工业革命最核心的技术,其中就有燕肃的心血。

▶ 纸钞革命

第一种纸钞交子由商人自由发行,始于一项公元 1008 年左右开始的私营商业行为,当时成都 16 家富商在丝绸交易和大米的收获季节期间发行了由褚树皮纸印刷制成的交易凭证。使用交子的步骤如下:用户将铁钱(作为边疆省份的四川流行铁币,重量大,价值低,难以运输)存入货币联盟,然后该联盟会临时将储户的存款金额填写到纸币上,然后交还给存款人。当存款人提取现金时,每贯收取 30 文的费用。这一类用于存款的纸质凭证被称为"交子",也被称为"褚币"。在这个时候,交子只是一种存款和提款凭证,而不是正式货币。

当交子系统运行到气候节点附近时,这一私有的交易系统崩溃了,很多成员超额发行,产生大量的兑付危机(属于典型的甲类市场钱荒),迫切需要政府的介入帮助。大中祥符九年(1016),政府撤销了四川对纸币的私人垄断,并将纸币印刷国有化。取而代之的是,在 1023 年成立了官方监控的交子务,并第二年开始发行纸币。首期发行了 1,256,340 贯,现金储备是 360,000 贯铁币,相当于储备金率是 28%。

人们普遍认为,交子的发明是跟随唐代飞钱(功能类似于当代的汇票),按界发行,保证兑换,因此是市场经济的重要润滑剂,有效改善了暖相气候导致的通货短缺难题。交子系统运行到 1107 年,让位于钱引,钱引是为了解决冷相气候危机,目的是为了引入通货膨胀。所以,交子的寿命是 90 年。

▶ 榷酒危机

酒类消费存在气候依赖性,所以在气候节点,我们会发现榷酒经济的异常表现。宋真宗大中祥符六年(1013),十二月二十四日,诏许民间市官酿,置坊釁醋。天禧三年（1019），"诏自今犯酒曲等有死刑者去之……请令所在杖脊、黔面，配五百里外牢城"[1]。把犯酒禁法当判死刑者改判杖脊刺配之刑，酒禁量刑有逐步减轻趋势，反过来说明当时的违反者增加的趋势。暖相气候推动私酿增加，说明暖相气候导致日照期增加，从而导致粮食增加、私人酿造增加，为保证政府收入不得已进行干涉。同年，宋朝酒类税涨到了901万贯，而在公元997年仅有121万贯钱。庞大的商业税收，使国库充盈，保障了国家财政的稳定与安宁。该年恰好遭受气候冲击，因此酒税高涨与该年的寒潮存在很大的因果关系。

天禧三年（1019），南京应天府，"酒曲课利，元（原）是百姓五户买扑，最高年额三万余贯。趁办不前，已两户破竭尽家产，只勒三户管认，累诉三司"[2]。也就是说，这五家组成的公司，合伙以一年三万贯的价格买下了宋代南京的酒类专营权，但是经营不力，发生官司。

气候突然变暖，给榷酒法的运行带来严重的挑战。酒类消费在寒冷期比较容易推行，气候变暖导致酒类消费减少，政府的榷酒事业面临严重的经济危机。天圣五年（1027），"八月，诏三司：'白矾楼酒店如有情愿买扑，出办课利，令于在京脚店酒户内拨定三千户，每日于本店取酒沽卖'"[3]，政府为了让人承包白矾楼酒店的总包酒税的业务，打包了3000家小酒家的分销商市场，可见政府对榷酒事业的重视。然而，高盈利的榷酒生意为什么没有人愿意拿下？这一经营危机，恰好与该年的环境变暖有关。由于环境变暖，意味着酒类消费不足，丰收导致私酿增加，导致榷酒（国家垄断生意）的收益锐减，所以政府不得不为这一难获利的垄断贸易寻找更合适的承包商，这是气候变暖带来的困境。古往今来，气候变暖都会导致榷酒法的运行难以为继，产生榷酒危机，因为酒类消费具有强烈的气候依赖性特征。

▶ 樵采危机

大中祥符四年（1011）七月"癸酉，历代帝王陵寝申禁樵采，犯者，所在官司并论其罪"。大中祥符五年（1012）八月"丁酉，禁周太祖葬冠剑地樵采"[4]。大中祥符六

---

1 （宋）李焘，续资治通鉴长编·卷九十四，天禧三年十一月己卯，中华书局，2004年，第2170页。
2 （清）徐松，宋会要辑稿·食货20之6，其中"三万"原作"二分"，据《续资治通鉴长编·卷四十九》改。
3 宋会要辑稿·食货20·酒曲杂录一。
4 宋史·真宗本纪。

年（1013）八月"丙寅，禁太清宫五里内樵采。""申告上圣号赦文（大中祥符八年正月壬午）"曰："国家钦奉骏命……岳渎名山大川，历代圣帝明王、忠臣烈士，载祀典者，所在精洁致祭，近祠庙陵寝，禁其樵采，祠宇坏者，官为完葺"[1]。天禧元年（1017）六月"庚辰，盗发后汉高祖陵，论如律，并劾守土官吏，遣内侍王克让以礼治葬，知制诰刘筠祭告"，因而"诏州县，申前代帝王陵寝樵采之禁"[2]。

这一樵采危机，有寒潮（气候危机）和手工业发展（暖相气候推动经济市场扩张）的双重贡献。气候变暖意味着手工业的扩张，推动了对林木的需求。史载，"（高舜臣兄）祥符中（1008～1016）为衙校，董卒数百人，伐木于西山"[3]。这是手工业扩张带来燃料危机推动的伐木运动。公元1019年，辽圣宗颁布了"弛大摆山猿岭采木之禁"的命令，开始采伐燕山的森林。在中世纪温暖期手工业的旺盛需求推动下，河南河北的原始森林被一扫而空。11世纪，黄河中游地区森林植被急剧退化，汴梁周边地区已罕有林迹，其建筑用材须从外运。

▶ 水能开发

由于暖相气候带来的市场扩张，导致了利用水能的水力机械的应用和推广。宋真宗大中祥符八年（1015），因有人反映"定州地有暖泉，冬月不冰，可以常用"，朝廷即"命河北安抚副使贾宗相度定州北河，兴置水碓"；宋仁宗天圣八年（1030），朝廷又命秦州官员在"州界侧近度地形安便处，增修水碓"，并批准原有的旧官碓"可量出租课，添助军需"。"租课"是收取租税的意思，这表明，官建的水碓可以用来出租，所得租金作为军需补贴之用。皇祐年间，怀州知州晁仲衍在境内沁水河边建碾硙，"借水势岁破麦数千斛，以给榷酤"，这些碾硙每年可以加工麦子几千斛，用来供应制酒业。这说明暖相气候的市场扩张推动了对水能的开发和利用。

明道元年（1032），"舒州民多近塘置碓硙，以夺水利"[4]，当时正值暖相气候的高峰，暖相缺水，所以水能不足，为了充分利用，产生了矛盾。庆历三年（1043），华州渭南县政府"引敷水溉田甚广"，却因"妨私家水磨"，被"讼于官"，最后朝廷专门立法，确立了农业灌溉优先的原则："如州县能以水利浇溉民田广阔者，应是

1 （宋）佚名，宋大诏令集·卷第一百三十一。
2 宋史·真宗本纪。
3 （宋）张师正，括异志·高舜臣。
4 续资治通鉴长编·卷110。

妨滞公私碾硙池沼诸般课利,并须停废,不得争占。州县仍不得受理"[1]。在农业和手工业争夺水能的背景下,农耕政府总是倾向于保护农民的灌溉水源,因此出台了保护水源的优先权法律。同时代的北宋画家高克明,在深山中发现了水磨,可见暖相气候推动的手工业扩张导致利用水能的碓硙普及到深山,如图 27 所示。

图27　高克明《溪山积雪图》中藏于深山的碓硙,藏于台北故宫博物院

▶ 海外贸易

注輦国在宋真宗大中祥符八年(1015)首次派使者来宋,也是因为"遇艑舶商人到本国"[2],介绍了宋朝结束五代十国分裂割据局面后国王为了"表远人慕化之意"派遣而来的。

乾兴初(1022),"赵德明请道其国中,不许。至天圣元年来贡,恐为西人钞略,乃诏自今取海路由广州至京师"[3]。

仁宗天圣元年(1023)"十一月入内,内侍省副都知周文质言:'沙州大食国遣使进奉至阙。缘大食国北来,皆泛海由广州入朝,今取沙州入京,经历夏州境风,方至渭州(今甘肃平凉)。伏虑自今大食止于此路出入。望申旧制,不得于西蕃出入。从之'"[4]。所以,暖相气候导致经济扩张,总是外邦发现新机遇,主动来朝,开辟新路。另一方面,暖相气候意味着海潮不兴,因此海路相对安全,所以宋代东西方的交往主要通过海路,故海上交往尤为繁盛。

在过量的香料输入之下,仁宗天圣三年(1025)十一月:"(孙)奭等一言,再详定到河边州军城寨便来粮草,支与香、茶、见钱三色交引,委得久远,利便其(商人)

1　宋会要辑稿・食货 7。
2　宋史・卷 489・注輦传。
3　宋史・卷 249・外国六。
4　(清)徐松,宋会要辑稿・国朝会要。

客旅于在京榷货务入纳钱物等"[1]，这意味着香料行使货币功能，给国家经济输入流动性和货币，有利于缓解暖相气候造成的经济扩张，后者带来甲类钱荒，需要政府发行货币来填补。

公元 1019 年，吐蕃僧人宗哥喃厮啰、李立遵遣蕃僧景遵等十人来贡。

公元 1019 年，泉州陈文轨等一百名商人集体前往高丽贸易，文化交流十分频繁。

暖相气候，各国都面临市场扩张、通货膨胀的经济危机，需要国际交易来弥补，因此地大物博的中国经常性面临着外国势力推动的"打开国门、公平贸易"的经商压力。最有名的一次，就是公元 1792 年的"马嘎尔尼访华"事件。

▶ 巫觋危机

天圣元年（1024），即宋代人口起飞的起点和气候节点附近，有一项皇家法令就要求控制某些地方的巫（巫婆）和觋（巫师）不要伤害他人，"禁两浙、江南、荆湖、福建、广南路巫觋挟邪术害人者"[2]。这意味着这些耕种条件不好的地方在历史上就容易受到气候冲击的影响，并且具有在外部环境挑战下进行人牺的文化传统。该法令的颁布预兆了后来为了缓解气候波动带来的人口压力而出现的杀婴行为，也预兆了中国民间信仰的气候依赖性和地域依赖性。

▶ 信仰热潮

天禧三年（1019），道士张君房在朝廷的支持下率众道士始编成《道藏》4565卷，总名为《大宋天宫宝藏》。张君房又根据七藏，提要钩凡，编成《云笈七签》一书，对道藏进行了彻底整理。《大宋天宫宝藏》的特色在于，它收进了摩尼教的一些经典，这说明本土宗教对于外来宗教的吸收。

同年，僧人道诚编成《释氏要览》《释氏要览》，内容是关于佛教的基本概念、寺院仪则、法规、僧官制度等的词义汇编。

同年，一名叫行昭的和尚于甘露井上建坛，遂称甘露戒坛，成为佛教徒入教受戒的地方。戒坛分五层，各层都有佛像。

---

1 （清）徐松，宋会要辑稿·食货 36。

2 （元）脱脱等，宋史·本纪·卷 9·仁宗一。

▶ 抑佛行动

宋真宗天禧五年（1021），全国僧道达四十七万八千一百零一人[1]（约占当时总人口 2.3%）。针对这种情况，张方平曾经指出："今释老之游者，略举天下计之，及其僮隶服役之人，为口岂啻五十万？中人之食，通其薪樵盐菜之用，月縻谷一斛，岁得谷六百万斛，人衣布帛二端，岁得一百万端"[2]，认为释老是社会的负担，提出减负的需求。宋祁则强调指出，"寺院帐幄谓之供养，田产谓之常住，不徭不役，坐蠹齐民"[3]，提出废罢寺院，是节省冗费的重要的办法。于是，在乾兴元年（1022），宋政府下令，"禁寺观不得市田"[4]，从而给寺观大肆兼并土地的趋势带来了极大的限制，可以看作是一次抑佛运动，发生在上一次灭佛的 60 年之后。

▶ 城市革命

北宋天禧三年（1019），当时的汴梁城市人口合计 26 万余户，约 140 万人，为当时世界上人口最多的城市。这一年被学者视为市民阶层兴起的一年，宋代的户籍出现了前所未见的"坊郭户"，举凡手工业者、商人等中小工商业者，都被正式列入国家户籍，而这群人也是宋代城市居民的基础。宋坊郭户的范围不仅包括居住在州府城、县城和镇、市的人户，也包括居住在州县城外新的城市居民区草市的人户。依据有无房产，将坊郭户分成主户与客户，又依据财产或房产多少，将坊郭户分为十等户。有些地区仅将坊郭主户分为十等户，有些地区则将坊郭主户和客户混通分为十等户。坊郭上户中有地主、商人、富有的房产主等。坊郭中下户有小商、小贩、手工业者等。按规定，坊郭户须承担劳役和缴纳宅税、地税等。由于城市为封建统治中心，官府摊派给坊郭户的科敷，也往往比乡村户多。坊郭户的出现，标志着当时的城市市民阶层的崛起，代表着当时的城市革命。

▶ 消防革命

由于气候变暖，在气候节点 1020 年附近，存在较多的政府规定，如天禧四年

---

1 （清）徐松，宋会要辑稿·道释·一之一一三至一一四。
2 （宋）张方平，乐全集·卷 15·原蠹中。
3 （宋）李焘，续资治通鉴长编·卷 125·宝元二年十一月癸卯纪事。
4 （元）马端临，文献通考·田赋考·四，另可参看《宋史·卷 173·食货志》。

（1020），"近日遗火稍多，虽累条约，访闻尚有接便奸幸，放火谋盗财物。……十四日，增遣军（王）[主]、都虞候各一员巡辖新城里望火兵士"[1]。注意，这是第一次提到望火兵士，说明政府已经预留了专职防火的厢兵，从事望火工作。

天禧五年（1021）正月，诏："新城外置九厢……新旧城里八厢左军……第二厢管十六坊，……城南左军厢管七坊……城东三军厢管九坊……城北左军厢管九坊……右军第一厢管八坊……第二厢管南坊……城南右军厢管十三坊……城北右军厢管十一坊"[2]。这一安排，表面上组织巡铺是为了改善治安，其实任何城管队伍都有消防的职能，可以算是宋代消防革命的起点。这是第一次规范巡铺管理范围和内容的文件，因此可以说宋代消防队伍"军巡铺"的诞生时间就是1021年。张择端本《清明上河图》中记录了一段宋代巡铺的典型影像（见图28），让我们可以见识宋代的城管和消防制度，并认识当时的环境（火灾）危机。

图28　张择端本《清明上河图》中的巡铺（消防队）

仁宗天圣二年（1024）正月，诏："自今诸处遗火，如救火兵士、诸色水行人等于救火处偷取财物，其巡检人员当面捉下，勘逐不虚……"。相当于是对消防队伍风纪的要求，否则丧失了纪律约束的救火兵士也会参与火场乘乱打劫。暖相气候容易产生治安难题，所以加强夜禁、改进风纪，都是响应暖相气候的需求。

1　宋会要辑稿·兵三·厢巡。
2　宋会要辑稿·兵3。

▶ 刀伊入寇

刀伊入寇是发生在公元 1019 年辽国女真族海盗入侵日本北九州的事件。"刀伊"（とい）意即东夷,是朝鲜半岛高丽国对高丽北面及东北面外族人的蔑称。刀伊入寇是日本史上第一次正式遭外国势力入侵。宽仁三年（1019）3 月,刀伊人乘 50 条船袭击对马,至 4 月进袭壹岐、怡土郡、博多、长崎和肥前等地。当时只以搜刮农民为能事而无抵御外侮能力的中央权贵们闻讯大骇,毫无办法。这支刀伊海盗最后还是被日本地方武装击退了。后来高丽海军在海上击败了这支海盗,送回被掳日人259 名。

从当时的气候危机来看,暖相气候节点发生的寒潮是推动女真人入侵日本的关键性推手。由于寒潮后气候变暖导致人口增加,暖相气候有利人口扩张,冷相气候带来粮食危机,两者结合导致对外移民,有时也称作海盗入侵事件,这也可以解释历史上众多的武装移民和殖民事件。

▶ 北海帝国

克努特出生于公元 10 世纪末的丹麦,他是著名的"蓝牙王"哈拉尔之孙,"八字胡"斯韦恩第二个儿子。1017 年初,通过战争成为整个英格兰的国王。1018 年,克努特抢回丹麦王位。10 年后,又打败了挪威国王,统治了挪威和瑞典南部地区。克努特的四处征伐,建立了一个包含英格兰、苏格兰（大部分）、丹麦、挪威、瑞典南部

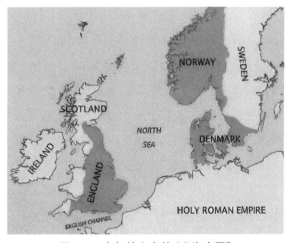

图 29 克努特大帝的"北海帝国"

的"北海帝国",成为了著名的"克努特大帝"。北海帝国是历史上唯一一个几乎统一了北海沿岸地区的帝国,代表着暖相气候推动欧洲渔猎文明对外移民可以达到的最高点。

▶ 时代之歌

政治家寇准（962～1023）写了一首《江南春》，引来无数的动机猜测："杳杳烟波隔千里，白苹香散东风起。日落汀洲一望时，柔情不断如春水。"范雍以为只有诗人的女婿文康公（名王曙）说中了寇准写诗的动机："乃暮年迁谪流落不归之意。诗人感物，固非偶然。时以为文康公之知言也。大约公之为诗，多有此意。"

"柔情不断如春水"，在春水的作用下，北宋政府经历了各种危机，丧葬危机、蝗虫危机、水源危机、樵采危机、榷酒危机、巫风危机等，也经历了重要的改革，城市革命、消防革命、纸钞革命、占稻革命、能源革命等。"二月春风似剪刀"，通过基因革命推动了人口的迅速增长，奠定了宋代城市文明高度发达的环境基础。

公元 1050 年：长烟落日孤城闭

▶ 气候特征

公元 1037 年，维苏威火山再次爆发[1]，气候又开始变冷。1042～1056 年的 15 年间，出现了 6 次异常寒冷年的记载，如庆历三年（1043）十二月"大雨雪，木冰"；1049 年前后，北宋著名考古学家刘敞（1019～1068）从闽越回京师任职言："秋即雪。长老或以为寡，人知其寡，或共议之"[2]。至和元年（1054），"京师大雨雪，贫弱之民冻死者甚众"。至和二年（1055）"冬自春陨霜杀桑"。嘉祐元年（1056）正月"大雨雪，大冰"，"大雨雪，泥途尽冰。都民寒饿，死者甚众"[3]。嘉祐三年（1058）冬天至次年春："自去年雨雪不止，民饥寒死道路其众。"

范仲淹在任陕西经略安抚招讨副使，于庆历二年（1042）作《城大顺回道中作》诗，慨叹"三月二十七，羌山始见花。将军了边事，春老未还家。"大顺城在今甘肃庆阳市华池县二将川，宋时为边塞重镇，距离今陕北吴旗县仅几十公里。据资料，吴旗附近最早的观赏性春季指示花木为山杏，其始花期为 4 月 12 日前后，

1　Scandone R, Giacomelli L, Gasparini P. Mount Vesuvius: 2000 years of volcanological observations. Journal of Volcanology & Geothermal Research, 1993, 58(1－4): 5-25.

2　［宋］刘敞, 公是集·卷 48·杂著·志雪。

3　宋史·卷 62·五行志。

可见当年春季物候（1042年3月27日，阳历为4月19日）较今约迟1周，意味着其春季温度较今约低0.8℃。这里提到的花期比现代晚了一周时间，所以当时是冷相气候[1]。

▶ 能源危机

庆历四年（1044）正月，"京城积雪，民多冻馁，其令三司置场减价出米谷、薪炭以济之"[2]。至和元年（1054），"京师大雨雪，贫弱之民冻死者甚众"。嘉祐元年（1056），"大雨雪，泥途尽冰。都民寒饿，死者甚众"。嘉祐三年（1058）冬天至次年春："自去年雨雪不止，民饥寒死道路甚众"；"今自立春以来，阴寒雨雪，小民失业，坊市寂寥，寒冻之人，死损不少，薪炭、食物，其价倍增"；"有投井、投河，不死之人皆称因为贫寒，自求死所，今日有一妇女，冻死其夫，寻亦自缢，窃惟里巷之中，失所之人，何可胜数"[3]。由于缺乏木材，从嘉祐四年（1059）起，铁钱停铸长达10年之久。邓州有人用生长较快的竹子烧制竹炭，一度成为炼铁的主要燃料。这是因为气候变冷带来的取暖危机，与气候变暖造成的樵采危机有本质性的不同。

▶ 福田院

嘉祐四年（1059），仁宗责令宋廷准备大过上元灯节之际，身为开封知府的欧阳修立即上书指出："今自立春以来，阴寒雨雪，小民失业，坊市寂寥，寒冻之人，死损不少。薪炭食物，其价倍增，民忧冻饿，何暇遨游？臣本府日阅公事，内有投井、投河不死之人，皆称因为贫寒，自求死所。今日有一妇人冻死，其夫寻以自缢。窃惟里巷之中，失所之人，何可胜数？"[4] 在这股寒潮面前，嘉祐七年（1062），"开封府市地于四郊，给钱瘗民之不能葬者"[5]。嘉祐八年（1063），东京福田院扩大为四个，可收容1200人。"增置南北福田院，并东、西各广官舍，日廪三百人。岁出内藏钱五百万给其费，后易以泗州施利钱，增为八百万"[6]。

---

1 葛全胜，中国历朝气候变化 [M]，科学出版社，2011，第393页。
2 （宋）李焘，续资治通鉴长编·卷一四六·庆历四年正月庚午。
3 （宋）李焘，续资治通鉴长编·卷189·嘉祐四年正月丁酉。
4 （宋）李焘，续资治通鉴长编·卷189·嘉佑四年。
5 宋史·仁宗本纪。
6 宋史·卷178·食货志。

▶ 薅子危机

庆历六年（1046）秋，蔡襄任福建路转运使。他在有关漳、泉、兴化军的奏札中第一次提到了杀婴现象："伏缘南方地狭人贫，终年佣作，仅能了得身丁，其间不能输纳者，父子流移，逃避他所。又有甚者，往往生子不举"[1]。大约同时期的欧阳修[2]，也提到"闽俗贪啬，有老而生子者，父兄多不举，曰：'是将分吾赀。'"也就是说，这些早期报告的杀婴现象往往来自于对遗产和经济问题考量，环境危机让经济问题更重要。

通常薅子危机是经济危机和社会危机的变相表达，在宋代人口快速增长的时段尤其突出，是马尔萨斯人口陷阱（物质生产跟不上人口生产，产生饥荒）的社会表现。一旦发生薅子危机，说明社会在进行自发的人口调整，也说明社会的技术手段不足，不足以应付气候脉动带来的经济危机。

▶ 沈公堤

北宋至和年间（1054～1056），海门知县沈起又将范公堤向南伸展35千米，人称"沈公堤"。这说明潮灾加剧，加筑堤坝是冷相气候下的典型响应。范公堤和沈公堤捍卫了苏北的农田及盐灶，受到历代的重视。

▶ 以工代赈

皇祐二年（1050），吴中大饥，殍殣枕路。是时范文正领浙西，发粟及募民存饷，为术甚备。吴人喜竞渡，好为佛事，希文乃纵民竞渡，太守日出宴于湖上，自春至夏，居民空巷出游。又召诸佛寺主首，谕之曰："饥岁工价至贱，可以大兴土木之役。"于是诸寺工作鼎兴。又新敖仓吏舍，日役千夫。监司奏劾杭州不恤荒政，嬉游不节，及公私兴造，伤耗民力。文正乃自条叙所以宴游及兴造，皆欲以发有余之财，以惠贫者。贸易饮食、工技服力之人仰食于公私者，日无虑数万人。荒政之施，莫此为大。是岁，两浙唯杭州晏然，民不流徙，皆文正之惠也。岁饥，发司农之粟，募民兴利，近岁遂着为令。既已恤饥，因之以成就民利，此先王之美泽也。

---

1 （宋）蔡襄，端明集·卷26·乞减放漳泉州兴化军人户身丁米札子。
2 （宋）欧阳修，兵部员外郎天章阁待制杜公墓志铭。

范仲淹救灾这件事情记载在北宋科学家沈括的《梦溪笔谈·范仲淹荒政》中。沈括本人就是杭州人,且于皇祐二年正好借居于苏州的舅舅家中。很明显,沈括在苏州时正好遇到大灾,为躲避灾害来到了杭州,亲眼见证了范仲淹在杭州采取的各种救灾措施。

▶ 当十钱改革

早在宋仁宗康定元年(1040),西夏独立引发了宋夏战争,陕西供应军费不足(又是冷相气候引发的钱荒),所以奏请朝廷铸造大铜钱与小平钱并行,大铜钱以一当十。此后,又造当十铁钱,由于名义面值与金属面值相差过大,诱发民间的盗铸行为,于是货币大乱,引发经济危机。宋廷经过频繁调整通货,买入替换当十钱,才逐步平息了钱法上的混乱。这一改铸大币,通过通货膨胀来化解乙类钱荒的做法,与公元前524年的周景王"铸大钱"改革货币的性质是相同的。两者都是发生在冷相气候节点之前10年左右,代表着气候的转折。

▶ 盐法改革

为了应对这场气候危机,北宋政府首先想到的是通过改革盐法来应对环境危机。仁宗庆历八年(1048),大臣范祥推行"盐钞法","祥先请变两池盐法,诏祥乘传陕西,与都转运使共议,时庆历四年也。已而议不合,祥寻亦遭丧去。及是,祥申前议,故有是命,使自推行之"[1]。盐钞法又称见钱法,将茶盐商品与入纳粮草分开,但其入纳沿边的仍然是实物粮草,只是"茶盐钞"的另一边变成了铜钱,因此是引入通货。范祥对盐法的改革,最基本最主要的方针是以通商法代替官榷法,借以克服官搬官卖种种扰害百姓的弊端;以见钱法代替入中粮草,用来解决加抬虚估,限制商人攫占更多的盐利,从而使盐法有利于国计民生,保证国家获得最多的盐利。

▶ 茶法改革

宋代前期的茶法变化,沈括进行了完整的总结[2]。

---

1 (宋)杨仲良,宋通鉴长编纪事本末·卷45。
2 (宋)沈括,梦溪笔谈·本朝茶法。

- 乾德二年（964），始诏在京、建州、汉、蕲口各置榷货务。五年（967），始禁私卖茶，从不应为情理重。太平兴国二年（977），删定禁法条贯，始立等科罪。
- 淳化二年（991），令商贾就园户买茶，公于官场贴射，始行贴射法。
- 淳化四年（993），初行交引，罢贴射法。西北入粟，给交引，自通利军始。是岁，罢诸处榷货务，寻复依旧。
- 至咸平元年（998），茶利钱以一百三十九万二千一百一十九贯三百一十九为额。至嘉祐三年（1058），凡六十一年，用此额，官本杂费皆在内，中间时有增亏，岁入不常。
- 至天禧二年（1018），镇戎军纳大麦一斗，本价通加饶，共支钱一贯二百五十四。
- 乾兴元年（1022），改三分法，支茶引三分，东南见钱二分半，香药四分半。天圣元年（1023），复行贴射法，行之三年，茶利尽归大商，官场但得黄晚恶茶，乃诏孙奭重议，罢贴射法。明年，推治元议省吏、计覆官、旬献等，皆决配沙门岛；元详定枢密副使张邓公、参知政事吕许公、鲁肃简各罚俸一月，御史中丞刘筠、入内内侍省副都知周文质、西上阁门使薛昭廓、三部副使，各罚铜二十斤；前三司使李谘落枢密直学士，依旧知洪州。
- 皇祐三年（1051），算茶依旧只用见钱。
- 至嘉祐四年（1059）二月五日，降敕罢茶禁。

改革的时机大多数是气候节点附近，因此可以解释为具有应对环境危机的动机。宋代流行一句话"欲得官，杀人放火受招安；欲得富，赶着行在卖酒醋"，深刻体现宋代社会商品经济受重视的局面。其实酒和茶都是冷相气候推动消费增加的非必须产品，是典型的快消品，存在很大的利润空间。宋政府如此急迫地改革盐法和茶法，就是为了应对冷相气候危机导致的乙类钱荒（政府钱荒），因此经济改革是气候变化的后果和对策。

▶ 淫祠危机

大约在 1030～1057 年之间，陈希夷"又知虔州雩都县，毁淫祠数百区，勒巫觋为良民七十余家"[1]。这意味着，环境危机推动了民间信仰的高涨，带来淫祠危机。

1 （宋）范镇，东斋记事·卷3。

▶ 西夏独立

马端临在《文献通考》中写道："盖河西之地,自唐中叶以后,一沦异域,顿化为龙荒沙漠之区,无复昔之殷富繁华矣……虽骁悍如元昊,有土地过于五凉,然不过与诸蕃部落杂处于旱海不毛之地"[1]。李元昊的崛起,与西夏的重要贸易地位有关,也和当时的环境危机有关。

▶ 庆历新政

面临边疆战事和朝廷臃肿的内忧外患,宋仁宗起用以范仲淹为首的改革派,发动了以革新吏治、节约财赋为主旨的改革,史称"庆历新政"。新政自庆历三年（1043）开始,至庆历五年（1045）范仲淹、韩琦、富弼、欧阳修等人相继被排斥出朝廷,各项改革废止,新政以失败结束。范仲淹裁撤官员、严格晋升、节约开支等举措触犯了诸多旧官僚的既得利益,遭到了强烈的反对。范仲淹等官员逐渐被贬斥,新举措也一一遭废止,庆历新政以失败告终。不过,庆历新政的失败为王安石变法轰轰烈烈的展开奠定了基础。

▶ 侬智高叛乱

宋皇祐元年（1049）,宋广源州知州侬智高称帝,定国号为南天。宋皇祐五年（1053）,宋将狄青诈渡上元节,夜奔昆仑关,在归仁辅大败侬智高。侬智高逃亡大理不知所终,其母阿侬被擒,岭南平定。当时恰好是冷相气候节点,环境危机严重是导致少数民族叛乱的重要原因。广西的土司制度从 1055 年狄青平定侬智高叛乱后逐渐,那些将士因公受赏,裂土为王,成为大大小小的土司后,在 1530 年王阳明平叛时被"改土归流",共存在 480 年,大约 8 个气候周期或 1 个文明周期（司马迁第三天运周期）。

▶ 州县提纲

四卷本《州县提纲》是我国现存最早的一部州县治政专著,有 116 条内容,传言是陈襄（1016～1080）所撰。其中关于防火的基本要求如下："治舍及狱,须于

---

1 文献通考·卷 322·舆地考 8。

天井之四隅,各置一大器贮水;又于其侧,备不测取水之器。市民团五家为甲,每家贮水之器,各置于门。救火之器,分置必预备立四隅。各隅择立隅长,以辖焉四隅,则又总于一官月终勒每甲,各执救火之具,呈点必加检察,无为具文,设有缓急,仓卒可集。若不预备,临期张皇,束手无策,此若缓而甚急者,宜加意焉"[1]。这里提到的火政,以停水为主,因此是冷相气候的典型应对措施。

▶ 狄青夜醮

宋人魏泰写道:"京师火禁甚严,将夜分,即灭烛。故士庶家凡有醮祭者,必先白厢使,以其焚楮币在中夕之后也。至和、嘉祐之间,狄武襄为枢密使,一夕夜醮,而勾当人偶失告报厢使,中夕骤有火光,探子驰白厢主,又报开封知府"[2]。通常冷相气候需要更多的人手来望火,发生在公元1053年的"狄青夜醮"故事说明当时的冷相气候特征。

当时的火灾形势在全国各地也有回响。景祐三年(1036)二月,"置代州五台山勾当寺务司及真容院,兼兴善镇烟火巡检事情,京朝官、使臣各一员"。庆历四年(1044)五月,"省河南府颖阳、寿安、偃师、缑氏、河清五县并为镇。逐令镇转运司举幕职,州县官使臣两员监酒税,仍管勾烟火公事"。

▶ 医学突破

庆历四年(1044),宋仁宗在"太常寺"设立"太医局",开始选拔"医官"传授医学知识,首次把"医学"纳入了"官办教育"的体系之中,标志着宋代官办医学教育的正式开始。太医局设提举(校长)一人,判局(副校长)二人,教授九人及局生三百人。于翰林院选拔医官讲授医经。地方上也纷纷仿照太医局设立地方医学教学机构。嘉祐六年(1061)各道、州、府吸收本地学生习医,由医学博士教习医书,学生名额大郡以10人为限,小郡以7人为限。

▶ 活字印刷

宋代医学革命的普及带来了印刷术的重大突破。据沈括在《梦溪笔谈》的记

1 州县提纲·卷2·修举火政。
2 (宋)魏泰,东轩笔谈。

载，"庆历中（1041～1048），有布衣毕昇又为活版"，说明毕昇在宋仁宗庆历年间发明了胶泥活字排版印刷术。毕昇（约970～1051），中国古代发明家，活字版印刷术发明者，北宋蕲州（今湖北英山县人）。毕昇在冷相气候条件下发明了胶泥活字印刷术，说明冷相气候推动的瘟疫危机和医学突破，让医书得到了普及和推广的市场需求，是推动毕昇发明印刷术的外部条件，为60年后徽宗年间的医学革命奠定了基础。不过，汉字的庞大规模决定了，活字印刷相对于雕版印刷并没有带来很大的可重复性优势，所以活字印刷在中国没有得到发扬光大，反而是欧洲的字母文字存在很大的便利，让古登堡在400年后再次发明了活字印刷术。

▶ 东西教会（弥格耳）分裂

公元1053年，君士坦丁堡牧首弥格耳·赛鲁来把东方的拉丁礼教堂全数关闭，同时致函罗马，极尽诋毁之事——他质问罗马教宗篡改圣经内容以及教义。又说西方教会弥撒用无酵的饼是源自犹太人，是异端；安息日守大斋，准许教友吃未出血的肉；四旬日不唱哈利路亚等等。虽然这只是无关大雅的几点外表礼规而已，但是拜占庭的教友却异常的重视。罗马教皇和君士坦丁堡牧首互相开除对方的教籍，标志着基督教正式分裂为罗马公教（天主教）和希腊正教（东正教）。对待冷相气候环境危机的不同态度，让东西方教会进行了分裂，重复了180年前的老路。

▶ 时代之歌

在瑟瑟秋风之中，范仲淹写了一首著名的《渔家傲·秋思》："塞下秋来风景异，衡阳雁去无留意。四面边声连角起，千嶂里，长烟落日孤城闭。浊酒一杯家万里，燕然未勒归无计。羌管悠悠霜满地，人不寐，将军白发征夫泪。"

"长烟落日孤城闭"，这是战争的场景，来源于文明的冲突。本来西夏是位于西北交通要道，可以从贸易中获利，不需要独立。可是，维苏威火山爆发改变了气候形势，带来的环境危机造成了政治独立形势，引来战争。面对冷相气候危机，宋政府通过钱法、茶法、盐法、酒法、宗教、人事等政经改革来缓解危机，在技术上也取得不少突破。

公元 1080 年：忽惊烂漫一春残

▶ 气候特征

长江三角洲地区北宋中期后也屡有暖冬记载，如 1061、1067、1085、1086、1089、1090 等年份[1]。

治平元年（1064），“自冬无雪，大寒不效”，次年三月，范镇提出“臣伏见去冬多南风，今春多西北风。乍寒乍暑，欲雨不雨，又有黑气蔽日”[2]。八月，司马光说：“历冬无雪，暖气如春，草木早荣。”

元祐六年（1091）正月，苏辙上奏曰：“见前年冬温不雪，圣心焦劳，请祷备至。天意不顺，宿麦不蕃。去冬此灾复甚，而加以无冰，……今连年冬温无冰，可谓常燠矣”[3]。

在暖相的背景下，有一年异常寒冷。元祐二年（1087）冬，“京师大雪连月，至春不止。久阴恒寒，罢上元节游幸，降德音诸道”[4]。

▶ 梅花兴盛

成书于元丰五年（1082）的《洛阳花木记》载有：“梅之别六，红梅、千叶黄香梅、腊梅、消梅、苏梅、水梅。”北宋文学家、女词人李清照之父李格非（约 1045～1105）所著《洛阳名园记》亦云：“吕文穆园，伊、洛二水自东南分注河南城中……洛阳又有园池中有一物特可称者，如大隐庄梅，杨侍郎园流杯，师子园师子是也，梅盖早梅，香甚烈而大，说者云，自大庾岭移其本至此。”

北宋诗人梅尧臣曾作《京师逢卖梅花五首》云“此土只知看杏蕊，大梁亦复卖梅花”，“驿使前时走马回，北人初识越人梅”，“忆在鄱君旧国傍，马穿修竹忽闻香。偶将眼趁蝴蝶去，隔水深深几树芳”。苏轼《许州西湖》诗有“惟有落残梅，标格尚衿爽”这里描写的许州，即今河南许昌；司马光也曾有诗云：“京洛春何早，凭高种岭

1 葛全胜，中国历朝气候变化 [M]，科学出版社，2011，第 387 页。

2 续资治通鉴长编·卷 179·至和二年（甲午，1055）。

3 续资治通鉴长编·卷 454，令见苏辙《栾城集·卷 46·论冬温无冰札子》。

4 宋史·卷六二·五行一下，第 1342 页。

梅。纷披百株密,烂漫一朝开。"

初唐长安的梅花兴盛代表了当时的暖相气候,宋代开封也是如此。

▶ 苏颂出使

熙宁十年十月三日至次年正月二十八日(1077 年 10 月 22 日～1078 年 2 月 13 日),科学家和政治家苏颂在出使辽国的途中所作 28 首纪事诗中,不仅详细地记录了辽境类似中原的农业景象,而且多次提到了当时异乎寻常的暖冬状况。如《中京纪事边》说:"边关本是苦寒地,况复严冬入异乡。一带土河犹未冻,数朝晴日但凝霜。上心固已推恩信,天意从兹变燠旸,最是使人知幸处,轻裘不觉在殊方。"并在诗注云:"十一月十六日到中京,未经苦寒,天气温煦,几类河朔,行人皆知厚幸,纪事书呈同事合使。"显然,直至阳历 12 月上旬,内蒙古东的土河(今老哈河)仍未封冻。又如《离广平》云:"归骑骎骎踏去尘,数朝晴日暖如春。向阳渐喜闻南雁,炙背何妨问野人。度漠兼程闲鼠褐,据鞍浓睡侧乌巾。穷冬荒景逢温煦,自是皇家覆育仁。"诗注曰:"十二月十日离广平,一向晴霁,天气温暖,北人皆云未尝有之,岂非南使和煦所致耶!"

▶ 熙宁大旱

暖相气候伴随着旱蝗危机。据《续资治通鉴长编》载,从赵太祖建隆元年(960)到宋哲宗元符二年(1099)的 139 年中,由皇帝下诏进行的大型祈雨活动有 113 次,其中熙宁七年(1074)前后最多,如熙宁六年 4 次,熙宁七年 10 次,熙宁八年 5 次。

▶ 蝗灾危机

暖相气候伴随着旱蝗危机。宋神宗熙宁八年(1075)八月,神宗颁布了《捕蝗诏令》,这是世界上第一道治蝗法规。法令规定,但凡有蝗虫肆虐的地区,县令必须身体力行,亲自到地理捕捉蝗虫。为了调动百姓捕捉蝗虫的积极性,法规明文规定百姓挖掘蝗蝻和捕捉蝗虫可以直接拿去兑换钱粮,如果因为挖蝗蝻或者捕捉蝗虫损伤了田地里的庄稼,还可以申请免税,捕捉的蝗虫仍然可以兑换粮食。哲宗元符元年(1098),户部根据宋神宗的诏令,颁布了更加详细的《户部捕蝗法》,除了宋神宗所提到的策略,还建立了蝗灾通报制度,一旦有百姓通报官员,官员隐瞒不报或者拒不受理的,都会受到严厉的处罚;如果在治理蝗灾之时官员不尽责,同样会受到严处。

▶ 饥荒流民

由于吴越大旱影响的是中国最重要的粮仓,因此社会危机异常严重。熙宁六年(1073)三月二十六日,郑侠上书《论新法进流民图疏》,提到当时旱灾蝗灾造成的饥荒和流民危机。"臣伏睹去年大蝗,秋冬亢旱,以至于今,经春不雨,麦苗枯焦,黍粟麻豆,粒不及种。旬日以来,街市米价暴贵,群情忧惶,十九惧死。方春斩伐,竭泽而渔。大营官钱,小求升米,草木鱼鳖,亦莫生遂。皆中外之臣辅相陛下不从道以至于此。"[1]郑侠的上书和背后的暖相气候危机,严重动摇了宋神宗的改革意志,令王安石不得不去职退休,对熙宁变法的进程带来重大的影响。

▶ 木兰陂工程

木兰陂创始于治平四年(1067),因洪水冲毁而失败。熙宁八年(1075)开始第二次建设(暖相缺水),经过8年始建成。延祐二年(1315)又扩大到溪北(暖相缺水)。道光七年(1827)以后灌溉田地二千余顷(冷相多水)。

▶ 用水危机

北宋王安石变法的重要内容之一,就是于公元1069年制定颁布了《农田水利约束》(又称《农田利害条约》),是一部鼓励和规范大型农田水利建设的行政法规。以后历代逐步完善,不论是国家大法中的水利条款,还是专门的水利法规,对灌溉管理的相关制度规定都越来越细致,对中国灌溉事业的发展起到了重要的规范和保障作用。

▶ 通货危机

元丰元年(1078),四川交子的发行变成两界同时流通(展界)[2],以满足当时的市场扩张需要(甲类钱荒)。神宗熙宁八年(1075)吕惠卿在讨论陕西交子时说:"自可依西川法,令民间自纳钱请交子,即是会子。自家有钱,便得会子。动无钱,谁肯将钱来取会子?"[3]由此可知当时流行的会子即是纳钱和取钱的凭证。但是,它不

---

1 (宋)曾巩,越州赵公救灾记。
2 彭信威,中国货币史[M],上海人民出版社,1958年,第312页。
3 (宋)李焘,续资治通鉴长编·卷二七二熙宁九年正月甲申。

是由政府机构实施和管理的,可以说是私营的会子。当时的气候非常温暖[1],温暖的气候有助于推动经济的扩张,给民间创办会子创造了条件。

▶ 酒税危机

自神宗熙宁五年(1072)二月开始,"诏天下州县酒务,不以课额高下,并以租(祖)额纽算净利钱数,许有家业人召保买扑"[2]。这从另一个角度说明榷酒法的经营危机,因为气候变暖,酒类消费萎缩,推销不利,由此出现了官府酒务全面卖扑的局面。

▶ 伐木运动和樵采危机

随着气候变暖导致的手工业扩张,熙宁二年(1069),陕府、虢、解等州"每年差夫工二万人,到西京等处采黄河稍木,令人夫于山中寻逐采斫,多为本处居民于人夫未到之前收采已尽,却致人夫贵贱于居民处买纳",以致"岁月之间,尽成赤地"。这是由于暖相气候造成手工业大发展,推动了木材的消费和毁林运动。当时沈括曾为此而感叹:"今齐、鲁间松林尽矣,渐至太行、京西、江南,松山太半皆童矣。"[3]

随着气候变暖推动手工业的扩张,需要大量的能源供应,表现为"樵采危机"。又一波禁樵采令发生在 1080 年前后。熙宁十年(1077)二月,权御史中丞邓润甫进言道:"唐之诸陵,悉见芟刈,闻昭陵木,已翦伐无遗"[4]。同年,"(唐太宗)昭陵,木已翦伐无遗。熙宁令:前代帝王陵寝并禁樵采"[5]。考虑到当时没有明显的寒潮(雪灾),而且是发生在石炭广泛使用之后,因此这是由于经济发展、市场扩张推动的燃料消费增加局面,代表着当时的暖相气候危机。

▶ 海外贸易

熙宁四年(1071),高丽在中断了四十一年后重新遣使如宋朝贡。在此之前,福建路官员罗拯先遣商人前往高丽刺探高丽意愿,在高丽表示同意重新遣使朝贡后上报宋神宗,在获得神宗许可后,高丽于熙宁四年重新遣使入贡。

---

1 葛全胜,中国历朝气候变化 [M],科学出版社,2011,第 390 页。
2 (宋)李焘,续资治通鉴长编·卷 94,天禧三年十一月己卯,中华书局,2004 年,第 2170 页。
3 (宋)沈括,梦溪笔谈·卷 24·石油。
4 (清)毕沅,续资治通鉴·宋纪·宋纪 72。
5 续资治通鉴·宋记·宋纪 72。

熙宁五年（1072），诏发运使薛向曰："东南之利，舶商居其一。比言者请置司泉州，其创法讲求之。"[1]北宋关税收入颇丰，熙宁十年（1077），广州、杭州、明州三市舶司所收乳香共计354,449斤。宋神宗在论及东南市舶之利时说："东南利国之大，舶商亦居其一焉，昔钱、刘窃据浙、广，内足自富，外足抗中国者，亦由笼海商得术也。卿宜创法讲求，不惟岁获厚利，兼使外藩辐辏中国，亦壮观一事也"[2]。当时的暖相气候特征十分显著。

在暖相气候导致的市场扩张形势下，宋神宗元丰三年（1080）海外贸易体制再次改革，"中书言，《广州市舶条》已修定，乞专委官推行。诏广东以转运使孙迥，广西以运召陈倩，两浙以转运副使周直孺，福建以转运判官王子京。迥、直孺兼提举推行，倩、子京兼觉察拘栏。其广南东路安抚使更不带市舶使"[3]。也就是说，中国历史上第一部贸易法：《广州市舶条法》从此时起免除地方长官的市舶兼职，改由"专委官"的运转使直接负责市舶司事务，这是北宋发生的第二次市舶法改革。颁布该法规的目的，还是为了集中垄断贸易资源，从事符合政府利益的海外贸易。市场的拓展和集中垄断的趋势推动了能源革命的发生。

▶ 胆铜法（胆水浸铜）

把铁放在胆水（硫酸铜水溶液）中，铜离子即被铁所取代而使铜沉淀。这一反应的发现远自西汉。汉代《淮南万毕术》卷下记载："白青得铁即化为铜。"白青是水胆矾。唐《新修本草》关于石胆（胆矾，$CuSO_4 \cdot 5H_2O$）也说"磨铁作铜色，此是真者"。宋哲宗时（1086～1100），江西饶州等地已用胆铜法产铜。绍圣元年（1094），信州铅山场、饶州兴利场（均在今江西）、韶州岑水场（在今广东）、潭州永兴场（今湖南）四大铜场，除生产"石铜"（用矿石冶炼的金属铜）外，都生产胆铜。至徽宗建中靖国元年（1101），胆铜矿床达11处。应用胆铜法生产金属铜有两种情况：胆水浸铜和胆土煎铜。

此法是"以片铁排胆水槽中"，"上生赤煤"（赤色粉末），"数日而出"，"取刮铁煤入炉"，"三炼成铜，率用铁二斤四两而得铜一斤"，"余水不可再用"[4]。浸铜所需时

---

1 宋史·卷139·食货下八·互市舶法。

2 黄以周，续资治通鉴长编拾补 [M]．北京：中华书局，2004，第239页。

3 宋会要辑稿·职官四四。

4 宋史·食货志；舆地纪胜·卷21；读史方舆纪要·卷85。

间长短不一。据危素《浸铜要略序》记载：饶州兴利场共有胆水泉三十二处，其中浸铜需时五天的有一处，需时七天的十四处，需时十天的十七处。这是因为各泉所出胆水含铜浓度不同的缘故。

▶ 水能开发

元丰六年（1083），管理汴河的"都提举汴河堤岸司"提议在汴河沿岸安装一百盘水磨，用来磨茶："丁字河水磨近为浚蔡河开断水口，妨关茶磨。本司相度，通津门外汴河去自盟河咫尺，自盟河下流入淮，于公私无害。欲置水磨百盘，放退水入自盟河"[1]，得到宋神宗批准。实际上，汴河沿岸的水磨肯定不止一百盘。

崇宁二年（1103），提举京城茶场所奏："绍圣初，兴复水磨，岁收二十六万余缗。四年，于长葛等处京、索、溟水河增修磨二百六十余所，自辅郡榷法罢，遂失其利，请复举行"[2]。说明当时的经济活动高涨的趋势。北宋还在中央政府中专设"水磨务"的机构，隶属于司农寺。说明当时大规模利用水力资源，已经达到工业革命的门槛。英国工业革命的典型特征是水能的普及利用，当时的蒸汽机刚刚发明，还需要等待下一个气候周期才能普及利用。

暖相气候带来了市场扩张，市场扩张也会推动水能的开发利用。熙宁壬子岁（1072），高克明之后宋代最杰出的画家郭熙在《关山春雪图》中记录了当时的水磨（见图30），说明暖相气候推动的市场扩张趋势，让深山都有工业生产活动，代表着当时的市场扩张和经济繁荣。

图 30　郭熙《关山春雪图》(局部)，藏于台北故宫博物院

---

1 续资治通鉴长编·卷 333·元丰六年。
2 宋史·卷 184·志第 137。

▶ 能源革命

宋代的能源革命不能用某一个事件来代表，而是由在气候节点发生的一连串突破代表。

能源革命的第一个特征是主动发掘化石能源。所以西方史学家总是把苏东坡创作的《石炭》诗中，彭城西南白土镇发现煤矿这一突破性事件作为中国能源革命的开端。苏轼提到，"彭城旧无石炭。元丰元年十二月，始遣人访获于州之西南白土镇之北，以冶铁作兵，犀利胜常云"[1]，这说明该煤矿是为了冶炼工业而主动开发的，不是偶然的被动的发现，也不是对煤矿进行就地开发的坑口利用，对当时的经济带来很大的推动作用。

能源革命的第二个症状是污染严重。元丰年间（1078～1085），远在陕州的沈括就注意到："二郎山下雪纷纷，旋卓穹庐学塞人。化尽素衣冬未老，石烟多似洛阳尘。"[2]宋诗有一句无名作品，"沙堆套里三条路，石炭烟中两座城"，描述了当时的手工业生产的盛况。此外，根据对格陵兰岛累积的历史冰晶调查发现，中世纪的积雪存在一层重金属污染，一直被沉淀的冰雪所记录，而两宋时期的矿冶业是当时世界主要的大规模污染源。

能源革命的第三个特征是能源的运输成本大幅降低，这表现在1079年完成的导洛通汴工程。"元丰间，四月导洛通汴，六月放水，四时行流不绝。遇冬有冻，即督沿河官吏，伐冰通流"[3]。该工程把洛河水引入汴河，改善了当地依赖黄河（泥沙多，水量变化大），只能半年通航的局面。从此黄河北面怀州（焦作）地区的廉价煤炭，可以源源不断地供应开封。此外，两宋之交的文人朱弁在他的《曲洧旧闻》之中谈道："石炭不知何时始，熙宁间初到京师"[4]，疏浚河道导致运输成本的大幅降低，意味着能源价格的大幅降低，有力地推动了煤炭的普及。

能源革命的第四个特征是市场拓展和集中垄断的趋势。随着经济的扩张，对海外贸易进行规范的呼声越来越高涨。熙宁九年（1076），程师孟请求关闭杭州、宁波的市舶，其他都隶属于广州市舶司。宋神宗"令师孟与三司详议之"。这一年，市舶

---

1 （宋）苏轼，石炭·并引。

2 （宋）沈括，梦溪笔谈·石油。

3 宋史·志第47·河渠4。

4 朱弁，曲洧旧闻·卷四。

收入达到 54 万贯。朝廷三令五申严禁私自交易,但是屡禁不止,于是关于市舶制度的立法被提上了议程。神宗元丰三年(1080),宋廷颁发了我国古代史上第一个专项外贸法规《元丰广州市舶条法》(简称《市舶法》)。据记载:"三年,中书言,广州市舶已修定条约,宜选官推行。"[1]

第五个特征是水能的广泛利用(见上节"水能开发")。

上述能源革命的五项特征,同时在气候节点 1080 年前后发生,因此标志着新能源(水能和煤炭)的来源、运输、环境、利用和市场等系列机制突然成熟,因此是能源革命已经发生的重要标志。能源革命的后果,是沈括在《梦溪笔谈》中的感叹,"京西(豫鄂陕交界)、江南,松山太半皆童"。正是由于北宋曾经发生的能源革命,导致河南的大部分原始森林被砍伐,一直到今天也没有恢复。从这一点也可以看出,中国科技需要暖相气候才会有突飞猛进,而欧洲(英国为代表)的科技需要冷相气候才会有突飞猛进,这也是推动"中欧科技大分流"的无形之手。

▶ 人口危机

北宋元丰二年(1079)十二月二十八日,因"乌台诗案"陷狱四个多月的苏东坡责授检校水部员外郎(北宋 19 级官员中最低的一级)、充黄州团练副使,本州安置,不得签书公事,一共谪居黄州五年。在此期间,他亲眼看到过今湖北境内的杀子(溺婴、薅子)现象,称:"岳鄂间田野小人,例只养二男一女,过此辄杀之。尤讳养女,以故民间少女,多鳏夫"[2]。人口危机的本质是经济危机,在山区缺乏应对环境危机的弹性,因此反应更剧烈,薅子危机更严重,或者说"马尔萨斯陷阱"更显著。1798 年,马尔萨斯发表了《人口原理》,代表了当时的暖相气候危机。

▶ 社会福利

神宗变法期间,对东京乞丐收养问题亦作了一定程度的改革。宋神宗熙宁元年(1068),朝廷还专门发布御诏,要求全国所有州府"每年春首,令诸县告示村耆,遍行检视,应有暴露骸骨无主收认者,并赐官钱埋瘗,仍给酒馔祭拜"[3]。

熙宁二年(1069)闰十一月二十五日的诏书有如下记载:"京城内外,值此寒

---

1 宋史·食货志·互市舶法。
2 (宋)苏轼,东坡志林·卷三,北京:中华书局,1981。或《苏轼文集·与朱鄂州书》(卷四九)。
3 宋会要辑稿·食货59。

雪,应老疾孤幼无依乞丐者,令开封府并拘收,分擘于四福田院住泊,于见今额定人数外收养。仍令推判官、四厢使臣依福田院条贯看验,每日特与依额内人例支给与钱赈济,无令失所。至立春后天气稍暖日,申中书省住支。所有合用钱,于左藏库现管福田院钱内支拨"[1]。从这一诏令可知,东京的乞丐是相当多的,每遇大寒之时,都被官府强制性地"拘收"于福田院,立春之后,再放出福田院。这种办法在熙宁六年(1073)已形成一种制度。

熙宁十年(1077)"元丰惠养乞丐法"具体规定为,每年农历十月初一至次年三月底,大约150天,为对乞丐收容救济时间,"每人日给米豆(混合计算)一升,小儿半之,三日一给,自十一月朔始,止于明年三月晦"[2]。宋室南渡之后,也继续采用"惠养乞丐法"。

元丰二年(1079)三月二日,诏开封府界僧寺:"旅寄棺柩,贫不能葬,岁久暴露。其令逐县度官不毛地三五顷,听人安葬。无主者,官为瘗之;民愿得钱者,官出钱贷之。每丧母过二千,勿收息。诏提举常平等事陈向主其事,以向建言故也。后向言:在京四禅院均定地分葬遗骸。天禧中,有敕书给左藏库钱。后因臣僚奏请裁减,事遂不行。今乞以户绝动用钱给瘗埋之费。"[3]

▶ 居养法

宋朝政府对流浪乞丐的救济主要由两个系统组成,一是宋神宗熙宁十年(1077)颁发的"惠养乞丐法";一是宋哲宗元符元年(1098)颁行的"居养法"。

简单地说,"惠养乞丐法"是政府给贫民(包括流浪乞丐)发放米钱;"居养法"则是国家福利机构收留无处栖身的贫民(包括流浪乞丐)。两种救济都是季节性、制度化的,通常从农历十一月初开始赈济或收养,至次年二月底遣散,或三月底结束赈济。根据"居养法",各州设立居养院,"鳏寡孤独贫乏不能自存者,以官屋居之,月给米豆,疾病者仍给医药"[4]。南宋时又广设养济院,绍兴三年(1133)正月,高宗下诏要求临安府的养济院"将街市冻馁乞丐之人尽行依法收养"[5]。可见养济院的功能跟居养院类似,也收留流浪乞丐。

---

1 宋会要辑稿食货六〇。
2 (宋)李焘,续资治通鉴长编·卷297·嘉祐四年。
3 宋史·卷131·食货上六·赈恤。
4 宋会要辑稿·食货五九。
5 宋会要辑稿·食货六八。

▶ 医学改革

太医局始建于熙宁九年（1076）。宋神宗熙宁八年（1075），太常寺主簿单骧上言置提举太医所获准[1]。第二年，太医局"诏勿隶太常寺"，从太常寺中分离出来，当时的主管官员包括提举太医局和管勾太医局，表明太医局的社会地位进一步提高，说明当时的环境危机推动了社会对医学的投入和重视。

▶ 抑佛运动

宋英宗治平三年（1066）下诏，"一应无额寺院屋宇及三十间以上者，并赐寿圣为额；不及三十间者，并行拆毁"[2]，许多私人随意建立的一些小寺院被废除，这是对寺院的又一轮打击，目的是改善市场的通货供应。到宋神宗熙宁之后，僧道数量又大幅度地削减了。熙宁元年（1068），全国僧道从宋仁宗庆历二年（1042）的四十一万六千七百七人减至二十七万四千一百七十二人；到熙宁十年（1077）又减少了三万[3]。当时的气候是暖相，暖相气候下的市场扩张提升通货供应需求，没收寺院财富可提供金钱（铜和土地），可以改善通货供应，即"冷相倡佛为稳定，暖相抑佛为通货"。

▶ 改流设土

早在北宋元丰（1078～1085）前后，蜀地官员包括守、刺史、令在内已主要由土人担任并基本形成定制。元丰四年（1081）丁未，宝文阁待制何正臣言，'计之八路，蜀为最远，仕于其乡者比他路为最众，今自郡守而下皆得就差，而一郡之中，土人居其大半，僚属既同乡里，吏民又其所亲，难于徇公，易以合党，乞收守令员阙归于朝廷，而他官可以兼用土人者，亦宜量限分数，庶几经久，不为弊法"[4]。何正臣上疏要求由朝廷任命刺史和县令，但宋廷并未改变土人任羁縻守令的做法。"元祐三年（1088）十二月丁酉，枢密院言：归明土官杨昌盟等乞依胡田所请，存留渠阳军，县依旧名，事应旧送县者，令渠阳寨理断，徒已上罪，即送沅州"[5]。这是第一次提到土官

---

1 （宋）李焘，续资治通鉴长编·卷271，熙宁八年十二月癸卯条，6644 页。
2 （宋）曾巩，隆平集·卷一·寺观。
3 （清）徐松，宋会要辑稿·道释·一之一三至一四。
4 （宋）李焘，续资治通鉴长编·卷320。
5 （宋）李焘，续资治通鉴长编·卷418。

这个概念。也就是说，土官制度正式成为北宋官制的一部分，是因为当时的气候特征是暖相，政府对策是"改流设土"。

▶ 王安石变法

王安石在熙宁二年（1069）至元丰八年（1085）主持的全面改革。王安石变法意在扭转宋朝积贫积弱的局面，以"理财""整军"为中心任务，广泛涉及政治、经济、军事、社会、文化等领域，其法条包括青苗法、募役法、方田均税法、农田水利法、市易法、均输法、保甲法、裁兵法、将兵法、保马法、军器监法、贡举法、三舍法。

在气候变暖、日照增加的帮助下，王安石变法增加了政府财政收入，强化了国家军事实力，打击了权贵的非法利益，取得了一定的社会成效。学者陆佃（陆游的祖父）曾经总结熙宁变法的成果时说："迨元丰间（1078～1085），年谷屡登，积粟塞上盖数千万石，而四方常平之钱不可胜计。余财羡泽，至今蒙利"[1]。

王安石变法的不成功，也和暖相气候有关。"安石为执政凡六年，会久旱，百姓流离，上忧见颜色，益疑新法不便，欲罢之。安石不悦，屡求去"[2]。由于推行过程中的不合实际和不当操作，一些变法的落实遭到了抵制，甚至损害了百姓的权益。而变法也侵犯了权贵的利益，因此遭到了强烈反对。元丰八年（1085），宋神宗去世后，新法逐渐被废除，王安石变法结束。

王安石变法赶上了气候变暖的好日子，虽然有旱灾造成的流民，但缺乏寒潮，所以仍然可以享受日照增加带来的农业丰收，因此取得令人满意的结果。中国社会通常在暖相气候需要变法，如李悝变法（420）、商鞅变法（360）、赵武灵王"胡服骑射"（300）、均田制（480）、府兵制（540）、两税法（780）、白银合法化（1440）、一条鞭法（1560）、火耗归公（1740）、包产到户（1980）等。一般而言，暖相气候导致市场扩张，利用市场扩张进行政治经济改革，比较容易取得成功。没有环境的挑战和经济的动力，谁也不敢发动改革。

▶ 规范巡铺

宋神宗熙宁十年（1077）正月十三日，"诏诸巡捕人不觉察本地分内有停藏

---

1 （宋）陆佃，陶山集·神宗皇帝实录叙录。
2 宋史·卷12·宋神宗2。

透漏货易私茶、盐、香、矾、铜、锡、铅,被他人告捕获者,量予区分"[1]。对此,元祐三年(1088)苏轼在《乞裁减巡铺兵士重赏》中提出,"缘此小人贪功,希赏搜探怀袖,众证以成其罪,其间不免冤滥",需要裁撤巡铺并规范治安管理。所以,宋神宗在1077年和宋哲宗在1088年的改革,都是因为气候变暖,市场扩张,导致治安队伍难以完成本职任务的治安难题,需要对治安队伍进行改革。

▶ 宋越熙宁战争

越南在太宁四年(1075)发动侵宋战争,由大将李常杰领兵,攻破中国钦州、廉州、邕州等地。宋方旋即作出反击。1076年三月,宋朝命郭逵、赵禼等领兵,并与越南邻近的占城、真腊等国联合出击。郭逵部队夺回广源州,又于富良江大败越军,击杀越将洪真太子。富良江之战后不久李仁宗便奉表求和。其时宋军疫病流行,死者大半。郭逵表示"愿以一身活十余万人命",同意撤兵,宋李两朝讲和。就李朝而言,战事结束使其得以"保宁宗祐"。 北宋元丰元年(1078)正月,李朝皇帝李乾德上表呈贡:"奉诏遣人送方物,乞赐还广源、机榔等州县。"次年,越南归还掠夺的士民,宋朝才将顺州(前广源州)赐予越南。北宋元丰四年(1081),宋朝放弃顺州,内迁者有20000户。安南(越南)和南越国一样,都有在暖相气候危机中反叛分裂独立的倾向,检查南方各少数民族的历史,都存在一个"暖相易大乱,冷相多小叛"的趋势,推动了中央政府"冷相改土归流,暖相改流设土"的典型响应模式。

▶ 卡诺莎悔罪

1076年1月24日,亨利四世召集26位德意志和北意大利的主教在沃尔姆斯举行宗教会议,宣称格里高利七世是一个伪僧侣,宣布废黜教皇格里高利七世。但是,响应亨利四世的主教很少,普通民众更对国王的行为深感不安。作为报复式的回应,格里高利七世于1076年2月22日对亨利四世处以绝罚:开除、废黜和放逐亨利四世。被绝罚者不在一年之内获得教皇的宽恕,他的臣民都要对他解除效忠宣誓。

由于帝国诸侯对亨利四世的不满,亨利四世没有足够的兵力制服所有反叛的诸侯。到了1077年,情况已很明显:除非亨利四世能重获教籍,他的皇位就将被剥

---

1 宋会要辑稿·兵3。

夺。于是,国王亨利四世前往教皇格里高利七世的驻地时,格里高利七世便匆匆逃往支持他的托斯卡纳女藩候玛蒂尔达的领地卡诺莎城堡避难。然而,亨利四世真正的策略是请求教皇的宽恕。接着发生的便是著名"卡诺莎悔罪"事件:亨利四世在城堡外的冰天雪地中(据传说是赤脚)站立了三天;从1月25日到1月27日,恳求教皇原谅他的一切罪过。格里高利七世,处于两难之中,明知亨利四世不可能信守他的承诺,但终究取消了绝罚。卡诺莎悔罪事件意味着罗马教廷权力达到顶峰,标志着神权超越君权。然而,亨利四世的最初反抗,也可以看做是气候危机带来的政治分裂行动,符合暖相气候气候危机的响应模式。

▶ 时代之歌

嘉祐四年(1059),张方平知秦州。有鉴于秦州(今甘肃天水)的物候提前现象,张方平写道"秦州节物似西川,二月风光已不寒。犹去清明三候远,忽惊烂漫一春残",说明当时气候开始转暖。

"忽惊烂漫一春残",说明春天已经过半,气候充分变暖。在暖相气候中的市场扩张,给王安石变法带来充足的利益,然而暖相气候的干旱,则让反对派找到足够的借口。在暖相气候带来的经济危机的刺激下,宋政府充分发掘了商业、工业、技术、能源、政治等领域的潜力,摸到了工业革命的门槛。然而,干旱让改革中断,气候让经济下滑,这也是不可避免的结果。没有持续的市场需求,内在的张力没有宣泄,只能发生自爆。

公元 1110 年: 玉京曾忆昔繁华

▶ 气候特征

辽天祚帝乾统二年(1102),辽地"大寒,冰复合",此次寒冷事件拉开了北宋末年中国气候转冷的序幕。1104年,冰岛海克拉(Hekla)火山突然爆发[1]。该火山爆发之后,有很多文献提到冰岛附近的海面在1106和1118年出现浮冰,而出现浮冰和冰川扩张是欧洲在小冰河期出现的典型症状。所以,该火山爆发给全世界带来了

1 Lamb, H., Climate, history and the modern world, Routledge, 1995. Page 299.

寒潮,也给当时的北宋社会带来严重的环境危机。

自 1080s 起,我国气候转冷的迹象就已十分明显,苦寒记录频增,梅树在黄河流域的种植明显式微。史载,元祐三年(1088)二月,"诏河东苦寒,量度存恤戍兵"[1];元祐八年(1093),二月,"京师大寒,霰、雪,雨木冰"[2],三月,北宋中期著名史学家范祖禹(1041～1098)说:"仲春以来,暴风雨雪,寒气逼人,惟陛下侧身修德,以销大异"[3]。大诗人陆游的祖父、经学家陆佃(1042～1102)说:元祐八年(1093)三月庚寅"梅至北方多变而成杏,故人有不识梅者,地气使然"[4]。

北宋著名书法家黄庭坚在 1094～1101 年谪居黔州(今四川彭水)时,于书札中屡次提及霜雪提前和春寒、冻害现象,如"今春黔中乃见积雪,天气亦大寒……去年黔中荪子差胜前年,但不可作腊"[5],"今岁黔中,霜雪早寒,数日来雪欲及摩围之麓,不肖到黔中三年,所未有也"[6],"黔中春寒异常,知夔府一见雪否"[7]。

乾统九年(1109)"秋七月,阴霜,伤稼",也是《辽史》中仅有的一次早霜灾害记录。公元 1110 年,华南经历寒冬,导致柑橘和橙子被全部冻死[8],第二年太湖结冰,人们可以在冰上行走。竺可桢[9]特地指出,12 世纪只发生过两次这样的寒潮,另一次发生在 1178 年。

大观庚寅(1110),"季冬二十二日,余时在(福建)长乐,雨雪数寸,遍山皆白,土人莫不相顾惊叹,盖未尝见也";"是岁荔枝木皆冻死 遍山连野 弥望尽成枯。至后年春始于旧根株渐抽芽蘗,又数年始复繁盛。谱云:荔枝木坚理难老,至今有三百岁者生结不息。今去君谟(蔡襄)殁又五十年矣,是三百五十年间未有此寒也"[10]。这次大寒后的一至二年,福建一带荔枝"始于旧根复生",之后,降雪逐渐成为福建一带司空见惯之事。

公元 1110 年的气候寒冷事件具有广域性,一向温暖的岭南地区当年也寒气

1　宋史·卷 17·哲宗本纪。

2　宋史·卷 65·五行志。

3　(清)毕沅,续资治通鉴。

4　(宋)陆佃,埤雅·卷 13·梅。

5　(宋)黄庭坚,山谷集·山谷简尺·卷上。

6　(宋)黄庭坚,山谷别集·卷 13·答李材书。

7　(宋)黄庭坚,山谷别集·卷 20·与翊道通判书三。

8　葛全胜,中国历朝气候变化[M],科学出版社,2011,第 394～395 页。

9　竺可桢,中国近五千年来气候变迁的初步研究[J]。考古学报,1972(1):15-38。

10　(宋)彭乘,墨客挥犀·卷 121。

大盛。据载，"岭南无雪，大观庚寅岁忽有之，寒气太盛，莫能胜也"[1]。宋政和元年（1111）冬大雪，积雪尺余，河水尽冰，凡橘皆冻死。明代伐而为薪取给焉。[2]。

由于气候寒冷，北宋末开封百姓冬季的生活习惯发生了变化。据载，崇宁至宣和（1102～1125），"立冬前五日，西御园进冬菜。京师地寒，冬月无蔬菜，上至宫禁，下及民间，一时收藏，以充一冬食用。于是车载马驼，充塞道路"[3]。政和六年（1116），"立管干圩岸、围岸官法，在官三年，无隳损堙塞者赏之"[4]，以治理圩田的水源管理。

在《宋史·五行志二上》与《文献通考·物异考十一》中，有关当时冬暖的资料在绍圣元年（1094）至绍兴年间的几十年中一条都没有。也就是说，气候变冷是从1094年开始的，1110年达到高潮（福州寒流，全面冻死荔枝）。宋徽宗即位以后，许多史书中有关气候寒冷的资料突然多了起来。当时因连续霜雪"伤麦"、"损桑"，以致"天寒地冻"或"人多冻死"，甚至出现江河"溪鱼皆冻死"现象的次数日益增多。

▶ 西夏危机

12世纪初，气候趋冷，极端气候事件增多，西夏国始终"财用不给"，政和二年（1112），西夏御史大夫宁克任曾感叹："富国之方无非食货。国家自青、白两盐不通互市，膏腴诸壤浸就式微，兵行无百日之粮，仓储无三年之蓄，而惟恃西北一区与契丹交易有无，岂所以裕国计乎？"[5]

▶ 薅子现象

徽宗年间是宋代人口发展的一个高峰。然而，气候危机带来的经济危机，让某些地区发生了"薅子危机"。

政和二年（1112），宣州（今安徽宣城）布衣吕堂上书，"男多则杀其男，女多则杀其女，习俗相传，谓之薅子，即其土风，宣州为甚，江宁次之，饶、信又次之。"[6]

政和五年（1115），北宋人王得臣在其著作中也有类似的记载，"闽人生子多者，

1 （宋）袁文，瓮牖闲评·卷8。

2 经史子集国学文库·史部·志存记录·砚北杂志。

3 （宋）孟元老. 东京梦华录 [M]. 北京：中华书局，1982。

4 宋史·志卷126。

5 西夏纪·卷22。

6 （清）徐松，宋会要辑稿·卷21777·刑法志·二之58。

至第四子则率皆不举,为其赀产不足赡也。若女,则不待三。往往临蓐贮水溺之,谓之洗儿,建、剑尤甚"[1]。

这是气候危机导致环境危机带来的结果,当宋代人口达到高峰,气候危机就会对某些地方产生经济压力,推动减少人口增长的"薅子现象",即出现了马尔萨斯陷阱。

▶ 钱塘江潮灾

如果这一轮冷相气候是全球性的,应该有一种可以把冷源传播到全球的机制。显然,洋流是最好的全球传播机制,其极端的表现形式是潮灾(coastal flood)。杭州湾在 1112 年第一次经历到洋流(吴越王钱镠在 10 世纪初也曾治理潮灾,这是其后 200 年跨越中世纪的第一次)的破坏[2],之后的杭州湾一直经历潮灾,一直到小冰河期结束(一般认为是 1850 年,有人认为是 1920 年,都符合气候脉动律的说法)。不久,位于比利时佛莱明大区(Flanders)的海岸在 1113 年经历了重大潮灾[3]。所以,欧洲和中国的潮灾都是小冰河期的推动者和结果,自始至终伴随着小冰河期。

▶ 贸易危机

因此,伴随着潮灾加剧而来的是海上运输成本和风险的增加,结果也会导致海上贸易量减少。所以宋徽宗大观三年(1109),曾罢提举市舶官,由提举常平官兼管,这意味着当时的海外贸易量减少,经济紧缩,是海上运输条件恶化的结果。宋徽宗政和五年(1115),福建路市舶司依据崇宁二年(1103)二月六日朝旨,由刘着带着其出具的公凭前往占城和罗斛招谕,后两国前来进贡。据载:(政和)五年(1115)七月八日,礼部奏:"福建提举市舶司状:'……及本司已出给公据付刘着等收执,前去罗斛、占城国说谕诏纳,许令将宝货前来投进外,今照对慕化贡奉诸蕃国人等到来,合用迎接、犒设、津遣、差破当直人从与押伴官等,有合预先措置申明事件。……'本部寻下鸿胪寺勘会,据本寺状称,契勘福建路市舶司依崇宁二年二月六日朝旨,招纳到占城、罗斛二

1　(宋)王得臣、麈史・惠政,辑在《丛书集成初稿》卷 208,中华书局,1989。

2　Elvin M.(伊懋可)The Retreat of the Elephants: An Environmental History of China. Yale University Press, 2004. page 147. 注意,伊懋可认为第一次潮灾出现在 1116 年,但我查文献发现下列时间点:1112/1116/1122,都出现了潮灾,见陆人骥。中国历代灾害性海潮史料[M]。海洋出版社,1984,第 34~35 页。

3　Lamb, Climate: Present, Past and Future, Volume 2: Climatic History and the Future, Routledge, 2011, page 121.

国前来进奉"[1]。这是冷相气候造成的经济收缩，需要通过海外贸易来补偿。所以，在冷相气候节点，我们经常发现历代政府都会发生"走出去，邀请海外商人"的招商行动，目的是发掘贸易机会，补充通货，解决乙类（政府）钱荒。因此，贸易危机也是洋流危机带来的间接结果，两者都收到气候危机的控制和影响。

▶ 漏泽园制度

　　徽宗崇宁之初，依宰相蔡京建议，推行一套解决乞丐问题的社会福利制度，政府直接出手救济贫民乞丐，解决寒潮造成的乞丐问题。徽宗崇宁三年（1104），蔡京建议在全国推广漏泽园，"崇宁初，蔡京当国，置居养院、安济坊。居养院给常平米，厚至数倍，差官卒充使令，志火头，具饮膳，给以衲衣絮被。……三年，又置漏泽园。初，神宗诏：'开封府界僧寺旅寄棺柩，贫不能葬，令畿县各度官不毛地三五顷，听人安厝，命僧主之……'至是，蔡京推广为园，置籍，命人并深三尺，毋令暴露，监司巡历检察。安济坊亦募僧主之，三年医愈千人"[2]。崇宁五年（1106），淮东提举司言，"安济坊、漏泽园并已蒙朝廷赐名，其居养鳏寡孤独等，亦乞特赐名称。诏依京西、湖北以居养为名，诸路准此"[3]这一做法被推广到全国。政和元年（1111）九月二十二日，诏："今岁节令差早，即今天气稍寒，令开封府自今便巡觑，收养寒冻倒卧并无衣赤露乞丐人"[4]。宣和二年（1120），开封府一次赈济东京的贫民乞丐就达2.2万人，数量惊人，仍然有不少遗漏者[5]。

　　《清明上河图》画的是清明时节的东京市井风情，这时天气已转暖，政府应该结束了对流浪乞丐的收容救济，所以画家在城市街头捕捉到了乞丐的身影（见图31）。如果时间再往前推三四个月，寒冬季节，大雪漫漫，按照宋朝法律，国家设立的福利救济机构

图31　张择端版《清明上河图》中的乞丐

1　宋会要辑稿·职官 44 之 10。

2　宋史·卷 178·食货志。

3　（清）徐松，宋会要辑稿·卷 60·食货。

4　（清）徐松，宋会要辑稿·食货 60。

5　宋史·卷 131·食货上六（役法）。

有义务收养、赈济流浪乞丐,以免他们饥寒交迫,横死街头。张择端把这一场景也毫不忌讳地描绘出来,背后的含义是政府养得起乞丐,社会正处于"大观"和"清明"的状态,这是一种制度自信和文化自信。

▶《存真图》

杨介在 1104 年绘制《存真图》,绘述从咽喉到胸腹腔各脏腑的解剖、并对经脉的联附、水谷的泌别、精血的运输等情况,进行了较细致的观察与描述。这是我国较早的人体解剖图谱,代表着解剖理论的最高成果,惜已亡佚。后宋朱肱《内外二景图》、明高武《针灸聚英》和明杨继州《针灸大成》等,均引用了《存真图》,足见其书影响。这几本医书的发行,代表着当时的医学革命。

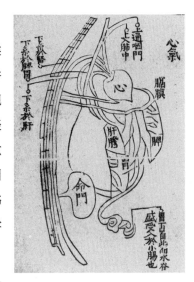

图 32 杨介《存真图》的人体内脏解剖图

▶ 医学革命

北宋承袭唐制,设立了翰林医官院,掌管卫生行政。但是最初的医官是没有品级的,地位很低。宋徽宗政和初(1111)之前,医官比同武阶,其后才改文职(文职比武职社会地位高)。政和前,医官分十四阶。政和后,增翰林医官、翰林医效、翰林医痊、翰林医愈、翰林医证、翰林医候、翰林医学,共二十二阶,大大提高了医官的地位。京城和大州设医学博士、助教各 2 人,小州设医学博士 1 人,这些博士、助教在本州医生中选医术精良者补充。如果没有合适人选,则在其他地方挑选医术高超的医生充任。博士和助教等医官实行动态管理,每年都会进行考核。如果医生医术不精,治疗出现多次失误,经查验属实后会被剥夺医官的官职,另选合格者充任。随着寒潮和瘟疫的形势恶化,这些中央设置的医官体系,也推广到了地方。今天我们对医生尊称"大夫",正是始于宋徽宗时代。

崇宁二年(1103),宋徽宗对太医局进行了改革,将太医局中负责教育医官的职能划归国子监,将医学的地位提高到与四书五经相当的地位,将医学生与太学生放在同等的管理和待遇水平上,同时对医学生的培养从只注重理论知识转为理论与实践相结合,重视培养医学生的实践的经验。这些举措大大提高了医学教育的社会地位,也吸引了大批儒士加入到医生的队伍中来,使医学教育快速普及推广。宋代医生的社会地位,在张择端版《清明上河图》中有所反映(见图33)。

图33　张择端本《清明上河图》中医生诊所"赵太丞家"

为了加强对药物的统一管理,宋徽宗在政和四年(1114)设立了官药局。它是官方经营的药业机构,其职责是收购民间药材,制作并出售经炮制的药材或成药,并参与政府组织的赈济医药活动。设立官药局的初衷,主要是调峰填谷、惠民防疫,通俗地讲就是让穷人在瘟疫发生时仍然买得起药、治得起病,因为官药局的药价低、供货量大,较少受到市场关系的调节限制。这相当于是政府对医药领域的官营(但不专营)事业,也是社会福利革命的一部分,在宋徽宗期间达到高潮,以响应当时的瘟疫危机。

崇宁二年(1103),官府采纳各地设熟药所的建议,官办药局逐渐普及全国。大观年间(1107～1110)朝廷诏令陈师文对《太医局方》进行整理修订。

在这一波寒潮让宋代社会的长期积累和响应机制在医学上结出了丰硕的成果,包括医方的搜集、医学的突破和制度的革新,都发生在徽宗年间。因此,当时发生的医学革命,是对气候冲击的社会性应对,需要放在气候变化的背景下才能解读。

▶ 货币改革

面对寒潮,北宋政权发生乙类(政府)钱荒,所以蔡京领导的政府,更年号为"崇宁",就是为了重新开始熙宁变法的内容,争取弥补政府支出的亏空。其中货币改革措施包括发行当十钱和改交子为钱引。

崇宁二年(1103)十月,宋徽宗下令将"折十钱"改称"当十钱"。《皇宋通鉴长编纪事本末》载:"诏改折二、折十并作当二、当十称呼。"陆游《家世旧闻》卷下亦载:"初,熙宁间铸折二钱,故崇宁大泉始亦号'折十',已而群阉谓徽宗乃神宗第十子,而'折'非佳名,遂称当十,已而遂降旨云。"可见,宋徽宗初年应称该钱为"折十钱";崇宁二年诏改之后,应称该钱为"当十钱"。发行当十钱(重量加倍,面值乘以10,相当于5倍的通货膨胀),有利于平衡政府因为气候危机带来的支出不平衡难题。从表面来看,蔡京领导的货币改革是成功的,成功消解了冷相气候引发的乙类(政府)钱荒。然而,这种以通货膨胀为基础的救时猛药对经济的长期发展不利,后来的纸钞发行中都注意到这一点。

朝廷铸行当十钱之后,百姓盗铸,钱法大乱。为了严禁百姓盗铸,朝廷多次颁布禁令。但是,巨额利润的诱惑仍然使盗铸现象十分严重,许多人不惜以身试法。崇宁四年(1105),尚书省言:"访闻东南诸路盗铸当十钱,率以船筏于江海内鼓铸,当职官全不究心,纵奸容恶。"大钱(名义面值与铸币成本之差增加)诱发了一轮盗铸的狂潮,不得不让政府把面值改成"当三",以期减少盗铸的经济动力。当十钱是一种典型的通货膨胀,目的是应对冷相气候危机。为了减少当十钱造成的通货膨胀危害,宋政府发行了纸钞(交子小钞)来回收,于是给我们留下了第一种纸币(见图34)。

图34 宋代保留下来的第一种纸币:交子小钞

▶ 茶法改革

为了解决乙类钱荒,北宋末年对盐酒茶都进行了重大调整,以期度过经济危机。

崇宁元年之后(1102～1112),蔡京在东南地区恢复榷茶,对交引法和贴射法,去弊就利,改行茶引法。"崇宁二年(1103),尚书有言:'建、剑二州茶额七十余万斤,近岁增盛,而本钱多不继。'诏更给度牒四百,仍给以诸色封桩。继诏商旅贩腊茶蠲其税,私贩者治元售之家,如元丰之制。腊茶旧法免税,大观三年,措置茶事,始收焉。四年,私贩勿治元售之家,如元符令。"崇宁四年(1105),蔡京又在更法,"罢官置场,商旅并即所在州县或京师给长短引自置于圃户"[1]。这便是所谓"茶引法"。

张择端的《清明上河图》,对当时的榷茶经济也有所反映,城门附近征税的远行货物,只能是密度小、价值高的茶砖(见图35)。

图35 张择端本《清明上河图》中的榷茶制度

▶ 盐法改革

面对气候带来的寒潮(1110年太湖结冰),徽宗政府改元政和,对政府专营的领域进行了以扩大财源为目标的改革。宋徽宗政和二年(1111),蔡京集团根据变更茶法(从官榷法转入通商法)的经验和成果,在盐法上也实行了类似的改革,取消了官榷法,实行了通商法,又叫做钞引茶盐法。蔡京盐法改革的本质是利用盐引对经济进行通货膨胀,让盐商交易过程加长,让盐引的贬值速度加快,结果是政府收入增加,而盐商承担通货膨胀的损失。张择端的《清明上河图》,也没有错过对蔡京盐法的捕捉,一座只有一种货物陈列的零售店里,经营的只能是垄断性的食盐贸易(见图36)。

---

1 (元)脱脱等,宋史·卷一百八十四·志第一百三十七·食货下六·茶下。

气候脉动一千年

图36　张择端本《清明上河图》中的榷盐贸易（分销商）

▶ 酒税改革

北宋酒业专营的增收措施是政和二年（1112）各地比较务的增置。政和二年（1112），江浙发运副使董正尉看到"润州都酒务累年亏欠，因监官李邀乞添置比较务，连岁每年增务钱二万余贯，累被赏典"。便奏请"欲望本路将杭州都酒务分作三处，更置比较务二所，不消增添官吏、兵匠，所贵易于检查，可以增羡，少助岁钱。如蒙施行，其本路州军并乞添置比较务"[1]。这种方法就好比把一个企业分出若干个小单位，各自包干利润课额，相互竞争，比较盈亏，并且可以从盈利中提取奖金以促使其潜力的发挥，也方便于检查和比较，达到国家增收的目的。这可以看作是对冷相气候的一种应对措施。气候变冷，意味着社会的财政支出增加，也意味着喝酒取暖的社会需求增加，所以需要对酒类消费进行管理，于是有上述的改革行为。宋代的榷酒做法，在张择端的《清明上河图》中有所反映（见图37）。

图37　张择端本《清明上河图》中前来运酒的驴车

盐酒茶是宋代土地税之外的主要三种税源，相当于是现代社会高度垄断的烟酒茶生意，而且酒类和茶叶消费本来就有随着气候变冷而消费量增加的特征，因此榷法得到加深加强，政府收入增加。从本质上说，三种商税改革措施都是为了解决当时冷相气候造成的乙类钱荒，共同解决

1　宋会要辑稿·食货20之12。

政府支出不足的难题。

▶ 能源危机

宋代的能源危机主要是手工业发展带来的樵采危机所推动的,在1080年前后推动了能源革命。但是这一轮冷相气候冲击导致了另一种性质的能源危机,即取暖危机,推动了石炭的减税和普及。当时东京有两个职业与能源有关,"荷大斧斫柴"和"打炭团"[1],前者供应木炭,后者供应石炭。重和二年(1119)八月十八日,吏部在"选人任在京窠缺"的官位时,提及"河南第一至第十石炭场,河北第一至第十石炭场,京西软炭场、抽买石炭场、丰济石炭场、京城新置炭场"[2]共二十四个官卖煤炭场的情况。根据《东京梦华录》在记述开封仓储库房时也谈及"河南北十炭场"的情形来看,上述二十四个官卖煤炭场的分布,应当是在开封或京畿地区[3]。这说明北宋后期,开封已成为当时民用煤炭的最大消费区。所以,南宋人自夸说:"昔汴都数百万家,尽仰石炭,无一家然薪者"[4]。

能源具有自增值属性,用得越多,产生的技术越多,增加了产值越多,所以可以说这一轮能源危机已经让北宋走在工业革命的入口"消费革命"的大道上。王希孟在《千里江山图》中记录到当时的一座水磨(见图38),代表着冷相气候危机推动贸易和手工业发达,降水增加导致水能利用场景增加,是宋代能源革命的一个表现。

图38 王希孟《千里江山图》中的水磨,藏于北京故宫博物院

▶ 河役中免役钱

伴随着纳钱免役的实施,其波及范围也在逐步扩大。到元祐七年(1092)时,在都水监的建议下,宋廷不再限定交纳免夫钱的地域范围,民众可自愿选择服河役

---

1 (宋)孟元老,东京梦华录·第3卷·诸色杂卖。
2 宋会要·职官·五六之四八。
3 (宋)孟元老,东京梦华录·卷一·外诸司。
4 (宋)庄绰,鸡肋篇。

或纳免夫钱。汪圣铎先生在其《两宋财政史》中指出,元祐七年(1092)后几乎年年征调河夫(因为气候变冷,环境恶化,降水增加),数额不下十几万人,也蕴涵着宋廷借此来增加收入、缓解财政困难的意图。

大观二年(1108)春,修筑滑州鱼池埽时,宋廷开始令黄河春夫全部改纳免役钱,"尽输免夫之直[值]",稍后又调整为"河防夫工,岁役十万,滨河之民……可上户出钱免夫,下户出力充役",即民众可在出力或出钱之间进行选择,河役中纳钱免役的做法至此被正式以制度形式加以确立。至宣和末年,在王黼等人的建议下,宋廷将征收黄河河役免夫钱的做法推及全国,"天下并输免夫钱,夫二十千"。可见,河役中免役钱的征收经历了一个由局部实施到广泛推开的转变,目的是应对政府在冷相气候节点发生的。

▶ 水神崇拜

妈祖的前身是一位普通妇女,名叫林默,大约生活在960年到987年之间。然而,她死后的130多年间,并没有产生很大的影响。1110年前后,中国的气候开始恶化,造成了妈祖崇拜的突然兴起。宣和五年1123年,宋徽宗赐"顺济庙额",承认提高了妈祖崇拜的地位。也就是说,妈祖崇拜的崛起来源于小冰河期的洋流恶化。此外,潮灾加剧代表的环境危机也推动了保护水上交通的水神崇拜(见图39)。无独有偶,黄巢起义和王小波李顺起义也是从水神(二郎神,李冰的二儿子是二郎神)崇拜开始的,冷相气候有利于推动水神崇拜。

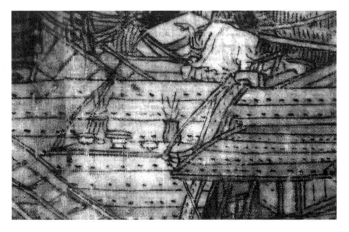

图39　张择端本《清明上河图》中船家祭行神(祭祀水神)的场景

▶ 宗教危机

宋徽宗政和元年（1111），"壬申，毁京师淫祠一千三十八区"[1]，显然是 1110 年的寒潮，推动了京师淫祠的迅猛发展，宋徽宗不得不进行干涉，于是有"毁淫祠"行动。

还有两个场景透露出当时民间信仰发达的迹象。其一是船头的祭祀神位（祭水神），如上图所示；其二是城门口的杀黄羊祭路神送贵客的场景（也有说法是交通事故，这里祭路神送行的说法更合理），如下图 40 所示。两者都体现了民间信仰无所不在的特点。

此外，当时的气候危机也推动了民间算命事业的高涨，如下图 41 所示，图中的"神课、决疑、看命"都是民间应对环境危机的办法。算命和拜佛，本来是古代民众面对不可知命运的一种对策，有着主观决策的偶然性。然而社会何时会突然信仰增加，何时会信仰减少，都有着气候脉动的贡献。

图 40　张择端本《清明上河图》中城门处　　　图 41　张择端本《清明上河图》中的
杀黄羊祭路神送贵客的情景　　　　　　　　神课、算命与决疑

▶ 佛教危机

崇宁五年（1106），徽宗下诏曰："有天下者尊事上帝敢有弗虔，而释氏之教，乃以天帝置于鬼神之列，渎神逾分，莫此之甚。有司其除削之，又敕水陆道场内设三清等位元丰降诏止绝，务在检举施行"[2]。于是在大观元年（1107），下令把佛寺中的释迦牟尼像移除大殿。这时，许多佛寺被毁，佛教处境艰难，佛教中如若有不听从命令

1　宋史·卷 20·徽宗纪。

2　（宋）释志磐，佛祖统纪·第 46 卷·法运通塞志第十七之十三。

的反抗者就要受到严酷的惩罚,佛教徒一下人人自危,唉声连连。张择端在《清明上河图》中也捕捉到了当时的佛教被打压的现象(如下图),萧索的寺院,孤零零的僧人,代表政治上对佛教的打压。

图 42　张择端本《清明上河图》中萧索衰败的佛寺

伴随着这一次气候变冷带来的经济危机和人口危机,道教获得推崇,佛教得到抑制。宋徽宗个人对道教的推崇上升到国家层面的"政教合一"。至少还有三种本土的民间信仰(妈祖崇拜、关羽崇拜和五显崇拜)得到宋徽宗政府的鼓励和推动,同时崛起,构成了中国社会应对小冰河期气候冲击的一种思想领域的应对方式。此外,摩尼教也在不断争取教徒,时时挑战政权。所以,信仰的起伏是社会面对气候冲击的一种应对方式,需要放到气候脉动的背景下来认识。

▶ 青海开疆

崇宁元年(1102),宋徽宗采纳大臣邓洵武"绍述先志"的建议,命王厚为洮西安抚使,童贯为监军,率领大宋西北禁军再度出兵河湟。三年(1104)四月上旬,宋军攻克宗哥城。五月,宋廷改青唐城(鄯州)为西宁州(今青海省会西宁)。至此,青海唃厮啰政权解体,而后宋军相继占领整个河湟地区。

河湟之役具有重要战略意义,大观二年(1108),宋攻灭唃厮啰政权后建立的陇右都护府招降黄头回纥,至此大宋接触到西域,哪怕那只是西域的边缘。宋在西北的一系列动作,形成了对西夏的包围态势,从此,宋西军不仅可以从东南方向发动对西夏的进攻,更可以从南部和西南部发动对西夏的进攻,为政和四年(1114)童贯和种师道等人发动衡山之战(第五次宋夏战争)打下了基础。青海地区沦陷吐蕃近

270 年（见第四章战争周期之谜），从此回到中国的怀抱。

▶ 改土归流

宋崇宁四年（1105），"八月初五日，以王江、古州、归顺，置提举溪洞官二员，改怀远军为平州（环江县北）"[1]。政和二年（1112），"设知州一人，兵职官二人，槽官一人，县令簿一人，提举溪峒公事"[2]，"南丹州，唐开宝以来酋帅莫洪睿始求内附，岁入贡世袭"。大观元年（1107），以黎人地置庭、孚二州，"甲子，以黎人地为庭、孚二州"[3]。侵夺了南丹、溪峒，置观州，在涪州夷地置恭、承二州；大观三年（1109），"以泸州州夷所纳地置纯、滋二州"。政和二年（1112），"以高峰寨为观州，设知州一人，兵职官二人，槽官一人，指挥碧堡官七人，吏额五十人"。当时是典型的冷相气候，土司制度因冷相气候而衰弱和纷争，宋徽宗顺势提出"改土归流"，赢得了大批的南疆国土，成就了"丰亨豫大"和"大观"的伟业。

▶ 女真崛起

政和元年（1111），童贯在吐蕃战场连连得胜，逐渐狂妄，请求进攻辽国。宋徽宗派遣童贯北上侦察，得马植献计，欲与女真夹击灭辽。宋朝开始谋划"背盟之议"。

政和四年（1114），女真首领完颜阿骨打不堪辽国压迫，起兵反抗攻陷江州。辽国司空萧嗣先出兵讨伐，在混同江战败。

政和五年（1115），完颜阿骨打进帝位，定国号为金。天祚帝亲征金国时耶律张奴叛乱，返程平乱时遭到金军的追击，辽军大败。宋宦官童贯出兵西夏，在藏底河遭遇大败。渔猎民族女真的崛起是相当迅速的，在 12 年后就席卷半个中国，几乎颠覆了整个北宋。这一崛起打破了近 500 年来中国北方的民族均势，让实力的天平彻底转向北方。北宋在国势达到顶峰之际被女真突然逆袭，既有偶然性因素，如对外政策失误（联金灭辽政策）、对外对内战争导致国力大伤（消耗了国防力量和经济资源）、抑佛兴道的恶果（导致内政紊乱）等，也有必然性因素，即暖相气候造成游牧文明（对南宋）的扩张（1276 年灭南宋），在冷相气候冲击下发动颠覆其他文明的战争（1127 年灭北宋），结果是农耕文明的失败。

---

1 宋史·卷 20·徽宗（2）。
2 宋史·卷 254·列传·蛮夷 3。
3 宋史·卷 20·徽宗（4）。

北宋政权既有马匹的优势,可以和西夏人代表的游牧和渔猎文明发动骑兵对攻,也有物资的优势,可以发动长期的消耗性战争,如征服河湟的战役打了32年,征服西夏的战斗打了81年,体现了农耕文明的坚忍、计划和科技的优势。然而,在气候变化造成的渔猎文明强势崛起面前,农耕文明的优势被一扫而空,体现了气候变化的突然性和剧烈性。当时的寒潮具有分水岭作用,给渔猎文明带来很大的刺激。靠官僚体系来响应气候危机的宋政权无法及时应对气候变化,宗教的异常繁荣让人们不再关注改进技术,所以亡国的本质是应对气候危机的失败。

▶ 火灾危机

与此同时,欧洲经历了一次火灾高发季节。由于当时是温暖潮湿的中世纪最适期,欧洲的建筑方式主要以草木为主,导致了一系列社区大火:蒙斯(1113),伍斯特(1113),巴斯(1116),彼得伯勒(1116)和南特(1118)[1]。水城威尼斯在1105年和1114年分别遭遇重大火灾。在两次威尼斯大火的影响下,新上任的威尼斯总督多米尼科·米耶勒[2](服务期为1116到1130年)为威尼斯市民提供公共照明工程和消防灭火服务,具体内容不详。但这是在西罗马消亡600年之后,欧洲第一次出现的公共消防服务,开启了消防灭火的新时代,代表着城市文明的崛起,在文明史上有重要的分水岭意义。这是响应气候危机的做法,在城市文明发展史上有重要的地位。

▶ 保险思想与共产主义源头

在这一轮气候危机的威胁下,冰岛的居民在1118年成立了Hreppr(冰岛语,相当于公社commune)来对抗自然灾害造成的财产损失和人为灾害造成的火灾损失[3],这是历史上的第一次火灾保险实践(从公司运营角度来说),也是历史上第一次共产主义实践(从社会管理角度来认识,这是全世界共产主义思想的欧洲源头)。

---

1 Green-Hughes, A., A History of Firefighting, Moorland Publishing, 1979, page 15.

2 Hornung, W., Feuerwehrgeschichte: Brandschutz und Löschgerätetechnik von der Antike bis zur Gegenwart, Kohlhammer, 1990.

3 Karlsson, G., The History of Iceland, University of Minnesota Press, 2000, page 55. 其中的互助消防与家畜保险内容见 Martina Stein-Wilkeshuis, The right to social welfare in early medieval Iceland, Journal of Medieval History vol. 8 (1982) 343-352。1118 年发生的该事件被中文媒体广泛引用,被认为是人类历史上第一次的消防保险事件。

可以说,保险公司是基于个人主义传统下公司分担风险的做法,共产主义实践是集体主要传统下集体分担风险的作法,两者都来源于气候脉动产生的气候危机。

▶ 时代之歌

针对当时的环境危机和政治强盛,被俘北上的宋徽宗赵佶写下了一首回忆诗《眼儿媚·玉京曾忆昔繁华》,值得回味深思:"玉京曾忆昔繁华。万里帝王家。琼林玉殿,朝喧弦管,暮列笙琶。花城人去今萧索,春梦绕胡沙。家山何处,忍听羌笛,吹彻梅花。"徽宗时代的东京,是中国古代城市文明的一个顶点,至今想来,依然令人神往。

此时《清明上河图》表达的内容,不仅是"玉京曾忆昔繁华",更有社会经济政治领域的各种危机和应对措施。在寒潮中,北宋政府迎来了政治经济军事等各个领域的突破(医学革命、能源革命、青海开疆、改土归流、人口高峰、福利革命、宗教开放等),同时也迎来了自己最大的敌人,渔猎文明的崛起。在遥远的冰岛,诞生了人类第一次社会主义实验,冰岛的"公社",既是保险公司的源头,也是共产主义的源头。所以,人类社会所有的政治和经济,其实都是环境危机的产物。

公元 1140 年: 江南江北雪漫漫

▶ 气候特征

"二浙旧少冰雪,绍兴壬子(1132),车驾在钱塘,是冬大寒屡雪,冰厚数寸。北人遂窖藏之,烧地作荫,皆如京师之法。临安府委诸县皆藏,率请北人教其制度"[1]。这是钱塘江仅有的三次封冻记录的一次,而其余两次则均发生在小冰期寒冷期,分别是 1690～1691 年冬和 1892～1893 年冬。

绍兴五年(1135)冬,江陵一带"冰凝不解,深厚及尺,州城内外饥冻僵仆不可胜数"[2]。绍兴七年(1137)二月庚申,"霜杀桑稼"[3]。此后数年间,江南运河苏州段,冬天河水常常深度结冰,破冰开道的铁锥成为冬季舟船的常备工具[4]。1153～1155 年

1　(宋)庄绰,鸡肋编·卷中。

2　(宋)李心传,建炎以来系年要录·卷98·绍兴六年二月庚戌条。

3　宋史·卷62·五行志,北京:中华书局,1985。

4　(金)蔡珪,撞冰行,[金]元好问:《中州集》卷1。

冬,气候比前偏暖,金朝使节蔡珪(? ～1174)有感于船头的破冰铁锥闲置写下了《撞冰行》,诗曰:"船头傅铁横长锥,十十五五张黄旗。百夫袖手略无用,舟过理棹徐徐归。吴侬笑向吾曹说:昔岁江行苦风雪,扬锤启路夜撞冰,手皮半逐冰皮裂。今年穷腊波溶溶,安流东下闲篙工。江东贾客借余润,贞元使者如春风。"

▶ 人口危机

在这种情况下,绍兴元年(1131)十二月十四日,通判绍兴府朱璞言:"绍兴府街市乞丐稍多,被旨令依去年例日下赈济。今乞委都监抄札五厢界应管无依倚流移病患之人发入养济院,仍差本府医官二名看治,通判二名煎煮汤药,照管粥食"[1]。这说明当时的气候危机导致绍兴府养济院的成立。绍兴七年(1137),又成立建康府养济院,"天气寒凛,贫民乞丐令建康疾速踏逐舍屋,于户部支拨钱米,依临安府例支散,候就绪日,申取朝廷指挥,为始收养"[2]。

南宋绍兴八年(1138),宋高宗下诏在全国范围内实行胎养助产令,"禁贫民不举子,有不能育者,给钱养之"[3]。这意味着南宋的人口增长出现了危机,在中国历史上有 11 次(见第一章第 20 页表 3),这是第 9 次人口危机,都是发生在气候危机之下。

由于政府南迁带来的瘟疫危机、经济危机和环境危机,南宋的人口增长经历了长期的停滞。在这种情况下,政府有必要鼓励人口的生产,于是有各种各样的婴戏图出现,其中的代表作是苏汉臣的《冬日婴戏图》(见图 43)。《婴戏图》的流行,代表着社会响应环境危机,希望恢复和增加人口生产的努力和愿望。由于中世纪温暖期和南方气候的双重困扰,南宋人口一直停滞不前,缺乏北宋人口的高涨趋势。

图 43 南宋苏汉臣的《冬日婴戏图》(局部),藏于台北故宫博物院

---

1 宋会要辑稿·食货六〇。

2 宋会要辑稿·食货六八。

3 宋史·高宗本纪六 [M],北京:中华书局,1985。

▶ 丧葬危机

绍兴十三年（1143）九月十五日，上曰："诸处有癃老废疾之人，可依临安府例，令官司养济。此穷民之无告者，王政之所先也。十月十四日，臣寮言：欲望行下临安府钱塘、仁和县，踏逐近城寺院充安济坊。遇有无依倚病人，令本坊量支钱、米养济，轮差医人一名，专切看治。所用汤药，太医熟药局关请。或有死亡，送旧漏泽园埋瘗。于是户部言：今欲乞行下临安府并诸路常平司，仰常切检察所部州县，遵依见行条令，将城内外老疾贫乏、不能自存及乞丐之人，依条养济。每有病人，给药医治。如奉行灭裂违戾，即仰按治，依条施行。从之[1]。"

绍兴十四年（1144）十二月三日，"居养、漏泽，盖先朝之仁政也。从来漏泽园地多为豪猾请佃，不惟已死者衔发掘之悲，而后死者失掩埋之所。欲乞旨自临安府及诸郡凡漏泽旧园悉使收还，以葬死而无归者。发政施仁之方，掩骼埋胔为大，实中兴之要也。上曰：'此乃仁政所先，可令临安府先次措置，申尚书省行下诸路州军一体施行。'"[2] 至此，漏泽园在南宋各地逐渐恢复起来。

▶ 火灾危机

由于南迁的宋政府带来大批的难民，让杭州的火灾形势日益恶化，于是有当时的一系列火灾危机。绍兴二年（1132），二月十一日，诏："临安府居民多不畏谨火烛，虽已差殿前马步军司人兵救护，缘措置未严，致多攘夺财物，民甚苦之。可更令本府差定救护人兵，仍令逐司并临安府依东京例，各置新号并救火器具，俟扑灭即时点凝搜捡讫，方得放散。及仰临安府差缉捕使臣，立赏钱收捉遗火去处作贼之人。犯人并依前项指挥，其寄赃隐匿之家，许依已立日限陈首，仍与免罪给赏。"[3] 这是第一次强调灭火设备，应对当时的暖相气候灾情。

绍兴十四年（1144），秘书郎张阐言："本省自来火禁，并依皇城法。遇有合用火烛去处，守门亲事官一名，专掌押火洒熄，除官员直舍，并厨司、翰林、司监、门职级房存留火烛，遇官员上马，主管火烛亲视官监视洒熄，其余去处并不得存留，有旨依。"[4]

---

1 宋会要辑稿·食货六〇·居养院养济院漏泽园等杂录。
2 （清）徐松，宋会要辑稿·食货六八。
3 宋会要辑稿·刑法 2。
4 南宋馆阁录·卷 6。

▶ 三修李渠

李渠的第三次修复，发生在宣和六年（1124），"春正月予（孙琪）始至袁。未几，民居三火而求水艰甚，询其故，则曰：井泉不丰，岁旱辄涸，仰水于江汲远而售贵。常以为病故。缓急之际不足供，绠缶昔尝堰取仰山水为西陂溉田，而以其余转缭城中为火备。今渠塞，陂坏田变为陆，不知几何年矣"[1]。这一次修复，发生在气候变暖期间。政和初，福建所贡的连株荔枝次年"结实不减土出"，"宣和间，以小株结实者置瓦器中航海至阙下，移植宣和殿"，"宣和中，保和殿下种荔枝成实，徽庙手摘以赐燕帅王安中，且赐以诗曰：'保和殿下荔枝丹，文武衣冠被百蛮。思与廷臣同此味，红尘飞鞚过燕山。'"宣和末，"自阳华门入，则夹道荔枝八十株，当前椰实一株"[2]，结实分赐群臣。

▶ 占城稻

占城稻生长期短，早春播种可在时间上避开旱涝灾害多发的夏秋之交时段，使得收成有所保障；同时，占城稻收割之后较长时间内光热条件仍极优渥，使得收割后其稻茬复生再结实或种植其他作物成为可能；此外，占城稻较粳稻出米多、价廉，迎合了中产以下家庭的需求。由于以上几方面的原因，占城稻在宋室南渡后再次得到大规模推广。南宋初，江南西路安抚制置使李纲（1083～1140）在《梁溪全集》中说："本司管下乡民所种稻田，十分内七分并是占米"。占米口感不好，可是早熟高产，因此得到推广。占米的产量大，意味着当时的日照期比较长，可以支持水稻一年双季的生长。

▶《普济本事方》

《普济本事方》，又名《类证普济本事方》或《本事方》，10 卷，宋代许叔微撰。本书是许氏集平生所验效方，附以医案，并记其事实之书，故名。约刊于宋绍兴二年（1132）。按中风肝胆筋骨诸风、心小肠脾胃病、肺肾经病等分为二十五类，包括内、外、妇、儿、伤、五官、针灸各科。共收录 373 方，每方首列主治、方名、药味、药量，次

---

1 钦定古今图书集成·方舆汇编·职方典·第 917 卷·袁州府部艺文一·疏泉记（孙琪）。
2 蔡绦，铁围山丛谈·卷 6。

录治法、服法。其中有 81 则论证和论述,见解精辟,大多后附病例,条理明晰。全书内容翔实,临床实用价值很高。南宋初期的村医治病场面,有李唐的《村医图》(见图 44)。

图 44　南宋李唐《村医图》(局部),藏于台北故宫博物院

▶《耕织图》

楼璹在宋高宗时期任於潜(今浙江省临安市)县令(1132～1135 年 12 月)时,深感农夫、蚕妇之辛苦,格外留意农事,究其始末,作耕、织二套图诗来描绘农桑生产的各个环节。其中,耕图从"浸种"到"入仓"一共 21 个画面,织图从"浴蚕"到"剪帛"共 24 幅,真实详尽地记录了农作生产过程。据记载,"楼璹《耕织图》一卷,高宗

图 45　吴皇后注本《蚕织图》(局部),藏于黑龙江省博物馆

阅后,即令嘉奖,并敕翰林画院摹之"[1]。说明高宗在得到楼璹本的《耕织图》后便令画院摹之。可惜,原作在推广的过程中不复留存。吴皇后注本的产生时间很可能在楼璹本《耕织图》进呈高宗并宣示后宫之后。该图之后明宋濂题跋也表达了这种推测:"今观此卷,盖所谓织图也,逐段之下,有宪圣慈烈皇后题字。皇后姓吴,配高宗,其书绝相类。岂璹进图之后,或命翰林待诏重摹,而后遂题之耶?"

▶《豳风·七月》

马和之是南宋画院画家,主要活跃在高宗、孝宗时期,传任工部侍郎,周密曾说:"御前画院仅十人,和之居其首焉。"高宗赵构非常欣赏马和之,皇帝选择了诗经这个题材,御笔亲书并命马和之每篇做一图。可惜的是,马和之只完成了大约五十篇,就去世了。由于诗经是中国最广为传播的典籍,又有宋高宗书法的加持,马和之的作品一千年来风头无两。以下是最著名的一幅画《豳风·七月》是描绘西周早期农事活动的诗歌,代表着当时暖相气候恢复春秋时期温暖气候特征的趋势。只有在暖相气候的加持下,艺术才有这种全面复古的倾向。

图46　南宋马和之的《豳风·七月》,藏于北京故宫博物院

▶ 女真文字

熙宗天眷元年(1138)正月初一日,金国颁布女真文字。女真最初没有本民族的文字,先是使用契丹字。阿骨打建国后,为了便于推行政令,便在金天辅三年

---

1 宋史·艺文志 4。

（1119）命大臣完颜希尹制女真文字。希尹参照汉字和契丹率制成了女真率，后称"女真大字"。后来金熙宗又制新字，称"女真小字"。金皇统五年（1145）正式颁用。女真文曾被用来翻译汉文典籍，它对女真文化的提高和女真封建化的加速起了一定的作用。

▶《陈旉农书》

《陈旉农书》是论述中国宋代南方地区农事的综合性农书，于南宋绍兴十九年（1149）成书。作为第一部反映南方水田农事的专著，本书对养牛和蚕桑部分也有详细的论述，反映了当时环境危机对农业科学技术的挑战和推动作用。书中对开辟肥源、合理施肥和注重追肥等措施，都有精辟见解。在《耕耨之宜篇》中论述当时南方的稻田有早稻田、晚稻田、山区冷水田和平原稻田4种类型，分别阐述了整地和耕作的要领；在《薅耘之宜篇》中讲到稻作中耘田和晒田的技术要求、强调水稻培育壮秧的重要性等，都是中国精耕细作传统的继承和发展。此外，本书在养牛和蚕桑部分也有详细的论述，反映了中国古代农业科学技术到宋代达到了新的水平。

▶ 货币危机

公元1127年北宋政府突然垮台，使（私人组织发行的）会子（纸钞）有机会在东南地区传播。由于会子具有在异地取钱的功能，因此它也可以用作汇票或旅行支票。私人协会在行在杭州附近使用它来促进金融交易。但是，在公元1135年，南宋政府曾下诏禁止寄付兑便钱会子出城（说明当时发生甲类/市场钱荒），受到居民的反对，次日即取消了禁令[1]。

▶ 海外贸易

既然气候变冷，农业收入减少，南宋是靠什么来支持北伐？南宋政府南迁之后，失去了北方的能源基地和铜矿来源，不得不依赖海外贸易来赚取补偿性的收入。到绍兴七年（1137），明州（宁波）已经又是"风明海舶，夷商越贾，利原燃化，纷至远来"的情景了。在两浙路海港普遍衰落的情况下，在整个南宋时期，明州的海外贸

---

1 （宋）李心传，建炎以来系年要录·卷九三绍兴五年九月乙酉。下诏禁止寄付兑便钱会子出城，因受到反对，次日取消。

易活动还基本上保持着繁荣的局面,"有司资回税之利,居民有贸易之饶"[1]。

绍兴六年(1136)榷货务的1300万缗总收入中,"大率盐钱居十之八,茶居其一,香矾杂收又居其一"[2]。绍兴六年(1136)八月二十三日,朝廷抽解大食国(今阿拉伯)的乳香税值就有三十万贯[3]。香料作为高价值的商品,具有稀缺性、体积小、价值高、耐储存(可保值)、可兑换、难仿造的通货特征,曾经是盐法运行的润滑剂(通货)。高宗绍兴七年(1137),宋高宗曾经慨叹道:"市舶之利最厚,若措置合宜,所得动以百万计,岂不胜取之于民?联所以留意于此,庶几可以少宽民力尔。"[4]绍兴十六年(1146),九月二十五日,宰执进言,"市舶之利,颇助国用。宜循旧法,以招徕远人,阜通货贿[5]"。每岁十月内依例支破官钱三百贯文。排办筵宴,系市舶提举官同守臣犒诸诸国番商客。经此奖励,中外贸易大盛。

据南宋高宗绍兴十年(1140)的统计,仅广州市舶司变现的关税每年就高达110万贯,各市舶司收入总和约占当时朝廷财政收入的4%至5%,所以《宋史》说"东南之利,舶商居其一",对于南渡后的宋王朝来说,这项收入显得尤为重要。当时的气候特征有不少冷相特征,但靠近暖相气候节点,海外贸易保持着外部推动的特征,符合暖相气候的社会应对模式。

▶ 消防再起

绍兴二年(1132)正月二十一日,臣僚言:"又缘兵火之后,流寓士民往往茅屋以居,则火政尤当加严。虽有左右厢巡检二人,法制阔略,名存而已。乞下枢密院,委马、步军司措置。略效京城内外徼巡之法,就钱塘城内分为四厢,每厢各置巡检一人,权差以次军都指挥使有材能者充。每厢量地步远近,置铺若干。每一铺差禁军长行六名,夜击鼓以应更漏,使声相闻,仍略备防火器物","定作一百二铺,计差禁军六百七十三人"[6]。这是恢复巡铺作法的政令,标志着开封消防制度在杭州的异地重建。

1 (宋)罗濬,宝庆四明志。
2 (宋)李心传,建炎以来系年要录·卷104。
3 宋会要辑稿·蕃夷四。
4 宋会要辑稿·职官四四。
5 宋会要辑稿·职官四四。
6 宋会要辑稿·兵三·厢巡。

▶ 经济改革

绍兴十二年（1142），南宋政府开始了为时七载的"措置经界"运动，改革了南宋赋役制度，并大规模兴修好田、推广精耕细作技术，使得这一时期长江流域农业经济空前繁荣，粮食产量不断提高，形成了"苏湖熟，天下足"的局面。

▶ 蒙古崛起

金皇统六年（1146），蒙古首次被女真金政府册封，称汗，建年号天兴。可以认为，这是女真金政府的"改流设土"，暖相气候有利于地方的独立倾向。

▶ 行省制发端

金熙宗甫即位，于天会十三年（1135）正式设立以尚书省为中心的三省制，废罢原女真中央国论勃极烈制度。熙宗天眷元年（1138）九月"丁酉，改燕京枢密院为行台尚书省"。绍兴八年（即金天眷元年，1138）："金主改燕京枢密院为行台尚书省，以三司使杜充、签书枢密院事刘筈并签书省事"[1]，刘筈为刘彦宗之子，彦宗死后，宗翰委任其子筈为燕京签书枢密院事，甚见亲信。燕京行台省设立后，刘筈又任签书燕京行台尚书省事，与杜充一起实际主持燕京行台省事务。

天会十五年（1137）十一月"丙午，废齐国，降封刘豫为蜀王，诏中外，置行台尚书省于汴"[2]，即在废除刘齐之后，设置汴京行台尚书省以统治原刘齐汉地。汴京行台省曾几易治所，天眷元年（1138），金以河南、陕西地与宋，汴京行台省与元帅府一起后撤，"行台徙大名，再徙祁州"。次年五月，"丙子，诏元帅府复取河南、陕西地"，七月，金军收复两地，行台及都元帅府一起徙回汴京。皇统元年（1141），"诏以燕京路隶尚书省，西京及山后诸部族隶元帅府"[3]。从此，行台省一直驻于汴京，直至海陵天德二年（1150）十二月废罢。

行省制，必须来自渔猎文明，因为只有渔猎文明才能够征服占领大量的其他文明，才需要考虑各种文明之间的兼容问题，才需要建立多民族的包容性政府，对策之一就是行省制。行省制的本质是在维持中央权威的情况下向地方放权，以提供满足

1 建炎以来系年要录·卷118。

2 金史·卷4·熙宗纪。

3 金史·卷77·宗弼传。

应对环境危机所需要的制度弹性。从此之后,行省制成为防范地方独立的重要制度武器,一直使用到今天,有其内在的合理性,对中国长期维持统一局面有很大的帮助。

▶ 绍兴和议

绍兴九年(1139),金太师完颜宗磐议与南宋割地结援,南宋获得汴京、西京、南京、长安。金熙宗发动政变,擒获完颜宗磐。1140年,金熙宗下令四路伐宋,重取所割之地,金军所到之处望风而降。岳飞在朱仙镇与完颜宗弼对阵,大破金军。宋高宗急忙下令撤军,黄河以南之地再次为金军所占据。宋绍兴十一年(1141),完颜宗弼趁势南下,攻破庐州,宋军在柘皋大破金军。秦桧撤销各地宣抚使,夺取地方兵权,军队权力收回中央。岳飞遭到陷害,被下狱而死。南宋向金国称臣,每年交纳岁贡二十五万两,绢二十五万匹,两国约定以淮河、大散关为界划分边境。南宋接受金国的册封,并迎回宋徽宗和高宗生母。绍兴和议使南宋放弃了岳飞收复的北方失地,以纳贡称臣的方式换取了对半壁江山的统治。

▶ 威尔士起义

1136年10月,威尔士王公欧文·格温内德在卡迪根之战中率领9000威尔士军队迎击罗伯特—菲茨率领的一万诺曼王朝入侵军队,获得胜利,杀死了3000敌军。

▶ 时代之歌

《阮郎归·绍兴乙卯大雪行鄱阳道中》是南宋词人向子諲(yīn)(1085–1152)所作的一首词:“江南江北雪漫漫。遥知易水寒。同云深处望三关。断肠山又山。天可老,海能翻。消除此恨难。频闻遣使问平安。几时鸾辂还。”绍兴五年(1135)冬天,词人冒雪前往鄱阳,大雪纷飞的天气使词人感受到了被囚禁在金国的徽、钦二帝痛苦,词人又联想到因为国内主和派阻挠而导致的北伐失败,心有所感,写下了这首环境与心情发生共鸣的诗词。

“江南江北雪漫漫”,发生在暖相气候节点附近,推动了《耕织图》、医学进展、丧葬危机、人口危机等。然而,货币危机、海外贸易、消防危机、蒙古崛起等,展示了当时的暖相气候背景。正如一句俗话,“身体很诚实”,南宋偏安的局面,和“气候变暖有利于政治分裂"有关。气候变暖,北方没有动力南下,南方没有实力恢复,结果就是划江而治。

公元 1170 年:雪满西山把菊看

▶ 气候特征

据《宋史·五行志》载,绍兴三十一年(1161)正月戊子,"大雨雪,至于己亥,禁旅垒舍有压者,寒甚";隆兴二年(1164)冬,"淮甸流民二三十万避乱江南,结草舍遍山谷,暴露冻馁,疫死者半,仅有还者亦死";乾道元年(1165)二月,"行都及越、湖、常、润、温、台、明、处九郡寒,败首种,损蚕麦";"二年春,大雨,寒,至于三月,损蚕麦"、"夏寒,江、浙诸郡损稼,蚕麦不登";六年五月,"大风雨,寒,伤稼"。

乾道八年(1172),时在广西钦州任职的地理学家周去非(1135～1189)写道:"盖桂林尝有雪,稍南则无之。他州土人皆莫知雪为何形。钦之父老云,数十年前,冬常有雪,岁乃大灾。盖南方地气常燠,草木柔脆,一或有雪,则万木僵死,明岁土膏不兴,春不发生,正为灾雪,非瑞雪也。"[1]

孝宗乾道八年(1172)十二月七日,范成大自中书舍人出知静江府,他从苏州出发,月底时到达浙江富阳,正遇上大雪,"雪满千山,江色沉碧,但小霁风急寒甚,披使金时所作绵袍,戴毡帽"。到达江西的鄱阳湖后,也遇上大雪,"雪甚风横,祷于龙神"[2]。

成书于宋孝宗淳熙五年(1178)的《橘录》载:"大抵柑植立甚难,灌溉锄治少失时,或岁寒霜雪频作,柑之枝头殆无生意,橘则犹故也。"[3]

淳熙十二年(1185),"淮水冰,断流","自十二月至明年正月,或雪,或霰,或雹,或雨冰,冰冱尺余,连日不解。台州雪深丈余,冻死者甚众"[4]。

淳熙十六年(1189)四月戊子,"天水县大雨雪伤麦",七月,"阶、成、凤、西和州霜,杀稼几尽"。

---

1 (宋)周去非,岭外代答·卷四·雪雹。

2 钦定古今图书集成·方舆汇编职方典·第 1022 卷·范成大·元日登钓台记。

3 钦定古今图书集成·博物汇编·草木典·卷 226。

4 文献通考·卷 305·物异考 11。

绍熙元年（1190）三月，"留寒至立夏不退。十二月，建宁府大雪深数尺。查源洞寇张海起，民避入山者多冻死。二年正月，行都大雪积洹，河冰厚尺余，寒甚。是春，雷雪相继，冻雨弥月"[1]。

绍熙三年（1192）九月丁未，"和州陨霜连三日，杀稼。是月，淮西郡国稼皆伤"。

▶ 人口危机

宋孝宗乾道四年（1168）七月，范成大赴处州（今浙江丽水）任职9个月。在此期间，他把考察民间的结果写成奏疏称："小民以山瘠地贫，生男稍多，便不肯举（养育），女则不问可知。村落间至无妇可娶，买于他州。计所夭杀，不知其几……乞令运司效苏轼遗意，措置宽剩，量拨助之。"[2]针对当时的人口危机，宋孝宗乾道五年（1169），再次重申有关胎养政策，并提高救助标准，"诏应福建路有贫乏之家生子者，许经所属具陈，委自长官验实。每生一子给常平米一硕，钱一贯，助其养育，余路州军依此执行"[3]。此后，该胎养令在全国得到实施。

淳熙元年（1174）八月九日，"诏临安府，以买到北上门外杨桥东地充漏泽园，埋瘗遗骸。及日后无主死亡军民，亦听埋瘗。九月二十六日，诏临安府东青门外驹子院地，将一半充漏泽园，拨付殿前司埋瘗亡殁军民。从殿前司请也。三年九月三日，诏平江府守臣陈岘，取会开赵所创义冢及僧庵元费用钱物，申朝廷给还，并赐庵名'广济祥院'，给田五百亩。先是，开赵于平江府买山立义坟，埋瘗西北人，并（庵）建造庵舍，左司员外郎陈损言费当出朝廷故也。四年六月十七日，江州都统皇甫偲言：乞于江州福星门外收买空闲田段，将所部诸军亡殁之人就彼埋瘗。从之"[4]。

▶ 占城稻的普及

据成书于南宋孝宗淳熙元年（1174）的罗愿《尔雅翼》载："今江浙间，有稻粒稍细，耐水旱而成实早，做饭差硬，土人谓之占城稻，云始自占城国有此种。昔真宗

1 宋史·卷六十二
2 （明）黄淮，杨士奇《历代名臣奏议》卷一零八，"论不举子疏"，上海：上海古籍出版社，1989。
3 （清）徐松辑，宋会要辑稿·食货五九，北京：中华书局，1957。
4 宋会要辑稿·食货六〇·居养院养济院漏泽园等杂录。

闻其耐旱,遣以珍宝求其种,始植于后苑,后在处播之。"这里充分利用了占城稻的生长期短的基因特征,是响应冷相气候危机的一种办法。

▶ 南方推广小麦

宋室南渡后,中国长江中下游地区的气候在较长一段时间内相对冷干,旱情不断,朝廷再度强调杂种诸谷的防灾意义,晓谕农民种植二麦及旱地杂粮,而相关推广政策也经历了不断深入完善的过程。乾道七年(1171)十月朝廷诏令"江东西、湖南北、淮东西路帅漕,官为借种及谕大姓假贷农民广种,依赈济格推赏"[1]。淳熙七年(1180)"复诏两浙、江、淮、湖南、京西路漕臣,督守令劝民种麦,务要增广。自是每岁如之。……于是,诏诸路帅漕常平司以常平麦贷之"[2]。

在倡导江南种植二麦的过程中,孝宗曾在宫中亲身播种以垂范天下,并于乾道八年(1172)九月说:"今年远近丰登,趁此秋成,欲使民间各务储积,以为悠久之计,将来宜降诏戒谕,仍趁时广种二麦,以备水旱之用"[3]。淳熙九年(1182),"内出正月所种春麦,并秀实坚好,与八、九月所种无异。诏降付两浙、淮南、江东西漕臣,劝民布种"。

淳熙五年(1178),宋孝宗任朱熹知南康军兼管内劝农事。淳熙六年(1179)三月,朱熹到任。当年适逢大旱,灾害严重,朱熹到任后,即着手兴修水利,抗灾救荒,奏乞蠲免星子县税钱,使灾民得以生活,并写下了《劝农文》,说:"山原陆地可种粟麦麻豆去处,亦须趁时竭力耕种,务尽地力,庶几青黄未交之际,有以接续饮食,不至饥饿"[4]。

在朝廷的督促下,地方官吏对江南地区二麦种植的重要性也不遗余力进行宣传。如南宋词人韩元吉(1118～1187)在劝农文中说:"然朝廷督厉州县,每俾民多种二麦,至籍其顷亩,具簿册以干御览,盖以岁丰,为不可常恃,欲备荒歉而接食也",要求辖区"高者种粟,低者种豆,有水源者艺稻,无水源者播麦。但使五谷四时有收,则可足食而无凶年之患""粟麦所以为食,则或遇水旱之忧,二稻虽捐,亦不至于冻馁矣[5]"。

---

1 宋史·卷一百七十三。
2 宋史·卷一百七十三。
3 中兴两朝圣政·卷51。
4 晦庵集·卷99。
5 韩元吉,南涧甲乙稿·卷18·建宁府劝农文。

▶《袁氏世范》

公元 1178 年，袁采任温州乐青县令，撰写了《世范》。《袁氏世范》是南宋人袁采撰写的一部家规家训性质的著作，反映了宋人丰富的家庭伦理教化和社会教化思想，在中国家训发展史上具有重要意义，被四库馆臣誉为"《颜氏家训》之亚"。《袁氏世范》共三卷，分《睦亲》、《处己》、《治家》三篇。值得一提的是对火灾的防范。一方面，规范日常用火，从火源着手加强预防。宋代百姓日常做饭、照明都离不开火，稍不留意，皆易引发火灾。因此，宋代各级官府都要求辖区居民经常打扫厨房，除去埃墨，清除灶前剩余的柴火，防止火从厨房起。此外还规定，照明的火烛也当及时熄灭，"将夜分，即灭烛"，以防夜深人困引起火灾。另一方面，火灾易发地要加强预防。"茅屋须常防火，大风须常防火，积油物积石灰须常防火"，蚕房因常"烘焙物色，过夜多致遗火"、厕所常倒"死灰于其间"、"余烬未灭，能致火烛"，所以在这些地方都需防火。《袁氏世范》对防火的重视，体现了当时气候变冷带来的火灾高发危机。

▶《水碓磨坊图》

根据岩山寺内金代碑刻《繁峙灵岩院水陆记碑》和文殊殿西壁上的墨书题记所示，繁峙岩山寺壁画《水碓磨坊图》是金代画师王逵和王道等人于金大定七年，即公元 1167 年绘制完成的。当时的气候模式是冷相气候，冷相降水多，因此间接推动水磨事业的发展。

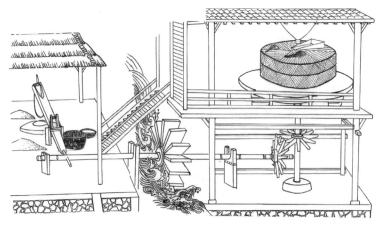

图 47　繁峙岩山寺壁画《水碓磨坊图》的机械原理示意图

▶ 会子与金融革命

绍兴三十一年（1161）二月，钱端礼以权户部侍郎的身份，主导设立行在会子务，正式发行纸币行在会子，并把这项业务扩展到了帝国的其他地区。这是民间商业中广泛采用的第一种通行货币，但发行过程不够规范（没有分界）。公元1168年，政府发行了新会子，用回收的旧会子纸重新印刷而成，并对所有纸币的发行进行分界（三年一界），以规范会子的发行。用新钱代替旧钱来控制通货膨胀，因此这时存在的是冷相气候下的乙类（政府）钱荒，是在全球气温下降之时发生的[1]。为了应对气候危机，展界延期分别发生在 1176 年、1190 年和 1195 年，从而带来一定的通货膨胀。展界的本质是扩大货币供应量，但又避免了超发（通货膨胀），意味着当时发生的是暖相气候市场扩张引发的甲类（市场）钱荒。宋代发行纸币的一般规律是，"暖相需展界，冷相需超发（通货膨胀）"。

▶ 罢市舶司

乾道二年（1166），"拨二十五万贯，专充乳香本钱"[2]，这又是为了缓解冷相气候危机，鼓励海外贸易的措施（即"开源"）。孝宗乾道七年（1171），"诏，见任官以钱附纲道商旅过蕃买物者，有罚"[3]。宋孝宗乾道二年（1166），因两浙路港口的海外贸易相对衰落，宋廷废罢两浙市舶司[4]。这又是一个冷相气候主导的经济收缩，南宋政府在无法开源吸引更多的海商前提下，不得不废罢两浙市舶司，以便缩减成本（即"节流"）。

▶ 朱子社仓

朱子社仓，原名"五夫社仓"，初建于南宋乾道七年（1171），为朱熹首创并命名的一个民办社仓，因社仓之址坐落在崇安县五夫里而得名。邑人为了纪念先贤朱熹这个惠民善政，遂改"五夫社仓"为"朱子社仓"。社仓坐落在崇安县五夫里籍溪坊（今五夫乡兴贤街）之凤凰巷内。乾道四年（1168）春夏之交，闽北建阳、崇安、浦城一带因灾情十分严重，年成荒馑，饥民骚动。朱熹是时在五夫屏山居里祠禄养亲。

1　葛全胜, 中国历朝气候变化 [M], 科学出版社, 2011, 第 441 页。

2　宋会要·职官·四四之二九。

3　宋史·食货志下八。

4　（清）徐松, 宋会要辑稿·职官 44 之 28。

崇安知县诸葛廷瑞知朱熹之贤,诚邀他会同乡耆刘如愚共商乡里之救灾赈粜善举。朱熹力劝里中豪富,发家中存粟,以平价赈济灾民;同时上书建宁知府徐嘉,请求发放常平粮仓(官仓)的存粮以应救灾急需,灾情遂得缓解。社仓相当于是自助保险公司,适用于农业社会的冷相气候周期带来的灾情。

▶ 王灌义役

与义仓对应的是义役制度。南宋乾道二年(1166),处州松阳人王灌倡议首创义役。义役是应役户互助的一种方式,以都保为单位,由应役户出田或买田若干作助役田,所得田租充应役费用。"王灌乾道中以赋役重繁首创义役。役先后视籍田多寡,视(户)等行之三十年,而讼不抵于有司。"[1]宋史学家谢维新记载:"义役,买田助役。乾道二年(1166),处州松阳县惮征役之苦,随役户多寡输金(买田),遇当役者以田,之名曰义。"[2]乾道五年(1169),"处州松阳县倡为义役,众出田谷,助役户轮充。自是所在推行。"[3]南宋史学家李心传(1166~1243)记载:"乾道中,范文穆(成大)知处州,言松阳县民输金买田以助役户,为田三千三百亩有奇,排比役次,以名闻官,不烦差科,可至一二十年者;请命诸县通行之。"[4]创设义役的宗旨是为了减轻应役户的徭役负担,其文化内涵是中华民族互帮互助传统文化。显然,义役和义仓都是为了响应当时的环境危机和人口危机。

▶ 佛教再兴

面对冷相气候危机,宋孝宗改变宋高宗对佛教征税的态度,采取了兴佛的态度。乾道四年(1168)召上竺寺若讷法师入内观堂行"护国金光明三昧",淳熙二年(1175),更诏建"护国金光明道场",僧人高唱"保国护圣,国清万年"。当时的气候特征是冷相模式,再次推动了佛教的兴盛。

▶ 隆兴北伐

公元1163年,宋孝宗即位后积极进取,起用主战派老臣张浚,开始北伐。宋军

---

1 清顺治松阳县志·人物志。
2 古今合璧事类备要·外集·卷三十·臣僚申请义役札子。
3 宋史·卷一百七十八。
4 建炎以来朝野杂记·甲集卷7处州义役、德兴义役。

接连收复灵璧、虹县。宋将李显忠和邵宏渊不和，导致宋军在宿州大败，溃退符离。隆兴北伐以失败而告终。南宋北伐不成，金军也无力吞并南宋，双方再度达成和议：两国为叔侄之国，南宋不再称臣。岁贡更名为岁币，减为二十万两和绢二十万匹。维持绍兴和议所定疆界，南宋归还新占的唐、邓诸州。隆兴和议后，宋金双方维持了四十多年的和平，宋金两国社会安定，逐渐呈现繁荣局面。

▶ 海盗危机

公元 1171 年，曾经有一支海盗团体袭击的福建泉州晋江的水澳、围头等村庄（今石狮市永宁）以及惠安沿海，次年又来入侵。为了防备他们，南宋泉州知州汪大猷每年派兵到澎湖群岛戍守防备，春季去，秋季撤回，苦不堪言。汪大猷在彭湖造屋舍和兵营 200 多间，派水军长期驻守，从此历史上首次有了明确确定的大陆军队进驻台湾地区的记载（之前的夷洲、琉球算不算台湾还有较大的争议）。

宋朝史书称呼他们为"毗舍邪国人"。周必大（1126～1204）的《敷文阁学士宣奉大夫赠特进汪公大猷神道碑》说：毗舍耶蛮，扬帆奄至，肌体漆黑，语言不通……。宝庆元年（1225），赵汝适《诸蕃志》的《毗舍耶》说："毗舍耶，语言不通，商贩不及，袒裸盱睢，殆畜类也。泉有海岛曰彭湖，隶晋江县，与其国密迩，烟火相望，时至寇掠"。现在一般认为，这批人来自菲律宾群岛，他们很可能是菲律宾中部米沙鄢群岛的米沙鄢人（因为发音相似，米沙鄢群岛 Visayas，亦作 Bisayas）。显然冷相气候危机不仅对中国有影响，对菲律宾的少数民族也有很大的影响。他们面临着饥荒，也需要发动跨海作战，与 1021 年肃慎（女真）人发动的"刀伊入寇"性质是相同的，都是渔猎文明应对环境危机而发动的侵略扩张或移民行动。

▶ 辛弃疾预言

乾道八年（1172）春，辛弃疾作了一个非常精确的历史预言，"犹记乾道壬辰，辛幼安告君相曰：'仇虏六十年必亡，虏亡则中国之忧方大。'绍定足验矣"[1]。后人往往惊讶于辛稼轩预报的准确性。的确，女真金国在 1234 年亡于蒙古，预报误差只 2 年。在这之前，女真崛起于气候节点（1114），亡于另一个气候节点（1234），

---

1 （元）周密，《浩然斋意抄》载《镇江策问》。

而辛弃疾的预言恰好位于中间的气候节点（1170）附近，以前史预报后史，因此非常准确。

▶ 爱尔兰的陷落

公元1171年，都柏林的最后一位国王阿斯卡尔·麦克·拉格尼尔（Ascall mac Ragnaill）在英国人入侵爱尔兰时被亨利二世的军队杀死。从此，爱尔兰沦为英国的保护国和殖民地。

▶ 时代之歌

远在南宋乾道六年，即金大定十年（1170）六月，宋孝宗赵昚遣著名诗人、进士范成大充当金国祈请国信使，出使金中都（今北京）。农历九月初九日，范成大到达燕山城外馆。因正值重阳，金国官员请他到西山一带观赏菊花，不料忽降大雪，范成大即兴写下《燕宾馆》一诗："九日朝天种落欢，也将佳节劝杯盘。苦寒不似东篱下，雪满西山把菊看。"[1]他还在注中写道："至是适以重阳……西望诸山皆缟，云初六日大雪。"

"雪满西山把菊看"，对农民很不友好，所以南方社区普遍举办社仓和义役，或者说自救自助型社会保险机制。宋孝宗北伐，动机很大，收获很小，关键是冷相气候让北方更强大，让战争后勤更重要，结果收获几乎没有。辛弃疾之问，道出了北方渔猎文明的困境，再强大的政权，如果没有气候的帮助，也会发生衰退。清朝如果不入关，也会局限在白山黑水之间，难以改变历史。

公元1200年：丰年留客足鸡豚

▶ 气候特征

到1195～1220年期间，杭州暖冬记录次数明显增加，连续9年冬春无冰雪记载，"庆元元年（1195）冬，无雪。二年（1196）冬，无雪。四年（1198）冬，无雪。越岁（1199），春燠而雷。六年（1200），冬燠无雪，桃李华，虫不蛰"[2]。嘉定元年

---

1 范成大，石湖居士诗集·卷12·燕宾馆。
2 文献通考·卷304·物异考十。

（1208），"春燠如夏"。嘉定六年（1213）冬，"燠而雷，无冰，虫不蛰"；嘉定十三年（1220）冬，"无冰雪。越岁，春暴燠，土燥泉竭"。

怀州橙树结实，早在金朝就有记载，如金泰和元年（1201），金章宗在该年十一月谕工部曰："比闻怀州有橙结实，官吏检视，已尝扰民。今复进柑，得无重扰民乎？其诚所司，遇有则进，无则已。"[1]

陆游注意到当时气候的暖干趋势，"陂泽惟近时最多废。吾乡镜湖三百里，为人侵耕几尽。阆州南池亦数百里，今为平陆，只坟墓自以千计，虽欲疏浚复其故，亦不可得，又非镜湖之比。成都摩诃池、嘉州石堂溪之类，盖不足道"[2]。登载此文的《老学庵笔记》适用于陆游晚年的1190年到1210年。这段暖相气候伴随着降水减少，所以陆游可以观察到当时的围湖造田运动。

此外，庆元元年（1195）春夏，两浙路湖州、常州、秀州三州，"自春徂夏，疫疠大作，湖州尤甚，独五月少宁，六月复然"。淮南、两浙一带，"牛多疫死"。庆元五年（1199）十二月，广南东路瘴疠流行。庆元六年（1200）春，福建路邵武（治今福建邵武）"大旱，井泉竭，疫死"。嘉定二年（1209），"夏四月乙丑，诏诸路监司督州县捕蝗"[3]。上述所有特征都表明当时的暖相气候特征显著。

这一次是暖相气候节点，不乏冷相气候冲击[4]，如绍熙三年（1192）九月丁未，"和州陨霜连三日，杀稼。是月，淮西郡国稼皆肃於霜，民大饥"[5]。庆元六年（1200）五月，"亡暑，气凛如秋"。由于1200年前后冰岛附近出现浮冰（典型的小冰河期症状）[6]，所以1200年也是小冰河期可能的起点之一，因为当时的寒潮较为严重。

▶ 梁楷本《耕织图》

宋宁宗嘉泰年间（1201～1204）的梁楷本《耕织图》，现有日本东京国立美术馆本和美国克利夫兰美术馆两部，两者的《织图》部分几乎一致。两者与楼璹本比，其场景有删减和合并。夏文彦《图绘宝鉴》卷四记述："梁楷，东平人，善画人

---

1 金史·卷十一。
2 （宋）陆游，老学庵笔记·卷二。
3 不著撰人，两朝纲目备要·卷12。
4 宋史·卷62·五行志，北京：中华书局，1985。
5 文献通考·卷305·物异考11。
6 Lamb H.H., Climate, history and the modern world, Routledge, 1995, page 223.

物、山水道士、鬼神。师贾师古，描写飘逸，青过于蓝。嘉泰年画院待诏，赐金带，楷不受，挂于院内，嗜酒自乐，号曰梁疯子。"因此，两图的祖本可能是梁楷宁宗嘉泰年间（1201～1204）供职画院中所作。当时虽然是暖相气候节点，但冰岛附近发现浮冰，代表着当时的一次寒潮，该寒潮不仅推动了《耕织图》的创作，也推动了成吉思汗的崛起。

图 48　梁楷本《耕织图》，藏于美国克利夫兰美术馆

▶ 瘟疫危机

庆元元年（1195）春夏，两浙路湖州、常州、秀州三州，"自春徂夏，疫疠大作，湖州尤甚，独五月少宁，六月复然"。淮南、两浙一带，"牛多疫死"。庆元五年（1199）十二月，广南东路瘴疠流行。庆元六年（1200）春，福建路邵武"大旱，井泉竭，疫死"。嘉定二年（1209），"夏四月乙丑，诏诸路监司督州县捕蝗"[1]。

▶ 降水危机

嘉定二年（1209），尽管当年夏季连州，利、阆、成、西和四州及台州遭受了水灾，但浙西大旱，常、润为甚，淮东西、江东、湖北皆旱，"四月，旱，首种不入，庚申，祷于郊丘、宗社。六月乙酉，又祷，至于七月乃雨"。嘉定八年（1215），是岁，江南地区"春，旱，首种不入。四月乙未，祷于太乙宫。庚子，命辅臣分祷郊丘、宗社。五月康申，大雩于园丘，有事于岳、渎、海，至于八月乃雨"[2]。

▶ 河防令

金章宗泰和二年（1202），朝廷颁布了《泰和律令》。该法令由 29 种法令组成，其中一种就是著名的《河防令》。现存《河防令》文字不全，但仍可看出其主要的内容和指导思想。作为一项专门的防洪法规，《河防令》就是金代的《应急管理法》，解决因黄河改道南流带来的管理问题。

1　不著撰人，两朝纲目备要·卷 12。
2　宋史·卷 66·志第 19·五行 4。

▶ 行省制再兴

章宗朝自明昌五年（1194）为治理黄河始设行省，先后共设行省7处，其中临时军事性行省4处、临时政务性行省3处。章宗朝，黄河就曾三次决口：大定二十九年（1189）五月，河决曹州小堤之北；明昌四年（1193）六月，河决卫州；明昌五年（1194）八月，河决阳武故堤。尤其是第三次水灾，患情甚重，波及数路。在这次水灾爆发之前，金廷已经设置行省以治水患，明昌五年（1194）三月，"行省并行户工部及都水监官各言河防利害事"。八月，黄河决堤后，章宗命参知政事马琪、胥持国行省事，节制沿河数路之州县官员征发赋役，全力治河。

金国再次重建行省制，是为了跨区协调解决治河难题，代表着气候危机下社会响应环境危机的一种对策。因其高效，所以留存，行省制有利于并推动了中国近千年的统一局面。

▶ 围湖造田

受暖干气候的影响，围湖造田成为社会的大趋势。淳熙十四年（1187），时"两浙、江西、淮西、福建旱"，五月，宋孝宗亲自祈雨；七月，"临安、镇江、绍兴、隆兴府、严、常、湖、秀、衢、婺、处、明、台、饶、信、江、吉、抚、筠、袁州、临江、兴国、建昌军皆旱，越、婺、台、处、江州、兴国军尤甚"，孝宗又"大雩于圜丘，望于北郊，有事于岳、渎、海凡山川之神"，至九月，"乃雨"[1]。

同时代的陆游也注意到当时的暖干气候，"陂泽惟近时最多废。吾乡镜湖三百里，为人侵耕几尽。阆州南池亦数百里，今为平陆，只坟墓自以千计，虽欲疏浚复其故亦不可得，又非镜湖之比。成都摩诃池、嘉州石堂溪之类，盖不足道"[2]。记录此文的《老学庵笔记》大约诞生于陆游晚年的1190年到1210年。这段暖相气候伴随着降水减少，所以陆游可以观察到当时的围湖造田运动。

▶ 北方种茶

章宗承安三年（1198）八月，金朝政府有鉴于购买茶叶"以谓费国用而资敌，

1　宋史·本纪·卷35·孝宗3。
2　（宋）陆游，老学庵笔记·卷2。

遂命设官制之。以尚书省令史承德郎刘成往河南视官造者,以不亲尝其味,但采民言谓为温桑,实非茶也,还即白上。上以为不干,杖七十,罢之。四年(1199)三月,于淄、密、宁海、蔡州各置一坊,造新茶,依南方例每斤为袋,直六百文。以商旅卒未贩运,命山东、河北四路转运司以各路户口均其袋数,付各司县鬻之。买引者,纳钱及折物,各从其便"[1]。金政府试图实现茶叶生产的本地化,减少通货的外流风险。

显然,12世纪和13世纪之交,中国东部的茶树种植北界曾一度到达过今淄博南至开封一线,与现代中国茶树种植北界相比,当时茶树的种植北界至少比今天偏北一个纬度。这表明12世纪末至13世纪初中国东中部地区气温高于现今。茶树对环境温度高度敏感,今天国际市场上的茶叶主要产于印度和斯里兰卡。同时代的南宋宫廷画家刘松年(约1131~1218),绘制了一幅《撵茶图》(见图49),代表了暖相气候促进茶文化的兴盛。

图49 《撵茶图》,南宋刘松年绘,藏于台北故宫博物院

▶ 乞丐危机

嘉泰三年(1203)十一月十一日,南郊赦文:"在法,诸州县每岁收养乞丐,访闻往往将强壮慵惰及有行业住家之人,计嘱所属,冒滥支给。其委实老、疾、孤、幼、贫乏之人,不沾实惠。仰今后须管照应条令,从实根括,不得仍前纵容作弊。其临安府仁和、钱塘县养济院,收养流寓乞丐,亦即依此施行,不得徒为文具。如有违戾去处,仰提举常平司觉察,按治施行。内有军人练汰离军之后,残笃废疾不能自存、在外乞

---

1 金史·卷49·志卷30·食货4·茶。

丐之人,仰本军随营分措置收养,毋致失所。"自后郊祀、明堂赦亦如之[1]。

▶ 人口危机

宋宁宗庆元年间(1195～1200),宋廷将漏泽园制度编入法令,规定"诸父母亡,过五年无故不葬者,杖一百"[2]。同时规定各州县须无偿为贫民提供葬地。其中,"诸客户死,贫无地葬者,许葬系官或本主荒地,官私不得阻障"。此后,漏泽园在各地多有设置,终南宋之世基本延续不废。庆元元年(1195)五月,"修胎养令,赐胎养谷,诏诸路提举司相度施行"[3]。

▶ 巫风再兴

绍熙元年(1190),刘宰"举进士,调江宁尉。江宁巫风为盛,宰下令保伍互相纠察,往往改业为农"[4]。暖相气候推动巫风和民间信仰的崛起。

▶ 消防革命

嘉泰元年(1201)三月二十三日夜,临安府(今杭州)御史台吏杨浩家起火,延烧至御史台,军器监、储物库等官舍,火至二十六日方熄灭。受灾居民达五点三万余家,共十八万多人,死而可知者五十九人。这是中国古代城市发生的最大一次火灾。大火发生之后,臣僚言:"遗漏之始,不过一炬之微,其于救灭,为力至易。火势既发,亦不过一处,若尽力救应,亦未为难。至其冲突四出,延蔓不已,救于东则发于西,扑于右则兴于左,于是而始艰乎其为力矣。故后之无所用其力,皆起于始之不尽力,扑灭不救,至于燎原,此古今不易之论也"[5]。在这种思想的指引下,灭火工作受到越来越大的重视。这意味着气候变暖造成火势凶猛,对专业化的灭火需求越来越大。于是在1206年,在临安府尹廖俣的任内,诞生了4支比较专业的熠火队伍(帐前四队,每队350人)。1211年,在临安府尹王枏的主持下,又成立专职从事防火的火七隅(每隅102人)。同年,又增一隅。这说明,当时的火场发展快

---

1 宋会要辑稿·食货六一·居养院养济院漏泽园等杂录。

2 (宋)谢深甫,庆元条法事类·卷77·服制门·丧葬。

3 (宋)撰者不详,两朝纲目备要·卷4,四库全书本。

4 宋史·刘宰传。

5 宋会要辑稿·瑞异二·火灾。

速,及早发现火情显得非常重要,于是防隅军不得不就近派驻,以便于及时发现火情,这标志着南宋的消防革命。创作于元末明初的《西湖清趣图》中记录了杭州西湖四周的望火楼。

图50 《西湖清趣图》(局部),藏于美国弗利尔美术馆

另外,南宋的法典《庆元条法事类》(1202年出版)对民间救火作了相关的规定:"诸州县镇寨城内的居民,每十家结为一甲(十甲制),选一家为甲头。将各户的户主名录于一牌,盖章或画押后交由甲头保管。火灾发生时,每家出一人参与救火,由甲头召集,火灭之后,再按牌点名,检查是否有人失职未来。同时由官方购置防火器具,监督乡里救火"[1]。此外,嘉定年间(1208~1224),温州民居失火,郡官"率官兵并厢界义社前往救扑",可见温州也成立了潜火义社。这说明暖相气候有利于创办自发性的救火组织。

▶ 庆元条法事类

《庆元条法事类》(以下简称《事类》),南宋谢深甫监修。全书共80卷,附录2卷。所收为南宋建炎(1127起)初年至庆元(1195~1200)间的法律条文。地方救火的情况在《庆元条法事类》中都有记载。宋代邻保之间有救火的义务。通常是诸州县镇寨的居民每十家结为一甲,选一家为甲头。将各户的户主名录于一牌,盖

---

1 庆元条法事类·卷80·失火。

章或画押后交由甲头保管。火灾发生时，由甲头召集，每家出一人参与救火。火灭之后，再按牌点名，检查是否有人失职不来。如果该到而不到，当事人及相关负责人都要受到惩罚。

▶ 开禧北伐

开禧二年（1206），韩侂胄锐意武功，妄图建功立业，在准备不足的情况下贸然北伐。宋军分多路北进，在宿州、寿州、唐州、蔡州接连失败。金军趁势南下，四川宣抚副使吴曦投降金国，受封蜀王。韩侂胄不堪压力，遣使求和。次年，南宋平蜀中之乱，韩侂胄欲再用兵，被杨皇后联合史弥远设伏擒杀。开禧北伐以失败而告终。几乎与此同时，西夏李安全发动政变，废桓宗李纯祐，进帝位，史称襄宗。蒙古铁木真击败乃蛮部落，在斡难河称帝，自号成吉思汗，蒙古国建立。

▶ 金界壕

在游牧文明蒙古与渔猎文明女真之间，也存在文明的冲突，结果导致女真人建设长城金界壕。

第一次建长城，金熙宗年间（1136～1148），"泰州（今吉林省白城市东南）婆卢火浚界壕"[1]。

第二次建长城，大定五年（1165）正月……乙卯，诏泰州，临潢接境设边堡七十，驻兵万三千。[2]

第三次建长城，大定二十一年（1181），四月……增筑泰州，临潢府等路边堡及屋宇。[3]

第四次建长城，明昌间（1190～1195），有司建议，自西南、西北路，沿临潢达泰州，开筑壕堑以备大兵，役者三万人，连年未就。御史台言："所开旋为风沙所平，无益于御侮，而徒劳民。"……后丞相襄师还，卒为开筑，民甚苦之。丞相完颜襄请用步卒穿壕筑障，起临潢左界北京路以为阻塞。……襄亲督视之，军民并役，又募饥民以佣即事，五旬而毕。[4]

1　金史·卷24。
2　金史·卷6世宗本纪。
3　金史·卷8世宗本纪。
4　金史·卷95完颜襄传。

第五次建长城,金承安三年(1198),大定年间修筑西北屯戍,西自坦舌,东至胡烈么,几六百里,中间堡障,工役促迫,虽有墙隍,无女墙副堤。思忠增缮用工七十五万,只用屯戍军卒,役不及民。[1]金承安四年(1199),仆散揆沿微筑垒穿堑,连亘九百里,营栅相望,烽候相应,人得恣田牧,北边遂宁[2]。

第六次修长城。泰和三年(1203),蒙古边衅又起,金廷以尚书右丞相宗浩行省泰州主持修筑东北路界壕。据记载,"初,朝廷置东北路招讨司泰州,去境三百里,每敌入,比出兵追袭,敌已遁去。至是,宗浩奏徙之金山,以据要害,设副招讨二员,分置左右,由是敌不敢犯"[3]。宗浩奏请徙置东北路招讨司于金山,治所在今黑龙江西部泰来县塔子城。这次修筑界壕地区主要为东北路。九月,宗浩还朝,行省罢。

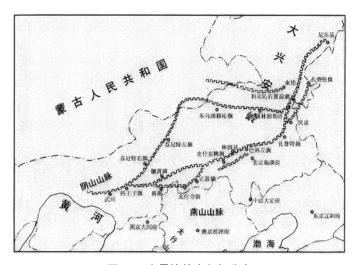

图 51　金界壕的走向与分布

金界壕相当于是金代长城,是渔猎文明为了应对游牧文明的崛起而采取的防范性措施,前后耗时约 67 年,仍然无法阻止蒙古人的崛起,说明气候脉动对环境和社会的影响势不可挡。金界壕的修建地点,缺乏地形的帮助,只能在平原挖壕沟,来补偿地势的不足。这也是罗马在英国平地造长城的典型作法,体现出地形的限制。

1　金史·卷 93 独吉思忠传。

2　金史·卷 93 仆散揆传。

3　金史·卷 93·宗浩传。

▶ 以蛮治蛮

宁宗嘉泰三年（1203），湖南安抚（宋于诸路置安抚司，以朝臣充使，掌一路兵民之事）赵彦励奏，"湖南九郡皆接溪峒，蛮僚叛服不常，深为边患……臣以为宜择智勇为瑶人所信服者，立为酋长。"帝交朝议，诸臣认为"以蛮治蛮，策之上也。帝从之"[1]。显然当时的暖相气候有利于地方自治，因此可以认为，"以蛮治蛮"或"改流设土"的政策是暖相气候推动的结果，给后世创造了一种"冷相改土归流，暖相改流设土"的南方政治危机应对模式。

▶ 时代之歌

对于那个温暖时代，陆游留下了一首《游山西村》："莫笑农家腊酒浑，丰年留客足鸡豚。山重水复疑无路，柳暗花明又一村。箫鼓追随春社近，衣冠简朴古风存。从今若许闲乘月，拄杖无时夜叩门。"陆游一生官场沉浮，多次被人排挤，其内心不平，郁愤极深。而这首《游山西村》便是他在官场遭到弹劾，1190 年辞官回乡之后所作，代表着当时的丰收预期。

"丰年留客足鸡豚"，是暖相气候带来的丰收，干旱令"围湖造田"普及。经济危机，让女真政府考虑在北方种茶。然而，暖相气候推动游牧文明的崛起，让对领土格外敏感的渔猎文明建起预防性的"金界壕"。在黄河南流的环境危机下，女真政府手忙脚乱，放松对纸钞的管制，渐渐失去了应对环境危机的金融能力。

公元 1230 年：江山王气空千劫

▶ 气候危机

金朝正大四年（1227）八月癸亥，"是日，风霜损禾皆尽"；天兴元年（1232）五月辛卯，"大寒如冬"。

著名道士丘处机曾住在北京长春宫数年，于公元 1224 年寒食节作《春游》诗云："清明时节杏花开，万户千门日往来。"可知那时北京物候正与北京今日（1960

1 宋史·卷494。

年代)相同,都是冷相气候的。

▶ 推广小麦

著名理学家真德秀知潭州(长沙)时(1222～1225),在潭州推广种麦。史载,"昔潭州亦不种麦,自真相公(真德秀)做安抚,劝令种麦,百姓遂享其利"[1]。长沙从汉代贾谊的时代起,一直是温暖潮湿的地方,不利于小麦的种植。显然当时的冷相气候,有利于小麦的推广。

▶ 修复李渠

李渠的第4/5/6次修复,分别是"淳熙四年(1177)州守张杓教民导渠千五百余丈,市中古有义井,为豪民,湮塞亦皆浚治,而揭其名,州人孟浩为之记。十年(1183)州守曹训命工加浚并刊图经所载李渠事龛于疏泉亭壁,历久愈湮。宝庆三年(1227)直华文阁曹叔遂知州事亟议修复"[2],结果"诸灾不作。袁人称庆,刻李渠志"[3]。这三次都有气候变冷的贡献。对这些修复事件,当时人们的看法或动机大多离不开防火的需要,因此李渠是作为市政防火水源而得到不断的修复。

▶ 袁甫火政

绍熙间,知徽州(今安徽省歙县)事袁甫(1218～1230年之间知徽州)奏便民五事状曰:"本州从来多有火灾,虽间出于意虑之所不及,然由人事有所未尽……惟是依山为郡,号为产木之乡,未闻邃宇高堂,尽是竹篱茅舍,融风一扇,煨尽无余。虽屡罹灾,莫知改辙。臣曲加晓譬,幸其乐从。然虑贫弱之徒,不堪营造之贵,官给钱本,鸠集陶工;开其借贷之门,宽其责赏之限。今则栋甍相接,气象一新。似可弭患于未形,岂徒救灾于已著。"[4]袁甫的做法也符合当时的冷相气候危机。

▶ 盐法改革

《元史·食货志》盐法部分开宗明义提出,元太宗二年(1230)"始行盐法,每盐

1　(宋)真德秀,真文忠公集·长沙劝耕。
2　钦定四库全书·江西通志·卷15·水利2·袁州府。
3　钦定四库全书·江西通志·卷15·水利2·袁州府·(曹叔远)修复李渠志。
4　(明)杨士奇等纂,历代名臣奏议·卷109,《四库全书》本。

一引重四百斤"。这一年由耶律楚材推动设立了"十路征收课税所"。文献记载,当时有蒙古人提出"汉人无补于国,不若尽去之以为牧地",耶律楚材表示:"均定中原地税、商税、盐、酒、铁冶、山泽之利,岁可得银五十万两、帛八万匹、粟四十余万石。"在利益面前,窝阔台同意耶律楚材试行,于是"立燕京等十路征收课税使"。但要注意的是,这里提到的盐税,指的是州县官府直接向民众出售食盐的收入,与后来盐引制度下盐运司通商卖引办课并不一样。

▶ 纸钞危机

由于纸币没有控制发行量和金额的限制,因此其名称多次更改,以避免名义上的贬值(说明这是应对乙类钱荒的措施)。1215年更名为贞祐宝券,1217年更名为贞祐通宝,1221年改名为兴定宝泉,1222年改名为元光珍货,1233年改名为天兴宝会,几个月后金朝灭亡。金朝灭亡是金融政策失败的结果,也是气候恶化、支出增加带来的结果[1]。由于女真政权缺乏足够的环境危机的弹性,只能靠超量发行纸钞(通货膨胀)来应对气候危机。女真金国的灭亡是气候危机社会响应失败的结果,金融(纸钞)政策的失误也是主要原因之一。

▶ 避寒迁都

在低温的刺激下(以及诱发蒙古入侵),公元1124年,金建设上京会宁府;1153年,金迁都燕京(北京);1214年,金迁都南京(开封);1234年,金迁都蔡州,并灭亡。几种文明(生产方式)中,只有渔猎文明有迁都避难的传统,所以在每次迁都背后,我们经常会发现气候变化的线索,如30年在会宁,60年在燕京。或者说,只有渔猎文明经常会做气候移民,人类征服世界,主要是靠渔猎部落的气候移民来实现的。

▶ 女真败亡

在冷相气候的逼迫下,女真文明的金融政策失控,高度通货膨胀让经济停滞,在这种危机下,蒙古发动了灭亡女真的战争。绍定二年(1229),铁木真之子窝阔台继承汗位,史称太宗,开启了新一轮对女真的报复性攻击行动。绍定三年

1 葛全胜,中国历朝气候变化 [M],科学出版社,2011,第443页。

（1230），金将完颜陈和尚以少胜多，击败蒙古军，庆阳之围解除。金蒙交战以来，首次取得胜利，完颜陈和尚一战成名。李全率兵南下攻宋被击败，死于乱军之中，忠义军就此败亡。绍定四年（1231），蒙古依照中原之法改革官制，设立中书省，以耶律楚材为中书令。拖雷意图借道伐金，南宋斩其来使，激怒蒙古。蒙古在川陕一带大肆劫掠，以作报复。绍定五年（1232），蒙古将领速不台进攻汴京，金国率大军驰援中计。蒙古军趁机在三峰山围剿金军，金军大败，完颜陈和尚死于此役。自此金国主力被歼灭，无力对抗蒙古军。蒙古军围汴京。绍定六年（1233），金哀宗出城夺粮被蒙古军击溃，先逃归德后逃蔡州。金国汴京守将崔立投降蒙古。蒙古邀请南宋合力灭金，许以黄河以南之地。宋将孟珙率军赴约，两军合围蔡州。绍定七年（1234），金哀宗禅位于完颜承麟后自杀。蔡州城破，完颜承麟战死，金国自此灭亡。

▶ 时代之歌

忽必烈的宰相耶律楚材创作一首《鹧鸪天·花界倾颓事已迁》："花界倾颓事已迁，浩歌遥望意茫然。江山王气空千劫，桃李春风又一年。横翠巘，架寒烟，野花平碧怨啼鹃。不知何限人间梦，并触沉思到酒边。"

上一轮气候变暖奠定了草原的人口基础，这一轮的气候危机，让草原文明开始扩张。周边的文明，面临游牧文明的扩张，无一不是"江山王气空千劫"，束手无策待征服。渔猎文明的"三板斧"，迁都、改革和纸钞都用尽了，免不了败亡。

公元 1260 年：山河破碎风飘絮

▶ 气候危机

元（1231～1260 年）是中世纪中国东部地区过去 2000 年最暖时段之一，冬半年平均气温较今高 0.9℃，故当时北京"独醉园梅数年无花"，而"今岁特盛"。

不耐寒的温州蜜柑开始北移。宋景定年间（1260～1264）成书的《景定建康志》中，记载了在建康（今江苏南京）一带有"橘、橙、乳柑"等物产，而现代柑橘类水果在江苏境内仅产于太湖一带，南京附近已无种植。 同时，芸香科橙也北扩到了南阳盆地，以及太行山南麓黄河北岸的部分地区，如至元十年（1273）颁行的《农桑辑要》载:"橙,新添。西川、唐(今河南唐河)、邓(今河南邓县)多有栽种成就。怀州(河南沁阳)亦有,旧曰橙树。北地不见此种,若于附近地面仿学栽植,甚得济用",这说明当时气候变暖的趋势。

至元四年(1267),"印造怀孟等路司竹监竹引一万道,每道取工墨一钱,凡发卖皆给引"[1],河南焦作等地本来不适合竹林生长,只有暖相气候才能推动北方竹林经济的兴盛。

▶ 樵采危机

宋代最后一次樵采危机发生在淳祐九年(1249)春正月辛未,"诏以官田三百亩给表忠观,旌钱氏功德,仍禁樵采"[2]。这一轮樵采危机,没有发生寒潮,意味着这是手工业扩展,导致燃料供应不足的结果,因此是暖相气候下的典型社会响应。

▶ 花朝节

南宋末期(1251～1280)仲春十五为杭州的"花朝节"(平均日期相当于阳历的3月22日)。南宋文人吴自牧(生卒年不详)曾言:"仲春十五日为花朝节,浙间风俗以为春序正中,百花争放之时,最堪游赏,……最是包家山桃开浑如锦障,极为可爱"[3]。杭州今有两种桃树;一是山桃,平均盛花期是3月5日;二是毛桃,盛花期为3月25日。据宋人张约斋《赏心乐事》载:"二月仲春…餐霞轩看樱桃花杏花庄赏杏花。"可知,当时杭州赏杏花早于观桃花(杏花平均盛花期是3月21日),故沪杭等地出现"百花争放之时"当指杏花和毛桃盛花期,吴自牧所述南宋末杭州包家山的桃花应属毛桃。依此可推知,当时杭州毛桃盛花期比今提前了3天。

▶ 大都火巷

宝祐五年(1257),宋理宗召右本相兼枢密使程元凤商议消防治理事宜,"八月庚子(8月18日),帝曰:近有郁攸为灾,延燎颇多,居民殊可念。程元凤言:不能早救于微,及既炽,自难扑灭。帝曰:临安府所奏两城民屋须远二丈,此说可行"[4]。

---

1 (明)宋濂等,元史·志·卷47。
2 宋史·卷43理宗本纪。
3 梦粱录·卷1二月望。
4 续资治通鉴·宋纪175。

这一做法是否得到贯彻,文献缺乏足够的证据来证实。不过,1267年的元代大都建设过程中,增加了很多火巷,贯彻了1257年宋理宗批准确定的两丈宽防火间距,在北京古城区考古中得到证实。1964年至1974年,中国科学院考古研究所和北京市文物工作队,共同勘察了元大都的城垣、街道、河湖水系等遗迹。勘察发现,新城中轴线上的大街宽度为28米,其他主要街道宽度为25米,火巷宽约6米至7米(即符合二丈防火间距要求)。宋代一尺31.4厘米,一丈3.14米,两丈就是6.3米。也就是说,1267年之后的元代大都规划建设过程中贯彻了1257年宋理宗批准确定的两丈宽防火间距。

▶ 竺可桢之竹

竺可桢最早注意到竹林经济代表的气候波动,这也是他被人争议最大的地方。元初,黄河中下游地区沁阳、孟津,西安、凤翔等地的官竹园再度兴盛,司竹监一职被再度设置,"每岁令税课所官以时采斫"。其中,至元四年(1267),"印造怀、孟等路司竹监竹引万道,凡发卖皆给引";至元二十二年(1285),"罢司竹监,听民自卖输税。次年,又于卫州立竹课提举司,管理辉、怀、嵩、洛、京襄、益都、宿、蕲等处竹货交易";至元二十九年(1292),因"怀孟竹课,频年斫伐已损。课无所出,科民以输。宜罢其课,长养数年"[1],遂废除竹税,蓄养竹园。据此,竺可桢认为[2],竹是亚热带植物,由于华北变冷,竹子北方种植限制向南方漂移了3度左右,从而使广大地区不适合竹林生长,故竹木资源锐减乃至消失。据此,竺可桢得出的结论是14世纪全球变冷导致华北竹林消失。不过,牟重行并不认同这一观点[3],提出"竹类资源萎退实因采伐过度"的观点,来否认气候的变化。

显然,他们都没有意识到,影响竹林兴衰的气候变化周期,远远比他们认为的要小,其实只有60年(30年冷相,30年暖相)。如果你在不同的周期和相位,看到不同的竹林生长表现,以此来判断该世纪的暖相和冷相,当然是不妥的。竺可桢难题的本质是他的假设有缺陷,他假设气候是按照百年周期变化的,所以他总是根据一个世纪的某些采样点,就判断该世纪是否是冷相还是暖相,这样就因为采样点过疏,导致结论太过粗略。所以,拿元代竹林经济来证明气候的气候30年脉动性是非

---

1 元史·卷47·食货二。
2 竺可桢,中国五千年来气候变迁的初步研究,考古学报,1972年第1期。
3 牟重行,中国五千年气候变迁的再考证[M],气象出版社,1996年3月,第13页。

常合理的,但用来证明气候的百年稳定(不存在,这是竺可桢的错误假设),就很困难了。

▶ 货币危机

在淳祐八年(1247),南宋会子第17界和第18界会子永久发行(放弃收回,意味着当时发生暖相气候市场扩张引发的甲类钱荒),令经济陷入无法控制的通货膨胀。在1263年,陈尧道提议用纸钞赎回多余的私人土地,以缓解当时的通货膨胀。次年,贾似道发行了见钱关子以取代会子。然而,会子的贬值一直持续到公元1279年王朝结束。

公元1260年,忽必烈上台后,他以丝绸和白银(或银本位)为基础发行了丝钞和中统元宝宝钞。每个省都建立了货币银行(钞库),有足够的白银储备来备用。人

图52　元代的中统元宝宝钞

们可以用冶炼费赎回白银。如果市场上有太多的纸币,则直接支付白银以换回纸钞。这样,中国就拥有了第一种不可赎回的纸币作为法定货币。元代发行中统钞的时候,采用银本位制度,在各省设立钞库,有十足的银准备,虽然没有铸造银币,但准许人民兑现,每两只收工墨费三分,而且如果市面钞票太多,马上抛银收回。这才是真正的不兑现的纸币,并且以他为法偿币。暖相气候市场扩展,需要纸钞的流动性,而不是通货膨胀。

▶ 盐法改革

忽必烈即位后,再次设立十路宣抚司作为中央派出机构,并"诏谕十路宣抚司并管民官定盐酒税课等法",课税所也被纳入宣抚司管辖之下。元中统二年(1261),河间改立"宣抚司提领沧清深盐使所"。中统四年(1263),又改沧清深盐提领所为转运司。这就使盐务管理职能脱离了旧课税所,这是元朝首次系统性地设立"盐转运司",初步形成了盐课由盐运司专管、其他酒醋商税等归路总管府管领的体制。

▶ 全面行省制

元朝建立之后,在全国建立了 10 个行省,改变了唐宋以来的道路制。从此之后,行省制经过不断的演变,成为了今天的省制,也就是说省制在中国延续了 700 多年。为什么元朝的行省制会获得成功呢?

中国历朝历代都难以解决地方区划的基本矛盾,也就是集权和效率的矛盾。为了应对外敌和镇压农民起义,朝廷会向地方下放权力,使得地方割据势力坐大,导致国家崩溃,东汉、唐朝就是如此分崩离析的。当集权过度,那么地方的行政积极性就降低,行政效率大下降,中央政府的平叛支出增加。与此同时,地方官员的数量会大量增加,地方官僚机构冗杂,使得国家财政负担加重。集权过度也会导致地方应对外患的能力下降,难以抵御周边民族的侵扰。北宋就是集权过度的一个例子。第三种情况,面对民族形势的复杂性,有必要建立两套管理班子,使用两个政府分别管理,如辽国。这三种模式都不适合管理一个庞大的复杂的帝国。

因此,如何在保障中央集权的条件下提高行政效率成为了一个棘手的问题。而从渔猎文明而来的女真金国却给农耕文明提供了一种兼容各管理族的新思路。金国灭北宋之初,在燕京设置了行台尚书省,作为尚书省的分支机构。行台尚书省由尚书省派出,在地方拥有较大的军政自主权,有利于政府对地方的集中控制和分散应对。也就是说,地方官员是空降的,但代表中央和地方共同行使权利,兼顾了中央的权威性和地方的灵活性。海陵王迁都燕京后,行台尚书省被废除,但是这种模式却在历史上不断恢复,对中国形成多民族的统一国家带来深远的贡献和影响。中国之外的各种帝国和文明,大多不能持久,就是在集权和自治之间没有把握好平衡,没有足够的弹性来应对气候危机。从某种程度上说,小冰河期中国的落后局面,是行省制太强大的结果,因为怎么折腾都不倒,缓解了内部改革的动力和需求。

▶ 改流设土

元王朝建立之初,适逢暖相气候,国土的急剧扩张,导致"勤远略,疏内治",将宋王朝对西南少数民族设立的羁縻州制度,改为设置土司区域自治政治制度,"树其酋长,使自治镇抚"。至元四年(1267),"春正月乙酉,军民官各从统军司及宣慰司选举"[1]。这又是暖相气候推动的"改流设土",代表着元代土官的选举承袭并纳入国家刑法管理的思路基本形成。元政府推行的是行省制,土司制度作为行省制的补充而产生。暖相气候,民情复杂,以蛮治蛮,是成本最小的选择。

▶ 蒙古分裂

公元1260年,忽必烈打败竞争者(同父同母弟)阿里不哥,夺得汗位。但蒙古帝国作为一个整体开始分裂,分成四大汗国:钦察汗国、伊尔汗国、窝阔台汗国、察合台汗国等。暖相气候有助于各蒙古占领区的王侯们裂土为王、独立称汗,符合"暖相分裂,冷相集中"的草原民族响应气候危机的一般规律。

▶ 消防革命

淳祐四年(1244),临安的消防队伍又进行了扩充,达到城外四隅,并成立熠火七队。这样防火看火的队伍达到12隅1224人,救火熠火的队伍达到7队2042人。另外,城外还继续征用军队干消防,又有3000人的队伍,这样杭州的消防队在鼎盛时期达到6266人,比较接近罗马消防队Vigiles鼎盛时期规模达到7000人的水平了。下表所示为临安城内各支消防队伍的成立时间、位置和职能,分工明确,管理细致,体现了南宋专业队伍的分工和水平。

表6 南宋消防队伍鼎盛时期的组成。

	名称	人数	时间	目的
火十二隅	东隅	102	嘉定四年(1211)	望火
	西隅	102	嘉定四年(1211)	望火
	南隅	102	嘉定四年(1211)	望火
	北隅	102	嘉定四年(1211)	望火
	上隅	102	嘉定四年(1211)	望火
	中隅	102	嘉定四年(1211)	望火
	下隅	102	嘉定四年(1211)	望火
	新隅	102	嘉定四年(1211)	望火
	府隅	102	嘉定十四(1221)	望火

1 元史·世祖二。

续表

	名称	人数	时间	目的
火十二隅	新南隅	102	淳祐四年(1244)	望火
	新北隅	102	淳祐四年(1244)	望火
	新上隅	102	淳祐九年(1249)	望火
熸火七队	帐前四队	350×4	开禧二年(1206)	熸火
	水军队	260	淳祐六年(1246)	熸火
	搭材队	180	淳祐六年(1246)	熸火
	亲兵队	202	淳祐六年(1246)	熸火
城南北厢火四隅	东壁	500		熸火
	西壁	500		熸火
	南壁	500		熸火
	北壁	300		熸火
城外四隅	东壁	300	淳祐四年(1244)	望火
	西壁	300	淳祐四年(1244)	望火
	南壁	300	淳祐四年(1244)	望火
	北壁	300	淳祐四年(1244)	望火
	总计	6266		

威尔士独立

公元 784 年，英格兰七国之一的麦西亚国王奥发（Offa）在英格兰和威尔士之间的海域筑堤，这个奥发堤是英国和爱尔兰之间第一个永久性的边界。

大概从公元 865 年开始，维京人渡海攻击不列颠岛，称霸东南地带，直到 878 年方被英格兰南部威塞克斯王国的阿尔弗雷德大王打败，订立了和约。

公元 924 年，长者爱德华去世后，继承者艾塞斯坦灭亡了位于约克的维京人王国。公元 927 年 7 月 12 日，苏格兰国王和格温内斯国王等出席会议，都表示追随艾塞斯坦。

公元 1066 年，诺曼底公爵威廉一世征服英格兰，建立诺曼底王朝。他援引艾塞斯坦的史事降伏威尔士诸侯，这以后，威尔士诸侯长久附庸英格兰国王。

1136 年 10 月，威尔士王公欧文·格温内德在卡迪根之战中率领 9000 威尔士军队迎击罗伯特·菲茨率领的一万诺曼王朝入侵军队，获得胜利，杀死了 3000 敌军。

1258 年，威尔士公国正式成立。

1277 年，亨利三世的后继者爱德华一世动兵攻打威尔士，至 1284 年征服全境，同年颁行"威尔士法"。

1400 年 9 月 16 日，波厄斯亲王欧文·格兰道尔不满英格兰国王亨利四世的统治，公开叛乱，1404 年自封威尔士亲王。这是历史上最后一位持有威尔士亲王头衔的威尔士人。1412 年，他被英格兰军队打败并失踪，这一事件导致英格兰加强了对威尔士的直接管理。

公元 1536 年，第一个《联合法案》在英格兰和威尔士通过，两国彻底走向联合。

▶ 第三次西征

旭烈兀（1217～1265 年），成吉思汗之孙、拖雷之子、忽必烈、蒙哥和阿里不哥的兄弟，四人同为拖雷正妻唆鲁禾贴尼所生，旭烈兀是伊利汗国的建立者，西南亚的征服者。公元 1258 年 2 月 10 日，旭烈兀占领阿拉伯帝国首都巴格达，哈里发王朝结束。747 年，奴隶出身的阿布·穆斯林（750～754 在位）领导呼罗珊人民举行起义，于 750 年推翻了倭马亚王朝的近 90 年统治，建立了阿拔斯王朝（750～1258），定都库法。762 年迁新都巴格达。直至 1258 年被旭烈兀率蒙古大军所灭为止，已传 36 代，历经 508 年（一个完整的文明周期）。

▶ 时代之歌

祥兴元年（1278），文天祥在广东海丰北五坡岭兵败被俘，押到船上，随后又被押解至崖山，张弘范逼迫他写信招降固守崖山的张世杰、陆秀夫等人，文天祥不从，作《过零丁洋》以明志："辛苦遭逢起一经，干戈寥落四周星。山河破碎风飘絮，身世浮沉雨打萍。惶恐滩头说惶恐，零丁洋里叹零丁。人生自古谁无死，留取丹心照汗青。"

面临暖相气候危机，庞大的蒙古政权分裂了，却让兼并农耕文明的元政府更有实力从事国家统一的征服工作。对南方政权而言，不过是"山河破碎风飘絮"，发生另一次"司马迁陷阱"（见第 567 节）而已。蒙古政权对竹林经济的征税，体现了游牧文明对商业经济的关注，也决定了游牧文明在环境危机面前缺乏有效弹性的管理能力。

第三章
小冰河期的剧变

公元 1290 年：万乘龙骧一叶轻

▶ 气候特征

1287 年 6 月 18 日，意大利的埃特纳火山再一次爆发，促成了另一波寒流和气候变冷。

由于气候持续变冷，至元二十二年（1285），"罢司竹监，听民自卖输税。明年，……于卫州立竹课提举司，凡辉、怀、嵩、洛、京襄、益都、宿蕲等处竹货皆隶焉"[1]。至元二十九年（1292），因"怀孟竹课，频年斫伐已损。课无所出，科民以输。宜罢其课，长养数年"。

根据当时的郭松年记录，至元十七至二十五年（1280～1288）大理点苍山积雪四时不消[2]。在黄河以北地区，由于气候转冷，冬季风活动时间延长，春秋两季里农作物受害的概率大增。至元二十四年（1287），北边发生大风雪。

---

1 元史·卷94。
2 郭松年，大理行记，撰于元至元十七年（1280）赴大理上任途中。

至元二十六年（1289），元政府还专门在浙东和江南、江东、湖广、福建等地设置"木棉提举司"，提倡人力种植棉花，并把征收木棉列入国家的正式税收计划，按时向民征取。棉花的种植与推广，改变了中国穿着麻衣的历史，并为纺织业的大规模发展奠定了基础。

至大元年（1308）闰十一月，书法家郭畀（bì）（1301～1355）从无锡出发，适逢运河因酷寒而冻结，他在日记中写道"闰十一月十九日。早发无锡，舟过毗陵，东北风大作，极冷不可言"，不得不离船上岸。

此外，14世纪初多次发生雪灾。1301年称海至北境的十二站驿道大雪，1305年乞禄伦地区的大雪，另有1314年春铁里干站的风雪沙土之灾和1316年冬天的风雪之灾。

公元1285年发生黄河泛滥之后，全球气温都显著下降，该年是欧洲小冰河期的主要起点之一。

▶ 火灾危机

公元1286年，马可波罗到访杭州（行在）的时候[1]，气候已经转冷，所以马可波罗看到的防火措施主要是禁火、停水、和遮阴哨所，这三样都是冷相气候下社区的应对措施，所以当时的气候应当是冷相。大约同时，皖南旌德县尹王桢研究《法制长生屋》，影响了中国民间建筑近700年。而他在1295年写作记录该说明文的目的，不过是防火（典型冷相火灾应对措施），而不是防蔓延（典型暖相火灾应对措施），所以当时的气候是冷相。从马可波罗和王桢两者眼中的防火措施，可以看出当时的火灾危机比较严重。

另一方面，马可波罗看到的消防队伍很快消亡，是因为"元至元间杭州尚有火禁。高彦敬（字克恭）为江浙行省郎中（1292），知杭民藉手业以供衣食，禁火则小民屋狭夜作，燃灯必遮藏隐蔽而为之，是以数至火患，遂弛其禁。杭民赖是以安，与廉叔度除成都火禁一意也"[2]。这是宋代公共消防衰落的转折点。由于气候变冷，环境恶化，再强调禁火，就会导致偷偷点灯，增加了失火的概率，这种"因禁火而失火"的困境，是导致放松火禁的原因。其附带的效果，是放弃了中世纪相当高效的

1 （法）谢和奈，蒙元入侵前夜的中国日常生活 [M]，北京大学出版社，2008.12。
2 浙江通志·卷280。

消防制度。等1341年和1342年的杭州再次发生大火之时,该城已经是对火灾不设防的城市了。杨维桢在著名的《江浙廉访司弥灾记》中,完全没有消防队伍的贡献。

作为中国历史上独一无二的消防制度,军巡铺大约存在了180年(1021～1206),防隅军大约存在了90年(1206～1292),这是宋代商品经济高度发达(燃料多)、职业化终身服役兵制(人力成本低)、气候多变(火灾高发)、消防技术不足(缺乏射水技术)的共同作用结果,也是宋代城市化革命带来的必然结果,只有通过气候脉动理论才能够完全解读。

▶ 纸钞改革

自从1285年黄河水灾以来,气候逐渐恶化,带来了环境和经济危机。为了应对经济危机,一种新的货币形式至元钞在1287年发行,与中统钞并行[1]。这项改革是对气候变冷、灾情增加的一种应对措施。下图是元代的中通钞和至元钞。

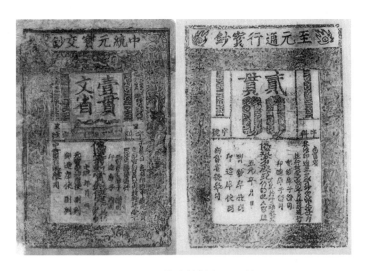

图53 元代中统钞与至元钞

在1294年,波斯伊尔汗国的凯哈图汗(即Ilkhanate的Kaikhatu Khan,或称乞合都)试图将纸币引入波斯,也称为钞[2],全国各省都设有钞库。当时的人们不接

---

1 葛全胜, 中国历朝气候变化[M], 科学出版社, 2011, 第444页。
2 彭信威, 中国货币史[M], 上海人民出版社, 1958, 第384页。

受这个先进的概念。因此,纸币被当地商人一致反对和抵制,因为他们认为纸币毫无价值,这导致了生意停滞,市场交易中断,最后纸钞被废除,货币改革失败了。当时的冷相气候特征和缺乏足够的市场需求导致中亚社会拒绝了这种金融创新。成功的纸钞改革一定发生在暖相气候节点,一定是为了解决甲类(市场)货币危机,而不是乙类(政府)货币危机。后者一定会让政府过度发行纸钞,带来不可避免的通货膨胀。

另外,日本在足利将军时代,即十三世纪末,也曾发行过钞票,并在 1319 年停发 [1],大约发行了 30 年。

▶ 盐法调整

至元十九年(1282)阿合马被杀,盐运司经历了大幅调整。朝廷"议罢诸路盐转运,户部发引收课",撤销了大都、河间和山东三处盐运司,"设户部尚书、员外郎各一员,别给印,令于大都置局卖引";同年四月,又"议设盐使司卖盐引法"。但改革的效果大概都不好,所以在十九年十二月"罢解盐司及诸盐司,令运司官亲行调度盐引"。至元二十二年(1285),卢世荣掌管财政权,"复立河间等路都转运盐使司",重新回到了至元十四年(1277)的盐运司体制。

在南方,灭宋之初曾经短暂沿用南宋制度。如至元十三年(1276),两淮"提举马里范张依宋旧例办课,每引重三百斤"。但第二年就设立盐运司,引入华北制度,"每引改为四百斤"。此后又陆续把华北的盐政制度推行到整个南宋旧境。至元二十四年(1287),户部设立"印造盐茶等引局",专职印造盐引。至元二十九年(1292),设"置盐运司,专掌盐课,其余课税归有司"。至此,元代由户部集中管理、盐运司分区发卖的盐引制度才最终定型。

▶ 棉花革命

至元二十六年(1289),元政府还专门在浙东和江南、江东、湖广、福建等地设置"木棉提举司",提倡人力种植棉花,并把征收木棉列入国家的正式税收计划,按时向民征取。棉花的种植与推广,改变了中国穿着麻衣的历史,并为纺织业的大规模发展奠定了基础。据载:"夫木棉产自海南,诸种艺制作之法,骎骎北来,江淮川蜀,既

1 彭信威,中国货币史 [M],上海人民出版社,1958,第 384 页。

获其利。至南北混一之后,商贩于北,服被渐广,名曰吉布,又曰绵布"[1]。

▶ 黄道婆

上海曾流传着这样一首童谣:"黄婆婆,黄婆婆,教我纱,教我布,二只筒子,两匹布。"这里说的"黄婆婆",就是历史上的黄道婆。黄道婆又名黄婆、黄母,据王逢在《梧溪集·黄道婆祠并序》中的记载,她是松江府乌泥泾人(今上海华泾镇),幼时为童养媳,因不堪虐待而流落崖州(今海南三亚崖州区)。大约在元朝元贞年间(1295～1297),黄道婆得海船返程的便利而重新回到松江乌泥泾。

黄道婆引进的技术,一是脱籽技术;二是蓬松技术。因为棉花本来就是短纤维,还特别蜷曲,所以要进行蓬松。当时,这两项技术内地的人都没有掌握,制作出的棉线、棉布都很粗糙,所以棉花纺织很难与技术相对成熟的丝麻技术相抗衡,致使这一保暖性能强,又低廉多产的材料不能为平民所用。在她的努力下,乌泥泾出产的被褥织物十分畅销,"乌泥泾被"的名气不胫而走。之后,附近地区也都竞相仿效,松江一带逐渐成为全国的棉织业中心,历经数百年而不衰。

中国科技史上女性留名者只有 2 人,发明养蚕业的嫘祖和引入改进棉花纺织术的黄道婆,都是在纺织问题上取得突破。可以说,黄道婆是棉花纺织技术的传播人和总结者,因为她身逢小冰河期的起点,手握解决危机的钥匙。通过她带来的棉纺织技术,本质上是为王祯《农书》中的水轮技术找到应用场景,并为英国的工业革命奠定了利用水能的技术基础。

▶ 程棨本《耕织图》

程棨是南宋文简程公之曾孙,"文简程公"是南宋重臣程大昌(1123～1195),徽州休宁会里人,《宋史》有传。此外,程棨与赵孟頫(1254～1322)交往很多,说明他是赵孟頫的同时代人。程棨本《蚕织图》虽然也是对刘松年本的临摹,这有后落"松年笔"款可证,但绘时加留了空白,用小篆题书了楼璹诗。程棨《耕织图》曾被乾隆藏于贵织山堂,又刻石存置于多稼轩,后该本被窃,现藏于美国华盛顿的佛利尔美术馆(Freer Gallery of Art)。程棨本《耕织图》应该诞生在 1290 年前后,当时的气候危机最严重,不仅需要木棉提举司(1292 年创办),也需要推广《耕织图》背后的耕织技术。

---

1 (元)王祯,王祯农书卷 25·农器图谱·木棉序。

图 54　程棨摹楼璹本《耕织图》,藏于美国弗利尔美术馆

▶《农桑辑要》

《农桑辑要》是元朝司农司撰写的一部农业科学著作。中国元代初年司农司编纂的综合性农书,成书于至元十年(1273)。其时元已灭金,尚未并宋。正值黄河流域多年战乱、生产凋敝之际,此书编成后颁发各地作为指导农业生产之用。孟祺、畅师文、苗好谦等参加编写及修订补充。选辑古代至元初农书的有关内容,对 13 世纪以前的农耕技术经验加以系统总结研究。全书 7 卷,包括典训、耕垦、播种、栽桑、养蚕、瓜菜、果实、竹木、药草、孳畜等 10 部分,分别叙述我国古代有关农业的传统习惯和重农言论,以及各种作物的栽培,家畜、家禽的饲养等技术。这一元政府推动的、由元代主管农桑和水利的司农司编撰的项目,大约在至元二十三年(1286)刊刻并颁发给各行中书省的"劝农官",开始推行和普及,显然是为了响应当时的气候危机。

▶《王祯农书》

王祯《农书》中的水转大纺车技术,水转大纺车在"中原麻苎之乡,凡临流处多置之"。该技术曾经是英国纺织技术(珍妮纺纱机)的源头[1],来源于五代时期的水磨技术,可是在中国就没有针对棉纺织业进行持续改进。

工业革命的本质是机械化,利用外部能源,而不是仅仅是煤炭革命(蒸汽机技术)。虽然中欧都曾经经历小冰河期,可是欧洲就需要立足棉纺织业开发机械化技术,因此积极引进来自远东的技术。中国到 1808 年才开始重视棉花和棉纺织业,这也是导致"中欧科技大分流"的重要原因之一。由于缺乏棉纺织平台的推动作

1　李伯重,楚才晋用:元代中国的水转大纺车与 18 世纪中期英国的阿克莱水力纺纱机,《历史研究》2002 年第 1 期。

用,没有对可放大技术(棉纺织技术)的可持续开发,是宋代就开始的工业革命无法持续下去、取得突破的关键性原因。也就是说,中国的环境危机不足以推动古代社会在棉纺织领域取得突破,因此工业革命不可能发生在中国,这是环境张力不足导致推广棉纺织技术不力的结果,是"天灾",不是"人祸"。

图 55 (元)王祯《农书》中的水转大纺车

▶ 法制长生屋

元代王祯在旌德县任县尹期间(1295～1300),倡建法制长生屋,即"先宜选用壮大材木,缔构既成,椽上铺板,板上传泥,泥上用法制油灰泥涂饰。待日曝干,坚如瓷石,可以代瓦。凡屋中内外材木露者,与夫门窗壁堵,通用法制灰泥圬墁之,务要匀厚固密,勿有罅隙。可免焚火火欣之患,名曰法制长生屋。是乃御于未然之前,诚为长策"[1]。王祯的做法,解决的是小冰河期到来之后,因气候变冷带来的火灾危机。由于安徽旌德经济比较发达,早已改用陶瓦,所以需要添加阻燃的措施,来提高建筑材料的防火效果,相当于提升了整体的防火性能。

▶ 远征东南亚

随着气候的恶化,元政府持续发生财政紧张局面。元代征收的农税比重低,商税也不如宋代,只好发动侵略战争来改善经济,于是有下列的扩张行为。

---

1 (元)王祯,王祯农书卷 26·农器图谱·法制长生屋。

至元二十二年（1285），元朝进攻安南，时逢大疫，元军无奈撤退。安南趁机派兵追杀，元军大败，将领李恒、唆都阵亡。元朝置东征行省，再次造船征兵，计划东征日本。

至元二十三年（1286），元将脱欢率军攻安南。脱欢在安南大胜，直取其都城，安南国王浮海避难。元至元二十五年（1288），脱欢从安南得胜还军，途中遭遇阻截，损失惨重。但安南国王知道惹不起元朝，就派使节主动谢罪，也成了元朝的藩属国。

至元三十年（1293），500艘战舰载着2万名元军，从泉州出发，第二年在爪哇登陆。结果被人家用诈降的计策，骗元军帮着灭了邻国，然后发动奇袭击败元军。元军勉强撤回泉州，损失了3000多人。

▶ 清理佛教

大德三年（1299），元廷废置江南各路的释教总统所，清理依附寺院的佃户，获得五十多万民众纳为国家编户。国家军、徭不断，财政开支巨大，又累遭天灾，财政收入不足支出一半。释教都总统所是元代独创的一级地方性佛教事务管理机构，后世文献常称其为总统所。

▶ 京杭大运河

在科学家郭守敬的主持下，一些熟悉水利的官员进行了大范围的以海平面为基准的地形测量，论证了海河水系的卫河、黄河下游、淮河、泗水沟通的可能性，最后，证实跨越山东的京杭大运河的方案是可行的。在得到肯定的答案后，忽必烈下令，从至元十三年（1276）开始，征发大批民工，开凿京杭大运河的关键河段——今山东济宁至东平的一段，然后又向北延伸，与海河水系的卫河相通。至元二十八年（1291）到三十年（1293）三年间，在郭守敬的主持下，开通了今北京至通县的一段。至此，大运河南接江淮运河，航船可以跨越海河、黄河、淮河、长江和钱塘江五大水系，由杭州直抵北京，并在此后500年的时间里成为我国南北交通的大动脉。

▶ 时代之歌

《鲸背吟集》是元代诗人宋无创作于至元二十八年（1291）的一部航海诗集，共有诗33首，其创作因缘是宋无当年"乘桴浮海，观千艘之漕饷""受半载之奔波"的海运经历。元朝海运的主要航路有三条：第一条航路开辟于1282年，第二条与第三条分别开辟于1292年与1293年。《鲸背吟集》创作于1291年，故作者经历与描写的是第一条航路。《鲸背吟集》的《捺沙》一诗写道:"万乘龙骧一叶轻,逆风寸步不能行。如今阁在沙滩上,野渡无人舟自横",更是体现出了江苏岸段易搁浅的特点,因为中世纪黄河夺淮入海,带来了大量的泥沙。

值得一提的是,"道光开海"发生在1825年,也是靠近冷相气候节点。也就是说,冷相气候造成的降水危机(导致大运河无法使用),是推动海运发展的重要原因和外部推手。

"万乘龙骧一叶轻",背后是因为黄河水患,大运河危机。中国只有在冷相气候周期才会想到海外的通货。对游牧文明而言,海外不仅有商业,还有征服带来的额外收益。然而,这一节点发动的入侵,都失败了。这一节点让黄道婆引入棉花技术,产生棉花革命。然而历史上对麻纺织品的路径依赖性,导致全社会对棉花的关注,要等到嘉庆帝在1808年发行《棉花图》才重视,关键的原因还是中国的市场狭窄,只有地方市场,缺乏足够的市场需求,没有很大的动力去改进黄道婆带来的技术。

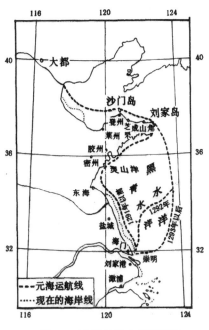

图 56　元代的海上粮运路线

公元1320年: 伤心秦汉经行处

▶ 气候特征

大德五年(1301)以后的半个世纪,北方仅有2个暖冬记载,"皇庆元年(1312)冬无雪,诏祷岳渎。延祐元年(1314)大都、檀、蓟等州冬无雪,至春草木枯焦"[1]。这两个暖冬恰好位于暖相气候节点1320年附近,说明当时的回暖趋势是存在的,但整体暖化趋势不明显,更多的是寒潮的症状,因此一般认为欧洲的小冰河期从1285,或1300年开始,就是因为第一个暖相节点不够温暖。

1　(明)宋濂等,元史·卷50·志卷3。

至大元年（1308）闰十一月，书法家郭畀（1280～1335）从无锡出发，适逢运河因酷寒而冻结，他在日记中写道："闰十一月十九日（1309年1月1日），早发无锡，舟过毗陵，东北风大作，极冷不可言。晚宿新开河口，三更，舟篷淅淅声，乃知雪作也……二十日（1309年1月2日），苦寒，早发新开河，舟至奔牛堰下水，浅不可行，换船运米，至吕城东堰，方辨船上篙橹，皆坚冰也，舟人畏寒，强之使行，泊栅口……二十二日（1309年1月4日），晴，冰厚舟不可行，滞留不发。"[1]

在这两次大寒灾的侵扰下，岭北地区许多蒙古饥民带着存活的牛马南迁到长城一线为生，纷至的难民给政府的救济和安置带来了极大困难，以至泰定元年（1324），元政府不得不下令"仍禁毋擅离所部，违者斩"[2]，以抑制草原饥民的流动。

公元1328年、1329年连续出现两个极为严重的寒冬，1330年，再逢冷夏。因此，元人刘岳申记道："天历元年（1328）冬十二月，江西大雪，于是吾乡老者久不见三白，少者有生三十年未曾识者。明年（1329）大雪加冻，大江有绝流者，小江可步，又百岁老人所未曾见者。今年（至顺元年，即1330年）六月多雨，恒寒。虽百岁老人未之闻也。吾乡有岁一至大兴、开平者，曰：'两年之雪，大兴所无；去年之冻，中州不啻过也。六月之寒则近开平矣。'有自五岭来者，皆云连岁多雪。"[3]

"岭南地素无冰"，然天历二年（1329）卜天璋（1250～1331）出任广东廉访使后，"始有冰，人谓天璋政化所致云"。1328～1330年，江西连续出现大雪，赣江干、支流封冻和夏季低温等罕见气候。其中，1328～1329年降雪的南界至少已达南岭，大雪属百年罕见；1329年冰冻的南界至少已达吉水县，大雪奇冻更是百年不见。天历二年（1329），"冬大雨雪，太湖冰厚数尺，人履冰上如平地，洞庭山柑橘冻死几尽"。1330年江西南部地区的夏季可能与北方坝上地区相当，为百岁未闻。

公元1329年的极冷事件，还导致"太湖冰厚数尺，人履冰上如平地，洞庭山柑橘冻死几尽"。元统二年（1334）杭州桃树的盛花期推迟到了清明节，十分罕见。

▶ 降水危机

至治元年（1321）以后，西北地区大旱及地区性旱灾接连不断，饥荒日益严重，如天历元年（1328）八月，"陕西大旱，人相食"。自泰定二年（1325）起，连续五年

---

1 （元）郭畀，云山日记·卷上。
2 元史·本纪卷29·泰定帝一。
3 （元）刘岳申，申斋集·卷2.

的大旱最终酿成了大饥荒,饥馑荐臻,饿殍枕藉","饥民相食,民有杀子啖母者",故史载:"陕西自泰定二年至是岁(1328)不雨,大饥,民相食。"[1] 天历二年(1329),"关中大旱,饥民相食"、"时斗米直十三缗"[2],七月,监察御史把的于思说:"陕西等处饥馑荐臻,饿殍枕藉,加以冬春之交,雪雨愆期,麦苗槁死,秋田未种,民庶遑遑,流移者众"[3]。这应该是元代西北地区爆发的最严重的自然灾害。这场特大旱灾造成的大灾荒,一直到至顺二年(1331)才趋于缓和。

▶ 市舶司改革

欧洲公认的小冰河期来临(1285～1300)之后,延祐元年(1314),"复立市舶提举司,仍禁人下蕃,官自发船贸易,回帆之日,细物十分抽二,粗物十五分抽二"[4]。也就是把抽分的比率增加了一倍,即精货抽十分之二,粗货抽十五分之二。对于入口的番舶,也进行同样的抽分和征税。同时,于江浙行省庆元、泉州二路及江西行省广州路各设市舶提举司,掌海外贸易查禁,课植等事,秩从五品,设提举、同提举、副提举各二员,知事一员。也就是说,就在突然变暖的1314年,元政府立即进行了市舶司改革,以便开发利用当时因气候变暖带来的海外贸易窗口。

▶《农桑图说》

由于气候变冷,据赵孟頫《农桑图序》所言:"延祐五年(1318)四月二十七日,上御嘉禧殿,集贤大学士臣邦宁、大司徒臣源进呈《农桑图》。"元代的《农桑图》即《耕织图》,当时是赵孟頫的诗与杨叔谦的画一起进呈。元仁宗看后大加赞赏,又命赵孟頫写下了《农桑图序》一文。同年,司农司苗好谦编写《栽桑图说》,将元初李声临摹的楼璹《耕织图》一同编为《农桑图说》,印发给百姓。说明当时的气候危机产生了两个版本的耕织图,一本向上传入宫廷,一本向下传向民间。

▶ 瑶族起义

元泰定二年(1325),广西发生瑶族起义,攻陷柳城,平南县达鲁花赤图坚被杀。

---

1 元史·卷32·文宗本纪。
2 元史·卷175·张养浩传。
3 元史·卷31·明宗本纪。
4 (明)宋濂等,元史·卷94·志第43·食货二·市舶。

元至顺二年（1331），广西瑶族人民起义渐渐消止。

▶ 欧洲大饥荒

　　1315 年的夏天，英格兰、爱尔兰突遭暴雨袭击，各地出现了大洪水，大量的土地、建筑等被冲走，爱尔兰是受灾最为严重的地区之一。1315 年的秋天，因为日照不足，农业是颗粒无收的，而这只是噩梦的开始。粮食没有了，人们没有吃的，而仅有的粮食已经不够分了，粮食的价格变成天价，别说是平民百姓要饿死，连王公贵族在天灾面前都逃不脱死亡的威胁。雪上加霜的是，由于公元 1000 年之后的中世纪温暖期增加了阳光输入，提高农业生产力，让欧洲增加了很多新人口，人多粮少，加剧了这场饥荒的悲剧程度。

　　1316 年 5 月暴雨渐渐停息，可是灾难却没有马上结束。饥荒仍在继续，疾病也依旧在蔓延，据有关专家统计，欧洲这场大饥荒造成 10% 到 25% 的人口死亡，但活着的人也没有都幸免于难，因为长期的饥饿造成的多种疾病，使得人的抵抗力日益下降，依旧影响了以后的生活。各国都在极力挽救灾难所造成的危害，英国国王去意大利寻找卖粮的商人，接济自己的人民，并为商人提供种种庇护，可是情况依旧严峻，粮食价格依然不降。这场饥荒甚至引起人口的迁移，德国直到 1318 年才逐渐摆脱饥荒的阴影，波兰和爱尔兰则更晚一年。

▶ 波兰统一

　　1320 年 1 月 20 日，瓦迪斯瓦夫一世在克拉科夫加冕成为波兰国王，波兰重新统一。瓦迪斯瓦夫一世（矮子）是波兰恢复王国地位后的第一位国王（1320～1333 年在位）。在此之前，他的封号是库亚维公爵（1275～1305）和波兰大公（瓦迪斯瓦夫五世，1296 年起）。他是库亚维亚公爵卡齐米日一世之子。在他出生的年代，波兰分裂为许多独立的小公国，但没有一个统治者拥有普遍的权力。他从父亲那里继承的也是这样一个小公国。1296 年，他在克拉科夫被贵族们选举为波兰大公，但不久这些人就转向拥护波希米亚国王瓦茨拉夫三世。然而，1305 年瓦茨拉夫三世在加冕前遇刺；瓦迪斯瓦夫一世名正言顺地成为大公。他继续进行推动统一的政策，终于在 1320 年 1 月 20 日在克拉科夫加冕为国王，从而结束了波兰长达两个世纪的分裂状态。

▶ 时代之歌

张养浩（1269～1329），汉族，字希孟，号云庄，山东济南人，元代著名散曲家。诗、文兼擅，而以散曲著称。张养浩晚年在陕西赈济饥民时，写了九首怀古曲。1329年，关中大旱，被任命为陕西行台中丞的张养浩，写下了著名的诗句"伤心秦汉经行处，宫阙万间都做了土。兴，百姓苦；亡，百姓苦"[1]。

"伤心秦汉经行处"，揭示了元政府难以继承秦汉事业的本质。秦汉适逢罗马温暖期，所以可以从容发展水利，从事农业革命。蒙古政权适逢小冰河期的剧变，经济政策又不合理，对环境危机缺乏足够的弹性，因此很快就崩溃了。

公元1350年：河水塞川天雨雪

▶ 气候特征

至正九年（1349）三月，严寒再袭中国东部，"温州大雪"。有文献载："乙酉年（1345）后，北方饥。子女渡江转卖与人为奴婢……至正甲午年（1354），乡中多置淮妇作婢，贪其价廉也"[2]。

▶ 降水危机

元统二年（1334）三月，"杭州、镇江、嘉兴、常州、松江、江阴水旱疾疫"，"湖广旱，自是月不雨至于八月"，同月，"南康路诸县旱蝗"；至元二年（1336），"江浙旱，自春至于八月不雨，民大饥"，这些是暖相气候的旱灾危机。然而其后不久，江南地区转湿，尤其江浙地区，农业生产条件趋于稳定，为保障江浙地区作为全国重要的粮食输出地位置提供了基础。所以，至正九年（1349），元代文学家和书画家朱泽民（1294～1365）说："比年中原水涝相仍，谷麦不登，湖广地接猺蜑，难制易扰，供给之余，耕桑俱废，国家经费独仰于东南而已"[3]。

---

1 张养浩，山坡羊·潼关怀古。

2 （元）孔齐，至正直记·卷3·乞丐不置婢仆。

3 （元）朱德润，卷五送顾定之如京师序，存复斋文集·卷5，载《续修四库全书》第1324册，第298页。

▶ 水力纺纱机

在冷相气候水涝灾害的加持下，水磨技术获得了长足的发展。元人揭傒斯的《蜀堰记》中，表明在 14 世纪中叶，某种形式的水力纺纱机曾运用于四川成都平原上。据该文，顺帝至元元年（1341）重修都江堰，效果很好，修堰之前，"常岁或水之用仅数月，堰辄坏。今虽缘渠所置碓磑纺绩之处以千万数，四时流转而无穷"[1]。显然，元代的水力纺纱机与汉代的水排、水碓的发明（都是在公元 30 年前后突然出现）一样，都是因为冷相气候导致降雨条件改善，水力资源充沛带来的结果。另一方面，我们可以看出，冷相气候导致保暖用品的需求增加，推动了开发水轮技术的市场需求。

▶ 贾鲁治河

至正四年（1344）五月，大雨二十余日，黄河暴溢，平地水深二丈许，白茅堤、金堤相继决口。至正九年（1349），右丞相脱脱力主治河，并向朝廷推荐了贾鲁。至正十一年（1351）四月，贾鲁任工部尚书兼总治河防使，奉命治河。这次治河，从四月下旬开始动工，至十一月水土工毕，前后仅半年多时间。元末，黄河沿岸洪灾、饥荒、瘟疫本已十分严重，贾鲁治河进一步加重了农民负担，激化了社会矛盾，加速了元末农民大起义的爆发。

▶ 货币危机

1350 年，元顺帝废除中统钞，发行中统交钞，与至元钞同时流通；铸至正通宝，仍与旧钱混用。新发行的货币币值过大，无视经济规律，导致物价飞涨。至正钞缺乏实物留存至今，大概是加盖至正钞字样的中统钞。当时是另一个全球降温的时期[2]。当时黄河再次泛滥，当时的治水工程和盐商暴动（张士诚起义）大量增加了政府的支出，这意味着当时面临严重的乙类（政府）钱荒。

▶ 贸易危机

张士诚称王期间（1354～1367），其属下官员对高丽国王的书信中说"倘商贾

---

1 （元）揭傒斯，蜀堰碑记。

2 葛全胜，中国历朝气候变化 [M]，科学出版社，2011，第 454 页。

往来,以通兴贩,亦惠民一事也"[1]。高丽政府也采取积极的态度回应通商[2]。显然,当时的冷相气候特征导致的经济紧缩,是引发张士诚推动海外贸易的重要原因。

▶ 白莲教起义

元至正十一年(1351),白莲教教主韩山童埋下刻有"石人一只眼,挑动黄河天下反"的石人,随后造势聚众起义。韩山童被捕杀。刘福通在颍州继续起义反元,号称红巾军。徐寿辉、彭莹玉起兵攻入蕲州,元末农民起义爆发。元至正十二年(1352),元军镇压起义军不利,红巾军攻占湖北、安徽大部。朱元璋追随郭子兴参加起义。

▶ 盐贩起义

张士诚出身盐贩,至正十三年(1353)春与弟弟张士德、张士信及李伯升等率盐丁起兵反元,克兴化。五月,克高邮。次年正月,在高邮称诚王,在高邮立国号大周,年号天祐。显然,环境危机对元政府的榷盐生意带来了重大的挑战,让私盐从业者冒险反抗,存在"环境危机带来经济危机,经济危机造成政治危机"的因果链。

▶ 黑死病危机

黑死病1338年出现在今天吉尔吉斯斯坦所在的地方,也有一说是来自中国。1346～1353年,黑死病在全球肆虐,成为人类历史上最致命的一场大流行病,造成多达2亿人死亡。黑死病的成因据认为是腺鼠疫。腺鼠疫由鼠疫杆菌引发,通过跳蚤传播,但它也可以通过空气中的飞沫在人与人之间传播。结果,欧洲则在公元1347年至1353年之间的寒潮和黑死病中失去了1/4～1/3的人口,人口降低导致劳动力成本上升,为欧洲的技术革命奠定了基础。

▶ 日本南北朝

日本国内也曾出现过一次名义上的分裂时期,这就是"日本南北朝",这指的是1331～1392年间日本历史上皇室分裂为南、北两个天皇的时代。在这段时间里,两方有各自的皇位承传,也各自有朝廷并立对峙,均认为自己是正统。南北朝分庭

---

1 (朝鲜李朝)郑麟趾,高丽史·卷31·忠烈王世家四。
2 陈高华,宋元时期的海外贸易 [M]. 天津人民出版社,1981。

抗礼,北朝为了国家统一,不断打击南朝,逐渐取得优势,但后来自己内政出了问题,幕府也分裂了,这一混乱时期使得南朝突然又取得一段时间优势,但北朝内部混乱平定后,再度兴盛并开始反攻。1392 年,北朝包围奈良,南朝后龟山天皇将三神器交给北朝后小松天皇,历时 56 年的南北朝时代结束。

▶ 时代之歌

至正十一年(1351),南下吴越的廼贤(元末著名诗人,色目人葛逻禄氏),途经山东境内黄河段,有感于近年黄河屡修屡决,行都水监督促百姓在严寒中修筑大堤却进展缓慢而作《新堤谣》,诗曰:"分监来时当十月,河水塞川天雨雪,调夫十万筑新堤,手足血流肌肉裂,监官号令如雷风,天寒日短难为功。"诗中的阳历 11 月前后黄河河南段已经出现冰块,而 1920～1950 黄河流域水文观测记录显示,河南、山东段黄河河道出现冰块的时间是 12 月。20 世纪中叶,黄河河南花园口段凌冰出现的最早日期为 12 月 9 日。所以,廼贤所记录黄河初冬冰块出现的时间较现代早了近一个月,因此当时的气候异常寒冷。此外,"地素无冰"的岭南广州附近,也常有"结冰"现象,而今地处亚热带南缘的广州长夏无冬,偶有奇寒,如自有气象仪器观测记录以来,只有 3 年极端最低气温达到 0℃(其中 1934 年为 -0.3℃,1957 年 2 月 11 日及 1999 年 12 月 23 日都为 0℃)。上述这些事实表明,当时气候明显较 20 世纪冷。

"河水塞川天雨雪",降雨降雪都是寒潮的标志。寒潮不利商业,靠商业税收维持运转的元政府难以应对民变,结果就是政府拆东墙补西墙,仍然不免于灭亡。元代是中国农民负担最轻的时期,也是政权最缺乏弹性的时期。没有农税,难以稳定。

公元 1380 年: 势压东南百万州

▶ 气候特征

洪武至永乐中叶,现存的气候寒冷记录仅有两年,即洪武九年(1376),长江及其支流汉水结冰;洪武十四年(1381),"五月丁未,建德雪。六月己卯,杭州晴日飞雪"。永乐前,华北地区仅有 1369、1373、1377、1393 四年有异常初终雪、霜的记载。其中,1369 年山西大同初雪比现今早 30 天;1373 年,延安七月早霜比今早 70 多天,1393 年山西榆社晚霜约比今推迟 20 天。除这四年外,华北气候有可能与今相当。北京石花洞的石笋纹层分析结果表明，1435 年前该地区的气候甚至比今温暖。

据洪武十二年（1379）《苏州府志》以及长谷真逸的《农田余话》所记录的种稻情形看，当时苏南地区已有了早（占稻）、中、晚稻的区分，浙江永嘉（今温州）有套作双季稻种植。1379～1403 年太湖平原水稻显著丰产。

热带动植物在华南地区大量繁殖，并呈现出北移的趋势。据载，1388～1389 年，广西南部钦、廉、藤等山以及广东雷州地区有野象活动，经驯狎后呈贡中央政府；另据《潮州志》载，"明初，鳄鱼复来潮州"。由于占稻、大象和鳄鱼都是对环境温度高度敏感，喜欢暖相气候的典型物种，它们的频繁出现代表了当时全球变暖的气候背景。

从安徽龙感湖孢粉，湖北大九湖泥炭与犀牛洞石笋各项自然证据看，这一时期是 14～17 世纪最温暖的时段之一 [1]。

▶ 降水特征

史料载，"洪武初、二年，陕西大旱，饥"[2]。洪武五年（1372），河南黄河竭，达到了行人可涉的程度，由于多个年份出现旱、蝗灾害，许多地区收成下降，明政府被迫减免田租，并有祈雨之举，如 1372 年，"夏四月，赈济南、莱州饥。山东旱。六月，济南属县及青、莱两府蝗。赈山东饥，免被灾郡县田租"。1380 年，山西浑源县"盛夏不雨，鲜不收，入秋霪雨洊至，禾鬷黑，三冬不雪"，龙虎将军周立"乃备牲醴，捐赀修葺（祠庙）"。暖干的灾情特征符合当时的暖相气候趋势。

▶ 北方屯田

明初，洪武皇帝于北边大行屯田。1368 年，明廷于北平府设燕山卫，兀良哈故地设大宁都司（今内蒙古宁城附近），行屯田之制。1370 年，诸将在边屯田，岁有常课。至 1392 年，北边地区均有大规模的屯田行为，收获颇多，西北地区因此几无灾荒记载。洪武元年，明廷与北平府设燕山卫，兀良哈故地设大宁都司，行屯田之制。洪武六年（1373），"太仆丞梁埜仙帖木儿言，宁夏境内及四川西南至船城，东北至塔滩，相去八百里，土膏沃，宜招集流亡屯田。从之"[3]。

1　葛全胜，中国历朝气候变化 [M]，科学出版社，2011，第 506 页。

2　明史·卷六·五行三（金土）。

3　明史·卷77。

▶ 宋濂之问

《谕中原檄》是指元朝末年吴王朱元璋于 1367 年在应天府（今江苏南京）出兵北伐时所颁布的檄文，相传由宋濂起草。在檄文中有这样一段内容："及其后嗣沉荒，失君臣之道，又加以宰相专权，宪台报怨，有司毒虐，于是人心离叛，天下兵起，使我中国之民，死者肝脑涂地，生者骨肉不相保，虽因人事所致，实天厌其德而弃之之时也。古云：'胡虏无百年之运'，验之今日，信乎不谬！"这段文字中，朱元璋将元朝末年政局动荡，官吏贪污腐败，人民苦不堪言的情景进行了描绘，从而引出了这句："胡虏无百年之运"。这是司马迁第二天运周期。

▶ 纸钞发行

尽管朱元璋清楚地知道，蒙古元政府垮台的根本原因之一是货币体系的垮台，但为了减轻北伐战争的财政压力，加强权力集权，将贵重金属收集到政府手中并降低交易成本，明政府在 1375 年发行了一种新的纸币，称为"大明通行宝钞"。由于当时的纸张质量较差，这些纸币不耐久，也没有及时回收，既不分割也不回收旧币，导致市场上流通的纸币越来越多，随后出现通货膨胀和贬值。当时的气候是典型的暖相气候。下图是典型的明代纸钞。

图 57　明代"大明通行宝钞"及其钞版

▶ 减税减负

洪武初年设置的税课司局有四百余所，到洪武十三年（1380），朱元璋裁撤了364 处，"军民嫁娶丧祭之物、舟车丝布之类，皆勿税，罢天下抽分竹木场"[1]。这一压制商业的做法，违背了当时暖相气候商业活动增加的大趋势，导致了明代政府一直存在税收不足、经济紧张的局面。

▶ 酒法改革

明初曾禁止造酒（因为酿酒耗粮食，不符合农业社会的理想），并禁止百姓种糯米，以塞造酒之源；但民间造酒实际上并未真正停止。所以，国家对酒的酿造和买卖，仍与前代一样，予以征税。明朝酒税分为酒曲税和销售税。明太祖洪武二年（1369）规定，百姓造酒自家饮用，不征税。如造酒贩卖，则必须购买已纳税酒曲，同时所造之酒也必须纳税后才能出售。如果用自家酒曲造酒，也必须缴纳曲税。这一放弃榷酒法的时机，恰好是气候变暖的时段[2]。在暖相气候的加持之下，榷酒法缺乏足够的消费市场，因此普及性的酒税（征税成本低）是经济上更合理的选择。此外，英宗正统七年（1442）规定，各地酒课收贮于州县，以备其用。这样酒税的地位进一步降低，酒税成为地方性税种，对国家经济的贡献微乎其微了。

▶ 盐法改革（开中法）

洪武三年（1370），山西行省奏请"令商人于大同仓入米一石，太原仓入米一石三斗者，给淮盐一引，引二百斤。商人鬻毕，即以原给引目赴所在官司缴之"[3]。这个办法，就是开中法的肇始，开中法是明初为加强边防、解决军粮不足而实行的一种经济措施，主要针对商人。通过把商业盈利与国防支出的绑定，一方面解决了沿边军饷的来源问题，一方面也一道解决食盐运销问题，可谓一举两得。后来，开中法推广到全国的边境地区，在内容与方式上虽然有改变，但始终为明代国防政策的核心思想。后来，商人为免除运粮费用，在边地雇民开垦，就地取粮，换取盐引。开中法最初实行较为严格，效果显著。宣德以后，开中法逐渐遭到破坏，到弘治时期完全败

---

1 明史·卷 104·食货五。

2 葛全胜，中国历朝气候变化 [M]，科学出版社，2011，第 501～506 页。

3 明史·卷 86 食货志·盐法。

坏。后世的共识是，"有明一代盐法，莫善于开中"，"国初召商中盐，量纳粮料实边，不烦转运而食自足，谓之飞换"[1]。

▶ 规范海外贸易

通过农民起义起家的朱元璋对海外贸易极为敏感，他虽然尝到了贸易的好处，也提出了罢市舶司的命令。"吴元年，置市舶提举司。洪武三年（1370），罢太仓黄渡市舶司[2]。七年（1374），罢福建之泉州、浙江之明州、广东之广州三市舶司"[3]。明政府下令撤销自唐朝以来就存在的，负责海外贸易的福建泉州、浙江明州、广东广州三市舶司，中国对外贸易遂告断绝。弃置的原因，大约是明太祖恐沿海居民及戍守将卒私通海外诸国。洪武十四年（1381），朱元璋"以倭寇仍不稍敛足迹，又下令禁濒海民私通海外诸国"[4]。自此，连与明朝素好的东南亚各国也不能来华进行贸易和文化交流了。洪武二十三年（1390），朱元璋再次发布"禁外藩交通令"。洪武二十七年（1394），为彻底取缔海外贸易，又一律禁止民间使用及买卖舶来的番香、番货等。洪武三十年（1397），再次发布命令，禁止中国人下海通番。

不过，当时的气候是暖相，市场是高度发达和扩张的。在这种暖相气候面前，朱元璋的撤销之举是违背暖相气候市场扩张规律的。不过，朱元璋的禁海令可以看作是对海外贸易热潮的一次过头调整，属于对暖相气候下市场扩张的过度反应。

▶ 改流设土

明政府建立之初，发动平云南之战，即明洪武十四年（1381）九月至次年闰二月，遣军攻灭元朝在云南残余势力的作战。战后产生大量的土司，构成了土官衙门（仅在1524年之后始称"土司"）的开建高潮。当时的气候背景是暖相，符合"改流设土"的气候条件。

▶ 洪武北伐

洪武十三年（1380）二月至三月，朱元璋又对北元进行第三次北征。二月，北

---

1 （明）郑晓，今言类编·卷二·经国门·盐法。

2 明太祖实录·卷49。

3 （清）张廷玉，明史·职官志。

4 明太祖实录·卷139。

元国公脱火赤、枢密知院爱足率领上万人在和林屯扎,怀疑有南侵动向。十一日,朱元璋命令西平侯沐英率其陕西明军进攻北元。三月二十一日,沐英行军到达灵州(今宁夏灵武),侦察到脱火赤已经到了乃路(今内蒙古额集纳旗东南)。于是沐英急行军七昼夜,渡过黄河,经宁夏翻过贺兰山进行突袭;在距离脱火赤军营50里的地方分兵四路,分别从各个方向乘夜合围攻袭。脱火赤、爱足等遭突然袭击,未经激烈抵抗就被明军俘虏南下。

▶ 泰勒起义

公元1380年,英国理查二世国王(1377~1399年在位)为了进行"百年战争",力主增加人头税,导致1381年5月爆发农民起义,即泰勒(Wat Tyler)起义。显然,泰勒起义是渔猎文明应对气候危机不当的结果。

▶ 时代之歌

朱元璋的《庐山诗》:庐山竹影几千秋,云锁高峰水自流。万里长江飘玉带,一轮明月滚金球。路遥西北三千界,势压东南百万州。美景一时观不尽,天缘有份再来游。

朱元璋的逆袭,十分偶然。自古北伐多少次,只有老朱最成功。因为元政府在中国普及马场,导致老朱有实力去组织骑兵,与蒙古骑兵对阵,这是后期明兵的短板,却是老朱北伐的杀手锏。在暖相气候的加持下,老朱从事了一系列减轻农民负担的政治改革措施,让明政府官员待遇微薄,缺乏发展经济的动力,几乎是坐等渔猎文明的崛起。

公元1410年:爝火燃回春浩浩

▶ 气候危机

自15世纪初以来,沿钱塘河口的沿海洪灾变得更加严重(因为全球气候变冷是通过洋流来实现的,潮灾加剧意味着气候变冷)。

明朝洪武二十七年(1394),政府下令民间"益种棉花",并"率蠲(蠲:免除)其税"[1]。

---

1 明太祖实录·卷232。

图58 1412～1416年期间《非常富有的
贝里公爵时光日历》中的二月配图

永乐元年（1403），永乐帝颁布《捕蝗令》，这是世界上第二道治蝗法规，比欧洲各国的治蝗法规早了400年。

永乐四年（1406），全国"新垦荒田岁收不能如数"[1]。

明永乐七年（1409），闰四月，江南部分地区暴雨成灾；农历六月，沿淮暴雨成灾。祁门：闰四月大雨，洪水入城，至晡已落，咸谓水不再作。是夜一股浓云四合，震雷交作，骤雨滂沱，俄顷水涌……直夜昏黑无所之，皆登屋，盈城民庶悉随屋漂。霍邱：大雨。寿州：六月寿州水决城。霍邱县三尖山泉涌。

永乐十四年（1416），"冬汉水冰结，人履其上"。1416年后，史料中有关华中地区异常初、终霜雪的记录逐渐多了起来，各大河流以及主要湖泊都曾出现过多年次的结冰现象，甚至出现海冰现象。

图58是一张欧洲日历中的雪景，代表着当时的冷相气候危机，经常被引用来说明中世纪小冰河期的恶劣气候。

▶ 放弃屯田

永乐元年（1403），明廷太仓征收子粒（即田租赋税实物）2345石。时隔十年后（1413），子粒跌为910万石。自15世纪初以来，沿钱塘河口的沿海洪灾变得更加严重（因为全球气候变冷是通过洋流来实现的，潮灾加剧意味着气候变冷）。1403～1421年之间，明在长城边塞外的北平行都司、云川三卫、大宁三卫等卫所陆续弃屯，南迁塞内，原先生活在今嫩江流域的兀良哈三卫逐渐南下，在长城边塞外游

1 明太宗实录·卷40。

牧,并向东与女真发生接触,为满洲人的崛起开放了空间。永乐十七年(1419),辽东屯田就变成了 21171 顷,比永乐初年减少了 4207 顷,下降了 16.58%。这说明气候变冷,日照不足,导致军屯的收获逐渐减少,推动了放弃军屯的趋势。

▶《救荒本草》

《救荒本草》明永乐四年(1406)刊刻于开封,是一部专讲地方性植物并结合食用方面以救荒为主的植物志。全书分上、下两卷。记载植物 414 种,每种都配有精美的木刻插图。其中出自历代本草的有 138 种,新增 276 种。从分类上分为:草类 245 种、木类 80 种、米谷类 20 种、果类 23 种、菜类 46 种,按部编目。120 年后的嘉靖四年(1525),山西都御史毕昭和按察使蔡天祐刊本,这是《救荒本草》第二次刊印,也是现今所见最早的刻本,代表着当时的冷相气候危机。稍后有嘉靖三十四年(1555)陆柬刊本。这个刊本的序中误以为书是周宪王编撰,后来李时珍《本草纲目》和徐光启《农政全书》都沿袭了这个错误。以后还有嘉靖四十一年(1562)胡乘刊本、万历十四年(1586)刊本、万历二十一年(1593)胡文焕刊本,徐光启《农政全书》把《救荒本草》全部收入。这部书后来传到日本,有亨保元年(1716)皇都柳枝轩刊本。每一次再版刊行《救荒本草》,都有环境危机的贡献,意味着出版是为了响应当时的气候危机。

▶ 经济改革

永乐建政之后,气候逐渐变冷[1]。由于战争(靖难之役)和气候变化,到永乐初年,大明通行宝钞面临严重的超发危机(通货膨胀)。永乐二年(1404),都御史陈瑛为了维持钞法的畅通,建议全国通行户口食盐法[2],原则上完全以纳钞为主。也就是说,建立纸钞与食盐的关系,相当于把食盐当作通货。至此,因开中法流行而抑制的户口食盐法得到部分复兴,通行全国,成为挽救纸币信用的补救措施。

▶ 贸易危机

永乐元年(1403),"复置(市舶司),设官如洪武初制,寻命内臣提督之"[3]。永乐

---

1 葛全胜,中国历朝气候变化 [M],科学出版社,2011,第 547 页。
2 明太宗实录·卷三三·永乐二年七月庚寅 [M],另见卷四一官民户口盐钞,明史·卷八一·食货志五。
3 明史·卷 75·职官志。

三年（1405），以诸番贡使益多，置馆驿，福建称"来远"，浙江称"安远"，广东称"怀远"。此外，又增设交趾云屯市舶司，接待西南各国朝贡使臣。当时的气候是冷相。所以，朱棣复置市舶司的行动，是针对气候危机的一种应对办法。"永乐初，西洋剌泥国回回哈只马哈没奇等来朝，附载胡椒与民互市。有司请征其税。帝曰：'商税者，国家抑逐末之民，岂以为利。今夷人慕义远来，乃侵其利，所得几何，而亏辱大体多矣。'不听。"[1] 因为气候变冷，海上运行的成本增加，为了鼓励海上贸易，就需要降低税率，鼓励贸易。

▶ 郑和下西洋

随着气候的逐渐变冷，明成祖永乐元年（1403），复设市舶司，"复置，设官如洪武初制，寻命内臣提督之"[2]。永乐三年，以诸番贡使益多，置馆驿，福建称"来远"，浙江称"安远"，广东称"怀远"。此外，又增设交趾云屯市舶司，接待西南各国朝贡使臣。当时的气候是冷相。所以，朱棣复置市舶司的行动，是针对气候危机的一种应对办法。"永乐初，西洋剌泥国回回哈只马哈没奇等来朝，附载胡椒与民互市。有司请徵其税。帝曰：'商税者，国家抑逐末之民，岂以为利。今夷人慕义远来，乃侵其利，所得几何，而亏辱大体多矣'。不听"[3]。因为气候变冷，海上运行的成本增加，为了鼓励海上贸易，就需要降低税率，鼓励贸易。为了解决通货膨胀和通货不足的弊端（乙类钱荒），同时也是为了解决政权合法性问题，永乐皇帝指派郑和下西洋，开启了规模浩大、举世震惊的海上远航活动。

"郑和下西洋"首次航行始于永乐三年（1405），末次航行结束于宣德八年（1433），共计七次。在七次远航中，郑和船队横跨西太平洋和印度洋，拜访了 30 多个国家和地区，其中包括爪哇、苏门答腊、苏禄、彭亨、真腊、古里、暹罗、榜葛剌、阿丹、天方、左法尔、忽鲁谟斯、木骨都束等地，已知最远到达东非、红海。这既是中国古代规模最大、船只和海员最多、时间最久的海上航行，也是 15 世纪末欧洲的地理大发现以前世界历史上规模最大的一系列海上探险。朱棣驾崩后，郑和下西洋一度被废止，直到宣德六年（1431），南洋诸国的客人要求归国，明宣宗于是让郑和再一次出海把客人送回，于是有第七次下西洋的活动。期间，郑和在古里去世，并永远葬在了那里。

1　明史·卷 81 志第 57·食货五·市舶。

2　明史·职官志。

3　明史·卷 81 志第 57·食货五·市舶。

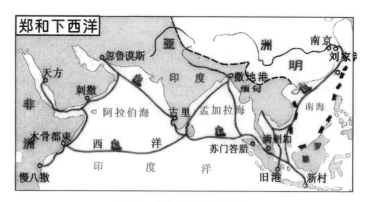

图 59　郑和下西洋路线图

郑和合计七次出海,其中,有六次是奉朱棣之命,至于出海的目的,目前的说法有三点:(一)因朱棣是通过"政变"登基的,他需要向南洋诸国宣扬自己的威德。(二)寻找建文帝朱允炆的下落。(三)明朝手工业复苏,需要打通海外通商渠道。然而,从气候脉动律来看,"郑和下西洋"发生在冷相气候周期,因此是一次典型的符合"冷相气候邀请贸易"的商贸活动。与宋太宗雍熙四年(987)"遣内侍八人持勅书各往海南诸国互通贸易"没有什么本质性的不同,都是应对乙类(政府)钱荒的政府决策,符合经济收缩期的典型应对措施。1477 年,在另一轮冷相气候的刺激下,太监汪直又一次试图下西洋,被刘大夏阻拦,成为历史的绝响。

所以发展海上贸易的主要动力是为了获得中国短缺的通货,为了支持纸钞的发行(香料象牙在当时相当于是纸钞发行的准备金,具有储备保值和交换的功能,与今天黄金白银的地位相同),为了满足气候变暖带来的经济扩张。宋代市场的商品化和集中垄断的趋势推动了海外贸易革命的发生。

▶ 剿灭海盗

第一次郑和下西洋到达三佛齐旧港之后,当时旧港的广东侨领施进卿来报,海盗陈祖义凶横,郑和兴兵剿灭贼党五千多人,烧贼船十艘,获贼船五艘,生擒海盗陈祖义等三贼首。郑和船队后到过苏门答腊、满剌加、锡兰、古里等国家。在古里赐其王国王诰命银印,并起建碑亭,立石碑"去中国十万余里,民物咸若,熙嗥同风,刻石于兹,永示万世"。永乐五年九月初二(1407 年 10 月 2 日)回国,押陈祖义等献上,陈祖义等被问斩。施进卿被封为旧港宣慰使。旧港擒贼有功将士获赏:指挥官钞一百锭,彩币四表里,千户钞八十锭,彩币三表里,百户钞六十锭,彩币二表里;医士,番火长钞五十锭,彩币一表里,锦布三匹 。

南洋海盗陈祖义的兴盛,代表着冷相气候下的商贸文明应对环境危机的一种响应措施(见第四章东亚海盗之谜)。郑和打垮了陈祖义,同时也弱化了东南亚华人的守护力量,为马来人满者伯夷国的崛起创造了条件。海盗代表的是商业文明,郑和代表的是农耕文明,两者的冲突让马来人(火耕文明)最终收获了"渔翁之利"。

▶ 奴儿干都司

永乐七年(1409),明政府设立奴儿干都司,全称"奴儿干都指挥使司",前身是1404年永乐二年所置奴儿干卫。奴儿干都司所辖地区十分广阔,东至大海,西起斡难河,北至外兴安岭,南接图们江,是明政府管辖黑龙江、乌苏里江流域的地方最高行政机构。奴儿干都司的设立促进了东北地区的开发,符合冷相政治集中的大趋势,为六十年后的"成化犁庭"奠定了基础。

▶ 交趾布政司

洪武末年,安南陈氏王朝权臣黎季犛篡权,不少陈氏王朝皇室子孙及官员流亡中国。永乐三年(1405),陈氏王朝后裔陈天平请求回国,成祖派人护送,进入安南境内即遭到黎氏伏击,陈天平及明朝官员被杀。成祖大怒,派张辅、沐英等人率军讨伐安南。永乐五年(1407),黎氏父子被俘,战争结束。成祖应当地耆老、官吏请求,置交趾布政司,由明王朝派官管理,相当于是一次冷相气候周期的"改土归流"。然而,习惯于火耕文明的安南人民不断起兵反抗农耕文明的入侵,明王朝多次派兵镇压,"劳费多矣"。宣德五年(1430),宣宗下决心放弃交趾,"罢兵息民",相当于重新开始对火耕文明的"暖相气候推动改流设土",也是顺应火耕文明响应气候脉动规律的做法。人类社会响应气候模式,远比自然界响应气候模式变化更加可靠,更有规律,因为人类社会需要统筹考虑气候对社会的影响,主动过滤排除那些短期的气候扰动,而自然界的响应做不到这一点。

无独有偶。1771年,安南阮氏三兄弟率众在归仁府起义,推翻当地政权,控制了南部地区。之后,又挥师北上,推翻了黎氏王朝的统治。乾隆皇帝得知此事后,于1788年十月派两广总督孙士毅领军入安南,帮助黎氏王朝平叛。孙士毅骄傲轻敌,次年正月,被安南起义军打败。清朝到安南平叛失败,错失最后一次在安南推动"改土归流"的机会窗口。1804 年,安南政府向清政府请求改名"南越",嘉庆帝多方考量之后,授予"越南"的国名。相当于越南再次脱离中国,成为又一次"改流设土"的案例。

▶ 旧港宣慰司

公元 1407 年大明王朝在今天的马来西亚和新加坡全部、印尼大部、泰国和菲律宾一部分中设立了旧港宣慰司,首任宣慰使为施进卿。1424 年施进卿去世,他儿子施济孙请求承袭父职,朱棣派郑和去旧港宣旨任命施二姐为新一任的旧港宣慰使。这是按照施进卿的遗嘱进行的安排。在当时施二姐已经是旧港宣慰司的实际领导人。而施济孙为了抢夺权利,派丘彦成到明廷请封。郑和船队到达旧港后,了解了事情真相,没有封施济孙为旧港宣慰使,而是改封施二姐为旧港宣慰使,"是其女施二姐为王,一切赏罚黜陟皆从其制"。

可惜的是,自从宣德年间(1433 年最后一次下西洋),太监王景弘最后的下西洋活动之后,明朝朝廷已不再派大规模船队在东南亚游弋,自然无力提供保护。在正统年间,爪哇岛上的"满者伯夷国"开始崛起,发兵攻打旧港。于是,华人占优的旧港被满者伯夷国吞并,南洋旧港成为马来人的天下。从 1407 年成立旧港宣慰司到 1440 年的被吞并,这片明代中国最南端的国土仅仅存在了 33 年。

显然,成立旧港宣慰司相当于是一次"改土归流",符合当时的冷相气候背景;而暖相气候又让地方政权崛起,相当于是"改流设土",符合南方社会的一般响应气候脉动的典型模式。旧港宣慰司与交趾布政司一样,都是一次气候脉动推动的结果,并在下一次气候脉动后恢复原状。

▶ 贵州建省

明永乐九年(1411),思南宣慰使田宗鼎又与思州宣慰使田琛为争夺朱砂矿井发生战争,朝廷知晓后屡禁不止。明成祖朱棣果断地采取军事行动来解决二田氏争端,永乐十一年二月初二日(1413 年 3 月 3 日)废思州宣慰司、思南宣慰司,以思州之地置思州、黎平、新化、石阡四府,以思南之地置思南、镇远、铜仁、乌罗四府,设贵州布政使总辖,设流官,贵州行省由此始。当时的气候特征是冷相,对策符合"冷相改流设土"的大趋势。

▶ 天主教大分裂

天主教会大分裂（1378～1417），是罗马天主教会中数位教皇同时要求其合法性导致的一次分裂。亦称"西方教会大分裂"。中世纪天主教会因推选教皇而引起的分裂。1377年法籍教皇格列高里十一世（Gregorius XI, 1331～1378）由阿维尼翁回到罗马，次年3月死去。教会在意法世俗封建统治者的分别支持下，先后选出两个教皇，分驻罗马和阿维尼翁。各以正统自居，誓不两立。为了弥合分裂，1409年天主都会召开比萨公会议调处，无结果，又选出第三个教皇，造成鼎立局面。直到1417年康斯坦茨会议另选新教皇马丁五世驻罗马，才结束分裂局面。这是继佛希要分裂、弥格尔分裂之后的第三次天主教大分裂，三者都发生在冷相气候周期，说明欧洲在冷相气候周期容易发生宗教分裂。

▶ 格隆瓦尔德之战

公元1410年7月9日，在波兰国王雅盖沃的统率下，波兰—立陶宛—罗斯联军（包括捷克的志愿部队）共5万多人，从维斯瓦河右岸进入普鲁士作战。骑士团军队约3.2万人，支持者有德意志和匈牙利国王和波兰北部一些日耳曼化的波兰王公贵族。7月15日，双方在格隆瓦尔德村附近的田野上进行决战。最后，骑士团被打得大败，几乎全军覆没。从此之后，骑士团的元气大伤，走上了没落之路。波兰人把这次战役叫做格隆瓦尔德之战，德国人称作坦嫩堡之战。格隆瓦尔德之役是一次民族冲突，代表日耳曼民族（农耕文明）和波兰民族（渔猎文明）的冲突，最后的结果并没有改变原有的格局，欧洲仍然处于分裂和竞争的状态。

▶ 宗教改革运动

公元1415年，胡斯被烧死，开启了宗教改革和胡斯运动。胡斯提出改革教会，反对教会敛财腐化，主张用捷克语举行仪式，教徒可领饼酒等，1415年被处以火刑。改革的拥护者把反天主教与争取民族解放结合在一起，掀起了胡斯战争。胡斯运动主要有两大派，以农民、手工业者、城市贫民为主的激进的塔波尔派，以及代表中小贵族和上层市民利益的温和的圣杯派。两派曾共同对敌，挫败了德国皇帝组织的十字军的五次进攻，但最终分裂，圣杯派与教皇妥协，塔波尔派拒绝妥协，其根据地于1452年被攻陷，战争方告结束。胡斯运动是欧洲宗教改革的序曲，推动了欧洲思想的解放,标志着欧洲思想分裂的起点。

▶ 威尔士起义

公元 1400 年 9 月 16 日,欧文·格伦道尔对英格兰国王亨利四世的统治不满,公开叛乱。他于 1404 年宣布自己为威尔士亲王。这是历史上最后一位拥有威尔士亲王头衔的威尔士人。1412 年,他被英军击败,下落不明。这一反抗事件,构成了电影《勇敢的心》的历史背景。

▶ 大航海时代

大航海时代,又称地理大发现,指在 15～17 世纪世界各地,尤其是欧洲发起的广泛跨洋活动与地理学上的重大突破。1415 年,身为葡萄牙国王若奥一世三王子的亨利亲任统帅突袭非洲摩洛哥的休达,事先摩尔人一点也不知情,结果仅用了一天时间,休达就被攻陷,葡萄牙人仅阵亡了 8 人。后人把这看作是葡萄牙人,也是欧洲人向外扩张(即大航海时代)的开端。

▶ 时代之歌

于谦注意到当时的煤炭普遍利用,创作一首《咏煤炭》:"凿开混沌得乌金,藏蓄阳和意最深。爝火燃回春浩浩,洪炉照破夜沉沉。鼎彝元赖生成力,铁石犹存死后心。但愿苍生俱饱暖,不辞辛苦出山林。"这首《咏煤炭》大约作于 1420 年代,响应 1416 年气候变冷带来的环境危机,意味着煤炭消费的增加。这是于谦青年时期刚刚踏上仕途时所作,与《石灰吟》一样是咏物言志的诗,所托的物变成了烧火取暖的"煤炭"。

"爝火燃回春浩浩",说明社会需要取暖,存在对煤炭的需求。这个冷相气候节点,朱棣干了几件影响深远的大事,包括迁都(加强边境国防)、下西洋(获得通货,改善纸钞的质押率)、北伐(预防性消灭危险)、改土归流(稳固南方边境安全)。这些举措,让李约瑟认为这是"中欧科技大分流"的起点。何故?南方善于发展经济,北方需要政治稳定,政治中心的北移,不仅对消防有影响(北方不需要消防),也对社会方方面面带来不利的影响。

公元 1440 年：梅花开遍南枝

▶ 气候危机

在渭河平原南部的周至、户县一带，元廷曾置司竹监。明初，当地亦有司竹大使，但后来"竹渐耗，正统（1436～1449）时，募民种植，属秦藩，后废"。说明正统年间气候曾经转暖，才需要鼓励竹林经济，与 1260～1290 年之间元政府增加北方竹林税收的趋势是一致的。

明正统二年（1437）夏，江北暴雨成灾。和州：四、五月，河淮泛涨，漂民居害禾稼。怀远：夏五月大雨，水入城市。泗州：泗州城东北陴垣崩，水内注，高与檐齐。凤阳：大水进城。颍州：大水、颍水涨，淹民田庐，沙河水泛溢，街市民舍水浸者数旬日。

▶ 祈雨运动

气候转暖的一个伴随症状是气候转干。宣德八年（1433），"是春，以两京、河南、山东、山西久旱，遣使赈恤。四月戊戌，诏蠲京省被灾逋租、杂课，免今年夏税，赐复一年。……六月乙酉，祷雨不应，作《闵旱诗》示群臣"[1]。宣德九年（1434），长江流域的南畿、湖广、江西、浙江、重庆等府发生大范围的干旱、饥荒，湖广尤甚[2]，江南地区"春大旱，至秋不雨，江湖涸竭。麦禾不收，民无粒食，剥榆皮为面啖之。疫疠并兴，道殣相望"[3]。"正统二年（1437），京师旱，街巷小儿为土龙祷雨，拜而歌曰：雨帝雨帝，城隍土地。雨若再来，还我土地。"[4] 于谦（1398～1457）出任河南、山西巡抚时，于《荒村》诗中云"村落甚荒凉，年年苦旱蝗"。如正统末（1449），京师旱，童谣因曰："雨滴雨滴，城隍土地，雨若再来，谢了土地"[5]。

为避旱求雨，明代山东、河南等地还兴起所谓"打旱骨桩"（或称之为"打旱骨椿"）的消灭僵尸风俗。正统十一年（1446）二月，大理寺右寺丞张骥上疏曰："山东

1　明史·卷 9 本纪。

2　明史·卷 30·五行志。

3　康熙江南通志·卷 5·祥异。

4　明史·卷 30·五行志。

5　（明）黄瑜，双槐岁钞·卷 5·雨滴谣。

人，旱即伐初葬者冢墓，残其肢体，以为旱所由致，名曰打旱骨桩。"生于 15 世纪下半叶的文人杨循吉也记，"河南、山东愚民，遭亢旱，辄指新葬尸骸为旱魃，必聚众发掘，磔烂以祷，名曰'打旱骨桩'。沿习已久"[1]。

从明人张岱《陶庵梦忆》记载的"壬申（1452）七月，村村祷雨，日日扮潮神海鬼，争唾之。余里中扮《水浒》"[2]的情形看，当时浙江沿海受困于旱灾的人们，为乞求甘霖已到了"病急乱投医"的地步，不仅拜神，而且对神灵也进行威胁。

▶ 北京涝灾

和罗马一样，北京也是一座建立在沼泽和湿地之上的城市。季风给北京带来了季节性降水，在那里，东南风与燕山相遇，变成了降雨。当气候波动时，就会出现强烈的降水。《明英宗实录》记载：正统四年（1439）"五月，京师大水，坏官舍民居三千三百九十区。顺天、真定、保定三府州县及开封、卫辉、彰德三府俱大水。七月，滹沱、沁、漳三水俱决，坏饶阳、献县、卫辉、彰德堤岸。八月，白沟、浑河二水溢，决保定安州堤。苏、常、镇三府及江宁五县俱水，溺死男女甚众。九月，滹沱复决深州，淹百余里"[3]。

自公元 1421 年成为中国首都以来，北京经历了严重的降水，明代曾经在 1439 年、1470/1472 年、1554 年、1587/1592 年经历涝灾给城市管理带来了巨大的麻烦，清代在 1653 年、1713 年和 1890/1893 年分别遭遇了更多的城市洪水。1439 年、1470 年、1531 年和 1621 年发生了提高排放能力的主要改造项目。在那些非节点的年份，1425 年、1455 年和 1604/1607 年也出现了严重的降水，虽然不是节点，却存在 30 年的周期性。

这些历史记录有助于我们理解 2012 年 7 月 21 日发生在北京的"7.21"降水危机，这场危机在城市管理和应急管理方面演变为一场重大灾难。这是推动正在进行的国家政治改革、成立应急管理部背后的主要灾难事件。

▶ 通货危机

由于永乐年间的持续战争（五次北伐）、郑和下西洋（七次）和迁都北京带

---

1 ［明］杨循吉：《蓬轩别记》卷 2，《古今说部丛书本》。

2 ［明］张岱，陶庵梦忆・卷 7・及时雨。

3 明史・卷 28 志第四・五行一・水（6）。

来的城市建设和国防建设,明代的纸钞再次面临着日益严重的危机。正统元年(1436),"副都御史周铨言:行在各卫官俸支米南京,道远费多,辄以米易货,贵买贱售,十不及一。朝廷虚糜廪禄,各官不得实惠。请于南畿、浙江、江西、湖广不通舟楫地,折收布、绢、白金,解京充俸。江西巡抚赵新亦以为言,户部尚书黄福复条以请"[1]。

"英宗继位,收赋有米麦折银之令,遂减诸纳钞者,而以米银钱当钞,弛用银之禁"[2],"米麦四石折银一两",是年江南一带税粮共折银百万余两,称为"金花银",白银获得了正式的货币地位。相当于取消了对白银的禁令,鼓励税收以白银支付,白银获得了正式的货币地位[3],导致纸币的价值很快暴跌,纸币的贬值导致价格飙升。当时的气候特征应该是暖相,但是气候普遍表现出冷相气候特征[4]。这一个改革措施的作用是,鼓励税收以白银支付,通过对硬通货的转移,改变了政府的纸钞发行危机,影响是避开了纸币的超额发行带来通货膨胀对经济运行的长期困扰,也摆脱了对海外贸易(硬通货)的长期依赖性。结果,明政府放弃对海上贸易的鼓励,间接导致走私和倭寇的崛起。

▶ 盐法改革

农业收成减少的趋势伴随着盐法的紊乱。正统四年(1439),全国各地已普遍发生"民纳盐钞如旧,但盐课司十年五年无盐支给"的现象[5]。在官专卖制度下,为防止私盐,盐商运销食盐、运销的地区都有严格的规定,以便于统制盐的贩卖与私盐的调查[6]。该销区划分制度是通过划分销区来控制私盐流通。

▶ 建州卫扩张

永乐元年(1403),在东北设建州卫。永乐十年(1412),又置建州左卫。正统七年(1442)二月,明政府又从建州左卫分置建州右卫。至此,始有"建州三卫"的说法,标志着明政府经营东北的扩张,也标志着渔猎文明的再次崛起。

---

1 明史·卷78·食货2·赋役。
2 明史·卷81·食货五·钱钞坑冶商税市舶马市。
3 明史·卷81食货志5,另见彭信威,中国货币史 [M],上海人民出版社,1955,第452页。
4 葛全胜,中国历朝气候变化 [M],科学出版社,2011,第497页。
5 明英宗实录·卷56·正统四年六月戊戌。
6 明英宗实录·卷61·正统四年十一月丙寅。

▶ 重置东胜卫

正统三年（1438），有边将周谅提议复置东胜卫："东胜州废城西滨黄河，东接大同……若屯军此城，则大同右卫、净水坪、偏头关、水泉堡四城营堡皆在其内，可以不劳戍守"[1]，这一建议很可能没有得到批准和实现。东胜、宁夏两地的经营，可以战略上呼应北河套前哨的缺陷。虽然者者口等烽燧亭障是连接东胜与宁夏防区乃至整个北边防御中最薄弱的环节，但它毕竟起到了弥补河套地区防御空白的作用，对最终形成明初蒙明界线中有利于明朝的防线是有意义的。东胜卫在黄河以北，深入草原游牧地区，代表着农耕文明的扩张，只有暖相气候才可以做到。可是由于政府财政紧张，这一建议并没有得到落实，对 60 年后鄂尔多斯高原沦陷于蒙古有很大的影响。

▶ 土木之变

明正统十四年（1449）二月，明朝太师也先遣使 2000 余人贡马，诈称 3000 人，向明朝中央邀赏，由于宦官王振不肯多给赏赐，按实际人数给赏，并减去马价五分之四，没能满足他们的要求，就制造衅端。遂于这年七月，统率各部，分四路大举向内地骚扰。七月，明朝接到也先领导瓦剌军队侵犯的情报，明英宗朱祁镇决定北伐亲征；结果战败，无数文官武将战死；财产损失不计其数；明成祖朱棣留下的五十万大军全军覆没，最为精锐的三大营部队亦随之毁于一旦，军火武器研发亦被大大阻碍；京城的门户亦已洞开；明英宗复位后更是杀了以于谦为首等众多权臣，导致明朝军政在土木之变之后第二次断层。1449 年的土木之变，是明朝中央军队第一次发生的一场失败战役。除了军事指挥错误的直接原因外，与长期以来明朝北方边防被破坏有密切关系，是北方边防废弛的必然结果。而当时气候造成的干旱危机也对游牧文明的入侵带来很大的影响。

▶ 麓川之役

明征麓川之役，是明朝朝廷征伐云南麓川宣慰司思任发、思机发父子叛乱的

---

1 （清）顾祖禹，读史方舆纪要·卷 44·山西 6。另见，明实录，台湾：中央研究院历史语言研究所影印校勘本，1962，第 887 页。

四次战争。四次征讨分别发生于正统四年（1439）、正统六年（1441）、正统七年（1442）、正统十三年（1448），明朝经过连年征战，仍未彻底平息叛乱，最终以盟约形式结束，整体效果有利于土司的延续。当时的气候特征是暖相，麓川之役的结果是维持"改流设土"。

▶ 吴哥衰落

吴哥始建于公元 802 年，完成于 1201 年，前后历时 400 年。在几百年的建造过程中，吴哥三易中心。第一次王都中心建在巴肯寺（耶输跋摩一世时代），第二次王都中心是在巴戎寺（罗因陀罗跋摩二世时代），第三次王朝中心又定在巴芳寺（乌答牙提耶跋摩二世时代）。吴哥曾先后两次遭洗劫和破坏。第一次是在 1177 年占婆人侵入柬埔寨时，吴哥遭受了劫掠；第二次是 1431 年暹罗军队的入侵，攻陷了吴哥。吴哥遭到了严重破坏，王朝被迫迁都金边。此后，吴哥被遗弃，逐渐淹没在丛林莽野之中，直到 19 世纪 60 年代才被发现，据说是一个名叫亨利·穆奥的法国博物学家发现了吴哥古迹。

▶ 时代之歌

1431 年，明宣宗赐程南云一首《上林冬暖诗》，"《御制上林冬暖诗》：蓬岛雪融琼液，瑶池水泛冰澌。晓日初临东阁，梅花开遍南枝。宣德六年（1431）十月廿七日，赐郎中程南云。"这是明朝第五位皇帝明宣宗朱瞻基题写的一款书法作品，作为文物收藏于台北故宫博物院，上面印有"嘉庆御览之宝"、"宣统御览之宝"等鉴藏宝玺，是书法界的精品。

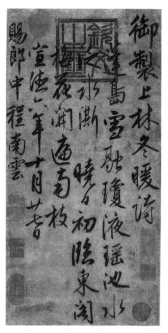

图 60　明宣宗朱瞻基的《御制上林冬暖诗》，藏于台北故宫博物院

"梅花开遍南枝"，梅花向来是气候变暖的标志。此时的气候变暖在经济上有表现，气候上有干旱，政治上有"改流设土"，却没有推动技术和社会的进步。关键是 1452 年库威火山的爆发，让中国进入 100 年的"寒冷期"，让经济更加萎缩。

公元 1470 年：蒙汉和合百业兴

▶ 气候特征

1452 年，太平洋海岛上的酷威火山爆发之后，气候恶化很快，导致 1453～1454 年冬，"淮东之海冰四十余里"[1]，淮河、太湖结冰；"凤阳八卫二三月雨雪不止，伤麦"。酷威火山爆发，给西方的最大影响是君士坦丁堡的陷落（1453），推动阿拉伯技术的西传和古登堡发明活字印刷术（1454），也导致中国火药技术大幅落后于欧洲 100 年，可以说"中欧科技大分流"始于古登堡活字印刷技术，也就是始于酷威火山爆发。

成化二年（1466），戴仲衡上言："延绥迤北沙漠之地，烈风震荡，沙石簸扬，积为坡阜，人马驰逐者，患苦之"[2]。1466 年，北方十分寒冷，河北"四月乙巳，宣府陨霜杀青苗"，山西"代州十月大雪，人相食"，河南通许县"四月，霜，桑麦死"。故当年易州山厂烧炭指标的急剧增加。成化四年（1468），"自春夏以来，风劲砂飞，所种田苗，秋成无望……平凉以西赤地千里"，成化九年（1473），宁夏镇"天久不雨，秋禾被霜，夏麦无收，人多疫死"。成化十二年（1476），南京在阴历十一月初旬即雨雪连绵，初雪日早了近 30 天，至第二年春，雨雪前后，"凡五越月，军民生理艰难，饥冻者十八九，迄今春暮阴寒未除……"，"十二月太湖冰，舟楫不通者逾月"；成化十八年（1482）冬，长沙一带"冬大雪，冰冻阅三月，坚硬数尺，路平无砥，无江河阻隔"。

明成化二年（1466）沿淮西部大水；沿江、江淮西部大旱。颍州：大水漫城尺许。安庆府：旱大饥，江淮人相食。明成化十年（1474）五月至九月，江淮、沿江部分地区大水。桐城：夏大水害稼。怀宁：大水，五月至九月，人皆乘舟入市。潜山：夏六月大水害稼。宿松：大水，五月至九月市皆行舟，海物随水登江岸，蛇虺……入室。

▶ 降雨特征

公元 1464 年，陇东庆阳、正宁、环县，"淫雨，禾生耳，大荒"；甘肃兰州"水涨

1　明史·志四·五行一（水），"景泰四年冬十一月戊辰至明年孟春，山东、河南、浙江、直隶、淮、徐大雪数尺，淮东之海冰四十余里，人畜冻死万计"。

2　葛全胜，中国历朝气候变化 [M]，科学出版社，2011，第 547 页。

河决,漂没人畜无算"。明代华南地区只有 1544 年称得上特旱,而特涝年则只有 1478、1485 和 1582 三年,在 1477～1485 年还出现了长达九年的连涝。极涝的 1485 年,福建"自三月雨不止,于闰四月,福州、延平、建宁、邵武、泉州、汀州六郡俱大水。延平尤甚,船舶由城上往来";广东省的广州、佛山、清远等 12 个市县也有大雨水的记载。

▶ 火山爆发

公元 1452 年,太平洋上的库瓦埃火山发生喷发,不仅导致了第二次阿姆斯特丹大火(1453)、君士坦丁堡陷落(1453)、蒙古高原的政治分权(1455),还导致古登堡发明了活字印刷(因为当时来自东方的难民太多,携带大量文件要出版)。中国经历了日益恶化的气候,"1453 年山东大雪,平地过冬几尺深;1454 年江苏正月大雪。前十天,苏、昌两市。1454 年浙江下大雪,正月至二月,每四十二日,深六七尺,鸟兽死;鸟鸟皆死;二月嘉兴下了 40 多天的大雪。"著名的宫廷画家戴进在 1453 年的一幅画中记录了这一轮气候冲击(见图 61)。

图 61　戴进《涉水返家图》(局部),藏于美国大都会博物馆

▶ 烧炭指标

15 世纪气候变冷有可能使得黄河以北地区木炭需求量较明初温暖期增多。永定河上游森林植被的进一步破坏,很可能与北京官府冬季御寒所需求的木炭量增多有关。据《大明会典》记载,"宣德四年(1429)、始设易州山厂、专官管理。景泰间、移於平山。又移於满城。天顺初、仍移於易州"。 自京郊易州山厂创设起下达的烧炭指标每年都在增长。天顺八年(1464)为 430 余万斤,成化元年至三年(1465～1467)相继增至 650、1180、1740 余万斤。1466 年,北方十分寒冷,河北"四月乙巳,宣府陨霜杀青苗",山西"代州十月大雪,人相食",河南通许县"四月,霜,桑麦死",故当年易州山厂烧炭指标的急剧增加。弘治九年(1495)后,气候转

暖,故一般年份的烧炭指标被下调至 1500 万斤,特殊年份若增加数额,须请奏准。根据北京故宫的冬季供炭的记录 [1],从 1464 年供应北京的红罗炭开始急剧增加,到 1495 年减少供应,北方寒冷的趋势一直持续了 30 年。

▶ 乞丐危机

成氏五年(1469),"礼部尚书姚夔等奏,今京城街市多有疲癃残疾之人,扶老携幼呻吟悲号,亦足以干天地之和而四夷使臣见之,将为所议昔文王发政施仁,必先鳏寡孤独,伏望皇上以恤民为心,特敕巡街御史督五城兵马,拘审道途乞丐残疾之人,有家者责其亲邻收管,无家者收入养济院,照例时给薪米。其外来者亦暂收之,候天道和暖量与行粮送还原籍。有司一体存恤,务令得所此亦调摄和气之一端也。上可其奏曰,无问老少男女,有无家及外来者。顺天府尹尽数收入养济院,记名设法养赡,毋令失所" [2]。

▶ 刘大夏的悲剧

明宪宗宠信太监汪直,并由其建立西厂。当时,东南亚的老挝正在攻打越南(时称安南),汪直为了讨好明宪宗,怂恿明宪宗出兵吞并安南。这是典型的冷相气候带来的环境危机,60 年前永乐帝曾经借助于安南内乱,一举拿下安南,做了一次最大规模的"改土归流"。当时的英国公张辅征服越南,留下很多军事档案。明宪宗于是召来兵部尚书余子俊,让他把当年张辅攻打越南的军事档案调取出来,以备自己讨伐越南参考。余子俊派人查了半天,发现这份档案竟然丢了。史载:"大夏匿弗予。尚书为榜吏至再,大夏密告曰:'衅一开,西南立糜烂矣'。尚书悟,乃已" [3]。兵部尚书刘大夏完全没有意识到,火耕文明的安南比农耕文明的中国更怕气候危机,所以借助冷相气候危机在安南进行"改土归流"是中国对付南方危机的最合理选择。气候变冷对中国的农耕生产有利(降水增加),当时中国的农耕文明有实力发动"成化犁庭"(对抗渔猎文明),有实力横扫鄂尔多斯高原(对抗游牧文明),当然也有实力拿下安南(对抗火耕文明)。中国南方的"改土归流"事业,大部分都符合"冷相成功,暖相失败"的规律,所以当时出兵是正解。中国南方历来存在"暖相改

1 葛全胜,中国历朝气候变化 [M],科学出版社,2011,第 538 页。
2 明宪宗实录·卷 37·成化五年(1469)。
3 冯梦龙,智囊全集。

流设土,冷相改土归流"的大趋势,冷相武力收复故土是合理的选择。

公元 1471 年,郑和下西洋带回来的存放于内廷仓库的香料终于耗尽了,符合冷相气候危机导致的乙类钱荒趋势。汪直等太监就劝明宪宗效仿当年郑和下西洋,派遣得力的太监出海寻找宝物。下西洋赚取通货,是应对政府钱荒(乙类钱荒)的最佳对策。在这一建议下,明宪宗派人到兵部调取郑和下西洋的档案。这一次兵部尚书项忠未找到郑和下西洋的档案,原因是刘大夏又抢先一步将这份档案藏了起来。"时刘大夏为郎,项尚书公忠令都吏检故牒,刘先检得,匿之"[1]。显然,刘大夏不懂得经济规律,不知道政府缺钱的后果,因此对下西洋通商行为采取了躲避的态度,给后世造成了严重的后果。1450 年到 1550 年,是竺可桢发现的中国寒冷的一个世纪(因为 1500 年的两次火山爆发打破了暖相气候背景),这个世纪的火药技术中国是落后欧洲的,关键是刘大夏的闭关锁国态度影响了这一结果。

"郑和海图"是当年郑和下西洋的珍贵档案,其中包括了大量先进的造船图纸、航海路线、海战实录、番邦地理,无论刘大夏是烧掉了还是藏起来了,此举无疑是将大明无数代人的心血付之一炬,造成了航海技术、海战思想、造船技术、枪炮技术、天文技术上出现了断层,落后百年不止,刘大夏作为"海禁政策"的推动者在这件事上无疑是有罪的。然而,刘大夏身逢竺可桢发现的 1450 年到 1550 年的百年气候低谷,身逢身为儒家文化代表的刘大夏反对出击也是貌似合理的选择,只是他不懂经济规律,不知道战争也是破解经济危局的重要手段,"不识庐山真面目,只缘身在此山中"。

▶ 盐法改革

在这种边境冲突的形势下,有成化十年(1474),"巡抚右都御史刘敷疏请两淮水乡灶课折银,每引纳银三钱五分"[2],推动了银两在交易中的地位。弘治二年(1489)的记录云,"商人买灶户余盐以补官引",这就是所谓的"以余盐补正课"[3]。弘治四年(1491)叶淇任户部尚书,由于"开卖滋甚,年年卖银解京"[4],第二年明政府正式命令各地"召商纳银运司,类解太仓,分给各边",规定每引输银三四钱不等。至

1 殊域周咨录·卷8·真腊。

2 明史·食货志·盐法。

3 明孝宗实录,卷25,弘治二年四月乙未。

4 明宪宗实录,卷260,成化二十一年正月庚寅。

此开中折色制正式确立,也标志着盐业买卖中的银(币)物交换制的形成。开中折色制就是将开中纳米粟变为以银解部,这是取消白银禁令之后的社会响应,相距57年。

▶ 宋宗鲁本《耕织图》

明英宗天顺六年(1462),江西按察佥事宋宗鲁刻印的宋代《耕织图》的摹本进行发行和推广,该版本至今尚未发现。王增裕在"耕织图题记"中指出"宋公宗鲁《耕织图》一卷,可谓有关于世教者,让世人知道耕织乃衣食之本,足以铭训后人者,是不可不传也",故录此图以示人者以教化及民知为政之本也。日本延宝四年(1676)京都狩野永纳曾据此版进行了翻刻复制,今均以狩野永纳本等价于宋宗鲁本,作为楼璹本《耕织图》在明代流传的代表。

图 62　日本狩野永纳本《耕织图》

▶ 河套危机

在这一轮的冷相气候趋势下,天顺六年(1462)正月,毛里孩、阿罗出、孛罗忽(也作博勒呼)入河套[1]。由于三部"以争水草不相下,不能深入为寇"。天顺

1　明史纪事本末・卷58・议复河套。

（1457～1464）之后，孛来强盛，屡犯明朝边界[1]。成化（1465～1487）之初，毛里孩入侵延绥（今榆林地区）；成化五年（1469），毛里孩、加思兰、孛罗忽、满都鲁都相继入居河套。由于蒙古诸部以河套为据点，屡犯明朝宣府、大同、延绥等地，对明朝北部边疆造成了严重威胁。在延绥巡抚王锐的请求下，明朝于成化五年（1469）派出右副都御史王越搜剿河套，开始了与蒙古诸部的第一次河套争夺战。

▶ 余子俊长城

三路搜套失败之后成化八年（1472），延绥巡抚都御史余子俊大筑边城，弃河守墙[2]。当时的边墙"长一千七百七十余里，东起清水营，接山西偏头关界，西抵定边营，接宁夏花马池界"。在边墙外稍北地带，军民"多出墩外种食"、"远者七八十里，近者二三十里，越境种田"。值得一提的是，余子俊的长城深入农耕区内部，说明当时的气候非常寒冷，难以保障边境卫戍部队的后勤。

▶ 成化犁庭

成化犁庭，又名丁亥之役。成化指的是发生在明朝成化年间，具体是 1467 年。犁庭则是形容这次战况的惨烈，就像整个土地被犁过一样彻底，语出《汉书·匈奴传下》："固已犁其庭，扫其闾，郡县而置之。"成化三年（1467），明宪宗朱见深下令进剿建州女真，下达的命令是："捣其巢穴，绝其种类。"[3] 任命大将赵辅率军五万，兵分三路进剿建州女真。同时，朱见深又命令当时的藩属国朝鲜派出军队，全力配合明军进剿。经过一个月的围剿，明军斩首六百三十余人，俘虏二百四十余人，李满柱和他的儿子被朝鲜军队斩杀。另外一个首领董山（建州右卫首领，努尔哈赤的五世祖）也被明军设计抓获，在押送途中董山试图逃脱被杀。

▶ 瑶民起义

在正统七年（1442），瑶民领袖侯大苟就已经以大藤峡为中心，领导瑶民起义反抗明廷，但多次被明军弹压。天顺七年（1463）冬，侯大苟势力再次大涨，曾夜袭、攻

---

1 韩昭庆，明代毛乌素沙地变迁及其与周边地区垦殖的关系 [J]，中国社会科学，2003(05)：191-204+209。

2 葛全胜，中国历朝气候变化 [M]，科学出版社，2011，第 547 页。

3 全辽志·卷六。

占梧州府城,总兵官泰宁侯陈泾虽拥兵甚众,却不能制。天顺八年(1464)正月,太子朱见深登基为帝,是为成化天子,仍命巡抚都御史叶盛、副总兵欧信、广西总兵官陈泾及巡按三司等官,调官军土兵围剿,哪知一年过去,民乱未见歼灭,反倒愈演愈烈,眼见两广残破,皇帝自然大怒。成化元年(1465)正月十六日,大明朝廷讨论的"广西流贼"是指的是广西大藤峡一带侯大苟所领导的瑶民起义军,史书也称其为"藤峡盗乱"。

▶ 西厂特务机构

明成化十三年(1477)正月,置西厂。西厂与东厂性质类似,只对皇帝负责,是皇帝的私人侦缉机构,太监汪直是首任提督。西厂势力远超东厂,"自京师及天下,旁午侦事,虽王府不免",活动范围遍及天下。西厂任意逮捕官员吏民,制造冤假错案,朝臣纷纷上疏反对,短暂废停后又重兴。1506年即正德元年,宦官势力再度崛起,西厂复兴。1512年即正德七年,刘瑾倒台,西厂才彻底取消,不复设。

明正德三年(1508)八月,置内行厂,由大太监刘瑾执掌。内行厂存续时间较短,前后不过两年,然其为害程度远超东、西二厂及锦衣卫,用刑酷烈,残暴不仁。刘瑾倒台后,内行厂才被撤销。

明代四大著名奸宦分别代表了当时的环境危机。也就是说,只有环境危机才会推动他们的抓权行动,间接导致了政治上的腐败。

- 1449年,导致土木之变的太监王振;
- 1477年,兼任西厂厂公的大太监汪直
- 1508年,权倾天下的大太监刘瑾,
- 1620年,秉笔太监"九千九百岁"的魏忠贤。

▶ 玫瑰战争

由于火山爆发导致的气候变冷,英法之间在英法百年战争(1337～1453)之后又爆发了玫瑰战争(又称蔷薇战争,1455～1485年)。这是英王爱德华三世(1327～1377年在位)的两支后裔兰开斯特家族和约克家族的支持者为了争夺英格兰王位而发生断续的内战,恰好发生在酷威火山爆发之后,就有了对环境危机的响应特征。"玫瑰战争"一名并未使用于当时,而是在16世纪,莎士比亚在历史剧《亨利六世》中以两朵玫瑰被拔作为战争开始的标志,后才成为普遍用语。此名称

源于两个家族所选的家徽,兰开斯特的红蔷薇 Rosa gallica 和约克的白蔷薇 Rosa alba。

战争最终以兰开斯特家族的亨利七世与约克家族的伊丽莎白联姻为结束,也结束了法国金雀花王朝在英格兰的统治,开启了新的威尔士人都铎王朝的统治。也标志着在英格兰中世纪时期的结束并走向新的文艺复兴时代。为了纪念这次战争,英格兰以玫瑰(这里玫瑰实为欧洲古老蔷薇)为国花,并把皇室徽章改为红白蔷薇。

▶ 瓦斯卢伊战役

公元 1474 年秋,土耳其苏丹穆罕默德二世害怕已经臣服的摩尔多瓦在斯特凡大公(1433~1504)领导下统一罗马尼亚,于是派遣鲁米利亚的总督苏里曼·帕夏率军 12 万大军进攻摩尔多瓦。斯特凡大公考虑到自己仅有 4 万兵力,于是采取坚壁清野和诱敌深入的战略,将土耳其军队引入拉科瓦河与伯尔拉德河汇流的一片沼泽地带——瓦斯卢伊。这里只有一座狭窄的高桥可以渡河,此外全是泥泞的沼泽。1475 年 1 月 7 日,疲惫不堪的土耳其军队与以逸待劳的斯特凡的军队开始决战。在发起决定性冲击之前斯特凡派出一队号手到土耳其军队的后方吹起攻击号。被迷惑的土耳其人误认为已被包围,队伍陷入混乱状态。斯特凡乘机立刻以主力进行迎头痛击,击溃了敌人。斯特凡身先士卒,奋勇杀敌,经过三昼夜激战,于 10 日大败土耳其军,生俘苏里曼·帕夏和 8 名总督。许多土耳其官兵均溺死于沼泽和河中,摩尔多瓦军队获得全胜。这是一次以少胜多、以弱胜强的著名战役。根据交战地点,此战役被称为高桥战役或瓦斯卢伊战役。

▶ 时代之歌

明宪宗成化八年(1472)三月,余子俊为副都御史巡抚延绥。当时蒙古族强大,常以轻骑入侵骚扰,出兵追击,往往师劳无功。于是,在成化九年(1473),余子俊将延绥镇的镇治从绥德迁到了榆林,增兵设防,拓城戍守,从此榆林成为九边重镇之一。十年(1474)闰六月,余子俊征调民众修筑边墙(即明长城),东起府谷清水营,西到定边花马池,全长 700 华里。余子俊经营榆林 20 多年,边务整饬,河套蒙人不敢南下,军民相安,蒙汉人民和睦,贸易往来频繁。大约此时,余子俊留下了一首《七律·登镇北台》:"极目平畴杨柳青,碧空万里邀银鹰。烽烟断绝九边靖,蒙汉和合百业兴。紫塞无言证伟绩,红峡有声颂丰功。清廉肃敏千秋敬,泽惠榆林振雄风。"其中的"蒙汉和合百业兴"是当时的政治理想,而在寒潮中,蒙古避寒南下,经营鄂尔多斯是当时的主流趋势,汉蒙冲突不可避免,所以余子俊主持的长城建设,才是明代真正意义上抵抗侵略的北方长城,承担着隔离两个文明、降低整体国防投入的重任。

故宫烧炭,毁掉不少林木。河套危机,消耗不少资源。在气候危机面前,成化犁庭,搜剿河套,瑶民起义等都是需要政府财政的支持。刘大夏从儒家"轻徭薄赋"的观点出发,拒绝开发海外的资源,实在是不懂经济规律的典型。儒家代表火耕,法家代表农耕,两者都不能适应气候变冷带来的环境危机。

公元 1500 年: 无酒无花锄作田

▶ 气候特征

弘治六年(1493)冬,东中部地区数月笼罩于严寒之中,冻害异常严重。例如,安徽六安"秋九月十三日大雪,至次年三月二十七日止。深丈余……山畜枕藉而死"。巡抚凤阳都御史张玮奏称:"十月至十二月内凤阳等府,滁、和、六安等州轰雷掣电,雨雪交作。"监察御史史瑛也说:"安庆、太平等府自去岁(1493)十一月初以来需雨大雪,连月倾降,冰雪堆集,树木倒折……寒冷异常,民多冻死。"湖南长沙"大雪,冻几三月,冰坚厚数尺,如石路平坦,无复江河沟壑之阻",衡阳"十月内,大冰,岁终方解"。江西的北部"交冬风雪连绵……菜麦牛羊冻死殆尽"。此外,在河南各地的许多地方志中也都有该年冬天大雪连续三个月,厚达数尺以上的记载。苏北沿海也有海水结冰,涟水一带"冬,大雪六十日,囊苇几绝,大寒凝海"。

弘治六年(1493),山西春季犹有晚霜,但当年北京出现暖冬。据杨廉上奏称,该年北京一带"大寒过后犹少霜雪,冬至以来愈觉喧暖",《明史·五行志》也记当年"冬无雪"。弘治九年(1496)后,气候转暖,故一般年份的烧炭指标被下调至1500万斤,特殊年份若增加数额,须请奏准。1497～1570年,华北各地渐次有了"冬燠"、"夏大暑"以及冬季植物二次开花的记录,冬无雪记载也明显增多。正德年间(1505～1521),苏州府有再熟稻记载,如"一岁两熟","丰岁稻已刈而根复发,苗再实"。明正德四年（1509），"是冬极寒，竹柏多槁死，橙桔绝种，数年间市无鬻者。黄埔中冰厚二、三尺"[1]。这虽是一则寒潮史料，但说明正德四年前上海地区种植柑橘，当时的气候是非常温暖的。

但是，由于1500年维苏威火山[2]和圣海伦斯火山的爆发[3]，中国气候遭遇了一次气候冲击，如1501年冬，福建莆田"冰结厚半寸，荔枝冻枯"[4]。明弘治十四年（1501）夏，沿江、江南暴雨成灾。潜山：潜山等三县连旬大雨，水漫绞起，淹死男妇牲畜，田禾亦多冲没者。宿松：秋八月安庆大水。怀宁：大水蚊出，漂流房屋。贵池：夏五月大水，坏民居，府南门济州桥圮……。青阳：夏五月大水坏庐舍。芜湖：芜湖等三县自（五月）初七日天雨连绵，且山水泛涨，冲圩岸房屋，人畜多漂没者。广德：六月水溢州城。宁国：八月宁国府大水蚊出，漂流房屋。在这个气候冲击下，弘治十四年（1501）闰七月，小王子（达延汗）等部自红盐池（今内蒙古伊金霍洛旗之南）、花马池（今宁夏盐池）入，纵横数千里。延绥、宁夏边镇皆告警，入宁夏饱掠，又分掠固原（今宁夏固原）而去，史称孔坝沟之战。

武宗正德元年（1506）冬，"广东琼州府万州雨雪"。何业恒认为，1506年发生的"特大寒"事件使得南亚热带和热带北界南移到万宁（18.5° N）一线以南，较现代南移了3个纬度。

1509年10月15日，福建宁德"大霜连日，荔枝、龙眼大数围者俱死"；次年冬，又"大雪连日，平地深尺余，经半月未消，在南方未尝见此"。明正德四年（1509）七月，从初六至十一日大雨昼夜不止，水溢府庭，濒海高原民舍多遭漂没；冬极寒，黄浦江冰厚二三尺，经月不解，竹柏多死，岁苦饥[5]。明武宗正德四年（1509）冬，"广东潮州陨雪，厚尺许"[6]。潮州即是今天的潮安，潮阳等县，位于亚热带，冬季罕见下雪，而明代中叶竟"雨雪"，"陨雪，厚尺许"，可见当时天气甚寒。

另据《云南通志》，孝宗弘治十一年（1498）夏六月，云南临安大风寒甚，民多有冻死者，鸟雀亦多冻死。云南临安是今天的云南省建水、通海、河西、嶍峨、蒙自、石

---

1 青浦县志。

2 Scandone, Mount Vesuvius: 2000 years of volcanological observations, Journal of Volcanology and Geothermal Research, 58 (1993) 5-25.

3 葛全胜等著，中国历朝气候变化［M］，科学出版社，2011年，第494页。

4 康熙版兴化府莆田县志·卷43·祥异。

5 万历上海县志。

6 广东通志。

屏等县,夏六月竟然寒冷到民有冻死者,可见当时气候之酷寒。这是暖相气候中的一次异动。

▶ 夜禁制度

北京城在明代被划分为三十六坊,每坊分若干牌,每个牌下设若干铺,每个铺管理若干条胡同。正德十一年(1516),兵部尚书王琼提出,弘治元年(1488)百户王敏曾经建议,"京城之内,大街小巷不止一处,巡捕官兵,只有七百余名,未免巡历不周,一闻有盗,昏夜追赶,大街曲巷辄被藏匿……于小巷路口置立栅栏夜间关闭",但由于财政没有拨款,工程未完成就停止了,已建好的栅栏,质量也很差,"其已修完栅栏亦不如法,不久损坏";现在,"今照京城之内大街小巷,不止一处,巡捕官军止有七百余名,未免巡历不周,一闻有盗,昏夜追赶,小街曲巷辄被藏匿",所以京城应该再次修建栅栏,"除宽街大路不必置立外,但系小街巷口相应设门去处,各置立门栅,遇夜关闭。"[1] 这一建议,可认为是王敏建议的后继进展。这一京城栅栏制度,在仇英本《清明上河图》中有所反映(见图63)。

图63　仇英本《清明上河图》中的栅栏,代表着明代的夜禁制度

1　钦定四库全书·御选明臣奏议·卷15·传奉疏(王琼)。

▶《便民图纂》

明代苏州府吴县（今江苏吴县）知县邝璠（1465～1505）在弘治十五年（1502）的苏州出版了《便民图纂》，其中"务农"和"女红"两章包含了很多《耕织图》的内容，把原图楼璹所题的五言诗换成了平畅易晓的吴歌，即竹枝词，唱起来朗朗上口，增强了该图的地方特色和使用效果。该图也是依楼璹图而改绘的，作为插图形式出现于《便民图纂》中，画幅数减为16幅，便于普通读者接受。其弘治初刻本（1502）未见流传，现存有嘉靖甲辰蓝印本（1544）和郑振铎先生遗藏的明万历二十一年（1593）于永清刻本，从时机看，每一次刊印也有响应环境危机的动机。

图64 便民图纂·务农·耕田

按《便民图纂》卷三内容看，当时早稻在清明前浸种，寒露前收获，而晚稻在谷雨前浸种，霜降前收获。按照《吴门事类》的定义，此处"早稻"只是早熟的晚稻。故知，由于气候变冷，生长期缩短，双季稻已无可能，故只能种植一季之稻。另外，在一定程度上，由于水资源的紧张，这一时期江南地区将不适宜种稻之地改种棉、桑等经济作物，以谋求更高的经济利益。

▶ 徽州防火墙

中国的徽派建筑文化以防火墙为典型特征，来源于广东博罗人何歆在徽州的一段当官经历。"何歆，字子敬，广东博罗人，弘治进士，由御史出守（徽州），为人精明强干，有吏能，郡数灾，堪舆家以为治门面丙，丙火位不宜门，前守用其言，启甲门出入犹灾。歆至思所以御之，乃下令：郡中率五家为墙。里邑转相效，家治崇墉以居，自后六七十年无火灾，灾辄易灭，墙岿然。""吾观燔空之势，未有能越墙为患者。降灾在天，防患在人，治墙，其上策也。"[1] 这一段话，点出了当时的对策是

1 徽郡太守何公德政碑记。

每隔 5 家竖起一道防火墙,缩小失控的火灾规模和范围。在古人缺乏救火工具的时段,通过牺牲小区换取大众安全,不失为一种应急策略。何昕在徽州当官的三年(1503～1506),恰好是气候变暖的时段。

▶ 庐陵防火墙

正德五年(1510),王阳明在庐陵遭遇火灾高发季节。"昨行被火之家,不下千余,实切痛心。何延烧至是,皆由衢道太狭,居室太密,架屋太高,无砖瓦之间,无火巷之隔。是以一遇火起,即不可救扑。昨有人言,民居夹道者,各退地五尺,以辟衢道,相连接者,各退地一尺,以拓火巷。此诚至计。但小民感近利,迷远图,孰肯为久长之虑,徒往往临难追悔无及。今与吾民约,凡南北夹道居者,各退地三尺为街;东西相连接者,每间让地二寸为巷。又间出银一钱,助边巷者为墙,以断风火。沿街之屋,高不过一丈五六,厢楼不过二丈一二。违者各有罚。地方父老及子弟之谙达事体者,其即赴县议处,毋忽。"[1] 王阳明的对策(防火巷)与何歆的对策(防火墙)是等价的,土地紧张则立防火墙,土地宽松则置防火巷,两者都是对暖相气候造成的火灾的响应,说明当时的气候有利火灾蔓延,需要被动防火措施来补救。

▶ 蒙古南下(呼和浩特)

在暖相气候中,北方游牧民族的内乱加剧,弘治十三年(1500)达延汗趁土默特部迁往河套之际,攻灭同时兼并土默特部。在 1508 年到 1510 年之间,达延汗征服了鄂尔多斯,任命其子巴尔斯博罗特(Barsubolod)为统领鄂尔多斯部的万户驻守河套地区。从此以后,鄂尔多斯部一直没有离开过河套地区,蒙古也逐步获得了河套地区的控制权。

▶ 陕北二边

大同镇真正开始大边修筑,可能应该从成化十三年(1477)算起。而弘治十四年(1501)修筑大同大边是最完整的一次大边修筑。据《九边图考》,弘治十五年(1502),秦襄敏总制陕西三边,筑内边一条,自饶阳界起西至徐冰水三百里,自徐冰水起西至靖虏花儿岔止,长六百余里。据《固原州志》,弘治十八年(1505),总制杨

---

1 王阳明全集·王文成公全书·续编三·告谕庐陵父老子弟。

一清修边四十余里。

弘治年间,在余子俊长城之外,又筑大边,目的是保护边墙之外的农田[1],"弘治中,抚臣文贵以屯田多在边外,于是修筑大边,防护屯田,而以子俊所筑者为二边"。也就是说,暖相气候才有可能导致农耕区北移,导致文贵修筑大边,保护新增的农业土地。今天保留下来的长城,都是大边,而不是余子俊修筑的二边。大边与二边的相对位置,如下图所示。从大边到二边的推进,隐含着气候变暖、日照增加、后勤改善、农耕扩张的大趋势。

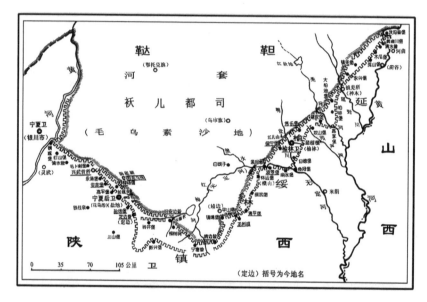

图 65　鄂尔多斯高原外围长城大边与二边的相对位置

▶ 哥伦布发现新大陆

意大利热那亚航海家克里斯托弗·哥伦布,公元 1476 年移居葡萄牙,曾向葡王建议向西航行以探索通往东方印度和中国的海上航路,未被采纳。1485 年移民西班牙,继续向西班牙王室建议海上探险。1492 年 8 月 3 日,奉西班牙统治者伊萨伯拉与斐迪南之命,携带东方君主的图书,率船 3 只,水手 90 名,从巴罗斯港出航,横渡大西洋,到达巴哈马群岛、古巴、海地等地,以后又三次西航(公元 1493 年、1498 年、1502 年),抵牙买加、波多黎各诸岛及中美、南美洲大陆沿岸地带。西方定

---

1 (清)顾祖禹,读史方舆纪要·卷 61·陕西·榆林。

哥伦布第一次到达巴哈马群岛的日期 10 月 12 日为发现美洲的哥伦布节。

错过了哥伦布的葡萄牙懊悔不已,与发现了新大陆的西班牙,对谁将拥有未来世界的发现权产生了争执。经过近一年的谈判,1494 年 6 月 7 日,在罗马教皇的主持下,葡萄牙和西班牙在里斯本郊外的一个小镇上签署了《托尔德西里亚斯条约》。在地球上画一条线,然后像切西瓜一样把地球一分两半。葡萄牙拿走了东方,西班牙把美洲抱在了怀里。这个条约为葡萄牙与西班牙制定了瓜分世界的游戏规则,这个规则也成为后来列强瓜分世界的基本规则,促进了西方列强的全球冒险与扩张。此条约树立了西方世界海洋文明时代的第一个国际规则。

考虑到这些探险活动的气候背景,这是人类响应气候脉动的一次应急措施,对文明而言,这是一次伟大的发现和进步。

欧洲开启大航海时代的主要原因包括:

● 由于陆上丝绸之路被奥斯曼土耳其崛起垄断后带来的香料供应危机,欧洲迫切需要新的香料供应基地;而香料是热带的产物,只有中东、印度和印尼群岛才有,这是典型的地理决定论。

● 面对气候危机,渔猎文明需要移民或殖民,找寻新领地和财富;

● 面对气候危机,渔猎文明需要打破商业文明(威尼斯)的垄断;

● 游牧文明帖木儿帝国的跛子帖木儿意外死亡之后,欧洲的外部威胁骤减,有精力从事海外冒险;

● 阿拉伯世界保存的希腊文明成果在君士坦丁堡陷落之后流传到西方,带来文艺复兴和技术突破,推动航海技术的改良。

▶ 达·伽马发现印度新航路

1498 年 5 月,经过四年的生死考验,葡萄牙航海家达·伽马率领的船队终于抵达印度的卡利卡特港。葡萄牙人终于得到了梦寐以求的香料。瓦斯科·达·伽马出生于葡萄牙锡尼什,维迪格拉伯爵一代,葡萄牙航海家、探险家。1497 年 7 月 8 日受葡萄牙国王派遣,率船从里斯本出发,寻找通向印度的海上航路,船经加那利群岛,绕好望角,经莫桑比克等地,于 1498 年 5 月 20 日到达印度西南部卡利卡特(即郑和曾经在 1407 年到达并在 1433 年去世的古里,达·伽马比郑和晚到 91 年)。同年秋离开印度,于 1499 年 9 月 9 日回到里斯本。1502～1503 年和 1524 年又两次到印度,后一次被任命为印度总督。达·伽马是开拓了从欧洲绕过好望角通往印度的地理大发现家,促进了欧亚贸易的发展。

▶ 时代之歌

公元 1505 年,在气候温暖的背景下,唐寅作了一首脍炙人口的《桃花庵歌》:
"桃花坞里桃花庵,桃花庵里桃花仙。桃花仙人种桃树,又折花枝当酒钱。酒醒只在
花前坐,酒醉还须花下眠。花前花后日复日,酒醉酒醒年复年。但愿老死花酒间,不
愿鞠躬车马前。车尘马足贵者趣,酒盏花枝贫者缘。若将富贵比贫贱,一在平地一
在天。若将贫贱比车马,他得驱驰我得闲。世人笑我忒疯癫,我笑世人看不穿。记
得五陵豪杰墓,无酒无花锄作田。"

适逢两次火山爆发带来的寒流危机,让本来应该温暖的弘治(1488～1505)
年间依然不乏危机,蒙古南下和陕北二边都是响应寒潮。只有两道防火墙,代表着
社会响应暖相气候造成火灾蔓延的对策。

公元 1530 年: 是非成败转头空

▶ 气候特征

1530 年前后又经历一次气候的冲击 [1]。嘉靖八年(1529),"春祈雨,冬祈雪,皆
御制祝文,躬祀南郊及山川坛。次日,祀社稷坛。冠服浅色,卤簿不陈,驰道不除,皆
不设配,不奏乐" [2]。1529 年冬青浦,"是冬极寒,竹柏多槁死,橙枯,绝种数年"。嘉靖
八年(1529),兵部尚书王琼言,陕西三边"屯田满望,十有九荒"。1532 年春,福建
出现冷冻天气,"是岁,闽果不实"。嘉靖十一年(1532)在达延罕可汗的统领下的
西土默特部东渡黄河 [3],走出河套进入早已不设防的东胜卫、丰州滩、察哈尔,乃至宣
大边外。这也就成了土默特部入住丰州滩的始端。

▶ 社仓危机

嘉靖八年(1529),兵部侍郎王廷相(1474～1544)再次建议开设社仓,"令民

---

1 葛全胜等著,中国历朝气候变化 [M],科学出版社,2011 年。
2 明史·卷 48·礼志。
3 荣祥,荣庚麟,土默特沿革,土默特左旗,1981,第 241 页。

二三十家为一社。择家殷实而有行义者一人为社首,处事公平者一人为社正,能书算者一人为社副,朔望会集……"[1]。这个设计完善的社仓法,后来"无力行者"。王廷相这个想法,灵感来自北方民俗会社之礼,据他所说,这种礼俗:"每一二十家朔望一会,各出钱数十文收贮,令一人掌管,四时祭神,备办牲醴,遇有丧事之家,用以赙助,积贮之多,或值年不顺成,各家亦得分用救济……弘治(1488~1505)之前,往往如此。近年以来,惟城市人尚有此俗,乡村之民举行颇少"[2]。可见这是一种深植民间社会的自助组织形态,是应对冷相气候灾情危机的社会响应模式,气候变暖会降低这方面自助的需求。朱熹在1169年首创社仓,所以社仓是应对冷相气候危机的典型对策。

▶ 争贡之役

嘉靖二年(1523)六月,日本左京大夫大内义兴遣使宗设抵宁波;未几,右京大夫高贡遣使瑞佐偕宁波人宋素卿亦至。由于宋素卿贿赂宁波市舶太监赖恩,宴会时得以坐在宗设上座,其货船虽然后至,但先于宗设货船受检。宗设怒杀瑞佐,焚其船只,追宋素卿至绍兴城下,沿途劫掠而去,明备倭都指挥刘锦、千户张镗战死,浙中大震,史称"争贡之役"。这一事件导致明政府废除了福建、浙江两处市舶司,只留下广东市舶司,导致明朝与日本的贸易途径断绝,倭寇滋生,为后来的"东南倭祸"埋下了伏笔。

▶ 一条鞭法

嘉靖九年(1530),户部尚书梁材根据桂萼关于"编审徭役"的奏疏,提出革除赋役弊病的方案:"合将十甲丁粮总于一里,各里丁粮总于一州一县,各州县丁粮总于一府,各府丁粮总于一布政司。而布政司通将一省丁粮均派一省徭役,内量除优免之数,每粮一石编银若干,每丁审银若干,斟酌繁简,通融科派,造定册籍。"

嘉靖十年(1531),御史傅汉臣把这种"通计一省丁粮,均派一省徭役"的方法称为"一条编法",也即后来的"一条鞭法"[3]。一条鞭法又称类编法、总编法等,是明代中后期在赋役制度方面的一项重要改革,一条鞭法就是将各种徭役、田赋和各种

---

1 明史·卷79·食货2。
2 王廷相集,北京,中华书局,1989。
3 明世宗实录·嘉靖十年三月。

杂费,并而为一,针对土地多少折合银两征收。主要内容是:"总括一州县之赋役,量地计丁,丁粮毕输于官,一岁之役,官为金募。力差,则计其工食之费,量为增减;银差,则计其交纳之费,加以增耗。凡额办、派办、京库岁需与存留、供亿诸费,以及土贡方物,悉并为一条,皆计亩征银,折办于官,故谓之一条鞭。"[1]

一条鞭法虽然是针对冷相气候经济危机提出,可是要等到暖相气候才有足够的阳光和执行力来实现财政的盈余。1571年嘉靖皇帝过世之后,张居正借着暖相气候的东风推广一条鞭法,是中国历史上少有的经济改革成功之例。

▶ 盐法改革

在这种气候危机推动的经济危机面前,明廷又需要推动盐法的改革。凡购买余盐者,须先购买正盐。嘉靖八年(1529)的记录云:政府许可"各边开中正盐一引,到于运司,命添开中余盐二引"[2],而又"听各商人自行买补",即以余盐补正盐。

▶ 土司起源

嘉靖三年(1524),"十月甲寅,加镇远府推官杨戴青俸二级,戴青以土舍袭职。尝中贵州乡试,巡抚杨一溪请如武举袭荫之例加升一级,以为远人向学者之劝。吏部覆,土司额设定员,具各在任,难以加升,宜于本卫量加俸给。著为例,报可"[3]。这是历史上第一次正式提到土司制度,替代过去的土官衙门。

▶ 思田之乱

明朝嘉靖六年(1527),田州府事改为流官执掌。思恩王受、田州卢苏等土司头目不满流官管治,勾通聚众作乱。王受率众万人攻占思恩城,活捉知府吴期英;卢苏外攻内应,赶跑田州知府王熊兆,占据府城。都御史提督两广军务兼巡抚姚镆调集东兰、归顺、镇安、泗城、向武等土州兵,配合两广官兵"进剿",未能平定动乱。明世宗朱厚熜起用原兵部尚书王阳明总督军务,与姚镆一起征讨,王阳明以原官职兼左都御史,总督两广兼巡抚,不但平定了思恩、田州之乱,还通过大藤峡之役,基本控制和结束了广西的土司制度。由于当时经历了一次冷相气候冲击,王阳明平叛的结

1　明史・卷78・食货志二。

2　万历大明会典・卷32・盐法。

3　明世宗实录・卷44。

果符合"暖相改流设土,冷相改土归流"的大趋势。广西的土司制度,从1055年狄青平定侬智高叛乱开始,到1527年王阳明平定大藤峡叛乱结束,大约耗时472年,大约6个完整气候周期。

▶ 嘉靖尊儒毁淫祠

明代之后,由于宋代佛教的衰落、儒教信仰的崛起和本土信仰的崛起,明代的毁淫祠现象非常多[1],而且都是地方化信仰冲突,难以一一列举。最重要的全国性事件是嘉靖毁淫祠。嘉靖元年(1522)曾大毁"淫祠"。起初是在北京,"遍察京师诸淫祠,悉拆毁之"[2]嘉靖九年(1530),将毁"淫祠"的规模扩大到全国。表面上看,这是明世宗嘉靖崇道的结果,也是"大礼议"事件的回响。其实是在响应气候危机,符合"冷相气候淫祠增加"的大趋势。嘉靖毁淫祠,发生在欧洲的宗教革命(1517)之后不久,说明中欧社会对宗教的态度变化具有同步性特征,关键是气候变化的同步性。

▶ 英国圈地运动

随着气候变冷,羊毛制品市场需求的扩大,英国地主阶级迫切需要把农场变成牧场,通过圈地或侵占公共土地进行集约化经营。于是,英国国王从1530年代起颁布一系列血腥立法和行动后,第一波圈地运动发生,迫使社会中下阶层被新贵族和资本家雇用,因马克思的《资本论》而闻名于世。这体现在小地产向大面积应用集中。结果,许多个体户农民失去了土地,破产成为了流浪汉。这一运动有利于降低劳动力成本,为英国随后的工业革命奠定了基础。

▶ 英国宗教改革

1527年,亨利八世国王的离婚请求被教皇拒绝,由此引发了与圣教会的一系列公开冲突。1529年开始,他指示议会通过一系列法令,切断英国国教与罗马教廷的宗法关系,并禁止英国国教向教皇进贡。1534年,议会通过了《最高法》,规定英格兰国王为英格兰教会的领袖。英国国教有权任命教职和解释教义,成为国家机构的一部分,并成立了圣公会。显然,这是又一次因为冷相气候引发的宗教分裂。

---

1 赵献海. 明代毁"淫祠"现象浅析,师大学报(哲学社会科学版),2002,000(001):28-33.
2 (清)谷应泰,明史纪事本末·卷52。

▶ 日见银矿开发

根据《石见银山旧记》一书所载，早在 1309 年（延庆二年）时周防国大名大内弘幸往访石见国时，在参拜北斗妙见大菩萨之际便有采银的纪录，后来臣从于大内义兴的出云国田仪村铜山主人三岛清右卫门帮助大内家在 1526 年（大永六年）3月开掘出地下的银矿，其子大内义隆继位后在 1533 年（天文二年）透过博多的商人神谷寿贞招徕工匠，以从海外学习的精錬技术灰吹法大幅提升银的产量。日见银矿的开发，为日本从渔猎文明转向商业文明奠定了商业资本，推动了日本输出资本和银通货，在明政府锁国政策的刺激下，间接推动了倭寇海盗事业的发展。

▶ 时代之歌

正德六年（1511），明代首辅杨廷和之子杨慎获得殿试第一的好成绩。1524年，因大礼议事件得罪明世宗朱厚熜，被发配到云南充军。他经常四处游历，每到一地都与当地的读书人谈诗论道，留下了大量的描写云南的诗词，《临江仙》是其中的一首："滚滚长江东逝水，浪花淘尽英雄。是非成败转头空。青山依旧在，几度夕阳红。白发渔樵江渚上，惯看秋月春风。一壶浊酒喜相逢。古今多少事，都付笑谈中。"

气候危机必然带来宗教危机和经济危机，宗教危机表现为"嘉靖毁淫祠"和英国宗教改革，经济危机表现为"一条鞭法"（建议）和圈地运动。环球同此凉热。

公元 1560 年：锐气明朝破虏间

▶ 气候特征

自从 1529 年发生汉水冬冰之后，华中地区三十年内几无江湖结冰和异常初、终霜雪的记载，气候已明显变得温暖[1]。1563 年，右金都御史王崇古巡抚宁夏时曾作《田父叹》曰："驱车历夏郊，秋阳正皛皛。……时和霜落迟，九月熟晚稻。"1568 年、1573 年、1574 等年曾出现桃李冬花等表征气候温暖的事件。

嘉靖、万历年间，江北的丹徒、通州、如皋等州县多种植耐寒的橙树，而苏州、上

---

1 葛全胜等著，中国历朝气候变化 [M]，科学出版社，2011，第 507～508 页。

海一带则种植柑橘。嘉靖十七年（1538），《嘉靖太仓州志》载："近年吾城人家多种橘，种类不一，惟衢橘为佳"[1]。

太仓人王世懋（1536～1588）曾言，"柑橘产于洞庭，然终不如浙温之乳柑、闽漳之朱橘。有种红而大者，云传种自闽，而香味径庭矣。余家东海（即太仓）上，又不如洞庭之宜橘，乃土产蜕花甜、蜜橘二种，却不啻胜之。橘性畏寒，值冬霜雪稍盛，辄死。楦地须北藩多竹，霜时以草裹之，又虞春枝不发。记儿时种橘树不然，岂地气有变也"[2]。

不过，温暖气候也不乏寒冬。1560 年冬至 1561 年春，华中、华东各地曾大范围出现严重的冰雪灾害，淮河出现封冻。嘉靖三十九年（1560）冬至嘉靖四十年（1561）春，江苏、安徽浙江、江西等地就出现了较为严重的冰雪寒冷天气，并导致淮河的一些河段出现封冻；类似的寒冷天气在 1565 年冬至 1566 年春、1566 年冬至 1567 年春、1577 年冬至 1578 年春与 1578 年冬至 1579 年春又相继发生。其中，以 1578 年冬至 1579 年春为最。

明嘉靖三十九年（1560）夏，沿江、江淮部分地区大水；冬，江南大部分地区雨淞。和县、含山：大水。无为：大水。七月大水浸城，入市者以船渡，九月始退。巢县：大水。贵池、铜陵：大水。宣城、宁国：冬树冰，竹木压折甚众。

明嘉靖四十年（1561）春，淮北东部大雪；夏，全省大部分地区连阴雨。五河：春大雪，自正月十八日至二月终止，三月又雨雪，夏五六月淫雨不止，河湖四溢，禾麦尽没，居民多荡折迁徙。合肥、舒城：闰五月大水坏民居。舒城：五月大水，坏田庐、禾稼无算。和县：水。无为：大水，圩田尽没。（闰五月）大水，坏民居。庐江：大水，圩田淹没，民多流亡。闰五月大水坏民居。铜陵：大水。南陵：大水，泛滥没圩堤，大饥。宁国：大水，漂没圩岸，大饥。绩溪：夏五月大水。休宁：大水。

1560 年被史学家约翰·布鲁克（John Brooke）定为小冰河期第二阶段的起点[3]，推动美洲新物种引发各国的农业革命。总体上说来，气候已明显转冷，各地江湖结冰和异常初、终霜雪记载增多，这一轮冰冻灾害，在欧洲影响更显著，也对欧洲方兴未艾的猎巫运动起到了推波助澜的作用。

1 嘉靖太仓州志。
2 王世懋，学圃杂疏。
3 Brooke, J., Climate change and the course of global history：a rough journey, Cambridge University Press, 2014.

▶ 关中大地震

明嘉靖关中大地震,简称嘉靖大地震,是发生于中国明朝嘉靖三十四年腊月十二(1556 年 1 月 23 日)的大地震。现代科学家根据历史的记录,推断当时的地震强度为地震矩 8.0 至 8.3,烈度为 11 度。这次地震的震中位于陕西华县,祸延 97 个县,包括山西、陕西、河南、甘肃、河北、山东、湖广、江苏及安徽九个省亦受到影响。余震在半年内每个月都有三至五次。嘉靖大地震发生在气候变暖的前夜,也可能是气候发生重大转变的原因。

▶ 火灾警告

嘉靖二年(1543)十月,明世宗朱厚熜宣谕:"说与百姓每:须要昼夜巡逻火盗";嘉靖二十八年(1549)十月,又宣谕:"说与百姓每:早起晚眠,小心火烛",嘉靖三十二年(1553)再次宣谕:"说与百姓每:须要昼夜巡逻火盗"。隆庆二年(1568)十月,穆宗朱载垕也曾下达谕旨:"说与百姓每:早起晚眠,小心火烛"。这一段持续的警告,集中在 1560 年前后发生,历史上仅此一例。

▶ 救火组织

由于放弃了商业和商税,明代社会的总体税赋负担比较轻,结果导致燃料堆积不足,明代的救火组织非常罕见,只有一例。明万历四年(1576),庞尚鹏制定《防御火灾事宜》。"(各家)改造木桶,安顿门首,合再申饬,责令十家,共置一大桶,蓄水预防。责巡捕官,将各铺御火长铁钩、大麻绳、梯、锯等具,开立一牌,专贮该铺,著令铺夫,轮番收管,听巡捕官查考,缺即添补、坏即整理、不许挪借。"让各家改造木桶置于自家门口的同时,再令每十家备置一大桶,停水备用[1]。

▶ 开荒失败

明嘉靖四十年(1561),漳州人王凤等以种菁失利,加上粮食不足,聚众数千人据二十八都(永泰梧桐)叛乱,永泰西南乡里遭烧掠一空,官府征当地乡勇参与剿灭梧桐盘富山寨,寇虽被剿灭,但给永泰带来巨大伤害,种菁业和种菁业都走向了

1 (明)庞尚鹏,防御火灾事宜。

衰落。《清史稿》载："棚民之称,起于江西、浙江、福建三省。各山县内,有民人搭棚居住,芝麻种菁(一种提取染料的植物),开炉煽铁,造纸制菇为业。"[1]明嘉靖四十年(1561),大批来自漳州的流民来到汀州长坑,搭棚种菁。明万历年间,朝廷禁止棚民上山垦殖,要求他们解散还乡,引发棚民不满。明万历十七年(1589)正月,汀州(今长汀县)人菁民邱满率众占据永泰陈山,知县陈思谟(河源人)求援,巡抚赵参鲁派把总王子龙率军剿灭。《〔乾隆〕永福县志》卷载:"万历十八年(1590)菁客会盟为乱。"

福建开荒失败,与缺乏足够的抗灾作物有关,在美洲作物(玉米、番薯、马铃薯)引入中国之前,开荒有很大的失败风险。1560年是欧洲小冰河期的第二段起点,存在异常的气候波动,是导致开荒失败的外部原因,也是引发倭寇之乱的重要推手。

▶ 南平防火墙

福建南平也是山城,"延城(南平)崎岖狭隘,民居稠密,屡罹火患"。"历来火灾,延烧甚广,赖设高墙,以断火路。"万历三年(1575),"郡守林梓悯民困苦,令民吴侃侃、徐佑、李镒、许历、蓝襄福等,议置银两,买地砌墙七座,然墙犹未周也。万历六年冬,复遭火患。郡守管大勋捐俸增筑不足者,侃侃、佑镒等,谕屋主量助拓基,又成二座,总为九座,火患少免"[2]。

▶ 盐法改革

嘉靖三十七年(1558),明朝不得不批准工本盐免其官买盐斤,许可商人自向各盐场灶户买盐。隆庆四年(1570),更因户科给事中菅怀理的建议[3],以为"官为收鬻,不若听商收买,简便可行",而正式"罢官买余盐"。于是,余盐私卖私买就完全确立了。从此,余盐由灶户与商人直接买卖,灶户不再以隶属的地位,而是以小生产者的地位与商人自由买卖。

▶ 南方长城

面对持续性的民族冲突,历代统治者也在想办法解决。最好的办法是设立隔离

---

1 清史稿·卷102食货志一。
2 南平县志·大事。
3 续文献通考·卷二十·征榷·盐铁。

墙，让汉苗民族分开，这样会缓解相互竞争的土地压力。早在永乐三年（1405），带兵镇压"生苗"的湖广都指挥使谢风等人，就曾奏请在湘黔边"苗疆""要害之地"，"筑堡屯兵"以御"生苗"，但似乎没有得到广泛的认同（因为当时的气候是冷相，冷相气候的人口压力没有暖相那么大）。真正开始在湘黔边"苗疆"筑堡屯兵的是肖授，据《明史·肖授传》记载："宣德五年（1430）贵州治古答意二长官司苗数出掠，授筑二十四堡，环其地分兵以戍。"

嘉靖三十一年（1552），明军在镇压湖湘黔边苗民起义之后，特设三藩总督，开府沅州，由张岳任总督镇抚，张岳"乃疏罢湾溪等屯，更设乾州、强虎、竿子、洞口、清溪、五寨、永安、石羊、铜信、小坡、冰糖坳、水田营及镇溪所，凡十有三哨。每哨以士兵仡蛮及募打手等数百人戍之"。

上述的堡和哨，还是零星的驻兵点，真正隔离苗汉两族的是边墙。最早提到边墙的是辰州知府马协留下的《议哨墙》，据他说"嘉靖季，参将孙贤立烽建营，险筑边墙七十里"。孙贤是张岳留下处理善后事宜，大约是 1560 年前后。

第二次筑边墙，缺乏正史记录，在康熙二十五年（1686），辰州知府刘应中写作《边墙议》，提到"旧日边墙，上起王会营，下止镇溪所，绕山逾崭，绕三百余里，创自万历年间"，这是"边墙"兴筑以后 70 多年的记载，因此对应的是 1620 年的气候脉动。另据成书于乾隆二十二年（1757）的《湖南通志》记载："设立边墙，自万历四十三年（1615）……蔡复一巡边，申详奏请动支公帑银四万三千余两，筑楚边城。"

在明末边墙很快被踩平之后，1687 年和 1724 年，清政府先后得到奏议，建议重新修筑边墙，但没有采取实质性的筑墙措施。

清嘉庆年间（1800），即蔡复一筑"边墙"近 180 年之后，傅鼐主持"苗防屯政"时，又筑 100 余里墙壕。据险建筑，多在山顶和山梁上。

根据上述所述，针对苗地边墙有六次历史记录，三次成功修成，分别是 1430、1552 和 1800 年，三次都是暖相气候峰年附近（说明经济实力强，有实力造墙）。而没有建成的三次建议筑墙，分别发生在 1405、1686 和 1724，暖相不够显著（说明环境张力不大，没必要造边墙）。这从另一方面说明暖相气候对生活在中国的苗族环境影响更大，因此周期性的气候脉动是苗族动乱的重要来源之一。

▶ 开放海禁

在明朝推行海禁的 200 年，由于政府往往用白银来"回赐"外国使团，导致白银的流出十分严重。不过这一个现象在隆庆年间开始发生转折。1567 年,隆庆宣布恢复市舶司,并且允许在民间商人在福建月港进行了对外贸易,使得海禁被打开了一个口。此后,中国和世界其他国家的民间贸易就迅速发展了起来。此时,西班牙和葡萄牙已经实行了新航路开路,他们和中国建立了经济往来。西班牙在美洲开采了大量的白银,垄断了全世界 80% 的白银生产。而西班牙则用大量的白银到中国购买瓷器、茶叶等物资,使得白银得以大规模流入中国。根据统计,从隆庆开关到明朝末期,大约有 4000 多万两白银从菲律宾流入了中国。

▶ 张居正改革

张居正在全国范围内推行一条鞭法,改革赋役制度。其核心内容就是将田赋、徭役和杂税合并为一,"按亩征银",并取消力役,改由丁银代替。一条鞭法体现了"摊丁入亩"的趋势,相对减轻了民众负担,又适应了商品经济的发展规律,松弛了人身依附关系,促进了社会经济的发展。该法的实行使明朝的财政状况有所好转,但触动了大地主、大官僚等既得利益者的利益,遭到强烈反对。万历十年(1582),张居正死后,改革即被废止。一条鞭法的推行,顺应了历史潮流,有利于生产力的发展,是中国赋役制度史上的一次重大改革。

明万历元年(1573)十一月,在暖相气候的鼓励下,张居正请行"考成法",对官员所办之事设定期限,延误期限者受到惩罚;选拔人才,注重才能,裁撤了大批冗官,吏治有所改善。

▶ 蒙古入寇

公元 1550 年的"庚戌之变"。俺答率兵自潮河川,经鸽子洞、黄榆沟等地入围北京。明廷震惊,始答允通市。因战争影响,通市时断时续。1570 年,俺答孙把汉那吉投奔明朝,受明政府礼遇,俺答受感动,于 1571 年与明廷和议,双方建立和平通贡关系。

到正德后期,明初及明中期修筑的大同大边防御体系几乎破毁殆尽。从嘉靖十八年(1539)开始,明廷不得不重新构筑新的边墙防御体系,以取代遭到破毁并已失守了的大边防御体系。这条新的大边防御体系到万历初年(1574)臻于完备[1],并

---

1 榆林府志·长城。

成为俺答各部与大同镇的分界线。后来，也成了山西与内蒙古的地理分界线了。

▶ 葡占澳门

1557 年，葡萄牙人进攻广州失利后，假借船上货物被打湿需要晾晒，同时贿赂明朝官员，获得居留权。居住期间受香山县管辖，定期交租缴税，必须遵守明朝法律规定，犯罪由明朝审判。葡萄牙人胆敢私设炮台被依法拆除，私建教堂拆除改为石碑，宣示明朝主权。为了防止葡萄牙人偷渡到内地，政府还设了关闸，定期开放。

▶ 夜市经济

1556 年至 1557 年冬天，葡萄牙传教士克路士来到中国时，沿街摆摊的小贩给他留下了深刻的印象。回国后，克路士根据自己的见闻，写了本《中国志》解锁中国的财富密码，其中说道："这个地方有一件了不起的事，那就是沿街叫卖肉、鱼、蔬菜、水果以及各种必需之物。因此，各种必需物品都经过他们的家门，不必上市场了"。这说明，暖相气候有利于摆摊活动和夜市经济，为暖相气候下政府发动"夜禁"奠定了基础。

▶ 倭寇危机

嘉靖时期，海防松弛，东南沿海一带商海大贾为求取暴利，与海盗和倭寇勾结，导致倭患十分严重。1547 年，朱纨治海失败，明廷甚至罢免了提督海防军务的官员，倭寇更为横行。1556 年，戚继光调任浙江参将。1559 年，戚继光到浙江义乌招募农民和矿夫，严加训练，组建了一支战斗力很强的"戚家军"。1561 年，倭寇进犯浙东桃渚、圻头二地，戚继光率军前往，先后九战皆捷，浙东倭患渐平。图 66 中展示了一幅名画（仇英版《清明上河图》）中典型的对付倭寇的兵器场景，尤其那靠墙的两支狼筅是针对倭寇的专用武器，该画创作于 1562 年前后，当时南方的倭寇危机正处于高潮。

图 66　仇英版《清明上河图》(局部)，
藏于辽宁博物馆

▶ 灾难性的冰雹

公元 1562 年 8 月 3 日,一场毁灭性的雷暴袭击了中欧,破坏了建筑物,杀死了动物,毁坏了庄稼和葡萄园(见图 67)。这场自然灾害造成的破坏如此之大,前所未有,以至于很快就提出了风暴的非自然起源。更令人担忧的是,这并不是当时唯一的气候异常。这一意外的夏日冰雹事件,不但给欧洲带来了气候危机,也给欧洲的文化带来重大的转变。猎巫运动开始高涨,一直持续到 1782 年最后一位女

图 67　1562 年的冰雹袭击,是小冰河期
气候恶化的标志

巫被审判烧死,大约持续了 210 年。所有的猎巫运动,大多与小冰河期气候恶化有关,是基督教文明(单神信仰)和渔猎文明(多神信仰,女巫崇拜)之间文明冲突的结果。

▶《雪中猎人》

老彼得·勃鲁盖尔是北方文艺复兴时期艺术时期的一部分,他是一位来自佛兰德的画家。 据估计他出生于 1525 年左右。在典型的带有风景场景的农民流派中,《雪中猎人》是他描绘一年中不同季节的六幅(幸存的五幅)画作中的一幅。场景是猎人带着他们的狗从一次不成功的狩猎探险中返回。勃鲁盖尔也是在荷兰宗教革命时期创作的,它向我们展示了乡村生活应该是什么样子的世俗例证。当代科学家们经常利用这一对寒冷场景的描绘来证实小冰河时代的严重性,这件事发生在 1562 年欧洲气候突然恶化之后,代表小冰河期第

图 68　《雪中猎人》,藏于维也纳艺术博物馆

二段的发端性气候危机。

▶ 法国宗教战争

公元 1562 年 3 月 1 日,法国的瓦西镇发生了一起天主教徒大肆屠杀新教徒的惨案。它是法国历史上著名的第一次宗教战争的导火线,也是小冰河期第二段气候恶化对人类社会的影响。法国"胡格诺派"和"天主教联盟"两个宗教派别之间有深刻的利害冲突,各自打着维护所属宗教教规、教义的旗号、针锋相对,怒目而视,矛盾愈来愈趋向尖锐化。1562 年 3 月 1 日,弗朗索瓦·介斯率领士兵经过瓦西镇,正在这时,忽听得一座大谷仓内传出胡格诺教徒们在做礼拜、高唱赞美诗的祈祷声。介斯顿起杀机,下令队伍袭击那些手无寸铁的胡格诺教徒群众。刀光剑影之中,当即有 23 人被杀死,1 万余人受了伤。瓦西镇一时陷于血泊之中,悲声震撼天地。接着,政府军在别的城市也高举屠刀,接连发生了镇压新教徒的流血事件,全国的形势一下子紧张起来。为了自卫和抵抗,胡格诺派教徒也武装起来反对武装镇压。这样,持续时间长达 30 余年的法国历史上第一次宗教战争终于大爆发。直到 1598 年 4 月 13 日法王亨利四世颁布"特赦令":承认天主教为国教,同时允许胡格诺派有信仰和崇拜自由,在担任国家公职方面可以享受同等权利等等之后,这场旷日持久的宗教战争才平息下来。显然,当时的冷相气候危机是"宗教冲突"的重要推手之一。

▶ 时代之歌

嘉靖三十三年(1554)三月,浙闽提督王抒,缜密地侦察金塘岛地形后,制订了周密的作战计划,遣参将俞大猷从沥港正面进攻,参将汤克宽从西堠门堵住倭寇退路,采用两面夹攻的战术,配合戚继光、邓城等将领,以福建楼船战于宁波、绍兴、松阳诸郡,焚舟数十艘,斩俘敌千余人,彰显楼船的威力。金塘岛沥港一战,大获全胜,歼灭倭寇 280 余人,狠狠地打击了倭寇的嚣张气焰,大大地鼓舞了舟山军民抗倭的信心。这场战斗也是舟山历史上抗倭首次大捷,影响深远。为此,俞大猷把沥港改称为"平倭港",当地百姓为了褒扬俞大猷抗倭的业绩,又在沥港建立了"平倭碑",以供后人瞻仰。此役之后,俞大猷留下了一首《咏海舟睡卒》,是历代边塞诗、军旅诗的代表作之一:"日月双悬照九天,金塘山迴亦燕然。横戈息力潮头梦,锐气明朝破虏间。"

此时仇英能够绘制《清明上河图》，经济必然是扩张的，响应当时的暖相气候趋势。然而，中国的封关禁海政策，让商业文明无路可退，只能化身海盗，在东南方兴波逐浪。在经济实力的支持下，戚继光组织了明代第一支募兵制队伍，取得清剿倭寇的胜利。当时的温暖气候，有力地保障了张居正"一条鞭法"改革的成功推进。

公元 1590 年：貂鼠围头镶锦裯

▶ 气候特征

1583 年，延、宁二镇丈出荒田一万八千九百九十余顷，但，二镇地方沙碛，领过田数未必处处可耕。甘肃镇官员称"地土瘠薄，天气寒冷，耕种无时"，"附近力勤者种一歇二，方能收获；地远力薄者三四年方种一次"，这相较于明初及嘉靖年间的甘肃丰产情形，已不可同日而语。

万历二十二年（1594），山西官员称"三晋田地瘠薄，半是山岭。钱谷不敷，兼苦水旱"。

清人褚人获在《坚瓠集》中描写晚明吴中女子妆饰时云："貂鼠围头镶锦裯，妙常巾带下垂尻，寒回犹着新皮袄，只欠一双野雉毛。"诗中提到的"貂鼠围头"指的就是"貂鼠卧兔儿"。"到了冬天，更有用貂鼠、水獭等珍贵毛皮制成额巾，系裹在额上，既可用作装饰，又可用来御寒，是一种非常时髦的装束，俗称'貂覆额'，或称'卧兔儿'"。当时的小说《金瓶梅》中常见的貂皮制品（皮草），符合气候变冷导致防寒产品流行，也昭示着冷相气候推动渔猎文明崛起的大趋势。

1580～1590 年可能是明后期略暖的一个时段，在 1583、1584、1589、1590 四年，各地出现过秋桃李花、冬雷、无雪的现象。

▶ 火山爆发

公元 1600 年华伊纳普蒂纳（Huaynaputina）火山的喷发加剧了 1590 年以来气候变冷的趋势，并产生了许多后果。万历二十九年（1601），"延绥、榆林二卫所八月雪雹相继，禾苗尽死。万历三十年，雨雹"[1]。据张家诚等（1974）研究，万历三十

---

1 续文献通考。

年（1602），长江下游曾出现两千年未遇的大水，很可能是火山爆发的结果，导致气候变冷的洋流带来了严重的雨灾。1601 到 1603 年，俄国发生普遍性的饥荒。1603 年 8 月，泉州海水暴涨，溺死万余人。按照明代太监刘若愚《酌中志》中的记载，当时的气候条件是"凡遇冬寒，宫中各铜缸木桶，该内官添水凑安铁刍其中，每日添炭，以防冰冻、备火灾，候春融则止"。显然，该火山的爆发给全球带来的冷相气候（仅次于 1815 年坦博拉大爆发，相隔 215 年），是气候异动性的表现之一。

图69　吴彬的《罗汉图》，藏于台北故宫博物院

由于气候的恶化，中国经历了多次龙卷风，这在下面的绘于 1601 年的《罗汉图》中有记录（见图 69）。其主题是一条在雷雨交加中的随时时刻出现的龙，也就是龙卷风，因为中国对龙的大多数观察实际上都是龙卷风。华伊纳普蒂纳的喷发造成了众多龙卷风事件，这是中国明朝（小冰河时代）经常遇到的气象异常现象。

1601 年，畿辅八府及山东、山西、辽宁、河南荒、旱、霜。河南新蔡，正月初九，大雪四十日。浙江富阳、杭州，安徽石台，六月寒气逼人，山中飞雪成堆，深山亦然。至七月始热，八、九月仍热如故，人民大病。

1602 年，中原多水，南方多冬雪。湖南浏阳，春大雪，民僵死。

1606 年，海南岛琼山大雪，众木凋落、六畜冻死，降雪南界比今南移了 2 个纬度，当年年均温低于现今 1.0℃。所以，明万历人谢肇淛曾云："闽中无雪，然间十余年，亦一有之，则稚子里儿，奔走狂喜，以为未始见也。余忆万历乙酉（1585）二月初旬，天气陡寒，家〈福建长乐〉中集诸弟妹，构火炙蛎房啖之，俄而雪花零落如絮，逾数刻，地下深几六七寸，童儿争聚为鸟兽，置盆中戏乐。故老云：'数十年未之见也。'至岭南则绝无矣。柳子厚《答韦中立书》云：'二年冬，大雪逾岭，被越中数州，数州之犬皆仓皇噬吠，狂走累日。'此言当不诬也。"[1]

1　五杂俎·卷 1·闽中雪。

1606 年，全国多水。江苏淮安等县，正月雨雪甚。海南琼山，冬大寒，百物凋落，六畜冻死。

1607 年，全国多水。陕西西安、凤翔等地，五月申戌大雹。福建邵武，冬十二月，大雪，大树丛竹尽折。南京正月雪后池内冰结为花。安徽太湖，冬，水结冰。

1608 年，秋自江淮以北如陕西、河南等地，旱魃为虐，赤地千里。上海、江苏、安徽、江西、湖北、湖南、云南各地大水泛滥为灾。甘肃酒泉二月初二日起大雪，降深丈余。河北定襄、山东莒县，秋后桃花开。

1612 年，山东、河南蝗。南方大水。河南淮阳正月寒冰，大折树木。江苏淮阴，元旦大雪，深数尺。四月，冰雹大如碗钵，地深五寸；涟水，雹杀麦，四月十六、十七日大雪。河南淮阳，正月雨水，寒冰，大折树木。

1615 年，三月至七月，不雨，民情嗷嗷，多逃亡者。盖自京畿、河北以至山东三千里。南方多水。广东大埔又雪，摧木折枝。

荷兰画家亨德里克·阿维坎普（1585—1634）在 1608 年关于小冰期的风景画《有溜冰者的冬景》（Winter Landscape with Skaters，见图 70），给我们记录了当时的气候危机。

公元 1601 年，英国东印度公司成立。1601 年，天主教传教士利玛窦（Recci Matteo）被明朝万历皇帝正式接见和认可，开启了天主教在中国 120 年的传教事

图 70 亨德里克·阿维坎普的《有溜冰者的冬景》，藏于阿姆斯特丹国立博物馆

业（到 1723 年为止）。第一台手动消防车于 1602 年首次出现在德国，标志着消防事业和城市文明的专业化开端。1608 年北美弗吉尼亚詹姆斯敦第一个美国殖民地的建立是气候恶化的直接后果，为后世的工业革命提供了原料基地。这些环境危机带来的社会响应事件都对一百多年后的工业革命产生了深远的影响。

▶ 邪神再起

谢肇淛曾记 16 世纪末，福州"家家奉祀五帝尤严"，"瘟疫之疾一起，即请邪神，香火事于庭，惴惴然朝夕拜礼许赛不已，一切医药，伏之罔闻"[1]。民间信仰的高涨，意味着当时的环境危机很严重。

▶ 黄河水灾

隆庆四年（1570），黄河在邳州决口时，潘季驯曾奉命治河。1578 年，黄河又在崔镇决口，附近多地都被水淹没，为害甚巨，朝臣围绕如何治理黄河水患也是争论不已。张居正遂举荐工部侍郎潘季驯总理河漕，治理水患。潘季驯上任后，以"筑堤束水，以水攻沙"为原则，提出治河六策，塞崔镇决口，筑遥堤，治水效果显著。次年十月，治河工程顺利结束，河、淮分流，此后数年，河道再无大患。潘季驯还根据多年治水经验，写成《河防一览》《宸断两河大工录》等书，提出了不少颇有价值的治河理论。然而当下一个气候节点到来之际，黄河水灾的潜力增加，于是在 1588 年，潘季驯恢复总河（职位）。不幸的是，1591 年，发生泗州洪水，淹没泗州城之后，潘季驯再次去职退休。

▶ 火灾私诚

杭州县令沈兰彧撰《火灾私诚》，提出"今后若有火患，其用砖者必不毁。其延烧者，必竹木者也。久之习俗既变，人不知有火患矣。此万年之利也"[2]。其中也提到两次火灾，"往岁庚子（1600）之灾以数万室，丙午（1606）之灾以数十万室"，说明这是在 1606 年之后不久的作品。同时代的谢肇淛认为，"火患独闽中最多，而建宁及吾郡尤甚"[3]。沈兰彧和谢肇淛的火政对策，代表着南方社区在冷相气候危机下对

---

1 （明）谢肇淛，五杂俎·卷 6。
2 钦定古今图书集成·历象汇编·庶徵典·第 101 卷·火灾私诚。
3 五杂俎·地部 2·卷 4·地部 2。

防火措施的主流看法,都是在应对当时的全球性的寒潮危机。南方社区通常气候温暖,使用草屋有其内在的通风散热的需要。这种散热好的建筑,必然在寒潮中不保温,提升了取暖的需要,结果导致更大的火灾损失。南方建筑的阻燃处理,相当于提升了保温效果,降低了保温的失火概率,因此有特殊的意义,相当于是一次"城市文明"的建材革命,来源于气候危机。

▶ 降水危机

万历年间的山阳县学训黄九训曾说:"淮素称沃土,乃今民不堪命,无他,水实灾之"[1]。盐城县志也记有"追明中叶,洪水为灾,民鲜粒食"[2]的降水过多情形。

在1561、1579、1580三年,长江中下游地区曾出现过连雨三月以上的严重水灾。嘉靖—隆庆年间江汉地区因之有民谣道:"我乡本泽国,年丰亦乐土。家家足鸡豚,处处开场圃。奈何迩年来,北溟频作海。一决失邱陵,四望尽江浦。置身鱼鳖中,出没蛟龙蔽。稚子作钓钩,老妻作网罟。虽得鱼虾食,更被征徭苦。"

另万历《襄阳县志》载《江汉大水谣》云:"屋又倾颓麦又流,暂搬家口傍墙头。举家饭食无来处,急急寻人且卖牛……夫妇近来无活计,手携缯网取鱼虾。"

《淮系年表》载,万历二十一年(1593),四月初至八月,淮河流域淫雨不止,七八月间又发生多次大暴雨,怀远,凤阳、五河等州县普遍"舟行树梢,人栖于木","大水进城关,市几没",为近500年来水灾最为严重的一次。

1580年后长江流域干旱程度逐渐加重。例如,万历十七年(1589),"六月乙巳,南畿、浙江大旱,太湖水涸,发帑金四十万赈之"。"苏、松连岁大旱,震泽为平陆。浙江、湖广、江西大旱。"

▶ 鼠疫危机

明朝华北地区共出现过两次大鼠疫传播期:

一是万历八至十六年(1580～1588),曾波及山西全境以及河北、河南、山东等地;

二是崇祯六至十七年(1633～1644),从山西省逐渐扩散至陕北、河南、河北及京津等地。

---

1 万历《淮安府志》跋,《天一阁藏明代方志选刊续编》(8),第833页。
2 光绪版盐城县志·卷4·风俗。

这两次鼠疫的流行,当与明后期1577～1591年、1629～1644年发生的严重干旱有关,即旱灾使得饲草歉收,鼠和旱獭等啮齿类动物被迫迁徙寻食,增加了与人类的接触机会,同时在旱灾所引发的饥荒下,人类被迫从鼠窝掘食,甚至食鼠充饥。

▶ 生存危机

万历二十一年(1593),福建巡按陈子贞道出了福建商人的无奈,"闽省土窄人稠,五谷稀少,故边海之民皆以船为家,以海为田,以贩番为命。向年未通番而地方多事,迩来既通番而地方义安,明效彰彰耳。自一旦禁之,则利源阻塞,生计萧条;情困计穷,势必啸聚。况压冬者不得回,日切故乡之想;佣贩者不得去,徒兴望洋之悲。万一乘风揭竿,扬帆海外,无从追捕,死党一成,勾连入寇,孔子所谓谋动干戈不在颛臾也"[1]。

因为海禁阻挡了福建商民的基本谋生之道,否定了福建商民最为基本的生产方式,并从而影响了福建商民的生活方式,甚至危及生存。为了继续维持原有的生活方式和生活水准,福建商民势必铤而走险,违禁下海,至于勾连入寇。这是闽广江浙等中国东南沿海地区共同的问题,只要海上利润丰厚,一定有不畏惩治、犯禁走私的现象。在这种气候脉动带来的环境危机与政策上进退两难的情况下,多山靠海的福建孕育了中国最大的商业帝国,郑氏的海盗王国,叱咤南国六十年。

▶ 番薯入华

番薯被确认进入中国的时间,有两种说法,一种是1593年,由西方传教士传入菲律宾的吕宋岛,然后经华人陈振龙走私到福建(把番薯藤编入船绳,走私回国),并传入江南一带的,后来就逐渐地推广到全国各地。郭沫若在1963年特为红薯写过一首词《满江红·纪念番薯传入中国三百七十周年》:"我爱红苕(tiáo),小时候,曾充粮食。明代末,经由吕宋,输入中国。三百七十年转瞬,十多亿担总产额。一季收,可抵半年粮,超黍稷。原产地,南美北;输入者,华侨力。陈振龙,本是福建省籍。挟入藤篮试密航,归来闽海勤耕植。此功勋,当得比神农,人谁识?"

成书于嘉靖三十一年(1552)至万历六年(1578)之间的《本草纲目》中提到:

1 明神宗实录·卷262·万历二十一年七月乙亥条。

"甘薯补虚,健脾开胃,强肾阴。海中之人多寿,而食甘薯故也",这说明陈振龙之前还有其他的引进渠道。经过何炳棣的仔细考证[1],红薯通过缅甸传入中国的陆路传播需要经过云南,早在 1563 年出版的《大理府志》卷二就提到"白薯、红薯、紫薯"。美洲作物(番薯、马铃薯和玉米)是来自美洲山区的抗旱抗冻作物,他们都有特定的抗灾基因,因此可以顺应中国灾情的需要而得到推广。

▶ 盐法改革

公元 1573 年,张居正普及推广实行一条鞭法时,更将户口盐钞并计算之于地,由岁粮内带征[2]。从此,户口食盐法完全废止(大约运行了210年),而官卖制在盐的运销制度中开始瓦解。虽然户口食盐法不再支盐,仍对沿海地区的食盐运销制度发生相当的影响。万历十五年(1587),当计口给盐之法不行之后,淮安、扬州二府所属州县,因靠近盐场,私盐充斥,于是仍模仿户口食盐法之意,于民户中之"金报殷实铺户"[3],先使他们完备银价,前赴运司买引,亲自下场关支,装运出场,前往本州县折卖。铺户的出现,标志着商人的公平竞争向商人的垄断竞争发展,预兆着纲法的到来。

▶ 蓟镇兵变

万历二十三年(1595)十月二十日,刚打完万历朝鲜战争第一阶段的"戚家军"(蓟三协南兵营)回到驻地后,由于朝廷答应他们的钱粮和赏赐没有兑现,愤怒的士兵去找将士讨要说法,但是蓟镇总兵王保对他们耍了花招,他将"戚家军"骗到了演武场。然后他让手下的士兵,对这群手无寸铁的人展开了杀戮。《朝鲜实录》和《明实录》记载,三千三百多人被杀,幸存者被"军法从事"或"发回原籍"。大名鼎鼎的"戚家军"就这样谢幕了。表面上,戚家军是因为内耗。实际上,这支基于募兵制的职业队伍消耗了太多的资源,让经济紧张的明政府无以为继,所以借机收拾了,重新回到较便宜的征兵制轨道。经商赚钱能力不如宋朝,是明王朝覆灭的首要原因。

1 何炳棣.美洲作物的引进、传播及其对中国粮食生产的影响(二)[J].世界农业,1979(4): 21-31.
2 明神宗实录·卷58·万历五年正月辛亥。
3 明神宗实录·卷190·万历十五年九月辛卯。

▶ 工人暴动

明万历二十九年（1601），因为气候危机，让明神宗派宦官孙隆等人以税监的身份到达苏州，设关卡向商人和手工业者征税。在遭到苏州市民的反抗后，孙隆便又针对行商在城内设立"五关"，要求丝绸、布匹进出关卡都要缴纳重税。这导致交不起税的商贩没法进城做买卖，织造品无法外销，机户停工，机工的生活也受到影响。即便如此，为了上缴税款，孙隆还向机户征税，规定每台织机收税银三钱，每匹绸缎收税银五分。此举导致机户破产，机工失业。当地民众不堪忍受，在机工葛成的带领下，终于爆发了"不杀棍（税），不逐孙不休"的斗争。孙隆的爪牙被殴杀后，孙隆狼狈逃到杭州。之后，朝廷下令缉拿参与闹事之人，葛成挺身而出，到官府自首。明政府迫于葛成在当地民众中的影响，并未将其杀害。十年后，葛成才被释放出狱。这些苏州进贡的丝织品，后来在万历皇帝的明定陵中出土，说明当时的冷相气候危机推动了丝织品的消费增长，带来沉重的税赋压力。

▶ 宁夏之役

宁夏是明代边陲九个军事重镇之一，主要是防御蒙古族人。作为叛乱首领的哱拜本是蒙古鞑靼人，明嘉靖年间因得罪酋长，父兄被杀，他投了明军。万历十七年（1589），被提为副总兵，致仕后，其子哱承恩袭位。哱拜因于二十年（1592）二月十八日，纠合其子承恩、义子哱云及土文秀等，嗾使军锋刘东旸叛乱，杀党馨及副使石继芳，纵火焚公署，收符印，发帑释囚。胁迫总兵官张惟忠以党馨"扣饷激变"奏报，并索取敕印，惟忠自缢死。各路援军在代学曾为总督的叶梦熊的统帅下，将宁夏城团团包围，并决水灌城。叛军失去外援，城内弹尽粮绝，同时内部发生火并。九月十六日刘东旸杀土文秀，承恩杀许朝，后周国柱又杀刘东旸，军心涣散，李如松攻破大城后又围哱拜家，拜阖门自尽，承恩等被擒，至此，哱拜之乱全部平息。

▶ 河套之乱

万历十九年（1591），总督魏学曾令总兵杜桐等率军击杀河套部长明安[1]，导致河套诸部又开始和明朝兵戎相见，一直到了明万历三十五年（1607），明神宗在无奈

---

1 明史·列传·卷一百二十七。

之下允许边贸重开，这场持续了十七年之久的西北之乱才逐渐平息。

▶ 朝鲜之役

公元 1592 年三月，日本在丰臣秀吉的领导下发动侵朝战争。四月，日军在朝鲜釜山登陆。到六月，汉城（今韩国首尔）、平壤均沦陷，朝鲜丧失了大片土地，并向明求援。是年十二月，明朝政府派宋应昌、李如松等人率军进入朝鲜，大举援朝。万历二十一年（1593）正月，中朝军队在平壤大败日军，从而扭转了朝鲜战争的局势。此后，汉城、平壤等地相继收复，日军退出朝鲜。第一次援朝战争取得胜利。万历二十三年（1595）正月，日本再次率大军侵朝。朝鲜又向明求助，明朝派刑部尚书刑玠率军入朝。中朝双方密切配合，作战顺利。1596 年 8 月，丰臣秀吉病逝。日军难以为继，准备从朝鲜撤军，后在露梁海战中大败，中朝联军取得大胜。因此战正好是在日本的庆长纪年，故又被称为"庆长之役"。

▶ 明缅战争

明缅战争，又称明缅之战，是指明嘉靖、万历年间新兴大国东吁王朝入侵中国云南地区，明朝以自卫反击为开端，爆发的一场在"西南极边之地"战争。

1560 年前后，缅甸东吁王朝在东南亚地区强势崛起，不断对外用兵，扩张地盘，到嘉靖末年，已经统一缅甸的东吁王朝开始侵扰明朝的"三宣六慰"地区，明缅之战自此爆发。

最初明朝的态度比较消极，只是依靠当地土司进行抵抗，到后来缅甸征服各地土司后，大军直入云南境内。此时明朝如梦方醒，才派兵出战。万历十一年（1583），黔国公沐昌祚、云南巡抚刘世曾奉命组织军队，同时朝廷派刘綎、邓子龙为将，率军出战。明军取得攀枝花大捷后，长驱直入，收复被缅甸占领的土司领地，大军深入缅甸境内，直抵后来的缅甸都城阿瓦城下。阿瓦缅军守将开城投降。到万历十二年（1584），明朝的这场反击战以胜利告终。

万历二十一年（1594），缅甸再度大举入侵，号称大军三十万，分兵三路进犯云南地区。好在云南巡抚陈用宾有所准备，成功击退缅甸军队。此后缅甸因与暹罗的战争失败，陷入被动局面，暂时停止对明朝边境的袭扰。一直到万历三十二年（1604），东吁王朝复兴，缅甸军队再度北犯，先后攻占孟养、木邦等地。而此时的明朝按兵不动，最终在这场战争中，彻底失去孟养、木邦地区。

▶ 播州之役

明穆宗隆庆五年（1571），杨应龙袭任播州（今贵州遵义）宣慰使一职，成为杨氏第二十九世土司。杨应龙统治当地人民手段残酷，已经达到了人人自危的程度。万历十八年（1590）始，播州土司杨应龙与明政府的关系逐渐恶化，贵州巡抚叶梦熊上疏揭露杨应龙罪状，要求派兵征剿。1593年，明军与杨应龙发生武装冲突，明军大败。1595年，杨应龙表面上答应明廷以重金赎罪，却迟迟不交，暗中集结死士，意图谋反。1598年十一月，杨应龙正式起兵，攻打贵州、湖广等地。次年，明廷派兵部侍郎李化龙节制湖广、四川、贵州三省兵事，又就近征调军队，前往平叛。万历二十八年（1600）杨应龙最后的据点海龙屯被明军攻占，杨应龙自杀，播州之役结束，播州"改土归流"在武力的推动下完成。播州之役历时114天，耗费湖、川、黔三省白银二百余万两，给当地人民带来了深重的灾难。平定叛乱后，明廷取消世袭的土司制度，实行改土归流，置遵义、平越二府，下设二州八县，分属四川、贵州两省，由明廷直接派官统治。播州之役是响应冷相气候导致的政治危机，中央政府干涉的结果，相当于改土归流。

▶ 本草纲目

李时珍，字东璧，湖北蕲州人，出身医学世家。历时三十余年，李时珍终于在万历十八年（1590）修成出版了190多万字的《本草纲目》。全书52卷，以"部"为纲，共分水、火、土、金石等16部60类。此书是在唐慎微《经史证类备急本草》基础上，整理修补而成。李时珍增加药物374种，处方8161个，是我国16世纪以前中药学集大成之作。

▶ 长城建设

万历二十三年（1595），巡抚李景元筑边墙，"绵亘十五里，坚固精好，外护雁门，内巩省会，敌不敢窥焉"[1]。万历二十六年（1598），"以松山平定议筑新边，……新边自靖虏卫黄河索桥起，至庄浪县界上门川共长四百里，而兰靖、庄浪千四百里冲边始安。芦塘、三眼井等处土疏易圮，时费修筑。仍按明初旧址，自镇番直接宁夏中卫[2]"。

1　山西通志·卷15。

2　（乾隆）甘肃通志·卷1。

▶ 无敌舰队的陷落

公元 1588 年，为了报复伊丽莎白一世对苏格兰女王玛丽·斯图亚特的处决，西班牙腓力二世誓言要入侵英国，并将一名天主教君主取而代之。他组建了大约 130 艘舰船组成的舰队，包括 8,000 名士兵和 18,000 名水手。1588 年 5 月 28 日菲力二世派遣无敌舰队驶往尼德兰，在那里为入侵英国而增派军队。然而英国海军使无敌舰队在格拉沃利讷海战失利，并迫使无敌舰队向北航行，在苏格兰附近海域，遭到了使舰队和人员受到严重损害的暴风雨天气。暴风雨，恰好是冷相气候洋流恶化的外部表现之一。英国海上霸权的崛起，始于一场环境危机。

▶ 时代之歌

清人褚人获在《坚瓠集》中描写晚明吴中女子妆饰时云："满面胭脂粉黛奇，飘飘两鬓拂纱衣，裙镶五采遮红袴，绰板脚跟着象棋。貂鼠围头镶锦裯，妙常巾带下垂尻，寒回犹着新皮袄，只欠一双野雉毛。"

1590 年前后出现的《金瓶梅》就是诞生在这个寒冷的时段，貂皮需求是刚需，通过皮草贸易推动了满洲女真人的再次崛起，皮草交易提供了主要的经济动力。这一轮气候变冷，也为俄罗斯的远东征服，寻找皮草来源产生了动力。"万历三大征"，背后是环境危机造成的地方政权的反抗。明政府为了平叛辗转腾挪、左支右绌，耗尽了张居正改革的成果。战争和平的本质是经济危机，经济危机的本质是环境危机。

公元 1620 年：碧海苍梧朝暮事

▶ 气候特征

1620～1650 年中国因为旱灾、瘟疫和战争，人口锐减 43%。

嘉庆《长山县志》之中记载：万历四十三年（1615），"大饥，或父子相食，四境盗起，诏发帑金仓粟，遣御史定庭训施赈，建议纳谷纳蝗者，给衣巾送学，始有谷生、蝗生之名"。万历初东拓的农牧交错带东段，于万历四十六年（1618），为边将李成梁等弃之，一众居民被迫迁于内地。

公元 1618 年,是年全国天气由水转寒。河北清苑、容城,春三月,风雪异常,行人有冻死者。河南西平,坑冻,结冰花。汝南、上蔡,九月雪。山西高平,秋九月,大雨水。至十三日酉刻,大雨雪,落树俱成冰城,折伤者无算,凛冽如冬,数日方燠。陕西四月二十二日,多处大雨雹,冻死各营骡驼一千九百九十九匹头只。山东滕县,除夕雨雪。上海嘉定正月十日大雪。江苏常熟元旦,雪深三尺。句容,冬雪成冰。淮安冬多雨雪。湖南汉寿,九月二十八日午刻至申,忽大风,雪雹如碗大,旋成雪砖,平地水涌三尺。广东从化、阳春、顺德,冬十二月,大雪,甚寒。

大寒天气的压力逼使东北女真诸部族聚集于努尔哈赤麾下并南转向明廷发难。万历四十四年(1616)正月努尔哈赤建国号金。万历四十五年(1617)努尔哈赤以"七大恨"告天,起兵反明。随后攻陷抚顺,五月,陷抚安等十一堡,七月陷清河堡,辽东屏障皆失。由此拉开了后金与明朝决裂并最终颠覆大明王朝的大幕。此后中原气候持续下降,天下大乱,狼烟蜂起。

1619 年甘肃兰州、皋兰,冬十月树花悉开。江苏盱眙,大旱,赤地千里。冬大雪,平地丈余,淮河冰合。安徽颍上,大雪弥空,百鸟饿死。湖北蕲春,冬大雪,深四五尺。

1620 年全国气温持续转寒,普降大雪,南北河冰,车马可渡。

1621 年大寒持续。浙江、安徽、湖北、湖南普降大雪月余。汉水冰冻,冰坚可渡。

1622 年气温回暖,安徽舒城大雪,自冬历春深逾丈,穷民冻死者甚众。

1624 年河北卢龙、迁安、玉田,秋八月望,大风雨,冻死人民甚众。平乡,春大雪。山西长治冬,平顺大雪三昼夜,树尽折。山东文登、荣城,瑞雪三尺。

1620 年冬至 1621 年春,我国又出现了极为罕见的严冬长江中下游地区及其以南的大范围冰雪天气持续长达 40 余日,致使汉水及淮河下游与洞庭湖等大江和大湖也出现严重封冻,长江以南的大量河流和湖泊出现结冰,亚热带和热带果蔬及其他植物出现严重冻害。不过,随后的 1620s 华北几乎无年没有异常初、终霜雪记录[1],表明气候正在变暖。

晚明时,柑橘种类则有增多趋势,如刊行于崇祯三年(1630)的《松江府志》载,"橘似柑而小,吾乡之种俱移自洞庭,有绿橘,……有黄橘,……有红橘,……有波斯

1 葛全胜等著,中国历朝气候变化 [M],科学出版社,2011,第 500 页。

橘"[1]。今天,松江不产柑橘,说明当时比今天温暖。

公元 1600 年后台湾阿里山柏树年轮亦明显变窄。崇祯元年(1628)阴历三月十九日,当徐霞客来到福建顺昌境内看到"群峰积雪,有如环玉"时,不由慨叹"闽中以雪为奇,得之春末犹奇"。这一景象在现代福建中部地区甚为罕见。

研究发现,1620～1710 年是过去 300 年黑龙江省生长期最短的时段,初霜期和终霜期分别较今提早和推迟 20～30 天,河湖封冻日期也较今至少提前 2 周。竺可桢据此认为,1620～1720 年之间是中国最冷的一个世纪[2]。

▶ 明末大旱与饥荒

从 1600 年起,华北地区的气候由湿转干(意味着气候变暖),大旱事件频现,尤其是 1628～1644 年的气候干旱程度达历史之最。崇祯大旱指发生在 1637～1643 年间的一场特大旱灾,这连续发生的 2 个"八年大旱",也间接说明当时暖相气候的缺水特征。

崇祯元年(1628),陕西巡抚李应期上书说:"臣自凤汉兴安巡历延、庆、平凉以抵西安,但见五月不雨,以至于秋,三伏亢旱,禾苗尽枯,赤野青草断烟,百姓流离,络绎载道。每一经过处 所,灾民数百成群,拥道告贩。近且延安。"

崇祯二年(1629),陕西巡抚马懋才上《备陈大饥疏》,言:"臣乡延安府,自去岁一年(1628)无雨,草木枯焦。八九 月间,民争采山间蓬草而食,……食之仅可延以不死;至十月以后,而蓬尽矣,则剥树皮而食,……殆年终而树皮尽矣。"

此后,陕西及河南等华北诸地,几乎无岁不有苦旱,旱情至明亡也未有大的缓解。清初郑廉所著的《豫变纪略》显示,在崇祯三年至十七年(1630～1644)的 15 年中,河南竟有 9 年出现旱灾,"赤地千里,野无青草,十室九空"。

▶ 盐法改革

万历四十四年(1616),李汝升任户部尚书,袁世振升任山东清吏司郎中,他们通晓盐务,针对两淮盐政的败坏,为了佐理邦计,袁世振条陈了"疏理十议"[3],提出全

---

1 崇祯松江府志·物产。
2 竺可桢,中国近五千年来气候变迁的初步研究,中国科学,1973. (2): 168-189。
3 明神宗实录·卷五五二,万历四十四年十二月辛亥,另见袁世振,两淮盐政疏理成编·卷一·盐法议二,皇明经世文编: 卷 474。

面改革盐政的方案,通过新的"纲册凡例",把巡盐御史所持淮南红字簿中所载纳课余盐银而未得掣盐的商名,"挨资顺序,刊定一册",以纳过二十万引余盐银之盐商编为一纲,每年轮流"以一纲行旧引,九纲行新引",为政府财政增加不少的收入。

▶ 徐光启的荒政

　　徐光启(1562～1633),字子光,号玄扈,上海人,明代末年著名的科学家。虽然徐光启一生中有近30年的从政经历,官至大学士,但他的主要贡献和成就却在科学研究这一领域。他在天文历算、数学、机械制造等方面均有建树,而平生钻研最多、成就最大的是农学和水利学。徐光启指出,对于一个国家来说,水和土是重要的资源,农业是国计民生的根本,而水利又是农业的根本。要使国家富强,必须发展农业和兴修水利,并且治水要和治田相结合。他认为发展水利不仅能够抗旱除涝,而且可以调节地区气候,把水散布在农田沟洫中,还可以减少江河洪水的泛滥。对于水资源的利用,他提出要因地制宜,采取蓄水、引水、调水、保水、提水等技术措施,充分利用河湖等地面水,以及凿井、修水库等办法利用地下水和雨雪水。他的荒政和水利经验,反映出当时暖相气候造成的缺水危机。作为第一批天主教徒,徐光启对西方传教士进入中国有很大的帮助(见图71)。

图71　中文版《几何原本》中的插图:利玛窦和徐光启

▶ 女真崛起

　　努尔哈赤正式建立八旗制度。八旗制度是清代以满族为主导的社会组织。它是从氏族公社的狩猎组织形式牛录制演变而来的,首领是牛录额真(额真,意为主子)。

　　万历二十九年(1601),努尔哈赤改革牛录制,将每牛录三百人编为一旗,共有黄、白、红、蓝四旗。

万历四十三年（1615），又增加镶黄、镶白、镶红、镶蓝四旗，共计八旗。八旗制度促进了满族社会经济的发展，入关后又成为统治全国的工具。

明万历四十四年（1616），建州女真首领努尔哈赤于赫图阿拉正式即位称汗，国号大金，建元天命，史称后金。明万历四十六年（1618）四月，努尔哈赤发布讨明檄文"七大恨"。所谓"七大恨"即明朝对后金所犯七大罪状，如明廷无故杀害努尔哈赤之父、祖，帮助叶赫女真欺压建州女真等。檄文发布后，努尔哈赤誓师征明，符合"冷相气候集中"的大趋势，是响应环境危机的战争行动。

明万历四十七年（1619），努尔哈赤率领骑兵两万进犯大明，兵部右侍郎、辽东经略杨镐奉命迎战。杨镐率领大军四十七万，兵分四路，围攻赫图阿拉。三月，因明军轻敌冒进，大败于萨尔浒。萨尔浒之战是中国历史上典型的以少胜多的战役。

▶ 奢安之乱

明朝天启年间，四川永宁（今叙永）宣抚司奢崇明及贵州水西（今大方一带）宣慰司安位叔父安邦彦的叛乱，在贵州又称安酋之乱。战争从天启元年（1621）至崇祯十年（1637），前后持续17年，波及川黔云桂四省，死伤百余万，大规模交战持续9年。奢安之乱后，明政府革除四川永宁宣抚司和贵州宣慰司水东宋氏，同时把水西安氏侵占水东的水外六司"改土归流"。这是唯一一次在暖相气候发生的"改土归流"，却是响应当时的冷相气候危机。

▶ 明末农民起义

明天启七年（1627）三月，陕西澄城农民王二、钟光道不堪忍受官府的盘剥，率众起义，打响了明末陕西农民起义第一枪。第二年，陕西地区干旱异常，民不聊生，地方官仍征收苛捐杂税，导致各地饥民起义不断。王嘉胤在陕西谷县发动农民起义，之后势力不断壮大，转战各地，"闯王"高迎祥也投靠王嘉胤。

▶ 白莲教起义

明天启二年（1622），山东地区连年大旱，民不聊生。明政府不顾百姓死活，继续加派赋税。五月，饱受压迫的百姓忍无可忍，在白莲教领袖徐鸿儒的带领下聚众起义。徐鸿儒自称中兴福烈帝，建年号大成兴胜。起义军头裹红巾，纷纷捐献家产，实力不断壮大，扩展到十几万人。可惜的是，起义军遭到明廷的疯狂镇压。十月，徐鸿儒被杀,起义失败。

150年后,乾隆三十九年(1774),八月,山东爆发了白莲农民起义。这一年山东大旱,年景歉收,地方官仍加派税收,农民食不果腹,在白莲教徒王伦的带领下,聚众起义。九月,占领临清城,据城自守。清廷派大军镇压。九月末,临清城破,王伦自焚而死,被俘者两千余人,起义宣告失败。

最重要的一次白莲教起义(1796～1804),又称为川楚教乱或川楚白莲教起事,是指中国清朝嘉庆年间爆发于四川达州直隶州以王三槐与徐天德为首、陕西、河南和湖北边境地区的白莲教徒武装反抗清政府的事件。从嘉庆元年(1796)到嘉庆九年(1804),历时九载,是清代中期规模最大的一次农民战争。

最后一次白莲教起事,发生在义和团运动期间(1899年秋～1900年9月7日),所以白莲教起义也是环境危机在人类社会的回响。

▶ 再夺河套

万历四十四年(1616),杜桐之子杜文焕,平定延绥,收复河套。"代官秉忠镇守延绥。屡败蒙古部落于安边、保宁、长乐,斩首三百有奇"[1]。

▶ 长城建设

天启三年(1623)钦差分守黄花镇地方驻扎西星口川参将都指挥徐镇邻、钦差守备黄花镇地方副都指挥黑坨行事指挥佥事赵文魁、主兵黄花镇秋防把总赵××,率修工军夫四百七十五名,修完西星口以西,接××春防右车营工尾,起三等边墙一十五丈八尺八寸四分,底阔二丈四尺,收顶一丈四尺,垛口一丈五尺,遵照施行,如法修筑,十月十四日迄修完讫。系延庆县大庄科乡香屯后七洼村出土石碑所载。

▶ 远西奇器图说

《远西奇器图说》是明代邓玉涵口授,王徵笔译的物理书,1627年出版。玉涵字函璞,瑞士人,耶稣教传教士,天启元年(1621)来中国。卷一论重之本体,六十一条。卷二论各色器具之法,九十二条。卷三绘起重十一图,引重四图,转重二图,取

1 明史·卷239·列传第127。

气候脉动一千年

水九图,转磨十五图,解木四图,解石,转碓、书架、水日晷,代耕各一图,水铳四图(见图72)。其书讲重力,重心,比重等概念,解释杠杆,滑车,轮轴,斜面等原理。以图说明应用原理及其起重、提吊等器械用法。该书是介绍西方力学的早期著作,在1602年德国首次出现消防车之后来华,代表着当时最高的技术水平。

图72　王徵照原图绘制的《远西奇器图说》中的消防车技术

▶ 海盗再起

郑家军始于郑芝龙(据说他还是个天主教徒)。此人天启元年(1621)在澳门当葡萄牙语翻译,天启三年(1623)在日本通商时被海商李旦收为义子,同时又与另一海商颜思齐拜了把子。天启五年(1625)李旦死后,郑芝龙兼并了其余部众并与颜思齐"合流",企图推翻德川幕府。事败后逃到了台湾。并在此重新建立了根据地。不久后,颜思齐病死,郑芝龙再次兼并了其部众。至此,郑家军海盗集团雏形已经显现了出来。

▶ 土尔扈特西迁

土尔扈特部,清代厄鲁特蒙古四部之一。元臣翁罕的后裔,原游牧于塔尔巴哈台附近的雅尔地区。土尔扈特东归,在中国历史上是一个独一无二的重大事件,历史书对此过程记录得相当简陋。然而,这一事件的时间节点非常蹊跷,从中可以体会到气候的威力。

天启六年(1626),土尔扈特部首领和鄂尔勒克因与准噶尔部首领巴图尔浑台吉不合,遂率其所部及部分杜尔伯特部、和硕特部牧民西迁至伏尔加河下游地区。这一时段是暖相,暖相更容易干旱,干旱容易产生矛盾与冲突(离心力),所以水草不足也是离开的原因之一。土尔扈特到达中亚地区的伏尔加河下游,兼并当地的蒙古族,对于诺盖汗国(早期到达的蒙古族,金帐汗国的后裔)的衰亡起了很大的推动作用。

顺治十二年(1653),已经定居在俄罗斯额济勒河(伏尔加河)的土尔扈特部首领书库尔岱青遣使入贡,向顺治表达敬意。

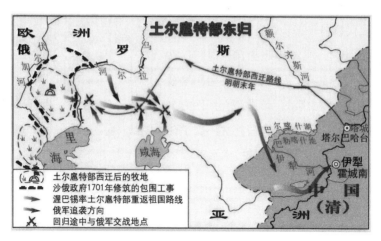

图73　土尔扈特部西迁与东归路线图

康熙五十一年（1712），康熙帝派出图理琛使团，途经西伯利亚，两年后至伏尔加河下游，访察土尔扈特部。土尔扈特首领阿玉奇汗派出了以萨穆坦为首的使团回国向清政府表示谢意。

乾隆二十一年（1756），土尔扈特汗敦罗布喇什遣使吹扎布，假道俄罗斯，历时三载，到达北京，向乾隆帝呈献贡品、方物、弓箭袋等。

乾隆三十六年（1771），因不堪沙俄在俄土战争期间的苛刻征兵要求（俄土战争伤亡率高，俄国对土尔扈特的征兵率高，这样让所有的青壮年送死，所以土尔扈特人因为反抗俄国人的征兵政策而回国。不过，第五次俄土战争本身就是气候脉动所导致的气候响应，所以土尔扈特在那个节点发生回国决策是合理的），土尔扈特汗渥巴锡率领17万族人东归，被哈萨克人围追堵截。不幸的是，东归途中遭遇白灾和瘟疫（发生在典型的冷相气候节点，俄国没有及时干涉的重要原因也是莫斯科正在爆发鼠疫，无力干涉），最后只有约6万人成功到达伊犁（见图73）。

土尔扈特族回归，到底是为了拼抢土地（准格尔汗国灭亡之后留下的牧场），还是为了向清政府献诚效忠，现在已经难以考证了。不过从1626年土尔扈特人离开到1771年回归，全部耗时145年（2.5个气候周期）。暖相（干旱期）离开，冷相（湿润期）回来，部分说明了游牧民族对气候（环境湿度）的敏感性。暖相分裂离心，冷相统一向心，他们的行动再次验证了游牧文明响应气候脉动的一般规律。经济和政治，是左右游牧文明的内部推手，关键还要看气候挑战的外部引领作用，这才是引发文明冲突的无形之手。

▶ 三十年战争

三十年战争,是由神圣罗马帝国的内战演变而成的一次大规模的欧洲国家混战,也是历史上第一次全欧洲大战。这场战争是欧洲各国争夺利益、树立霸权的矛盾以及宗教纠纷激化的产物。战争以哈布斯堡王朝战败并签订《威斯特伐利亚和约》而告结束。中世纪后期神圣罗马帝国日趋没落,内部诸侯林立纷争不断,宗教改革运动之后又发展出天主教和新教的尖锐对立,加之周边国家纷纷崛起,于1618年到1648年爆发了欧洲主要国家纷纷卷入德意志内战的大规模国际战争,又称"宗教战争"。这又是一次冷相气候危机引发的宗教分裂危机。

▶ 五月花号移民

清教徒分离主义派是英国清教中最激进的一派,由于受英国国教的残酷迫害,1608年8月离开英国到荷兰。其中一部分教徒决定迁居北美,并与弗吉尼亚公司签订移民合同。1620年9月16日,在牧师布莱斯特率领下乘五月花号前往北美。1620年12月21日,抵达第一个北美殖民地普利茅斯。

图74　印第安人招待欧洲气候移民,成为感恩节的源头

当时虽然是暖相节点,可是气候依然十分恶劣。时近严冬,缺乏食物的移民饥寒交迫。这片土地的主人——印第安人送来了火鸡、鸭子、鹿肉、小麦、南瓜、玉米、水

果、海鲜等食物,帮助这100多人活了下来,据美国历史记载,第二年11月,双方举办了第一次感恩宴会,这是美国"感恩节"的由来。后来这些英国移民(殖民者)在一名叫斯科恩图的印第安人指导下,种下了玉米等农作物并获得丰收,使他们绝境逢生。

▶ 时代之歌

徐霞客写作绝句一首《南旸场》:"藏雄饱学隐江村,不屑紫袍庭训存。碧海苍梧朝暮事,丈夫图志最堪论。"其中的"碧海苍梧朝暮事"被徐霞客的好朋友陈函辉在《徐霞客墓志铭》中引用为"丈夫当朝碧海而暮苍梧,乃以一隅自限耶",意思是大丈夫就当早上游碧海而晚上游苍梧山,怎么能把自己束缚在一个地方呢。这一豪言壮语,鼓励一代又一代的探险家去征服自然,征服世界。

有气候变冷,自然有气候变暖,当时的气候危机,是冷暖都有,体现了气候的复杂性。竺可桢认为1620年气候开始恶化,一直持续到1720年,主要是太阳黑子的影响"蒙德最小期"。不过,明末的干旱和柑橘种植情况表明,当时的气候还是暖相的。这一时期,恰逢西方科技传入中国,可是中国的暖相气候不需要先进的技术,所以产生了"技术锁定"现象,影响接下来200年的中国科技。

公元 1650 年: 大江骇浪限东南

▶ 气候危机

江苏涟水于1637年和1642年分别出现"四月大雪杀禾"和"立夏大霜"的极端天气。

龚高法等根据《祁忠敏公日记》、《北游录》和《通斋诗》等文献中记载的北京四个春季(1632,1643,1649,1655)海棠、山桃、紫丁香的开花日期推算[1],当时春季物候要比现代平均晚7天以上,相当于北京冬季气温比现今低2℃。

顺治十年(1653)冬,大雨雪四十余日,烈风涩寒,冰雪塞路,断绝行人,野鸟僵死,市上束薪三十钱,烟囊几绝。康熙《汉阳府志》载:"是岁大寒,捕、湖冰上皆走马,南方所未见也。"康熙《长沙府志》载,该年湘乡,冬大雪,河坚冰,舟楫不行,树

---

1 龚高法,简慰民,我国植物物候期的地理分布,地理学报,1983,38(1): 33-40。

皆冻死飞长江以南的许多河、湖出现冰冻。乾隆《重修桃源县(今江苏泗阳)志》亦载,该年冬,烈风涩寒,冰雪塞路四十余日,行旅断绝。

顺治十年(1653),谈迁从杭州来北京[1],于阳历十一月十八日到达天津时,运河已冰冻;到十一月二十日,河冰更坚,只得乘车到北京。公元1655年,阳历三月五,谈迁由京启程返杭时,北京运河开始解冻。根据谈迁的记述,可知当时运河封冻期一年中共有107天之久,比现在长一倍。

顺治十年(1653)"桐城大雪十余日,冰封著树,弥月不解。当涂大雪,冰厚数尺,檐冰挂地,木多冻死。顺治十一年冬,东台河冰厚尺余,人行冰上。吴江,冬大寒,太湖冰厚二尺。松江府,泖淀冻合数日,人行冰上"[2]。苏州地区,"太湖冰冻厚二尺,连二十日,橘柚死者过半",后经移植、精心护理方生长结实。

顺治十一年(1654)甲午冬,严寒大冻,至春,楠、袖、橙、柑之类尽槁。1654年的冬季更为寒冷,南方各地不仅出现了与1653年冬季类似的"雨雪连月"天气,而且降雪范围更广,岭南的福建、广东、广西壮族自治区等地甚至出现了极为少见的持续性严重雨雪冰冻灾害。

康熙三年(1664)三月,晋州骤寒,人有冻死者;山东莱阳雨,奇寒,花木多冻死;四月,新城、邹平、阳信、长清、章丘、益都、博兴、宁津、东昌等地陨霜杀麦;十二月,益都、寿光、昌乐、安丘、诸城大寒,人多冻死;茌平大雪,株木冻折[3]。

▶ 老虎危机

明末清初,四川省的人口危机严重,主要社区面临严重的虎患。

顺治四年(1647),据《荒书》载:"成都空,残民无主……虎出为害,渡水登楼。州、县皆虎。"这便是当时四川虎灾的一个写照。在四川,成都如此,山城重庆亦是如此,甚至更为严重。

顺治五年(1648),据《江津县志》载:"重庆属府江津",已成为"虎狼之穴,翻屋登梯,号为神虎"。

顺治七年(1650),据《明清史料》载:四川巡按向朝廷奏称,顺庆府"查报户口,业已百无二、三矣!……城市鞫为茂草,村疃尽变丛林,虎种滋生,日肆吞

1　竺可桢,中国近五千年来气候变迁的初步研究,中国科学,1973 (2): 168-189。
2　清史稿·卷40·志15·灾异一。
3　清史稿·卷40·志15·灾异1。

噬。……据顺庆府附郭南充县知县黄梦卜申称：原报招徕户口人丁 506 名，虎噬 228 名，病死 55 名，现存 223 名。新招人丁 74 名，虎噬 42 名，现存 32 名"。无论是本地四川原住民还是外地迁移而来的百姓，均蒙受着丧生虎腹的危险，移民在到达四川的整个过程，被老胡吞噬的竟达到 1/2，可见虎灾之严重。

康熙十一年（1672），据《蜀道驿程记》载："闰 7 月 26 日抵建宁驿，"竟日出没荒草中。土人云：地多虎，日高结伴始敢行"；8 月 26 日至（夔州府）云阳"北十里遇虎，众列炬噪逐，久之乃去。馆人云：此地至宜城最多虎害，日暮无敢行"；9 月 25 日到成都双流县，入城后见"虎迹纵横"。

康熙二十一年（1682），据《益州于役记》载：在广元县"仆役拔刀斩棘而入，茅中有虎，野不识人，骤见乃惊遁去……至于沙岸，虎豹之迹交错"……在盐亭"见虎……归秋林驿宿店——终夕群虎逐鹿，鸣声绕床不绝"……汉州"城内外皆林莽，成虎狼之窟"。

康熙二十二年（1683），据《使蜀日记》载："经汉州，抵新都县，皆名区……虎迹遍街巷"。

这场席卷四川的虎患，从顺治初年（1638），一直到了康熙二十二年（1683），前后经历四十余年，而关于虎患的记载，亦未断绝。城区内部还不时出现老虎的踪迹，这在四川升平时，是绝对不可能出现。然，在明末清初之际，由于灾荒、战乱等原因，导致人事口锐减，以致出现"退耕还林"的现象，甚至于出现都市、街道均被森林所覆盖的奇异景观，虎灾也变得异常肆虐。

另据清人刘石溪《蜀龟鉴》载："自崇祯五年（1632）为蜀乱始，迄康熙三年（1664）而后定"……川南"死于瘟虎者十二三"，川北"死于瘟虎者十一二"，川东"死于瘟虎者十二三"，川西"死于瘟虎者十一二"。虎患持续了 32 年，丧身虎口的百姓又高达十之二三，损失不可谓不惨烈，这对四川百姓带来了巨大的灾难。

▶ 圈地运动

清顺治四年（1647），停止投充和圈地。所谓"投充"是指失地的汉族农民投靠满人为奴。事实上，大多数汉族农民是被逼投充或是带地投充的。"圈地"则是指定都北京后，清廷公开下令将近京各府州县的土地分配给清朝贵族，带有强制勒索的性质。投充和圈地政策加剧了满族与汉族人民的矛盾，导致各地起义接连不断。1647 年，清廷统治者最终决定放弃投充和圈地。可是由于内部贵族势力的阻挠，命令始终贯彻不下去。康熙八年（1669），清政府再次颁布废除圈地令，"自后圈占民间房地，永行停止"。同时要求该年新圈占的土地，一律发还。在康熙的压力下，延续数十年之久的圈地暴行终于结束。

▶ 开荒运动

顺治六年（1649），清政府总结前几年各地垦荒经验，提出一套较为完整的垦荒政策，"谕内三院自兵兴以来。地多荒芜，民多逃亡，流离无告，深可悯恻，着户部都察院传谕各抚按。转行道府州县有司。凡各处逃亡民人不论原籍别籍。必广加招徕编入保甲。俾之安居乐业察。本地方无主荒田。州县官给以印信执照开垦耕种。永准为业"[1]。

▶ 禁止立盟结社

顺治五年（1648），清廷发布了一个命令，要求在全国各地的府学、县学门前都要树立一块石碑，上面镌刻着三条禁令，"第一，生员不得言事；第二，不得立盟结社；第三，不得刊刻文字。违犯三令者，杀无赦"。这一禁止结社令对社会进步带来长远的不利影响。顺治十七年（1660），上谕严禁士子结社集会，其投刺往来，也不许用同社同盟字样，违者治罪。同时借奏销案、科场案等对江南地主阶级知识分子大肆镇压。

▶ 发行纸钞

公元 1651 年，为了支持在华南地区的军事行动，清政府发行了顺治钞贯，发生在典型的冷却节点附近[2]，代表着冷相气候引发的乙类钱荒。但是，鉴于女真金的纸币发行经验，满族清政权很快在 10 年后收回并销毁了纸币。

▶ 柳条边长城

公元 1636 年满洲政权正式名称由后晋改为清朝后，满洲隔离制度——柳条边工程就开始了。 与其他墙体项目相比，它的作用不是防御墙，而是税收和人流的登记关卡。它分两段完成，第一段（老边）建于 1638 年至 1661 年，第二段（新边）建

---

1 清实录·顺治朝实录·顺治六年·壬子。
2 葛全胜, 中国历朝气候变化 [M], 科学出版社, 2011, 第 608 页。

于 1670 年至 1681 年。由于节点 1650 非常寒冷,所以这堵墙的提议是为了阻止气候危机导致的移民。从这个角度来看,这堵墙的功能主要是为了限制气候移民。后来,清政府出于通过开发东北进而增加税收、缓解土地矛盾的目的,在咸丰十年(1860)废弃了柳条边墙,使其走入历史。

▶ 禁海令

顺治四年(1647)七月,清政府颁布《广东平定恩诏》,明确规定"广东近海,凡系漂洋私船照旧严禁"。自此,清代的禁海令率先在广东实行。顺治十三年(1656)六月,清廷禁海令从广东一隅全面扩展开来。清廷敕谕浙江、福建、广东、江南、山东、天津各地督抚,严厉禁止商民船只私自出海,一旦有人"将一切粮食货物等项与逆贼贸易者",不论官民,俱行奏闻正法,货物入官,家产尽给告发之人。其该管地方文武各官不行盘诘擒缉者,俱革职,从重治罪。地方保甲通同容隐,不行举首者,皆论死。凡沿海地方大小船只及可泊船舟之处,严敕防守,"不许片帆入口,一贼登岸"。禁海令先在广东实行。

顺治十三年(1656)六月颁布了《禁海令》[1]。严格禁止商民船只私自入海,不允许用大陆的产品、货物进行海上贸易,有违禁者,不论官民,俱行正法,货物充公,违令者之财产奖给告发之人;负责执行该禁令的文武各官失察或不追缉,从重治罪;保甲不告发的,即行处死;沿海可停泊舟船的地方,处处严防,不许片帆入海;如有从海上登岸者,失职的防守官员以军法从事,督抚议罪。

▶ 迁海令与福建长城

禁海令实行了五年多,却未能割断海内外联系,沿海各地对郑成功等"粮、饷、油、铁、桅船之物,靡不接济"[2]。因此顺治十八年(1661)起,清政府又采纳郑成功叛将黄梧建议,推行迁界令,它是禁海政策的重要扩大和补充。当时,郑成功一部在东南沿海一带继续抗击清军。为了最后消灭抗清力量,清廷发布迁海令,北起北直(河北)、中经山东、江南(江苏)、浙江,南至福建、广东省沿海居民均属迁海范围。清廷强令江南、浙江、福建、广东沿海居民,分别内迁 30～50 里,商船民船一律不准

1 清世祖实录·卷 102·顺治十三年六月癸巳。
2 江日升,台湾外记·卷 5。

入海。其中广东地区曾连续内迁3次。清廷派满大臣四人分赴各省监督执行,违者施以严刑。四省中尤以闽省为最严。沿海的船只和界外的房屋什物全部烧毁,城堡全数拆除,越界者不论远近立斩不赦。凡迁界之地,房屋、土地全部焚毁或废弃,重新划界围栏,不准沿海居民出海。迁界之民丢弃祖辈经营的土地房产,离乡背井,仓促奔逃,野处露栖,"死亡载道者以数十万计"。迁海令的实行,使农业、渔业、手工业及海外贸易都遭受很大的摧残。人民生计断绝,流离失所,其间曾不断发生激烈的反迁海斗争。迁海令的施行,不仅给社会经济带来严重恶果,而且,由于沿海空虚,海盗乘机活动,造成沿海社会治安更不得安宁。一直到台湾最后被清军攻陷,康熙二十二年(1683)才废除迁海令,前后延续23年之久的迁海苛政亦告结束。

为了配合迁海令,清廷对迁界之处作出明文规定:筑造墩台,五里一墩,十里一台,开挖界沟设立木桩,以别内外界区,重兵设防,越界者斩,界外的民屋毁为平地。同时,清廷强令界内未纳入移民的百姓应参加建造墩台和开挖界沟等劳役,以责任制形式指定某乡造某墩某台,在材料消耗上每建一墩或台需银一、二百两。这就是著名的福建长城,目的是解决农耕文明与商业文明的冲突,通过经济封锁的方式解决来自台湾岛的军事威胁。福建长城在《福建海岸全图》(见下图)中有所反映。

图 75 《福建海岸全图》(局部,福建长乐附近),藏于日本国立国会图书馆

▶ 收复台湾

由于迁海令的推行,郑成功失去了来自大陆的经济支持,厦门一地难以立足。于是在公元 1662 年,郑成功决定收复台湾。四月,郑成功率船队成功登陆台湾,先收复了赤崁城,又集中兵力包围了台湾城。到十二月,被围困长达九个月的荷兰军队陷入绝境。十二月十三日,荷军长官揆一签约投降。次年五月,郑成功病逝,其子郑经嗣立。后来郑经继任延平王以后,除了加强台湾的农业建设外,其主要的资本仍然是通过对外贸易来获取,甚至是通过贿赂清朝将领,来实现与东南沿海等地贸易,达到壮大自身的目的。另外当时日本、英国、西班牙等国也与郑经进行贸易,但随着康熙平定三藩(1681)以后,重新加强了禁海令,郑经与东南沿海的贸易被切断,经过几年不断的努力,清廷最终彻底收复了台湾,标志着渔猎文明领导下的农耕文明战胜了商业文明,确定农耕文明的主导权。

▶ 英国内战

英国内战是公元 1642 年 8 月 22 日至 1651 年 9 月 3 日在英国议会派与保皇派之间发生的一系列武装冲突及政治斗争,辉格党称之为清教徒革命。1640 年,英国国王为筹措军费召开议会,激化了封建王权与资产阶级新贵族之间的矛盾。1642 年 8 月,国王逮捕反对派领袖的阴谋败露后,宣布"讨伐"议会。内战随即爆发。战争初期,议会军由主张妥协的长老派把持,处于被动挨打境地。1644 年 7 月,克伦威尔的骑兵在马斯顿草原击败王党军,扭转战局。1646 年 6 月,王党军主力在内斯比被歼。1648 年 2 月,国王乘革命阵营分裂之机,煽动王党挑起第二次内战。革命阵营各派重新合作,镇压王党势力。8 月,克伦威尔率新模范军在普雷斯顿再歼王党军,结束内战。1649 年 1 月 30 日,查理一世作为暴君、人民公敌被押上断头台,在伦敦白厅前的广场被处死。这是对气候模式的回应,以适应全球变冷时期的整合。此事件对英国和整个欧洲都产生了巨大的影响,此次战争为英国资产阶级革命的胜利铺平了道路。并由此将革命开始的 1640 年作为世界近代史的开端。

▶ 乌克兰入俄

公元 1648 年,不堪忍受波兰统治的哥萨克人在盖特曼(酋长)波格丹·赫梅利尼茨基的领导下发动起义,成立了哥萨克酋长国。波兰和哥萨克互有胜败,但在

1650 年,由于克里米亚鞑靼人的背刺,起义遭遇巨大挫折。在此情况下,赫梅利尼茨基便以"带领麾下全体哥萨克的城市和土地归顺"为交换条件,向同为东斯拉夫人和东正教信徒的沙皇阿列克谢·米哈伊洛维奇求助。鉴于接纳赫梅利尼茨基意味着彻底与波兰撕破脸,在经历了 3 年的政治算计之后,1653 年 10 月,沙皇才最终决定接受赫梅利尼茨基的归顺。第二年 1 月,赫梅利尼茨基率领麾下正式以"带着土地和城市"的哥萨克军队首脑的名义,向沙皇宣誓效忠,并被授予象征权力的狼牙棒和旗帜以及象征臣属地位的朝服。在俄罗斯的历史学语境当中,这个历史事件被称为"乌克兰自愿归并俄罗斯"。赫梅利尼茨基的归顺对于俄罗斯而言意义重大,直接扭转了俄罗斯与波兰在东欧的力量对比,俄罗斯就此取代了波兰东欧霸主的地位,而波兰从此一蹶不振直至被瓜分亡国。俄国画家列宾的名画《扎波罗热哥萨克给土耳其苏丹的回信》描绘了各种笑脸(见下图),是对乌克兰哥萨克生活的生动捕捉。

图 76 《扎波罗热哥萨克给土耳其苏丹的回信》,藏于圣彼得堡俄罗斯博物馆

▶ 时代之歌

明代史学家谈迁在改朝换代之际,创作一首《渡江》:"大江骇浪限东南,当日降帆有旧惭。击楫空闻多慷慨,投戈毕竟为沉酣。龙天浩劫馀弧塔,海岳书生别旧庵。闻道佛狸曾驻马,岂因佳味有黄柑?""大江骇浪",其实就是气候恶化的标志,代表

着小冰河期典型的气候脉动造成的洋流危机。

当时的气候是典型的冷相气候,冷相气候带来洋流恶化,所以会产生"大江骇浪限东南"的效果。在寒潮中,清政府建设了南北两座长城,分别用于保护渔猎文明和排斥商业文明。在福建长城的压迫下,郑成功收复台湾。

公元 1680 年:海隅久念苍生困

▶ 气候特征

康熙九年(1670),太湖流域曾成功引种南方佛手柑。据《阅世编》载:"佛手柑,向出闽广,江南绝无。自康熙九年(1670)庚戌,郡绅顾见山,十六年(1677)丁巳,吾家苍岩叔,相继榷关赣州,两家人种之于巨瓶载归,其枝叶与此地香橼无异,而垂实累累,金碧可爱,及移植土中,大概与香橼相似,畏寒亦相同,故鲜见有开花结实者。"

康熙十五年(1676)前后,上海地区偶见柑橘,如《阅世编》载:"江西橘柚,向为土产,不独山间广种以规利,即村落园圃,家户种之以供宾客。"之后,上海一带柑橘种植记载阙如。

康熙二十九年(1690)11 月,江苏常州、高淳等地大雪严寒,树多冻死;12 月,安徽庐江、当涂等大雪,竹木、橘橙多冻死,湖北竹溪大雪深四、五尺,广东海阳(今潮安)大寒冻毙人畜,福建海澄(今龙海)大雪冻毙牛马。江浦"十二月朔大雪,积阴五十余日方霁";上海则"十二月发大冷,黄浦内俱结冰,条条河俱连底冻紧"。

王士稹(1634～1711)曾记道:"庚午(1690)冬,京师不甚寒,而江南自京口达杭州里河皆冻。扬州骡纲皆移苏杭,甚至扬子钱塘江、鄱阳、洞庭河亦冻,江南柑橘树皆枯死。其明年,京师柑树不至,惟福橘间有至者,价数倍。齐鲁间竹多冻死。按宋时江南大寒,积雪尺余,河尽冰。凡橘皆冻死,伐为薪,叶石林作《橘薪》以志其异。元天历(1328～1330)中亦然"[1]。当年的气候是小冰河期的最冷高潮,是太阳黑子活动最少的"蒙德最小期"达到顶点造成的。

---

1 四库全书·子部·居易录清·王士祯·卷中。

▶ 康熙御稻

康熙二十年（1681），在康熙帝亲自参与下，一种白露前可收割、生长期较短的水稻在承德避暑山庄试种成功，改变了以往"口外种稻，至白露后数天不能成熟"的历史，因康熙本人参与了试种过程，故该稻被誉为"御稻"。康熙晚年自述道："丰泽园中有水田数区，布玉田谷种，岁至九月始刈获登场，一日循行阡陌，时方六月下旬，谷穗方颖。忽见一颗高出众稻之上，实已坚好，因收藏其种，待来年验其成熟之早否。明岁六月时，此种果先熟。从此生生不已，岁取千百，四十余年以来，内膳所进皆此米也。其米色微红而细长，气香而味腴，以其生自苑田，故名御稻米"[1]。也就是说，刚好是发生在暖相气候高峰年附近的一次脉动，造成了水稻在承德避暑山庄的试种成功。小说《红楼梦》中提到的"御田胭脂米"和"红稻米粥"，很可能指的就是康熙推广的御稻种。

▶ 黄河河患

公元 1676 年，夺取淮河故道的黄河就不断倒灌洪泽湖，影响当地的生态。泗州自它诞生之日（735，当时气候温暖意味着干燥的环境）起，到它淹没在大泽之中（1680），总共有940多年的时间，其中多次被洪水侵淹，比较严重的就达34次之多。虽然历代王朝对泗州的防洪保护投入了巨大力量，但到了康熙十九年（1680），泗州城终于在劫难逃，被汹涌的洪水吞没，城圮陷入洪泽湖中。当时虽然是暖相，可是由于太阳黑子"蒙德最小期"的影响，当时的降水问题是异常突出的。

▶ 靳辅治水

公元 1677 年，康熙皇帝任命靳辅为河道总督，负责治理黄河。靳辅任用治水专家陈潢的建议，提出了综合整治的方案，使治河卓有成效。清代陈潢认为，黄河泛滥并不是河性善决，而是"就下"的性质受到抑制；治水要顺其性，疏、蓄、束、泄、分、合都是顺自然立性；堤防束水是以顺水性，合水势达到刷深河底，水得就下，是以水治水的自然之性。陈潢认为，采用宽筑遥堤的办法以防止洪水泛滥；采用在遥堤上修减水坝的办法以有控制地分减洪水；在治河的过程中，永远不会做到一劳永

---

1 ［清］爱新觉罗·玄烨：《康熙几暇格物编·卷下之下·御稻米》。

逸,只有经常翻修才能不断加固堤防。靳、陈等经过 10 年不懈的努力,堵决口,疏河道,筑堤防,成绩超过前人。以筑堤为例,累计筑了 1000 多里。这样,不仅确保了南北运河的畅通,也为豫东、鲁西、冀南、苏北的经济复苏创造了条件。

▶《御制耕织图》

在清代,康熙皇帝第二次南巡时（1689）,得呈南宋楼璹《耕织图》,即命宫廷画师焦秉贞重绘耕图、织图各 23 幅（见图 77）,并亲自题序,为每幅图作诗一章。1696 年内府刊本《御制耕织图》,用以向下传播。《御制耕织图》又名《佩文斋耕织图》,以后又出现很多不同的版本,日本、韩国等都有《耕织图》的临摹本与翻刻本,流传甚广。

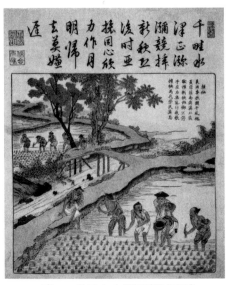

图 77 焦秉贞本《御制耕织图》
曾经出版发行,流传很广

▶ 康熙开荒

康熙二十年（1681）,鉴于三藩之乱业已平定,清政府宣布:湖广、江西、福建、广东、广西诸省,停地方官"招徕流移百姓议叙之例",但仍允许四川、云南、贵州这些残破之区,继续招收流移开垦,规定称:四川、云贵"招徕流移者仍照例议叙"。康熙二十二年（1683）作了规定:"凡地土有数年无人耕种完粮者,即系抛荒。以后如已经垦熟,不许原主复问。"[1]

▶ 开海令（展海令）

康熙二十二年（1683）,清军攻取台湾,康熙终于次年下谕各省,认为海氛廓清,先前所定海禁处分条例尽行停止,海禁遂开。然而康熙虽以"船只出海,有裨民生"[2],开海可使"穷民易于资生。"但是出于政治考虑,却长期以"海禁不可轻开"[3]为念,又以

---

1 清朝文献通考·卷 2·田赋 2。

2 《康熙起居注》第一册,第 588 页。中华书局版。

3 清圣祖实录·卷 77,康熙十七年九月丙寅。中华书局版。

"朕临御多年,每以汉人为难治"忧虑[1],担心汉人与外相通,概不批准任何放宽奏请,一再"诏如顺治十八年例,迁界守边"[2]。海外贸易重开之后,康熙对此仍不放心,又以荷兰等国请与中国地方互市,一些地方官员奏请准许中国与西洋、东洋、日本等国出洋贸易,直言"海寇未靖,舡只不宜出洋"[3]。"外国人不可深信,在外官员奏请互市,各图自利耳。"[4]对海船和出洋严加限制,其律令逐年严密,不许民间建造双桅以上海船,擅造二桅以上桅式大船和运载违禁货物出洋贸易者皆处斩枭示,全家发边卫充军[5]。后虽允许打造双桅船,但却有着种种限制,民间使用的渔船商船,严格限制在五百石以下。

海禁重开后,深受海禁之苦的沿海人民纷纷出国谋生,每年造船出海贸易者,多至千余,回来者不过十之五六,不少人居留南洋。清政府因担心汉人出洋日多会危及统治,并认为南洋各国历来是"海贼之渊薮","数千人聚集海上,不可不加意防范"[6],于是康熙五十六年(1717),又颁布南洋禁海令,规定内地商船不准到南洋吕宋(今菲律宾)和噶喇吧(今印度尼西亚雅加达)等处贸易,南洋华侨必须回国,澳门夷船不得载华人出洋。同时加强海路限令,严令沿海炮台拦截前往船只,水师各营巡查,禁止民人私出外境。这一禁海令与朱元璋的禁海令相当,都是暖相气候应对环境危机的结果。

▶ 清代夜禁

清代继承了明代在北京的大栅栏夜禁制度。康熙九年(1670)四月十一日,根据兵部、都察院的奏报,鉴于北京内外城时常发生盗窃抢劫案件,责令五城御史、司坊官、巡捕营弁每日巡缉。"城外各巷口,照城内设立栅栏。定更后,官员军民等不许行走。犯者照例惩治,并著为令"[7]。

▶ 救火组织

据《康熙仁和县志》所载无名氏著《御火灾说》称:"火灾杭城所时有。民居稠

1　清圣祖实录·卷270,第16页。中华书局版。
2　清史列传·卷80·郑芝龙传。
3　《康熙起居注》第二册,第657页。中华书局版。
4　《康熙起居注》第二册,第666页。中华书局版。
5　蒋廷锡,古今图书集成·样刑典·律令部汇考37,1934年影印雍正铜活字本。
6　《清圣祖实录》卷270,第16页。
7　清圣祖实录·卷33·康熙九年四月丁酉。

密,一家失火,旁舍不救,至火势渐盛,遂难扑灭。向总督刘公,于城守营练习兵丁四十,供救火之用。都司金书亲督之,选强壮便捷者为之。每人置号衣一件,背缝白布一方,上书杭协营救火兵丁某,字取粗大明显,该协盖以印文,首戴蓝布盔衬一顶,以此为识,杜奸徒假冒滋害之弊"[1]。另据《杭州府志》载:"向总督刘公,于城守营练习兵丁四十,供救火之用。都司金书亲督之。选强壮便捷者为之,每人置号衣一件,背缝白布一方,上书杭协营救火兵丁某,字取粗大明显,该协盖以印文,首戴蓝布盔衬一顶,以此为识,杜奸徒假冒滋害之。"

1669～1673 年,刘兆麒任闽浙总督,总督府设在杭州,还没有有效的灭火射水工具,只能靠改进人力队伍来对付火灾。救火兵丁还统一置办了火钩、火索、铙钩、麻搭、短梯、锯子和榔头等救火器具。这支救火队伍的经费完全由地方政府支出,"其置办火具、号衣等项,移会布政司,动支本部院项 下官银二十两,给发该营,以免借名扣饷。所置救火器具,必须坚固适用,勿似民间摆列虚套之物,无裨实际"[2]。

刘兆麒的继任者金鋐,也主持了消防队伍的建设。康熙二十五年(1686)至二十八年(1689)之间,金鋐任浙江巡抚。他把救火兵丁分拨到杭州城内各处,以防不测,并给予了更多的自主性与机动性,一有险情,"不待调遣而自集"[3]。

▶ 三藩之乱

清康熙十二年(1673)十一月,三藩之乱爆发。三藩指的是平西王吴三桂、平南王尚可喜及其子尚之信、靖南王耿精忠。吴三桂起兵,固然有康熙紧逼的政治原因,也有两个外部原因。第一是吴三桂年龄大了,需要在过世前解决政权稳定性的问题;第二是南方社区都怕暖相气候危机(表现为分裂和内斗),说明南方的环境危机在暖相气候更严重,只能靠对外战争才能凝聚人心。

▶ 布尔尼叛乱

察哈尔亲王布尔尼是林丹汗的孙子之一,阿布鼐之子。因不满清廷将其父革爵

---

1 钦定古今图书集成·历象汇编·庶徵典·卷 101·御火灾说。

2 [清] 刘兆麒:《总制浙闽文檄》卷 3《练习救火兵丁》,清康熙十一年(1672)刻本,《官藏书集成》第 2 册,(合肥)黄山书社,1997 年 12 月影印本。

3 康熙仁和县志·卷 13·恤政,康熙二十六年(1687)刻本,《中国地方志集成》,"浙江府县志辑"第 5 册,(南京)江苏古籍出版社、上海书店、(成都)巴蜀书社,1993 年 6 月影印本。

囚禁及抽调该部官兵分散各地驻防,于清康熙十四年(1675)三月,乘清军讨伐吴三桂,兵力南调,北方空虚之机,与喇嘛阿扎里,副都统布达里等僧俗封建主拘捕清朝传令征兵的御前侍卫,煽动奈曼郡王札木三和察哈尔游牧地内的喀尔喀贵族垂札布等聚众万人反清。计划派兵往盛京(今辽宁沈阳市)抢回其父阿布鼐,另以兵阻击来讨的清军。清廷命多罗信郡王鄂札为抚远大将军、大学士图海为副将军,统率蒙古兵数万人前往义州(今辽宁义县)镇压。布尔尼兵败达禄,率溃卒逃遁,被射死,该叛乱事件仅2个月即告平息。事后,察哈尔部被康熙分解成八个内属旗,使用正镶红黄白蓝旗的名号,人称察哈尔八旗。布尔尼叛乱发生在暖相气候周期,充分体现了游牧文明政权在暖相气候容易发生分裂的气候响应模式,即"冷相集中,暖相分裂"。这一趋势,自始至终影响着游牧文明和农耕文明之间的文明冲突。

▶ 收复台湾

清康熙二十年(1681)正月,郑经病逝,次子郑克塽继延平王位。郑克塽幼弱,大权旁落,尽委于部将冯锡范、刘国轩。七月,原郑氏降将施琅被任命为福建水师提督,与总督姚启圣等制订计划攻占澎湖和台湾。康熙二十二年(1683)六月十四日,施琅率水师二万余人从福建漳州出发,向澎湖进发。经过七天激战,收复澎湖。郑克塽慌忙遣使向清军乞降,八月,清军进驻台湾。次年,康熙采纳施琅的意见,决定在台湾设府,隶属福建省。台湾府下设三县:台湾、凤山、诸罗,派兵驻守。暖相气候不仅造成北方游牧民族的内乱,也导致南方商业文明的内部矛盾,在暖相气候危机的加持下,施琅一举攻破澎湖,顺势拿下台湾,体现了暖相气候中国容易统一的基本特征。

▶ 木兰秋狝

公元1681年4月,康熙皇帝出巡塞外,一边狩猎一边勘测地形,最终决定将漠南蒙古喀喇沁、敖汉、翁牛特、克什克腾所敬献之土地建成"围场",专门用于皇室贵族之狩猎活动。之所以称为"木兰秋狝",主要原因两点。其一,古人秋天打猎时称"狝",或"秋狝",清朝皇帝一般也是每年秋天(农历八月、九月)来此狩猎。其二,围场中猎物最多当属鹿,而捕鹿在满语中即为"秋兰"。因此,清朝帝便将每年八月、九月来此处之狩猎活动称之为"木兰秋狝"。从1683年,康熙皇帝第一次率队进行"木兰秋狝",到1863年同治皇帝下旨允许人民进入围场打猎、开垦,"木兰秋狝"历时 180 年,共举办 92 场,是清朝前期非常重要的一项政治、军事活动。

▶ 汤斌毁淫祠

康熙二十三年(1684),汤斌在苏州,针对五通神祠的泛滥,"收其偶像,木者焚之,土者沉之,并饬诸州县有类此者悉毁之,撤其材修学宫。教化大行,民皆悦服"[1]。暖相气候毁淫祠符合暖相气候推动民间信仰,民间信仰吸引民间资本,政府需要干涉来获得经济平衡的一般社会响应模式。

▶ 冰冻泰晤士

公元 1408 至 1814 年之间,泰晤士河曾多次结冰,如 1408、1435、1506、1514、1537、1565、1595、1608、1621、1635、1649、1655、1663、1666、1677、1684、1709、1716、1740、1768、1776、1785、1795、1814 等年份。上述 24 次冰冻事件有 16 次发生在气候节点或其附近。此外,在 1684 年、1716 年、1740 年、1785 年和 1814 年的五次中,冰盖非常厚,以至于在冰上举行了集市。

下图是 1677 年发生的泰晤士河冰冻事件(见图 78)。

图 78　1677 年冬天泰晤士河面上的冰冻集市

公元 1680 年 3 月 26 日到 28 日,维苏威火山爆发了两天。结果,伦敦在 1683～1684 年的冬天又经历了一场严寒和霜冻,泰晤士河在一夜之间结冰,伦敦

1　清史稿·汤斌传。

市民在冰上举办了集市活动（见图79）。

图79　1684年冬天泰晤士河面上的冰冻集市

1680年是暖相气候节点，中国的物候证据是偏暖的，清朝有经济实力可以收复台湾并进行"木兰秋狝"。可是由于太阳黑子的影响（蒙德最小期）和火山爆发的影响，欧洲爆发了寒冬。欧洲的饥荒主要发生在暖相气候（降雨多，日照少，收成少），而中国的饥荒主要发生在冷相（寒潮、洪水和潮灾），偶尔暖相也会发生危机（降水少，旱灾多，蝗灾多）。从表面上看，中欧之间气候大形势存在一定的互斥性互补性，值得深入研究。

在另一种说法中，第一次泰晤士河冰上展销会发生在1607年，最后一次发生在1814年，前后近210年。不过，泰晤士河上桥梁的变化以及堤防工程的增加影响了河流的流量和深度，大大减少了近代泰晤士河进一步冻结的可能性。

▶ 光荣革命

光荣革命是一场发生在1688年，英国资产阶级和新贵族发动的推翻詹姆士二世的统治、防止天主教复辟的非暴力政变。这场革命没有发生流血冲突，因此历史学家将其称之为"光荣革命"。1689年英国议会通过了限制王权的《权利法案》。奠定了国王统而不治的宪政基础，国家权力由君主逐渐转移到议会。君主立宪制政体即起源于光荣革命。

▶ 政党起源

辉格党和托利党这两个政党名称皆起源于1688年的光荣革命，一般认为他们是最早出现的资产阶级政党。"辉格"（Whig）一词起源于苏格兰的盖尔语,意为马贼,英国资产阶级革命时,有人用它来讥讽苏格兰长老派。1679 年,就詹姆斯公爵（后来的詹姆斯二世）是否有权继承王位的问题,议会展开激烈争论。一批议员反对詹姆斯公爵的王位继承权,被政敌讥称为"辉格",他们也渐以此自称。辉格党人是指那些反对绝对王权,支持新教徒宗教自由权利的人。而那些赞成的人则被政敌称为"托利"。而"托利"（Tory）一词起源于爱尔兰语,意为不法之徒。托利党人是指那些支持世袭王权、不愿去除国王的人。这是英国现代政党的起源。托利党后来在 1833 年（靠近另一个气候节点）更名为保守党,一直运作到今天。

▶ 时代之歌

康熙闻收复台湾时所作《中秋日闻海上捷音》:"万里扶桑早挂弓,水犀军指岛门空。来庭岂为修文德,柔远初非黩武功。牙帐受降秋色外,羽林奏捷月明中。海隅久念苍生困,耕凿从今九壤同。"

"海隅久念苍生困",说的是南方社会因为气候变暖遭遇的医学、人口、经济、政治困境,背景是暖相气候,遭遇另一次"司马迁陷阱"（见第 567 节）。所有的响应都符合暖相气候特征,虽然当时的小冰河期危机在 1690 年达到最严重。随着台湾的回归,中国南方的商业文明遭遇一大挫折,重新转入农耕文明。

公元 1710 年: 回思望杏瞻蒲日

▶ 气候危机

公元 1707 年 7 月 29 日,南欧的维苏威火山再次爆发[1]。同年 10 月 28 日,在地震发生的 49 天之后,日本富士山突然爆发,这场爆发一直从 1707 年 12 月 16 号持续到 1708 年 1 月,被日本人称为宝永大喷发。爆发所产生的火山灰和火山渣给当时的日本带来了极大的影响。

这两次火山爆发的后果是导致 1708～1709 年的冬天极端寒冷[2]。气候突然变

1　Scandone, Mount Vesuvius: 2000 years of volcanological observations, Journal of Volcanology and Geothermal Research, 58 (1993) 5-25.

2　Lamb H.H., Climate, history and the modern world, Routledge, 1995, page 223.

冷,波罗的海结冰,可以步行通过海面。人们在冰上徒步穿过波罗的海走亲戚,比利时 Flanders 附近的海岸到处是浮冰。英格兰和苏格兰降了很多雪,大量树木被霜冻害死。法国北部的葡萄酒产业被彻底放弃,普罗斯旺的柑橘树全部损失。从 1708 年 3 月 25 日起,英国每一教区的看门人都被要求修理供水管道和出口、消防拷克等。每一个消防拷克(消防栓)的地点都需要用标牌特别标示出来,以便取水用途[1],说明寒冷气候带来的供水危机影响社区的消防安全。

在这个"1709 大霜冻"期间,威尼斯也经历了 1708～1709 年的严冬(见图 80)。

图 80　1709 年冬天威尼斯结冰的潟湖,作者:加布里埃尔·贝拉

▶ 开荒

康熙四十六年(1707),"以闽省荡平二十余年,民人具已复业,其未垦抛荒田地二千六百余顷,至今尚未足额,勒限一年,照数垦足征粮"[2]。在政策鼓励作用下,虽然气候相对寒冷,农业生产仍得以逐步恢复,粮价不再急剧下降。不过,这一阶段的全国人口仍维持相对较小规模,人地关系较为缓和,粮价不存在明显上涨压力。

▶ 河西五大渠

清康熙四十年(1701),在黄河西岸贺兰山东麓修大清渠,全长 307.5 千米,灌

1　Walford, C., The Insurance Cyclopeadia, London, 1874, page 623.
2　钦定四库全书·皇朝文献通考卷 2·田赋考。

田 1213 顷。雍正四年（1726）又修惠农渠和昌润渠,惠农渠灌田 2 万余顷,昌润渠灌田 1000 余顷。这些渠与原有的唐徕渠和汉延渠一起,合称为"河西五大渠",使宁夏灌区的水利获得空前的发展。

▶ 双季稻试验

康熙五十二年（1713）,康熙帝指派李英贵带着耐寒早熟稻种"御稻"到苏南试种,并取得了成功。康熙五十四年（1715）又命苏州织造李煦,并"喻知督抚"一起试种双季稻,但由于该年天气不佳,以及未能掌握好节气,后季稻因翘穗头严重而影响了收成。康熙五十五年（1716）,李煦扩大试种双季稻,获得成功。康熙五十六年（1717）再次扩大试种的面积,此年年景较好,产量达到"十分"之数。康熙去世后,李煦因陷入政治漩涡而失去朝廷信任,但双季稻种植在长江下游沿岸却得以推广和延续。这一气候变暖的趋势,先后持续了 90 年,直到 1805 年维苏威火山爆发,1806 年气候变冷,苏州双季稻事业得以中断。

▶ 巫蛊之祸

清康熙四十七年（1708）五月,康熙率领太子胤礽等人巡视塞外。八月,到达鄂尔多斯。十八子胤祄患重病,太子胤礽对患重病的幼弟并无友爱之心,又加上太子与索额图一党关系密切,逐渐专擅威权,引起康熙帝的反感,遂被废黜。皇三子胤祉揭发大阿哥使用巫蛊之术,并指认正是这种巫蛊之术导致太子发狂。康熙帝把胤礽叫过去,问他之前做了什么,结果胤礽装疯卖傻,假装啥也不知道。爱太子心切的康熙认为,大阿哥的巫蛊之术是罪魁祸首,太子只是中了妖法,于是处置了大阿哥,将太子重新复位。次年正月,再立胤礽为太子。三年后,康熙帝又疑心太子有夺位之意,再将其废黜。之后太子便被拘禁,直至去世。

这是发生在冷相气候节点附近的巫蛊危机,我们可以通过这一模式,认识历史上另外的四次巫蛊危机,

1. 征和二年（前 91）,汉武帝刘彻诛杀太子刘据,史称"巫蛊之祸";

2. 太平真君十一年（450）,北魏太武帝拓跋焘后者惑于宦官宗爱（北魏版的江充）的逸言,让太子拓跋晃忧虑而死,成为事实上的汉武帝第二。

3. 元嘉三十年（453）,太子刘劭与始兴王刘濬唆使严道育施以巫蛊,宋文帝刘义隆处置不当,被太子刘劭谋杀。

4. 太和二十三年（499），北魏献文帝拓跋宏于军中积劳成疾，驾崩于谷塘原行宫，死前赐死用巫蛊之术诅咒他的冯皇后。

上述五次"巫蛊之祸"虽然都与皇权与继承人的内在矛盾有关，然而当时的社会信仰趋势"冷相气候推动民间信仰（巫蛊文化）"，也是导致社会动乱的原因之一。巫蛊也是古代的民间信仰之一，主要是火耕文明（如苗族）是用来遥控加害仇敌的巫术，起源于火耕时代的与环境互动的结果，包括诅咒、射偶人（偶人厌胜）和毒蛊等。冷相气候周期的异常气候与灾情，是导致民间信仰（巫术）兴起的关键。宫廷也是小社会，巫蛊之祸是社会迷信思潮在宫廷中的回响。巫蛊崇拜是火耕文明的做法，改造自然是农耕文明的做法，巫蛊之祸就是农耕与火耕文明之间的观念冲突，需要放在文明冲突的背景下才能观察。从另一方面来认识，欧洲的猎巫行动是商业文明（一神论）与渔猎文明（多神崇拜）之间的文明冲突，而中国的巫蛊之祸是火耕文明（多神崇拜）与农耕文明（无神论）的文明冲突，两者都是环境危机推动的结果。

图 81　清·焦秉贞·耕织图册·耕第 23 图·祭神

右图（图 81）是清代焦秉贞在 1696 年绘制出版的《御制耕织图册》中的祭神场景，代表着当时冷相气候推动的信仰高潮（另见第 233 节）。这说明民间信仰是农业社会的重要组成部分，在冷相气候危机中有稳定社会的效果，得到官方的默许和认可。

▶ 湘西改土归流

康熙四十三年（1704），清朝开始对湘西地区进行改土归流，在采取驻军、屯兵、修边、筑卡等强硬军事措施的同时，大力推动湘西社会的"儒化"，其中主要包括通过设置官学、书院、义学等构建儒家教育体系、给予少数民族士子资助及科举名额优惠、重视对先儒先贤的祭祀、颁令禁止苗民诸多宗教祭祀活动及风俗习惯、推行三纲五常及忠孝节义观念等等途径。康熙四十九年（1710），湘西的苗族地主麻龙德向官府投诉，建议废除土司制度。但是当时康熙正在对付准噶尔汗国，不想后方出问题，于是将此事搁置了。按照历史经验，冷相气候出手"改土归流"容易取得成功，暖相气候动手，容易陷入混乱。显然这一次康熙失策了，给雍正留下了一个大麻烦。

▶ 人口危机

由于气候变冷，困扰中国人口增长的瘟疫问题得到缓解，结果是人口的迅速增长。康熙四十六年（1707）十一月，康熙就意识到：南方地亩见有定数，而户口渐增，偶遇歉岁，艰食可虞。

康熙四十八年（1709）正月，他又意识到：承平日久，生齿既繁，纵当大获之岁，犹虞民食不充。在这句话里，空间上已经没有了"南方"的限定，"偶遇歉岁"也变成了"纵当大获之岁"，康熙已经察觉到人地矛盾问题的普遍性。当年底，康熙又提出，本朝自统一区域以来六十七八年矣，百姓俱享太平，生育日以繁庶，户口虽增，而土田并无所增，分一人之产供数家之用，其谋生焉能给足？

于是，在康熙四十九年（1710）十月，他总结了这些年来的观察：民生所以未尽殷阜者，良由承平既久，户口日繁，地不加增，产不加益，食用不给，理有必然。

康熙五十二年（1713），他说："今因人多价贵，一亩之值，竟至数两不等。即如京师近地，民舍市廛日以增多，略无空隙。今岁不特田禾大收，即芝麻、棉花，皆得收获。如此丰年，而米粟尚贵，皆由人多地少故耳"[1]。

康熙五十六年（1717）十月，又云："近观看生齿日繁，土地仍旧，并不加多。因人民滋息愈盛之故，虽遇丰年，米价亦不甚减"，"因人民滋息甚繁，所以山东、河南等省之民无地可耕，赴口外耕种者甚众"，"近来生齿日繁，虽丰年多谷，不似往年米价之贱"。

冷相气候危机，表现是日照不足和灾害增加导致农业生产的产出不足，让人口增长问题更加突出。另一方面，冷相气候有利于挤压瘟疫，降低人口的死亡率，有利于开荒，有利于增殖，所以康熙才会在晚年不断感受到人口增长的压力。

1 清实录·清圣祖实录。

▶ 永不加赋

康熙五十一年（1712），康熙颁布了一条谕旨：念"今海宇承平已久"，"人丁虽增，地亩并未加广"，故令各省官员"将现今钱粮册内有名丁数，勿增勿减，永为定额，其自后所生人丁，不必征收钱粮"。这就是清朝有名的"盛世滋丁，永不加赋"，意思是没有土地，就不需要缴纳额外的赋税，相当于给人口税松绑，推动了人口的自然增长。"永不加赋"的本质是放松人口管制。由于气候变冷对瘟疫的拦阻，冷相气候有时会推动人口的高涨。在高涨的人口形势下，由于气候危机导致人口逃荒现象严重，康熙通过"永不加赋"来避免对额外人口的征税，可以说是一次面对冷相气候危机进行"减负"的行为，符合应对冷相气候危机的需求。

▶ 摊丁入亩

清初，随着商品经济的发展，租佃关系的普遍化，土地买卖的加速，人口数量的激增及流民反抗的加剧，国家越来越难以束缚农民于固定的土地之上，直接向农民征收丁役银更加困难，旧的标准很难维持下去。为适应封建经济的发展和政治需要，清廷对赋税制度进行了改革。雍正帝继位后实行改革，将人丁税摊入地亩，按地亩之多少，定纳税之数目，地多者多纳，地少者少纳，无地者不纳，是谓"摊丁入亩"。"摊丁入亩"，是我国封建社会里最后一次重大的赋役制度改革。这项改革措施启动于清代康熙末年（1713），普及于雍正初年，最终完成于乾隆四十二年（1777），前后共64年。

摊丁入亩制度是中国封建社会后期赋役制度的一次重要改革，把历代相沿的丁役银合并于田赋银之中，一起征收，在一定程度上相当于弱化了西汉以来的人口税，农民对封建国家的人身依附关系进一步松弛，按田亩纳税使无地农民在法律上不再纳税，赋役不均的现象有所缓和，有利于社会生产的发展和社会安定，对中国人口增长和社会经济的发展有重要意义。

▶ 禁止开矿

清康熙四十三年（1704），康熙皇帝下令禁止各地开采新矿，旧矿仍然存在。到1718年，广东、四川和云南的矿业全遭封禁。矿禁政策实际上是为了防止手工业工人聚众闹事，发生民变，但不利于民间工商业的发展。本质上，暖相气候产生通货危机鼓励开矿,冷相气候则缺乏这方面的动力。

▶ 苏格兰加入英国

苏格兰是在 1707 年的 5 月 1 日正式成为大英帝国一员。苏格兰与英格兰的结合,起始于 1603 年,当时原本的苏格兰王詹姆士六世继位成为英格兰王,世称英格兰的詹姆士一世,并且将原本属于他名下的苏格兰王国与英格兰合并成为共主邦联。詹姆斯登上英格兰国王的宝座,成为詹姆斯一世,开始了斯图亚特王朝的统治,这为 100 年后(1707)苏格兰与英格兰正式合并创立了条件。

从 1690 年(小冰河期的顶点)开始,苏格兰最主要的贸易对象法国遭遇经济衰退,为了保护本国利益,法国开始限制从苏格兰进口商品,苏格兰遭遇严重经济危机。紧接着小冰期席卷欧洲,苏格兰农作物开始连续四年严重歉收,饥荒在苏格兰全国蔓延开来,四分之一的苏格兰人在这次大饥荒中被饿死。为了摆脱困境,苏格兰决定对外投资殖民事业,效仿英格兰的东印度公司,成立了一个苏格兰公司,作为对外殖民的企业实体。公司刚刚建立,就开始向全苏格兰人民募资 40 万英镑,相当于今天的5100 万英镑。这笔巨款来自苏格兰社会各个阶层,相当于当时苏格兰整个国家社会总财富的五分之一。很多家庭倾其所有,将全部身家都赌了上去,可见当时苏格兰全国都非常看好这家公司。可是,他们的殖民事业因为环境危机带来的瘟疫危机给破坏了。在瘟疫和西班牙人的双重打击下,苏格兰海外殖民计划完全破产。苏格兰人能想到的唯一的办法,就是找个国家接盘,帮他们托底。英格兰向苏格兰支付了 39.8万英镑,用以补偿苏格兰殖民失败的损失。双方在 1707 年签订协议,英格兰最终吞并了苏格兰。苏格兰在环境危机中加入英格兰,为另一次环境危机中离开英格兰奠定了基础。环境危机造成的抱团取暖酝酿了今天苏格拉争取独立运动的局面。

▶ 英国版权法

1710 年 4 月 14 日,英国议会通过世界上第一部版权法《安娜法令》,也称《安娜女王法令》。法律的原名为《为鼓励知识创作授予作者及购买者就其已印刷成册的图书在一定时期内之权利的法》,1709 年由英国议会颁布,1710 年生效,是世界上第一部保护作者权益的法律。该法规定,作品自首次出版之日起,其作者享有 14年的版权保护期,期满作者尚未去世,可以顺延 14 年。《安娜法令》在世界上首次承认作者是著作权保护的主体,确立了近代意义的著作权思想,对世界各国后来的著作权立法和工业革命产生了长远的影响。

▶ 时代之歌

"年谷丰穰万宝成,筑场纳稼积如京。回思望杏瞻蒲日,多少辛勤感倍生"是出自清康熙三十五年(1696)《御制耕织图》(又名《佩文斋耕织图》)中康熙为耕图第十六图"登场"所作诗句,其中"望杏瞻蒲"出自南北朝时期徐陵《徐州刺史侯安都德政碑》:"望杏敦耕,瞻蒲劝穑。"指春季看到杏花开放便要开始耕田播种,夏季菖蒲开花则要及时收割庄稼,意即要按时令劝勉耕种。"回思望杏瞻蒲日",代表着冷相气候条件下,日照减少,农时紧张的大趋势,更需要按照时令物候进行农业生产的必要性和紧迫性。

当时的冷相气候是毋庸置疑的,北海结冰成通蓥,水城结冰可溜冰。冷相气候有利于克服瘟疫,推动人口的增长,同时也带了巫蛊之风兴盛,改土归流不满。李煦在1715年试种双季稻成功,代表了90年的暖相气候。

公元 1740 年: 水龙百遣横空射

▶ 气候危机

1717 年,康熙皇帝在即将结束自己六十一年的统治时说过这样一段意味深长的话,"天时地气,亦有转移。朕记康熙十年(1671)以前,四月初八日已有新麦。前幸江南时,三月十八日亦有新麦而食。今四月中旬,麦尚未收。……从前(指康熙十年),黑龙江地方冰冻有厚至八尺者,今却和暖,不似从前。又闻福建地方向来无雪,自本朝大兵到彼,然后有雪"[1]。

雍正年间(1723～1735),在怡亲王允祥的主持下,设立营田四周(京东局、京西局、京南局和天津局),于河北境内共开辟官私水稻田 5600 余顷。

我们从 1730～1915 年间中国农业收成状况看,相对冷期(1883～1911)的农业收成仅为 68%,而相对暖期(如 1730～1749 年)则提高到 86%[2]。

---

1 清圣祖实录·卷30。
2 葛全胜,中国历朝气候变化 [M],科学出版社,2011,第112-3页。

不过,1737 年 5 月维苏威火山爆发(见图 82),令当时变暖的大趋势被 1739～
1740 年的寒冬打断。

图 82　维苏威火山在 1737 年的爆发,作者：Tommaso Ruiz

这是另一个极为严寒的冬天,随后在 1740 年一直持续到 1741 年,令 1740 年
成为自 1659 年以来最严酷的一年。这一寒潮,令泰晤士河再次结冰(内部称作"大
霜冻"),河上的集市被又一次记录下来(下图 83)。

图 83　1739 年大霜冻期间的泰晤士河,作者：Jan Griffier II(1688～1773)

▶ 最热夏天

乾隆八年(1743)以"中国历史上最热的夏天"而闻名。在历史记载中,仅在公
元 1743 年 7 月 14～25 日 12 天内,北京城近郊和城内就有 11400 人因为炎热而

导致死亡。据《高邑县志》载："五月廿八至六月初六,墙壁重阴亦炎如火灼,日中铅锡销化,人多渴死。"乾隆《浮山县志》同样写道："夏五月大热,道路行人多有毙者。京师更甚,浮人在京贸易者亦有热毙者。"当时居住在北京的法国教士 A.Gaubil 就曾提到："从未见过像 1743 年 7 月这样的高温。"根据事后分析,在公元 1743 年 7 月 20～25 日的温值最高,平均值高于 40℃,其中以 25 日的温值最高,达到了恐怖的 44.4℃,地表温度更是近乎 65℃。

▶《温热论》

中医名家叶天士(1666～1745)在公元 1742 年出版了《温热论》,代表了当时暖相气候造成的环境危机。叶桂(1667～1746),字天士,号香岩,江苏吴县人,清代著名医家。叶氏出身于世医之家,自幼随父习医。十四岁丧父,立下业医之志,探求医学,孜孜不倦。凡有擅长医术者,无论遐迩,均上门以执师礼。据说十年之间,从师凡十七人。叶氏博采众家,以成己说,终成显赫医名,求治者络绎不绝,"治病多奇中"。但叶氏也因此而忙于诊务,无暇著书立说,一生少有著作存世。后人整理他的医案为《临证指南医案》一书。

▶《授时通考》

清高宗于乾隆四年(1739)令陈枚绘《耕织图》一套。陈枚是乾隆年间宫廷画师,师承焦秉贞,画法工细净丽,奉敕据焦秉贞图重绘着彩"蚕织图",每图均配有乾隆手题诗一首。据乾隆皇帝为此图所写后记,感圣祖康熙"重农桑,勤恤民隐",因命工绘前图,每幅书旧作旋上,自惟辞义赛浅"。此图录入《石渠宝笈·卷二十三》,原图藏于台北故宫博物院。乾隆六年(1741),鄂尔泰、张廷玉等奉乾隆之命撰《钦定授时通考》,其中"浸种"和"蚕桑"两节插图使用了《御制耕织图》的内容(见图 84),代表着向下传播的努力。

图 84 《授时通考》中的耕织图场景之一(浸种)

▶《豳风广义》

《豳风广义》是一部地方性劝民植桑养蚕的农书，以蚕桑丝绸为主要内容介绍北方地区的农副业生产的技术专著。成书于清乾隆年间，于1742年刊行后，陕西、河南、山东都曾重刻，流传较广。作者杨屾，字双山，是清代杰出的农学家，陕西兴平桑家镇人，以教书为业。多年从事蚕业生产，对栽桑养蚕有深入的研究。《豳风广义》对中国古代栽桑养蚕和养羊等方面的许多宝贵经验和创造发明，都做了比较全面的总结。关于剪毛也总结出一套提高羊毛质量的办法。对中国饲养的羊种按地区加以分类，并指出各羊种的体态特征和用途，保存了中国清代纺织原料的生产技术资料。作者杨屾根据《诗经·豳风·七月》这首诗，确信陕西关中古时可以植桑养蚕，那么现在气候变暖，也应该可以。为了验证古人的记载，他需要再次总结耕耕织的经验向关中传输。该书代表了随着气候转暖，可以再次向关中地区输送耕织技术的良好意愿。

▶ 耗羡归公

清雍正五年（1727），雍正提出"耗羡归公"。各地在征收钱粮时，都要加收火耗钱，即碎银在铸成银锭时的折耗。火耗钱由官府任意征收，并且不在上交之列，官员随意征收，贪污问题严重。在山西官员的建议下，雍正帝令各省分拨火耗给州县，再按照定额分发给各级官员，作为官员合法的"养廉银"，即官俸补贴。火耗养廉对改善官场贪污成风的习气起到了一定作用，其实这是恢复到宋代的一些做法，代表着暖相气候推动商业复兴和报酬货币化的大趋势。

▶ 金沙江航道

开辟金沙江航道，鄂尔泰是始作俑者，但由于他人不久被调离云南，所以也只是起到了鼓动的作用。至于真正动工兴筑，则起自乾隆初年，这与政府为加强铜的外运有密切关系。乾隆五年（1740），云南总督庆复等上书给皇帝说："开凿金沙江，沟通到四川的江道，实为滇省大利。"其具体线路可从东川府由子口起，经新开滩，到四川泸州止，经朝廷批准后，工程于乾隆七年（1742）十月开始，到乾隆九年（1744）四月止，共开凿险滩64个，又辟纤路10000余丈。这一交通突破事件说明，暖相气候带来的市场扩展和采矿需求，是推动类似交通工程的主要动力，与公元716年张九龄开辟大庾岭道（梅岭）工程的性质是一样的。

▶ 湖南钱荒

湖南巡抚蒋溥在任期间（1742～1743），湖南省标准货币（即"制钱"）一直缺乏，民间私自铸钱的现象非常严重，钱币薄而且小，分量不足，官府严禁不止。蒋溥注意到当地辰州、永州的山谷里盛产铜矿，让人去采样，发现可以炼铜，于是蒋溥秉持着廉洁自律、一心为民的信念，及时上奏朝廷批准，设炉开局，铸造铜钱。同时，他还派人购进贵州、广东等省多余的铜，大量储存，以备不足。铜钱大量铸出后，他按实际发生的费用配拨各部门，剩下的发到市场平卖。本地市场日常流通用的非标准小钱，也都用官钱更换，回炉统一铸制。这样，私自铸钱的不良社会风气制止住了。显然，当时的私铸行为是响应当时的暖相气候、市场扩张的结果。

▶ 救火组织

乾隆八年（1743），湖南巡抚蒋溥指示"各县精选壮役有胆力者为救火义役，造册申报，每岁量给工食（银），或于壮丁内补充。一遇火发，务必集众尽力赴救。如有畏避不前者，绳之以法"。

乾隆二十一年（1756），湖南巡抚陈宏谋、布政使杨廷璋与提刑按察使夔舒议定了《救火事宜》十一条[1]。这是在总结以往救火经验的基础上制定的一个比较系统的地方性救火法规。乾隆二十二年（1757）十一月，湖南官府由省城三营各派士兵八十名，并从长沙、善化二县各派壮丁十五名，共计二百七十名兵役，专门负责省城救火工作。

▶ 禁关令

乾隆元年（1736）四月，乾隆帝下令停止往东北发遣囚犯，"其人犯发遣之罪者，应改发于各省烟瘴地方"[2]。乾隆三年（1738）十一月，又应鄂尔泰等人之请，将东北较为重要的威远堡等六口文员改成武职，以加强边口的巡守能力。第二年（1739）十月又应刑部右侍郎韩光基、工部右侍郎索柱等人之请，下令守口官兵严加盘查出入山海关的旗民人等。乾隆六年（1741）五月又明令禁止吉林、伯都讷等处八旗官兵招募民人耕种[3]。

1　清乾隆二十二年（1756），湖南通志。
2　乾隆实录·卷16。
3　清高宗实录·卷115·乾隆五年四月甲午。

从乾隆五年（1740）起，清政府颁布了针对盛京、吉林和黑龙江地区的一系列封禁令，并且封锁了从山海关、内蒙古及奉天沿海进入东北的陆海交通线，东北封禁始形成，一直持续到甲午战争之后发生东北危机才被打破，开始新一轮闯关东移民运动。暖相气候人口增加，有利于对外的扩张，引发乾隆的预防性禁关令。

▶ 鼓励开荒

清朝前期，随着耐旱、耐寒的玉米、甘薯等原产美洲的高产作物不断推广，人口迅速增长，乾隆末年全国人口突破3亿。"生齿殷繁，土地所出，仅可赡给，偶遇荒歉，民食维艰，开垦一事，于百姓最有裨益"。雍正元年（1723），雍正帝下令："凡有可垦之处，听民相度地宜，自垦自报"；规定新开水田六年后纳税、旱田十年后纳税，禁止地方官吏阻挠或趁机勒索，对垦种成效显著地区的官吏予以奖励。

随着气候变暖，屯田事业发展到了青海。乾隆三年（1738）佥事杨应琚建议碾伯县巴燕戎地方招民开垦[1]，在循化、贵德等地，令千户、百户、百长各于所管界内相度可耕之处，劝谕番众计口分地，尽力开垦，播种青稞、大麦等粮，俾资养赡。

自乾隆五年（1740）以后，清政府推行保甲户口统计法，"令各督抚于每年十一月将户口数与谷数一并造报"。改变以前每五年一次编审人丁时计丁而不计口的做法，而将人丁、女口全都分别加以统计，人口统计从以前的户口转换为丁口。同时清高宗指出：有些畸零之地，任其闲旷，不致力开垦，主要是农民害怕"报垦则必升科"，"或因承种易滋争讼"。针对上述情况，乾隆七年（1742）正式谕令："凡边省、内地零星地土可以开垦者，嗣后悉听该地民夷垦种，免其升科，并严禁豪强首告争夺"[2]。并要求各省督抚对"何等以上仍令照例升科，何等以下永免升科之处"，"悉心定议具奏"，即所谓"弛禁"，正式鼓励向山区开垦，永远免税，同时规定包括科举考试名额在内的种种优惠条件，以妥善安置富余人口。

在暖相的1740年前后，番薯的推广也很显著。1747年的湖南《长沙府志》、1752年的云南《陆凉州志》和1760年的江苏《崇明县志》等首次提到番薯的引种，说明番薯的抗旱基因在暖相气候条件下得到认可，推动其传播，高产基因和抗旱形势共同推动番薯的传播。也就是说，暖相气候导致经济发展，市场扩张，政府出面鼓励人们去开

1　[清] 杨应琚撰，崔永红校注：《西宁府新志》卷34《艺文·条议附》，（西宁）青海人民出版社，2015年，第681页。

2　清高宗实录。

荒,对番薯的流传有很大的推动作用,也就是"冷相产生内部引力,暖相产生外部推力"。

▶ 改土归流

雍正朝总理大臣鄂尔泰:云、贵大患无如苗、蛮。欲安民必制夷,欲制夷必改土归流。清雍正四年(1726)九月,雍正皇帝采纳云南巡抚鄂尔泰的建议,在西南地区实行改土归流政策,即废除世代相袭的土司制度,改派朝廷任命的流官,治理当地。改土归流最先在云、贵两省实行,而后扩展到广西、四川、湖南、湖北等省。改土归流的地区,包括滇、黔、桂、川、湘、鄂 6 省,所涉及的民族有苗族、彝族、布依族、侗族、瑶族、水族等。云南、贵州改土归流的目标,到雍正九年(1731)基本实现。改土归流消除了地方割据势力,有助于稳定西南边疆地区,促进西南地区的社会经济的发展。但是,由于发生在需要"改流设土"的暖相气候周期,所以很快引发了 1735 年的"雍乾之乱"。

▶ 雍乾之乱

由于暖相气候导致灾情和民情复杂,在云贵地区强力推动的改土归流事业发生强力的反弹。清雍正十三年至乾隆元年(1735～1736)发生在贵州的"雍乾起义",可以说是暖相气候推动改土归流的后果。这次起义以包利、红银为首,发生于黔东南地区,历时两年,范围有十多个州县。虽然被镇压下去,这一起义预兆了 60 年后规模更大的"乾嘉起义"和 120 年后的"咸同起义"。连续三次在暖相气候发生的苗族起义表明,暖相气候下在南方社会推动"改土归流"有很大的阻力。最后云贵地区的"改土归流"是在 1950 年代的冷相气候中完成的,所以南方社区存在"冷相改土归流,暖相改流设土"的经验性观察,还是有道理的。

▶ 大小金川之乱

公元 1747 年正月,四川金沙江流域大金川土司莎罗奔公开作乱,清廷派川陕总督张广泗率兵平叛。后因其作战不力,将其逮捕入狱处死。1748 年,改派保和殿大学士傅恒领兵作战。1749 年正月,大金川之乱平息,首领莎罗奔降。1771 年,大小金川再次作乱。十二月,乾隆派军平乱。战争延续五年之久,清廷付出了大量兵力、财力,消耗巨大。叛乱结束后,清廷取消土司制度,实行"改土归流",依照内地制度,派官治理。"大小金川之乱",前后持续了 29 年,符合战争的周期性,也符合中央政府"暖相支持改流设土,冷相推动改土归流"的一般趋势,是一次典型的火耕文明与农耕文明之间的文明冲突。

▶ 时代之歌

乾隆七年（1742），著名诗人袁枚出任江宁（今江苏省南京市）知县。在任期间的一个夏天，江宁县城发生火灾，他率领兵丁救火。嗣后，写了《火灾行》诗，描述火灾发生、扑救经过和诗人的感慨。全诗如下："

七月融风歇不止，鸟声嘻嘻吁满市。县官此际如沙禽，中夜时时惊欲起。出门四顾心惨烈，天下烂如黄金色。文武一色皆戎装，奔前灭火如灭贼。金陵太守气尤雄，独领一队当先锋。出没黑烟人不见，但闻促水声朦胧。水龙百道横空射，倒卷黄河向天倾。蚩尤妖雾青山崩，黑连蒸土白石化。须臾半空飞霹雳，赭瓦颓垣如掷戟。不闻知命避岩墙，但见横尸委道旁。春风雨涤新焦土，夜月霜凄古战场。从来贤人心如焚，不必等至额尽烂。白日青天莫入杯，朽株枯木能为难。"

"水龙百道横空射"，说明消防仍然依赖水枪，消防泵没有得到普及。在这一轮因暖相气候造成的火灾危机中，来自欧洲（主要是英国和荷兰）的消防泵技术分别在 1742 年传入美国，1746 年传入苏州，1752 年传入日本，几乎同时传遍全球。这一技术传播事件，代表着消防技术的革命和城市文明的崛起，在人类文明史上具有重要的里程碑意义。

第四章
历史谜团气候解

　　上述每个节点的气候证据,除了个别节点表现异常以外,基本符合气候脉动律的预报。异常节点包括 900、1020、1140、1200、1320、1440、1500、1560、1620、1680、1740 等暖相节点,它们都表现出异常的冷相气候冲击。这些异常的气候冲击,造成了竺可桢认为宋代气候变冷(实际上是中世纪温暖期),1450～1550 是中国偏冷的一个世纪,1620～1720 是中国最冷的一个世纪等粗略的结论。事实上,这些节点都或多或少地都表现出了气候变暖的特征,只不过被节点附近的气候扰动(如火山爆发)所干扰,造成了暖相气候特征不明显(如1320附近),或推迟到来(如900 和 1020 附近)。在某些气候周期,气候的转折点也是异常清楚的,如公元 741年、1094 年、1452 年、1600 年等,他们代表着气候对社会的最大挑战,因此给社会带来更大的刺激和改变。

　　本书最大的特征,是通过社会对气候脉动的周期性响应,来认识气候脉动的规律性。那么,气候脉动规律可以给我们带来什么样的规律性认识呢? 下面通过古代社会各个领域的周期性响应,认识气候脉动律对社会的周期性影响和重复性规律。一次两次的重复可能是偶然现象,多次的周期性重复或严格的 30 年周期就是气候脉动给社会改革带来的必然结果。透过这些必然的、周期性发生的社会响应,我们可以更好地认识推动文明演化的外部力量。

经济改革之谜

气候变化的最大影响反映在日照期长短和灾情频率,对农业主导的政府而言,就是税收和支出的变化,结果就是经济危机。农业收成可以通过常平仓来判断,农业收成过多都会导致常平仓现象,过少会导致出现常平仓、义仓或社仓;农业税收不足需要用商税来弥补,因此商税改革也会反映农业的收成,响应气候的脉动;农业的产出增加或减少,需要货币来匹配,于是有各种各样的钱荒和货币改革。当农税、商税和货币政策都不能解决经济危机之后,政府的目光看向了国外,于是有各种各样的促进或规范海外贸易的行动。通过考察历史上这四类经济活动的改革时机,我们可以整体认识气候脉动对农业社会的影响模式。

▶ 历代盐法改革之谜

开元十年(722)八月十日,因财用不足,玄宗采纳左拾遗刘彤建议,派御史中丞与诸道按察使检校海内盐铁之课,逐步恢复征收盐税,结束了公元583年隋文帝废除盐税以来近130年无盐、铁、酒税的局面。隋文帝之所以要废除盐铁税和酒税,是因为人口短缺碰上气候变暖带来的大丰收,让农税收入大大增加。然而,等唐代的人口和经济增长了之后,商税不足的弊端被府兵制的衰落给放大了,所以政府重新开始征收盐税。自此之后,唐宋间针对盐法进行了大约10次改革[1],如下表所示。

表7 唐宋时期的盐法改革与气候背景

发生时间	盐法改革事件	预期节点	气候特征
722	刘彤建议开征盐税	720	暖相
779	第五琦盐法改革	780	暖相
961	宋初继承官榷法	960	暖相
988	通商法解禁	990	冷相
1020	重申销区禁令	1020	暖相
1048	范祥钞法改革(钞盐法)	1050	冷相

---

1 麻庭光,气候与社会,上海科技文献出版社,2021.4,第。

发生时间	盐法改革事件	预期节点	气候特征
1072	沈括改革盐法	1080	暖相
1112	蔡京盐法（盐引法）	1110	冷相
1132	赵开盐引法	1140	暖相
1192	赵汝愚恢复赵开引法	1200	暖相

上述的改革事件，其基本规律是"冷相政府缺钱推动经济改革，暖相市场扩张推动局部调整"。由于中国经济的内在缺陷（缺乏贵金属），所以食盐作为一种通货，承担着调节经济、润滑市场的作用。每次发生税收和经济危机导致政府缺钱，就会调整盐法来获得更大的收入，体现了盐税在经济中的重要地位和调节作用。

明代农耕文明主导的政府，走到了商业文明的反面，废弃酒税和交易税，让政府更加依赖盐税。一旦政治或经济发生变化，就会带来严重的经济危机，因此我们会观察到气候节点附近的盐法改革行动。其内在的推理逻辑是，如果气候发生脉动，必然导致边境地区的文明冲突，武装冲突导致政府支出大增，带来金融改革的必要性，而盐法在国民经济中的占比太大，因此不得不进行相应的变革。明代盐法的施行时间，大体是小冰河期的前半段，气候变化比较剧烈，因此导致了一种暖相制定的政策在冷相必然会发生偏差。在不断的偏差和纠偏过程中，开中制代表的官垄断逐渐过渡到符合市场经济规律的商垄断，其脉动性是非常有规律的。

在这个思路下，我们发现明代的盐法改革事件[1]，总结如下表所示。

表 8　气候脉动对明代内政外交的影响

节点	生态变化	军事行动（外交）	钞法改革（内政）	盐法改革
1380	洪武温暖	占领河套（1371）	大明通行宝钞（1375）	开中法（1371）
1410	永乐转寒	东胜卫内迁（1403）	户口食盐法（1404）	户口食盐法（1404）
1440	正统转暖	东胜卫重置（1438）	开放银禁（1436）	销区划分（1439）
1470	成化寒冷	三路搜套失败（1472）始建长城（1474）	纳银折色法（1485）以银代役（1485）	纳米中盐、纳钞中盐（1468）以银解部（1474）
1500	弘治转暖	孔坝沟之战（1501）大边建设（弘治年间）		余盐开禁（1489）开中折色法（1492）

1　麻庭光，气候与社会，上海科技文献出版社，2021.4，第。

节点	生态变化	军事行动（外交）	钞法改革（内政）	盐法改革
1530	嘉靖先冷	王琼建议（1531）	一条鞭法提出（1531）	余盐补正盐（1529）
1560	嘉靖后暖	俺答封贡（1571）	一条鞭法推广（1573）	罢官买余盐（1558）
1590	万历先冷	杜桐袭杀唐兀·明安（1591）		铺户卖盐（1587）
1620	万历后暖	杜文焕重占河套地区（1616）		袁世振纲法（1616）

　　上述气候节点的气候特征，除了1440年前后的气候比较异常（本应温暖，实际寒冷）之外，基本符合我们对气候脉动的预期。在规律性的气候变化面前，有游牧民族的异动，边境冲突导致了经济、金融和盐法（税收）的改革。通过这些同步性和连锁性的改革措施，我们可以更好地认识气候对人类社会的影响。

　　因为地理原因，开中法最早实行于山西，因为山西背靠着河套地区，后者是深入农业地区的一块农牧地带。当气候变暖，农业扩张，就会带来农业的丰收和后勤的便利。当气候变冷，农业收缩，就会引发游牧民族的入侵和后勤的困难。从1371年征服河套，到1438年放弃东胜卫，明政府对河套地区的管理持续了67年，约一个气候周期。从该点到1500年达延汗吞并土默特，占据河套，明政府丧失河套的过程大约是62年，一个气候周期。从1510年永久丧失河套到1616年收复河套，河套之争耗时106年，约2个气候周期。其间，明政府关于河套地位有两次较大的争议[1]，分别是丘濬写作出版的《大学衍义补》（1487年）和曾铣的奏折（1547年1月8日）[2]，都位于气候恶化推动蒙古入侵的顶点，两者相距60年，恰好是一个完整的气候周期。

　　从1375年发行"大明通行宝钞"，到1436年取消白银禁令，明政府的纸钞制度运行了61年，大约是一个气候周期。从这一点到1560年彻底放弃纸钞，军方发行的纸钞还运行了120年，大约是2个气候周期。

　　针对政治经济形势的变化，从1371年启动开中法到1493年开始开中折色法，开中法大约实行了120年，中间的重要转折点是1439年的销区划分（为了控制和

---

1 Waldron, A., The Great Wall of China: From History to Myth [M]. New York: Cambridge University Press. 1990. 第113～126页。

2 御选明臣奏议·卷24，曾铣：《请复河套疏》，文渊阁四库全书本。

规范私盐销售，通常发生在暖相气候周期节点）。从 1493 年官垄断性质的折色法到 1617 年商垄断性质的纲法，以官垄断为特征的开中折色法大约实行了 120 年，中间的重要转折点是 1558 年的放弃工本盐（私盐）官买官卖垄断（符合当时节点的暖相气候特征）。这个 120 年的周期，大致是一个霸权周期或政治周期[1]、两个气候周期（太平洋十年涛动周期[2]）或两个经济周期（康德拉捷夫周期或长波周期[3]），或四个司马迁的天运第一周期。如此规律性的改革事件，说明明代的盐法改革主要是气候脉动推动的，是明代社会对气候脉动的一种响应。

▶ 历代酒法改革之谜

中国的酒类消费出现很早，随着农耕的普及和生产盈余的出现，必然出现以粮食酿酒为主的酒类消费。以下是 1979 年出土于新都县新农乡（今四川成都市新都区新繁镇）的汉代画像石《酿酒图》（见图 85）。酒类消费通常是富人的行为，因此农业政府在经济危机时，避免大众反对的最好方法是针对富人群体进行征税，加强酒税可以避免动摇基础纳税人群（穷人）的生存，所以受到中央政府的重视。

图 85 汉墓出土的画像石《酿酒图》，藏于四川博物院

宋代之前有六次榷酒事件[4]，这六次榷酒法的起止时间如下表所示。

1 Modelski, G., Long Cycles in World Politics [M]. Macmillan. 1987.

2 Mantua, M.J., Hare, S.R., The Pacific Decadal Oscillation [J], Journal of Oceanography, Vol. 58, pp. 35-44, 2002.

3 Ayres, R. U., Technological transformations and long waves. Part I [J]. Technological Forecasting & Social Change, 1989, 37(1): 1-37.

4 麻庭光, 气候与社会, 上海科技文献出版社, 2021.4。

表 9　宋代之前的榷酒事件

	起点	预期起点	终点	预期终点	
第一轮	前 98	前 90	前 81	前 60	
第二轮	561	570	583	600	
第三轮	764	750	780	780	
第四轮	786	780	811	810	
第五轮	817	810	834	840	
第六轮	928	930	957	960	

上述 6 次榷酒制度,除第四次因经济改革和政治内乱而发生之外,都是肇始于冷相气候危机,且都是随着气候变暖而废除(第六轮是放松)。由于冷相气候带来日照期缩短,农业收成下降的特征,导致农业社会的总收入减少,政府税收降低,不得不通过榷酒来弥补;另一方面,气候变冷推动酒类消费的增加(寒冷刺激酒类消费),政府的支出增加(因为救灾的需要),而榷酒可以带来更多的收入。所以,榷酒制度的本质是通过对工商业税种(酒税)的专卖和垄断,来弥补农业税的减少,填补支出增加的空缺,因此是一种气候变化的应对措施。当气候变暖,收成改善之后,酒类消费减少,私酒私酿增加,就需要变榷为税,普遍征收,避免因定额征榷导致榷户破产或私酿增加导致榷酒成本剧增,所以榷酒制度在宋代之前从未超过半个气候周期(30),通常是在下一个气候节点到来之前结束。

此外,两次失败的榷酒法分别诞生于 782 年和 888～904 年之间,恰好都是暖相,因此暖相气候下消费不足,私酿增加,维持榷酒的执法成本增加,不利于政府专营。这符合暖相气候带来的经济发展、市场扩张的大趋势,因此暖相气候需要放弃酒类专营,以便降低征税成本。第二章榷酒危机中提到的公元 1027 年政府为了让人承包榷酒权,打包 3000 家脚店酒户赠送,就是气候变暖带来的榷酒法维持困境。

宋代的酒法改革事件可以总结为下表所示。

表 10　宋代的酒法改革事件

	酒法改革事件	预期节点	气候背景
961	严申酒禁	961	暖相
994	募民自酿,榷酒专营	994	冷相
1019	严申酒禁	1020	暖相
1072	酒法改革,许有家业人召保买扑	1080	暖相
1111	增置比较务	1110	冷相
1129	赵开酒法改革	1140	

北宋之所以长时间维持榷酒法,一条很关键的原因是当时气候的复杂性。一方面,当时是中世纪温暖期,全球的气候都是极其温暖的,因此来自南方的、抗寒早熟占城稻可以推广到淮河流域;另一方面,竺可桢观察到[1],宋代气候经常受到寒潮的影响,因此加剧了社会对酒类消费的需求量。其二,是北宋的城市化程度高,人口集中有利于推行专业分工和榷酒制度;第三,北宋社会的货币经济趋势和募兵制对工商税收的依赖性,导致了榷酒法成为北宋政府税收的重要组成部分,长期影响北宋的社会和政治。

宋代政府鼓励的酒类消费也是历代社会的一朵奇葩,与当时的气候和科技条件有关。因为宋代建筑不保温,衣服不保暖,抗寒手段主要靠燃料和酒类消费,构成了宋代社会对酒类消费的高度依赖性。张择端本《清明上河图》中赵太丞的特长与门前广告是"治酒所伤真方集香丸"(见图33),间接反映了当时社会对酒类消费的依赖性。

宋代之后政府对酒法的调整时机如下表所示,它们基本符合前面发现的"冷相行榷,暖相征税"的响应模式。

表 11　宋后的榷酒法改革时机

	时间	事件	预期节点	气候特征
1	1231	榷酒法	1230	冷相
2	1260 之后	酒税法	1260	暖相
3	1284	榷酒法	1290	冷相
4	1292	榷酒法	1290	冷相
5	1369	酒税法	1380	暖相
6	1442	酒税法	1440	暖相

宋后的榷酒制度,虽然存在大量的变化,其基本趋势仍然是冷相有利于酒类消费的(这是自然规律,天冷要喝酒取暖,寒潮促进酒类消费),同时社会的救灾支出增加,而农业的产出减少(需要限制酒类消费,避免酿酒侵占口粮,推动粮价上升),所以需要通过垄断经营来增加酒税收入。在暖相气候下,因需求减少和私酒私酿大增,导致榷酒收入减少,维护榷酒的征税执法成本上升,所以需要调整,改垄断专营的榷酒法为普及的酒税法,可以避免酒税收入的大幅降低。

元代之后,随着城市化率的降低,维持榷酒法的难度和成本大大增加,而且酒税

1 竺可桢.中国近五千年来气候变迁的初步研究 [J].考古学报,1972(1): 15-38。

总量占社会税收的比重降低,酒税逐步成为一种普通的工商业税种和地方性税收,不再受到曾经的重视。

▶ 唐宋茶法改革之谜

茶叶消费的普及处于出现在开元年间,由于茶叶也不是必需品,喝茶的群体通常比较富足,因此对茶叶的征税也可以避免穷人的生存危机,所以茶叶一旦流行,就成为纳税的重点对象。此外,茶树的种植地点相对有限,有利于国家垄断源头,因此更适合专卖专营。茶文化兴起于开元暖相气候,在唐德宗和唐武宗年间分别进行了税收改革。宋代初期的30年,沿袭使用唐代的榷茶法。然后面临气候危机,不得不进行了茶法改革,实行"贴射法",前30年叫做"交引法"或"边地入中法",后30年叫做"三说法"。1050年再次面临气候危机,废除茶引,只收现钱,即"见钱和籴法"。1058年之后,废除官营榷茶法,改为私营通商法。按照气候变化的规律,通商法应该实行60年,但宋仁宗晚了8年废除榷茶法,蔡京早了8年恢复榷茶法,所以实际仅实行了44年(1059~1102)。不过,宋代四川的茶马法,确确实实被执行了54年,基本完成了一个康波周期,或者说一个气候周期。

唐宋时期有11次茶法改革[1](如下表所示),貌似很随机,但符合气候危机下经济紧张,需要开源节流来提高税收的大趋势,满足气候变化的一般规律性。

表 12 唐宋时期的茶税改革

	决策者	茶法改革	时间	节点	气候
1	唐德宗	始征茶税	782	780	暖相
2	唐武宗	榷茶专卖	841	840	暖相
3	唐宣宗	剩茶钱	865	870	冷相
4	宋太祖	初置榷货务(官买官卖)	964	960	暖相
5	刘式	贴射法(边地入中法)	992	990	冷相
6	李谘	贴射法(三说法)	1023	1020	暖相
7	宋仁宗	废交引,立见钱和籴法	1051	1050	冷相
8	宋仁宗	废榷茶(嘉佑通商法)	1059	1050	冷相
9	宋仁宗	四川茶马法	1074	1080	暖相
10	蔡京	茶引法	1102~1112	1110	冷相
11	赵开	四川废茶马法,立茶引法	1128	1140	暖相

[1] 麻庭光,气候与社会,上海科技文献出版社,2021.4,第。

茶叶消费没有明显的气候依赖性,而且茶叶消费具有很大的弹性,不影响老百姓的生存。唐宋时期的经济危机,不管气候类型如何,都可以通过茶法的调整来增加收入,因此茶法是中世纪温暖期常用的政策调整手段来对付经济危机。

茶叶在唐宋时期相当于一种通货,起到补偿通货不足,充当经济润滑剂和代理通货的作用。每当气候发生转折,就需要对茶法进行改革,暖相补偿通货紧缩,冷相应对通货膨胀。不论暖相冷相气候发生的钱荒,都需要利用茶叶作为通货来缓解,所以茶法改革是为了响应环境危机,也存在对气候危机的高度敏感性,因为这不但是主要税种之一,而且因其不影响社会稳定,因此得到经常性的调整。在这方面,政治家蔡京充分利用了茶引的通货替代作用,通过茶引法来转移经济危机,取得了"大观盛世"的效果。茶叶的通货地位,在宋代特别明显。明清之后,茶叶主要通过蒙古和欧亚陆桥向欧洲消费市场转移,消费主体变成欧洲人,因此对中央财政的贡献有所下降。

1987 年 4 月 3 日,法门寺发现唐代地宫,里面供奉着一套以金银质为主的唐代宫廷御用系列茶器。这套于公元 874 年供奉的以唐代僖宗皇帝小名——"五哥"标记的宫廷系列茶器,标志着唐代宫廷茶文化的兴盛,标志着《茶经》出世之后茶文化的尊贵地位,更代表着茶文化在唐代已经处于成熟兴盛的历史阶段。

图 86 法门寺地宫出土的唐代宫廷茶器,藏于法门寺博物馆

海外贸易之谜

▶ 古代通货危机之谜

伴随着气候脉动现象，冷相气候的日照期缩短和灾情增加导致政府支出的增加，产生乙类（政府）钱荒，简单说来就是"冷相紧缩钱不够"；暖相气候的日照期增加和灾情减少推动农业产出增加，农业产出增加带来经济的扩张，导致甲类（市场）钱荒，简单说来就是"暖相扩张钱不足"。经济扩张需要货币的支持，导致对货币采取放松监管（历史上数次建议，很少发生），推动钱荒、铜禁（防止铜币外流）和纸钞革命。下表罗列了历史上的货币危机或通货危机[1]。

表 13　历史上的货币危机

时间	事件	气候节点	气候特征	钱荒特征
前 175 年	汉文帝开放铸币权	180	暖相	甲类
前 144 年	汉景帝收回铸币权	150	冷相	乙类
前 119 年	汉武帝开发"白鹿皮币"和白金	120	暖相	甲类
前 113 年	汉武帝统一铸币权	120	暖相	甲类
457	沈庆之与颜竣之争	450	冷相	乙类
662	以绢为束脩	660	暖相	甲类
734	张九龄建议开放铸币权	720	暖相	甲类
780	两税法改革	780	暖相	甲类
811	唐宪宗"禁飞钱"	810	冷相	乙类
841	唐武宗"会昌法难"	840	暖相	甲类
867	唐懿宗"汇票危机"	870	冷相	乙类
1133～1143	禁止铜钱出界	1140	暖相	甲类
1167～1178	禁止铜钱出界	1170	冷相	乙类
1199	禁止高丽日本博易铜钱	1200	暖相	甲类
1234	禁铜钱下海	1230	冷相	乙类
1285	卢世荣制定的货币法	1290	冷相	乙类
1314	酒牌危机	1320	暖相	甲类
1356	禁止铜币	1350	冷相	乙类

---

1 麻庭光, 气候与社会, 上海科技文献出版社, 2021.4.

从上述的货币危机,我们可以看出两种类型的钱荒,一种是暖相气候带来的市场钱荒,需要铸大钱(通货膨胀)或放开私铸来应对,各种代用币纷纷流入市场,政府面临这各种压力来规范市场,发展垄断,获得通货来挽救经济。唐武宗灭佛是一次典型的因为暖相气候导致社会缺钱而引发的宗教迫害,对中国的佛教发展产生深远的影响。另一种是冷相气候带来的政府钱荒,政府需要足够的财政支付来应对灾情和政府运行,也需要发行大钱和纸钞(即通货膨胀)或鼓励通商赚取通货。气候脉动通过周期性调节经济和货币,对社会和文明的进步产生重大的推动作用。

针对历代的货币改革政策和气候脉动规律,我们可以总结出社会的响应规律如下表所示。

表 14　社会经济对气候节点附近气候变化的响应方式

	气候变暖	气候变冷
经济	经济扩张	支出增加
钱荒	市场钱荒(甲类)	政府钱荒(乙类)
对策	增加供给,减少流出	
铸币权	鼓励民间私铸	收归中央垄断
技术	技术推广	技术突破
制度	制度调整,金融扩张	制度创新,通货膨胀

按照这个规律,我们可以认识历史上主要铸币改革和经济创新行为的发生时机[1],如蜀汉的直百五铢(214)、东吴的大泉当伍佰(236)、大泉当千(238)、孔凯主张铸钱(482)、米谷丝绵代钱(487)、北魏铸造五铢钱(510)、西魏首次铸造五铢钱(540)、东魏铸造永安五铢(543)、唐德宗发行建中钱(782)、唐武宗铸造开元钱(845)、唐懿宗铸造咸通元宝(870)等事件。它们貌似偶然发生,但都是发生在气候节点,且都代表某种形式的钱荒。因此钱荒是社会应对气候危机的一种响应,需要放到气候脉动的背景下才能很好地观察。

唐宋周期性的通货危机也表明,推动政府周期性积极推动海外贸易的外部源头来自通货供应不足造成的通货危机,这是中国的先天性地理条件的限制造成的。在中世纪温暖期,人口生产和物质生产都同步增长,而通货供应跟不上社会和市场的需求,结果是市场推动社会向外部发展,试图引入外部的通货供应,这是中世纪温暖期商业文明得到政府推动的核心原因。也就是说,气候变暖造成食货多通货少,是

1　彭信威,中国货币史 [M],上海人民出版社,1958 年。

推动中世纪商业革命的根本性原因。食货多是因为阳光多（天），通货少是因为地理条件的制约（地），发展商业就是应对环境危机的结果（人），这一"天地人组合"就是社会发展的环境决定论。

▶ 宋代纸钞革命之谜

自从 1024 年北宋政府正式发行纸币之后，宋元明时期的纸币发行经过的多次改革（见下表[1]），代表着中世纪温暖期在金融领域的波动。从下列重大纸币改革事件的汇总表中，我们可以发现金融改革的脉动性特征和周期性特征。

表 15　中世纪金融改革的时机与气候背景

气候节点	金融改革（实际发生时间）	气候特征	内政（自然灾害）	外交（人为灾害）
1020	发行官交子（1023）	暖相	市场扩张	
1050		冷相	经济危机	西夏独立
1080	私营会子在流通（1075），官交子不分界发行（1078）	暖相		西夏和越南
1110	改交子为钱引（1107）	冷相	经济危机	西夏，吐蕃
1140	禁止会子（1135）	暖相		宋金战争，宋金议和
1170	发行官会子（1160），规范官会子（1168）	冷相		宋金战争
1200	金交钞的放弃分界（1187）宋会子展界（1190）	暖相	南宋经济危机	
1230	发行蒙古交钞替代金交钞（1236）	冷相		蒙金战争
1260	放弃官会子的规范（1247）；发行中统钞（1260）；发行见钱关子（1265）	暖相	南宋经济危机	蒙宋战争
1290	发行至元钞（1287）、伊尔汗货币改革（1294）	冷相	黄河洪灾	缅甸、爪哇、越南、兰纳
1350	发行至正钞（1350）	冷相	黄河洪灾	
1380	发行大明通行宝钞（1375）	暖相		北伐
1410	改革户口食盐法（1404）	冷相	经济危机	北伐
1440	允许白银交易（1436）	暖相	经济危机	

根据上表，我们可以总结出各段纸钞的流行周期。

从 1023 年到 1107 年，第一代纸币交子的使用持续了 90 年。

从 1154 年到 1189 年，金交钞的按界（可控）发行的时期大约是 30 年。女真

1　麻庭光，气候与社会，上海科技文献出版社，2021.4，第。

人建立的金国（渔猎文明）位于南宋的农业文明与蒙古的游牧文明之间，发行纸币承担着支持两面作战的任务，从而导致了金代金融的失控。相比之下，农业文明对纸钞的发行持谨慎态度。从 1160 年到 1247 年，宋会子的按界发行寿命大约为 90 年。

汲取金国的教训，蒙元政府在公元 1260 年发行了法定货币中统元宝交钞（简称中统钞），并在公元 1285 年颁布了钞法。但是，由于他们无力获得额外的资金来支持战争和对自然灾害的紧急响应，因此纸币经常性超额发行，从而导致通货膨胀。从公元 1260 年到 1350 年，中统钞的使用寿命也是 90 年。

属于农耕文明的明朝政权大部分时间都使用了法定货币（宝钞），但是不分界，不回收，无上限，因此在流通中不断发生通货膨胀，币值贬值很快。作为唯一的法定货币，大明宝钞的有效使用寿命是 60 年，从 1375 年到 1436 年。

从上述关于纸币货币改革的时机和气候背景来看，我们可以看到气候节点附近的环境危机是推动货币改革的主要外力。经济扩张通常会在变暖的节点附近产生对更多流通货币的需求，因此引入纸币来缓解贵金属供应的内在短缺，结果往往会带来通货膨胀和经济危机。在冷相气候节点附近，自然灾害导致政治动荡，引发冲突和战争（人为灾害），减轻灾害的努力和交战活动也会增加对纸钞的需求，结果产生通货膨胀和纸币贬值。由于在发行过程中缺乏监督和控制，社会通常将通货膨胀归咎于纸钞的发行。直到 16 世纪在日本和美洲发现了大型银矿之后，中国才逐渐拥抱银两并接受了银本位制，这对中国的商业和文明发展产生了长期影响。

那么，为什么宋代发生纸钞革命？第一，宋代的人口增长与分布不合理，主要发展集中在城市，带来城市化率高的特征。城市化意味着高密度的人才供应，逐步细化的专业分工，终身的职业发展和专业的服务意识，有利于宋代货币制度改革。第二，宋代的资源分布不合理。由于铜煤铁资源分布远离煤矿能源供应基地，再加上女真入侵带来的干扰，中国的煤铁革命始终无法顺利发展，无法达到英国的便利条件，造成了经常性制约宋代经济发展的通货危机。这些危机时刻提醒市场和政府，经济的可发展规模受到了限制，引发推动了运输、能源和商贸领域的革命。第三，其他通货手段的局限性。白银币值高，产量严重不足，有限的白银产量优先供应北方的"岁币"，所以无法成为主流货币。由于存在地方割据，政府不得不在边境省份推行劣质货币，如铁币、铅币、陶瓷币。引入铁币的本来目的是以防止铜钱向边远地区（吐蕃、大理、西夏）流出，防止货币战争。铁币在日常交易中的缺点被放大，结果导致了纸币交子的发明；交子的使用，为一百多年后的正式纸钞"会子"提供了经验和教训。第四，宋代的造纸业和印刷术异常发达，褚纸和活字印刷术，是当时的两种先进技术的典型代表，二者组合推动了"纸钞革命"的发生。一句话总结，宋代发生的纸钞革命是为了应对商业发展带来的通货危机，是中世纪温暖期的市场扩张推动的结果，来源于"天地人三才理论"。

那么，为什么"纸钞革命"无力继续维持？政府腐败是一种过于简单的内因论解释。由于发钞权过于集中，发钞成本低廉（只有名义价值的 0.5%，铜币发行成本占总面额的 50% ~ 100%），在面对环境危机时政府很愿意、很容易超额发行，从而导致通货膨胀和货币贬值。后人往往把纸钞的失败归因于纸币缺乏准备金，其实是对纸币功能属性的认识不足，对准备金过于看重的结果。更重要的答案来自周期性的外部挑战。暖相气候下的生态扩张需要更多的流通资金，而冷相气候带来的自然灾害和边界冲突则需要更多的政府支出资金。农业社会应对环境危机缺乏足够长远的应急准备，只能通过过量发行纸钞来推迟经济危机，结果就是无底线的通货膨胀和经济危机。对此，女真金国较早陷入货币危机，南宋紧随其后，元政府也不例外。只有明政府通过海外（主要是日本和美洲、西班牙）的白银无限量供应避免了通货危机。然而，明政府面临白银输入过量的通货膨胀，采取的对策是海禁，又给中国社会带来其他的不利影响，如"中欧科技大分流"。因此，由于地理的限制（缺乏贵金属），中国社会一直受到通货紧缩、货币供应不足的困扰。对此，中世纪的中国开发了各种技术和管理手段来应对，造成了中世纪科技成果的先进与辉煌。科技发展不在个人的努力，而在于日益增长的社会需求推动了社会的发明和创作，推动社会需求长期增长的主要原因是阳光充沛，技术进步的结果总是导致利用太阳能的效率增加，而影响社会需求短期变化的主要动力就是气候脉动带来的环境危机。阳光（天）和金属（地）就是这样影响和决定社会（人）。

▶ 郑和下西洋之谜

从 661 年到 1685 年，市舶司作为官方对外贸易的垄断制度，断断续续存在了1024 年（17 个 60 年气候周期，或经济学的长波／康波周期）。市舶司制度的兴废通常发生在气候节点附近，总体的趋势是冷相经济收缩，海外贸易量衰减，政府的支出增加，需要从市舶司获得更大的收益，有时会增税，有时会废置（为了节流）；暖相经济扩张，贸易量增加，政府需要规范，对贸易扩张行为进行管理和投资，需要增加市舶司（为了开源）。当然，也有不符合这一经济规律的现象，如朱元璋废置市舶司和朱棣重开市舶司，但他们的决策也是响应气候变化，发生在气候节点附近的应对行为，需要放在气候脉动的背景下加以观察。

根据上述规律，我们可以判断重要事件都应当发生在气候节点（见下表）。

表 16　历史上的市舶司改革及其气候背景

序号	时间	事件	预期节点	气候背景
1	661	第一次提到市舶司	660	暖相
2	714	第一次提到市舶使	720	暖相
3	741	阿拉伯人定居中国"蕃坊"	750	冷相
4	785	杨良瑶出使大食	780	暖相
5	971	成立广州市舶司	960	暖相
6	989～999	成立杭州、明州市舶司，邀请海外商人	990	冷相
7	1072～1080	第二次市舶法改革	1080	暖相
8	1102～1107	第三次市舶法改革，邀请海外商人	1110	冷相
9	1293	市舶司法则二十二条	1290	冷相
10	1314	延祐改革	1320	暖相
11	1354	张士诚邀请高丽商人	1350	冷相
12	1374	朱元璋罢市舶司	1380	暖相
13	1403	朱棣复置市舶司，太监郑和下西洋	1410	冷相
14	1477	太监汪直议复下西洋，被刘大夏阻止	1470	冷相
15	1523～1531	争贡之役，废市舶司	1530	冷相
16	1560	恢复市舶司，又罢	1560	暖相
17	1580	废除，又复置	1590	冷相
18	1685	永久废除市舶司，改海关	1680	暖相

为什么暖相气候会推动贸易量的增加？农业社会的主要经济是农产品，农产品高度依赖阳光作为能量的输入。暖相气候导致日照期增加，相当于能量输入和光合作用增加，结果是农产品增加，或者说农业社会的 GDP 增加了，带来市场的扩张和贸易的增加。冷相气候导致日照期减少，同时带来洋流的异常，即潮灾问题。潮灾问题是影响海上贸易运输成本的关键性自然灾害，有着气候变化的贡献。

全球变冷的气候特征，是通过洋流的全球运动来推动实现的，因此气候变冷意味着海上洋流变化加剧（参考日本海洋学者 Minobe 的洋流研究[1]），不利于海上交

1　Manobe, S., A 50-70 year climatic oscillation over the North Pacific and North America. Geophys. Res. Lett., 24, 683-686.

通安全。公元 741 年,气候突然恶化是唐代在广州城西设置"蕃坊",供外国商人侨居的外部原因,因为他们回国必须仰仗的季风(或称信风),在气候变化期间不再可靠,所以不得不滞留中国。

所以,中世纪温暖期带来海上贸易量的增加,是市舶司崛起的主要原因,而小冰河期气候的异常变化(表现为潮灾)是影响明政府决策市舶司置废的主要原因。造船技术的发展和烧瓷技术的改进,都是海上贸易增加的结果(而不是原因),因此是气候变化间接推动的结果。中国的海上贸易事业,过去曾经受到气候变化的制约,未来仍然如此。

随着气候的逐渐变冷,明成祖永乐元年(1403),复设市舶司。1405 年,郑和下西洋的壮举,与宋太宗雍熙四年(987)"遣内侍八人持敕书各往海南诸国互通贸易,博买香药、象牙、真珠、龙脑"没有什么本质性的不同,也是后世太监汪直在 1477 年前后试图再次下西洋的理由,那就是"环境危机中政府缺乏通货,需要从海外贸易收益中获得补偿"。这种响应都是发生在冷相气候危机下,政府需要主动邀请海外商人来华贸易的外部表现,都是应对乙类(政府)钱荒的政府决策,符合经济收缩期的典型应对措施。从宋太宗遣内侍下西洋到郑和下西洋,两者相距 418 年,大约是一个文明周期(500 年)。因此,下西洋是中国在中世纪应对环境危机,积极发展商业的表现形式之一,是外部环境危机推动的结果。

中医突破之谜

▶ 春秋时期的瘟疫难题

春秋时期到东汉时期,当外国传染病(如天花、梅毒、霍乱、伤寒等)还没有传入中国的时候,中国本土的瘟疫是以 60 年为周期发生的,如下所示 [1]。

惠王三年(前 674),丁未年,齐国传染病流行;

惠王二十二年(前 655),丙寅年,赵国大疫流行;

景王元年(前 544),丁巳年,真霍乱流行;

1 王玉兴,中国古代疫情年表(一)(公元前 674 年至公元 1911 年)[J]。天津中医药大学学报,2003, 22(3): 84-88。

烈王七年（前369），壬子年，秦国大疫；

秦始皇嬴政四年（前243），戊午年，天下疫；

汉高后七年（前181），庚申年，南粤暑湿大疫；

汉后元二年（前142），己亥年，十月，衡山国、河东郡、云中郡民疫；

汉元康二年（前64），丁巳年，因疾疫之灾，宣帝赦令免收今年租赋；

汉元始二年（2），壬戌年，设置医院专收患疫病者。

上述数据表明，汉代之前可以查到的 9 次瘟疫，其中 8 次出现在暖相气候节点附近，大多相隔 60 年，说明暖相气候有可能导致瘟疫。从这些瘟疫几乎都发生在暖相气候来判断，困扰古代中国人口增长的瘟疫，主要是暖相气候带来的危害。一个附带的推论是，千年之后小冰河期的到来，降低了中国原发的瘟疫灾害，因此是有利中国人口增长的，这一发现与小冰河期的明清政府对公共医疗事业投入降低的大趋势吻合，因此代表着小冰河期降低了对公共医学的探索和促进，这对中国社会是有利的，却导致了文明发展的停滞状态。

▶ 宋代的医学革命之谜

北宋是中世纪温暖期的典型时段，气候温暖和城市化率增加意味着瘟疫的增加，所以宋代的瘟疫非常多[1]，推动了医学领域的突破。

医方学在宋代的超常发展往往昭示着当时的瘟疫危机。太宗时期，淳化三年（992）所编成、发行 100 卷的《太平圣惠方》是一次应对瘟疫的措施。宋太宗命令医师们："参对编类，每部以隋太医令巢元方《病源候论》冠其首，而方药次之。"[2] 这部书共一百卷，收录了药方一万六千八百三十四首，好处在于收录的十分齐全，坏处在于篇幅过长过大，书籍价格过贵，因此普及性不高。

随着另一轮瘟疫的发生，《太平圣惠方》过于宽泛，缺乏针对性的缺点被广泛认清，皇祐初年，宋仁宗下诏翰林医官使周应编撰《皇祐简要济众方》5 卷，于皇祐三年（1051）五月成书，以便于推广。

在宋神宗熙宁九年（1076），宋朝设太医局（官办药局），下设"卖药所"，又称"熟药（中成药）所"，负责制造成药和出售中药，制成药酒、药丸等出售。元丰年间

---

1 韩毅，宋代瘟疫的流行与防治 [M]，商务印书馆，2015。
2 宋史·列传·卷 220·方技上。

（1078～1085），太医局将其配方蓝本结集刊印，名《太医局方》[1]。

崇宁二年（1103），官府采纳各地设熟药所的建议，官办药局逐渐普及全国。此外，大观年间（1107～1110），朝廷诏令陈师文对《太医局方》进行整理修订。绍圣四年至大观二年（1097～1108），北宋唐慎微编印了《政和经史证类本草》。

绍兴六年（1136）正月四日，置药局四所，其一曰和剂局。绍兴六年（1136）诏："熟药所、和剂局、监专公吏轮流宿值。遇夜，民间缓急赎药，不即出卖，从杖一百科罪。"[2] 绍兴十八年（1148），成立"惠民和剂局"，专门制作药品，改熟药所为"太平惠民局"，发售官方成药，并发行药方类书《太平惠民和剂局方》。此处流传于宋元两代，对瘟疫救治起到了重大作用，其中很多药方被沿用至今。

嘉定元年（1208），许洪对《太医局方》进行了整理，增加序言。

宝庆年间（1225～1227）和淳祐年间（1241～1252）分别增减，最终成为今天的《太平惠民和剂局方》，是宋代应对气候危机带来的瘟疫危机的经验总结，今天仍然有效。

从宋代政府对医药局和医方的整理过程中，我们发现每次重大突破都是发生气候节点附近。所以，药局和药方也是宋代政府响应气候变化的一种应对办法，目的是缓解瘟疫带来的人口危机。

表 17　宋代主要医书的诞生时机。

时间	地点	预期节点	气候特征
986	神医普救方	990	冷相
992	太平圣惠方	990	冷相
1051	皇祐简要济众方	1050	冷相
1078～1086	首次整理《太医局方》	1080	暖相
1080	苏轼之圣散子方	1080	暖相
1097～1108	唐慎微《政和经史证类本草》	1110	冷相
1107～1110	陈师文《太医局方》	1110	冷相
1148	太平惠民和剂局方	1140	暖相
1208	许洪《太医局方》	1200	暖相
1225～1227	增减《太医局方》	1230	冷相
1241～1252	增减《太医局方》	1260	暖相

1　柴金苗、张东波，太平惠民和剂局方精要 [M]，贵州科技出版社，2007，第2～4页。
2　（清）徐松，宋会要辑稿·职官·二七之六六。

所以,气候对社会医疗的影响,大体可以总结为:

- 古时候暖相气候更容易发生疫情,暖相相关相关的疾病(如疟疾)是困扰中国人口增长的主要瓶颈;
- 古代政府在气候节点面临的瘟疫压力和人口压力比较大,汉唐宋都有政府赞助的免费医疗政策,是中医理论发展的黄金岁月。
- 因此当中国进入小冰河期之后,开荒增加,毁林造田,是有利于人口增长的,结果政府对公共医疗的投入降低了,中医学进入发展的低潮。
- 科学和医学的突破,是欧洲率先进入工业革命的主要原因,因此气候差异是导致"中欧科技大分流"的主要原因。

▶ 疟疾之困

中国开发南方最大的拦阻是蚊虫传播的疾病。以下是这些某些典型的蚊虫瘟疫的事件[1],从中可以判断其发作背景。

1647～1648 年,人类记载的第一次黄热病流行发生。疾病首先从加勒比海开始流行,后来传播至古巴和尤卡坦。很多疾病流行的村庄几乎全部消失。1650 年欧洲医生发现金鸡纳树皮的浸泡液对疟疾有特效。

1707 年,苏格兰投资美洲殖民活动失败(因为黄热病和瘟疫),产生大量的负债,不得已加入英格兰,组成大不列颠联合王国。康熙赠送曹雪芹祖父曹寅外国进口的奎宁金鸡纳霜,是当时针对疟疾的特效药,发生在曹寅 1712 年去世前后。

1770 年,针对非洲的疟疾问题,法国现代医护部队成立。

1802 年,法国部队 3.5 万人遭遇黄热病,殖民地实力空虚,导致不得已出售路易斯安那大块土地的严重后果。

1853 年,荷兰人的东印度公司在爪哇建立金鸡纳树种植园,以满足对治疟特效药的需求。

1881～1888 年,法国人开挖美洲大运河,遭遇瘟疫困境,伤亡惨重。

1890 年,疟原虫的复杂生命周期被罗伯特·科赫医生发现。

1915 年,洛克菲勒基金会赞助疟疾研究。

---

1 麦克尼尔,瘟疫与人 [M],中国环境科学出版社,2010。

1945 年，DDT 发明，导致消灭蚊虫的成本降低。

1960 年，越战高潮，应越南政府邀请，中国大力投入研究疟疾，直接导致屠呦呦在 1971 年发现青蒿素。

2015 年，随着冷相气候的到来，疟疾在全世界范围再次泛滥，让屠呦呦迅速获得拉克斯奖和诺贝尔奖。

综上所述，上述 11 次疟疾大爆发事件，只有 3 次出现在暖相节点，大部分在冷相气候成灾。按照气候脉动律，冷相气候下降雨多、水流不畅，大气层缺乏流动性、通风不足，导致蚊虫滋生，疟疾泛滥，这一点在法国人修筑巴拿马运河时表现最明显。1881～1888 年期间，由于巴拿马当地的工程师和工人死亡率太高，以至于工程无法取得进展，让公司破产。美国人是搞清了蚊虫之害的机理之后，才通过公共卫生管理，克服了疟疾的流行，重新续建该工程，开通了巴拿马运河。这一观察结果，符合日本在中国台湾发现的、中国南方社区存在"暖相多肺炎，冷相多疟疾"的流行病趋势。

据医学史家梁其姿考证，进入小冰河期之后，中国社会对医学的投入反而降低了。"宋代政府在 12 世纪和 13 世纪时（暖相气候）通过惠民药局等机构承担起向贫民提供医疗帮助的责任。元朝继续这一传统，在全国范围设立'医学'以训练地方医生。但这一传统从 14 世纪后期（小冰河期开端）开始衰败，至 16 世纪后期类似的机构大多已经消失了。所余的空白一定程度上由地方慈善家予以弥补，这些人从 17 世纪（小冰河期加剧）起承担了向穷人提供定期医疗救助的责任。他们组织了施医局，给一方乡里提供药品和医疗照顾，有时还帮助死者得到像样的殡葬。这些公共的但并非国家的医疗机构，在 18 世纪和 19 世纪的许多市镇均可见到，它们所提供的免费的或极廉价的医疗诊治，想来至少给城市贫民提供了最低限度的必需照料。"[1] 也就是说，当中国的环境仍然处于温暖潮湿的阶段，政府需要通过提供医疗帮助的方式，积极干预瘟疫的防治工作。等小冰河期来临，气候降温之后，政府的压力减轻了，对瘟疫工作进入了放任自流的状态。等小冰河期气候恶化，地方乡绅承担了自救的主体内容。所以，在小冰河期发生的同样的人口增长，在中国发生是环境改善的结果，在欧洲发生却是环境恶化、技术进步的结果，所以医学革命首先在欧洲发生，也是小冰河期推动的结果。

1 梁其姿，中国近代的疾病，剑桥世界人类疾病史 [M]．上海科技教育出版社，2007。第 312 页。

人口增长之谜

在中国历史上,有七次主要的人口增长,分别是西汉、东汉、南北朝、唐代前期、北宋、明代和清代,其中有三次是恢复性增长,缺乏显著的技术突破,如东汉、南北朝(因为南方移民)和明代(因为大量移民和商业发展)。还有四次与农业革命有关,一次是西汉时期,人口从汉初的 1300 万(估计结果)到公元 2 年的 6000 万(调查结果)[1],期间人口增加了 3 倍多,最大的突破是政府推广小麦,通过小麦的生长期避开黄河汛期,以改善农业的产出,小麦替代大豆,成为第二主粮。第二次是唐朝前期,从公元 622 年的 2500 万到安史之乱之前公元 755 年的 7000 万[2],人口增长 1 倍多;期间最大的主粮突破是稻作的推广,通过在河北和西北的水稻推广,增加了农业的产出,水稻替代小麦,成为第二主粮;第三次是北宋时期,人口从公元 980 年的 3540 万增长到公元 1110 年的 14000 万[3],增加了近 3 倍;期间最大的突破是政府推广占城稻,利用其抗旱、早熟、不择地而生的特征,提高农田的利用率;第四次是清代,从 1679 年的 1.6 亿到 1851 年的 4.36 亿,期间人口增长了近 2 倍[4],期间主要的突破是前期政府鼓励的开荒和后期美洲作物的普及。这四次人口增长,不仅与某一物种的替代效用有关(因此是农业/基因革命的结果),而且与当时的气候变化模式有关。

▶ 唐代的水稻革命

在这种整体暖干的气候大形势下,有水利工程建设,也有水稻推广行动,让原本水稻作主粮的趋势日益明显,推动了唐代人口的上涨。

唐高宗永徽中(650～655),幽州都督裴行方,"引卢沟水,广开稻田数千顷,百姓赖以丰给"[5]。赵州平棘县(今赵县)东二里有广润陂,引太白渠水以注之;东

---

1 葛剑雄.中国人口史.第一卷,导论,先秦至南北朝时期 [M] // 中国人口史.第一卷,导论、先秦至南北朝时期.复旦大学出版社,2005。

2 冻国栋.中国人口史.第二卷,隋唐五代时期 [M] // 中国人口史.第二卷,隋唐五代时期.复旦大学出版社,2002。

3 吴松弟,中国人口史第三卷 - 辽宋金元时期 [M],复旦大学出版社,2000。

4 曹树基,中国人口史·第五卷·清时期 [M],复旦大学出版社,2001 年。

5 (宋)王钦若,册府元龟·卷 678·牧守部·兴利劝课兴利。

南二十里有毕泓,皆永徽五年(654),令弓志元开,以畜(蓄)泄水利[1]。永徽五年(654),洛阳附近的洛河流域出现农业大丰收,使得当地"粟米斗两钱半,粳米斗十一钱"。

开元年间,黄河流域的水稻种植盛极一时。开元七年(719),水利学家姜师度迁任同州(今陕西大荔县)刺史,"又于朝邑、河西二县界,就古通灵陂,择地引洛水及堰黄河灌之,以种稻田,凡二千余顷,内置屯十余所,收获万计"[2]。开元八年(720)九月,唐玄宗在《褒姜师度诏》中特别提到:"昔史起溉漳之策,郑国凿泾之利",使"今原田弥望,畎浍连属,繇来榛棘之所,遍为粳稻之川"[3],当时的暖相气候有助于稻田生产。

在开元十年(722),宰相张说向朝廷建议:"臣闻求人安者,莫过于足食,求国富者,莫先于疾耕。臣再任河北,备知川泽,窃见漳水可以灌巨野,淇水可以溉汤阴,若于屯田,不减万顷,化萑苇为稻,变斥卤为膏腴,用力非多,为利甚博"[4]。开元中(727 年前后),大臣宇文融亦曾筹划"开河北王莽河,溉田数千顷,以营稻田"[5]。由于京兆府的"水土稻"质量好,当地还将该种稻米纳入贡赋名单。开元二十二年(734)七月,"甲申,遣中书令张九龄充河南开稻田使";二十五年(737 年),"夏四月庚戌,陈、许、豫、寿四州开稻田";二十六年(738 年),"京兆府新开稻田,并散给贫人"[6]。

此后,水稻的种植和推广更加普遍。广德元年(763),怀州刺史杨承仙,为发挥沁水更大的灌溉效益,对旧有渠道进行了疏导整修,"浚决古沟,引丹水以溉田,田之污莱遂为沃野,衣食河内数千万口,流人襁负不召自至如归市焉"[7]。公元 805 年,崔翰任宣武军(治汴州)观察巡宫,大力发展水稻生产,"凿治沟,斩菱茅,为陆田千二百顷,水田二千顷,连岁大穰,军食以饶"[8]。穆宗长庆二年(822),刘元鼎出使吐蕃时路过陇右,见"故时城郭未堕,兰州地皆粳稻"[9]。这是冷相气候导致降水条件改

---

1 (宋)欧阳修,新唐书·卷 29.

2 (后晋)刘昫等,旧唐书·卷 185·姜师度传。

3 (宋)王钦若,册府元龟·卷 497·邦计部·河渠。

4 (唐)张说,《请置屯田表》,全唐文·卷 223,中华书局 1975 年版,第 2253 页。

5 (后晋)刘昫等,旧唐书·卷 84·志第 28。

6 (后晋)刘昫等,旧唐书·卷 9。

7 毗陵集·卷 8。

8 (唐)韩愈,崔评事墓志铭。

9 (唐)刘元鼎,使吐蕃经见略记。

善的后果之一。

上述的几次推广水稻行为,发生在唐代政府多次发生粮食丰收、粮食危机和就食洛阳的背景下,配合关中缺水、运粮不便的经济形势,因此当时的温暖和缺水的整体气候特征,构成了推广水稻种植的气候背景。如何理解黄河流域的水稻种植在冷相暖相周期都会发展兴旺?暖相当然是因为环境温度高,无霜期增加,日照时间长,生长速度快,原本江南种植的水稻可以移栽到河北,是典型暖相气候的生态响应。河北平原有丰富的水源,原本是沼泽地带,气候变暖降水减少有利于水利工程开发,推动水稻的种植。然而,冷相时段的降雨增加,也会导致水稻种植的供水条件改善,有利水稻在关陇地区和西北地区的种植,所以两者都有可能在异常温暖的唐代促进水稻的推广,让农民能够从土地获得额外的产出。因此,每一次水稻种植的推广,都可以看作是利用环境危机推动的农业革命,结果是提高了农业产出,推动了人口的增加,这是对气候脉动的一种社会响应。

唐代的人口发展,离不开以下几种努力:

1. 碾硙危机代表着社会发展手工业的努力;

2. 大庾岭工程代表社会发展海外贸易的努力;

3. 颁布《水部式》代表唐代的水利革命;

4. 水稻普及和水利工程代表政府发展农业的努力;

5. 常平仓代表社会解决农业丰收的努力;

6. 开发盐税代表政府降低农税贡献,发展商业的努力;

7. 放弃府兵制,建立募兵制,逼迫政府税收从农业向商业转型;

8. 开发茶叶消费,征收茶税代表政府引导的消费革命。

上述种种改革,都是发生在公元720年前后的暖相气候模式当中,是对当时的暖相环境危机的应对结果,需要用气候脉动律来认识。

▶ 宋代的占稻革命

进入中世纪之后以后,气候更加温暖,气候温暖是因为洋流不足,洋流不足带来的一个伴生环境问题是降水不足。正是在这种因为温暖而缺水的环境条件下,作为主粮的水稻种植也需要适应气候变化进行改革。

占城稻出产于越南南部(古称占婆)的高产、早熟、耐旱的稻种,又称早禾或占禾,属于早籼稻。从基因的来源分析可知占城稻的真正来源是印度的高地(山区)

作物[1]，本身就是火耕文明的驯化成果。其生长基因拥有很多适应全球气候变暖的特征，因此得到推广。其一是"耐旱"；其二是适应性强，"不择地而生"，可以在山区缺水地区生长；其三是生长期短，允许作为双季稻的第一茬，可大幅提升土地的复种效率。以下是唐末宋初引入我国时的推广事件，从中可以看到当时的环境危机。

大中祥符五年（1012）"五月，遣使福建州，取占城稻三万斛，分给江淮、两浙三路转运使，并出种法"[2]。中国的气候本质上是季风推动的二元气候，雨季旱季较为明显。雨水丰沛时，只要不发生洪涝，尚且可以通过农田水利设施将多余的水引走蓄水，然后进行抢种，能够在冬季来临前获得一季收成。发生旱灾之后，河湖乏水，普通水稻必然无法正常生长。占城稻的抗旱优势便体现了出来，能够抵挡住一段时间的旱情，在下雨过后仍然能够有些许收成。因此宋真宗向淮河流域引进占城稻，主要原因是抗旱，附带的效果是双作和高产。占城稻的推广是与其说是为了增加双季稻的收成（暖相气候日照增加，有利于南方物种的北移接种），不如说是利用其耐旱的能力，因此是应对气候变暖（中世纪温暖期）的一种社会应对措施。所以，占稻进福建是开发山区，进两浙平原地区是双作高产，进江淮流域是抗旱保产。结果是，（南宋政府）"赋入惟恃二浙而已。吴地海陵之仓，天下莫及，税稻再熟"[3]。

由于公元1012年是宋代人口突飞猛进的起点，所以何炳棣认为中国的第一次农业革命开始于北宋1012年后[4]，高产、耐旱、早熟的占城稻在江淮以南逐步传播。"早稻"、"和稻"的品种越来越多，水源比较充足的丘陵辟为梯田的面积越来越广。这不但增加全国稻米的生产面积，并因早熟之故，不断地提高了稻作区的复种指数。也就是说，宋代的温暖气候带来的降雨减少趋势（一种环境危机），有利于占城稻的普及，推动了以抗旱、复种和山区开发为特征的农业革命，有利于北方移民开发南方，也是推动宋代人口打破1亿人口瓶颈的重要原因。所以，不是农业技术或（抗旱）基因推动农业革命，而是气候脉动带来的环境危机，推动了原有技术和基因的普及，相当于推动了农业革命。

1　Barker, R., The Origin and Spread of Early-Ripening Champa Rice-It's Impact on Song Dynasty China [J], Rice (2011) 4: 184–186。

2　（元）脱脱，宋史·食货志。

3　（宋）苏辙，双溪集·卷9·务农札子。

4　何炳棣。美洲作物的引进、传播及其对中国粮食生产的影响（三）[J]，世界农业，1979(5): 25-31。

除了农业革命（占稻革命），公元 1020 年前后，还伴随着如下的社会变革：

1. 城市革命（坊郭户的出现）

2. 消防革命（巡铺制度的出现）

3. 纸钞革命（交子的出现）

4. 机械革命（燕肃再次发明指南车）

因此，占稻的引入就有标志性的意义，代表着新一轮人口的高涨和商业文明的崛起。

▶ 明清的番薯革命

目前已确认番薯（红薯）引入中国有两个来源。一个被广泛接受的来源是，它是由西方传教士（主要是荷兰人）引入菲律宾的吕宋岛，然后由一位名叫陈振龙的中国水手走私到福建。他于公元 1592 年将其带回福建的家乡。另一个起源是广东人陈益在公元 1581 年从安南传入东莞[1]。但由于当时的环境危机和生存压力不足，这一传播从未扩展到其登陆地（东莞）以外的地方，故此活动在史料中并未得到充分认可[2]。两个世纪后，公元 1785 年中国中部遭遇严重干旱，可能是由于 1783～1784 年冰岛拉基火山的喷发。在高环境挑战（严重干旱）的推动下，乾隆皇帝要求广泛种植马铃薯，以供干旱灾民生存，番薯的抗旱性得到充分肯定和高度认可。

番薯传入我国不久，地方官员都竞相引种[3]。番薯的两大特征有利于番薯的快速普及，其一是救荒，因为番薯的高产特征；其二是抗旱，因此番薯有利于山区开发。1581 年广东引进的番薯来源于安南，可是东莞并不适合番薯的种植，所以并没有推广开来。陈振龙之子陈经纶在 1594 年上交《献番薯禀帖》[4]，向政府建议推广种植之时恰值福建经历旱灾，因此环境危机（旱灾）是推动番薯蔓延的主要动力。福建多山，有利于番薯的普。朝鲜"湖南按察使"徐有榘，在 1834 年编辑了一部《种薯谱》，曾征引了 1765 年某朝鲜大员派人赴日本引进甘薯时所作的一首诗。前两句：

---

1 杨宝霖. 我国引进番薯的最早之人和引种番薯的最早之地 [J]. 农业考古，1982(2)：79-83.

2 曹树基. 玉米和番薯传入中国路线新探 [J]. 中国社会经济史研究，1988(4)：62-66.

3 翟乾祥. 我国引种马铃薯简史 [J]. 农业考古，1987(2)：270-273.

4 苏文菁，曾吉诚. 看得见的手——番薯在中国传播过程中政府作用分析 [J]. 闽商文化研究，17(01)：19-25.

"万历番茄始入闽，如今天下少饥人。"从 1590/1770/1830 这三个气候节点可以看出，冷相气候节点的救荒特征在吸引番薯从吕宋传到福建，从日本传入朝鲜。在暖相的 1740 年前后，番薯的推广也很显著，说明番薯的抗旱作用推动其传播，这两个特征（高产和抗旱）交替推动番薯的传播。

以下是番薯在各省推广种植的时间：广东 1581 年；福建 1593 年（1590）；浙江和江苏 1608 年；四川 1733 年（1740），广西、江西 1736 年（1740），湖北 1740 年（1740），山东 1742 年（1740），河南 1743 年（1740），湖南、陕西 1746 年，河北 1748 年，贵州 1752 年，山西 1758 年；朝鲜 1769 年（1770）；广西 1828 年（1830）；山西 1830 年（1830）；皖南 1839 年（1830）。

然而，即使在今天，番薯也没有进入日常饮食成为主粮。它被种植，是作为一种用途广泛且营养丰富的美味蔬菜。由于蛋白质成分低、口味不适等原因，番薯一直未能获得主粮的地位。在一波又一波的官方宣传背后，我们可以看到，环境压力（干旱）对获得社会认可度的贡献比番薯本身更重要。只要在中国发生的干旱灾情不可持续，历届政府规划预期的番薯革命就永远不可能完成。番薯革命，本质上是一次抗旱基因的普及革命，因环境条件不具备而无法完成。

除了番薯，还有几种美洲作物的入华时间总结如下表所示，它们都是发生在气候节点，说明气候脉动对中国农业革命的推动作用。

表 18　明代引入和推广美洲作物的时间与气候背景

	时间	气候节点	气候特征	引进物种	引入路线
1	1502	1500	暖相	落花生	不详
2	1535	1530	冷相	芒果	海路
3	1560	1560	暖相	玉米	陆路
4	1593	1590	冷相	番薯	海路
5	1591	1590	冷相	辣椒	海路
6	1617	1620	暖相	番茄	海路
7	1621	1620	暖相	向日葵	海路

正如戴蒙德总结的安娜·卡列尼娜定律，人类的每一驯化物种都有相同的特征，而不能驯化的物种各有其难以驯化的特征。从上述的官方推广主粮和引入外国作物的时机可以看出，在中国本土驯化的主粮（粟豆）的基础上，每一种外来推广的作物（小麦、水稻、占稻和番薯）都有特定的抗灾基因，这些抗灾基因与气候脉动形成的环境危机相结合，是他们得到推广的首要原因，代表着一种因环境变化而带来

的基因革命。灾难往往在环境张力最大的气候节点附近发生,因此政府的大力推广也往往发生在气候节点。气候脉动对中国古代的主粮变化发生决定性的影响,或者说,气候脉动是农业革命(或基因革命)的背后推手。每一次成功的主粮变化(或抗灾基因的普及)都有环境危机的贡献。

▶ 清代的开荒之谜

随着人口额增加,我们可以观察到清政府在气候节点推动的几次垦荒行动,相当于针对环境危机的政府应对措施。除了第3章提到的清代开荒事件以外,还有如下的事件。

乾隆三十一年(1766),将滇省一切"山头地角、坡侧旱坝、水滨河尾地土,听民开垦,不必从中区别,概免升科"。乾隆三十七年(1772),"谕永停编审"[1],正式废除编审丁口,意味着人口不必束缚在土地上,可以任意流转,给开山拓荒运动提供了许可(比美国的西进拓荒运动要早了60年)。

清乾隆六十年至嘉庆十一年(1795~1806)的"乾嘉起义"。这次起义发生于贵州松桃和湘西地区,历时十二年,以石柳邓、吴八月等人为首,范围扩及十数州县。官方已经注意到人口的压力是起义的原因,因为当时的口号是"逐客民,复故地"。当时至少有两人注意到环境与人口的冲突,一人是马尔萨斯[2],他在1798年写出了一本《人口原理》,轰动了整个西方学术界;另一人是洪亮吉[3],早在1793年就道出了对人口问题的忧虑。虽然当时没有系统的垦荒鼓励政令,但私下的移民和拓荒行动一直在人口的内在压力下推动,并酿出了民族冲突的后果。

公元1860年清廷与俄罗斯签约割地时,就批准了黑龙江将军特普钦要求对关内移民"解禁"的上奏。同时,清政府颁布了准许内地佃民上吉林垦地的谕令,汉人去东北由此才合法。随后在1861年至1880年代陆续开放了吉林围场、阿勒楚喀围场、大凌河牧场等官地和旗地。此外,同治二年(1863),同治皇帝下令允许人民进入"木兰围场"开垦、狩猎,并将"木兰围场"作为一个地方行政区划。

光绪十年(1884)、十三年(1887),清廷曾经两次下令永远封禁黑龙江。但是,

---

1 清史稿·卷120·志95·食货一·户口田制;另见:光绪版大清会典事例·卷157·户部·户口,《续修四库全书》,上海古籍出版社2002年影印本,史部·政书类第800册,第549页。

2 Malthus, T., An Essay on the Principle of Population, 1798.

3 洪亮吉,卷施阁文·甲集,意言·治平篇第六。

光绪二十一年（1895），清军在甲午战争中遭到惨败，东北面临空前的国土沦丧危机，促使清廷改变立场，发布一系列招民实边的谕旨，以实际行动宣告全面开禁。光绪三十年（1904），日俄战争在东北爆发，黑龙江将军达桂、齐齐哈尔副都统程德全奏请全体开放，旗、民兼垦，并对垦民加倍奖赏。实施数百年的封禁政策至此结束，向东北移民进入一个新的时期。清政府的推动屯垦的行为，如下表所示。

表 19　清朝对开荒行为的鼓励和刺激

时间	事件	节点	气候
1649	顺治开荒	1650	冷相
1681	四川、云南、贵州这些残破之区，继续招收流移开垦	1680	暖相
1712	永不加赋	1710	冷相
1742	凡边省、内地零星地土可以开垦者，嗣后悉听该地民夷垦种	1740	暖相
1772	谕永停编审	1770	冷相
1860	吉林垦地	1860	暖相
1895	招民实边	1890	冷相

从上表可以看出，清代的开荒行动是在政府的积极鼓励下进行，主要发生在气候节点，因此是环境危机推动的结果，由此造成了清朝人口的稳步增加。从历史上的气候脉动来看，清代人口的增长有如下几个原因。

● 为了应对气候节点附近的环境危机，清政府经常性组织或鼓励群众自发性的开荒行动，通过农耕文明对环境的征服和改变来消化多余的人口；

● 抗旱高产的美洲作物的普及，为支持开荒运动提供了有力的基因武器；

● 清朝八旗军制，让广大人民免于国防压力和当兵义务，长期的国内和平推动人口的快速增长；

● 从 1715 年到 1805 年，是气候变暖的 90 年，苏州双季稻得以持续维持，缺乏天灾人祸是"康乾盛世"后半段持续的原因，也是人口得到持续增长的根本原因。

一个社会是否强大，离不开其人口规模。中国一贯以最大规模的人口而自豪，问题是为什么会有这么大的人口？下面从天地人三才理论的角度来认识中国获得人口第一大国的原因。

天：远离战争（职业兵制）、远离饥荒（常平仓与义仓）、远离瘟疫（气候变冷）；

地：阳光雨露（粮食生产）、技术革命（提升效率）、基因革命（抗灾基因）；

人：靠近市场（运输成本）、高效管理（提升抗灾的弹性）、传统文化（自发的需求）。

其中最重要的是三条：瘟疫减轻、基因革命和农耕文化。明清政府对公共医疗的投入大大减轻，人口却发生持续增长，说明环境的瘟疫危险大大降低了，是有利人口增长的外部环境条件。美洲作物，携带抗灾、高产的基因，成为开荒的利器，推动了人口向贫瘠地区的转移，大大减轻了高密度人群带来的冲突风险。农耕文明对人力资源的渴望，推动了对人口增长的重视，导致人们生活水平下降，仍然不忘人口增长，因此农耕文化是天然鼓励人口增长的。

外国政治之谜

▶ 欧洲猎巫之谜

欧洲对巫师的关注，由来已久。由于日照条件不足，欧洲的主体生产方式是渔猎，因此历史上存在大量的巫术和神话，最典型的例子是《格林童话》。另一方面，欧洲的畜牧业生产对气候危机高度关注，牧草收获的时机、牧草储藏的环境湿度（降雨）和环境温度会影响畜牧业的发展。每当气候发生危机，都会有人通过指认巫师寻找替罪羊，从一波又一波的女巫迫害事件，我们可以认识到气候对渔猎社会的影响。

"在 1380 年代，在宗教法庭中的魔术和天气因素变得越来越突出"。

"在 1430 年代，第一次系统性的巫术迫害发生在由罗马教廷和世俗法官在杜乐和部分瑞士管辖的萨沃伊（Savoy）公国的阿尔卑斯山谷地带"。

"在 1480 年代，女巫制造天气的概念终于被教会所广泛接受了"。

"在 1562 年 8 月 3 日发生的突发飓风冰雹结束之后，1560 年代 [1560] 女巫迫害活动达到高潮，伴随着全社会对天气变化原因的辩论"。

"1580 年至 1595 年之间，洛林公国烧死了 800 多名女巫，该地当时是由卷入法国宗教战争权力斗争的天主教公爵所统治的地区。"

"在 1560～1574 年之间，1583～1589 之间 [1590]，1623～1630 [1620] 以及 1678～1698 [1680] 之间发生'连续性寒潮'期间，人们强烈要求根除消灭那些对气候异常负责的女巫"。

"在 1740 年代，只有在德国，法国和奥地利的一些偏远地区，以及 1770 年代 [1770] 的德国西南部、瑞士、匈牙利和波兰，仍然发生零星的女巫审判"。

Behringer 用上述的案例证明这些集中发生的女巫破坏事件是极端气候变化对社会发生的影响。从括号内预报的时间可以看出,这种气候脉动发生的时间点完全可以用本文提出的气候脉动率加以合理的解释。上述 9 个气候变化峰值年中,只有 3 个是冷相(1470/1590/1770),说明欧洲气候在暖相周期更容易发生意外的天气变化,或者说欧洲的气候条件更担心 "全球变暖" 型气候变化,这与中国的担心是相反的。

　　出于这个原因,我们可以找到《女巫之锤》(Malleus Maleficarum,是为猎巫运动提供武器的重要理论来源)的出版规律,从 1486 年首次出现到 1669 年最后一次出版,时间跨度是 183 年[1]。此外,有人还编纂了公元 1559 年至 1736 年之间的女巫审判[2],时间跨度为 177 年,基本涵盖了欧洲猎巫的高潮。

　　欧洲猎巫运动,并不仅限于小冰河期的气候恶化。早在小冰河时代到来之前,

图 87　《巫婆与她的精灵》,
大英博物馆收藏(Add MS 32496)

我们可以在火耕时代的罗马共和国时代发现公元前 331 年、公元前 184 年、公元前 180～179 年和公元前 153 年的猎巫活动[3]。因此,猎巫或宗教冲突是社会在气候节点附近对气候脉动引起的环境危机的典型反应。火耕文明和渔猎文明都高度依赖气候,信奉多神教,弥补了欧洲农业对气候脉动弹性不足的缺陷,也造成了对宗教的过分依赖效果。今天,我们说中国的无神论,部分是来自火耕文明的多神论,另一部分来自农耕文明持续改善环境,应对环境危机的努力。而农耕文明之所以改变环境,又是受到地理条件的限制和影响。由于中国的日照多,农产品产量大,有足够的盈余来支持人口的增长,因此中国有实力改造环境,带来无神论观点的流行和主导。

1　Behringer, W., Witches and witch-hunts, a global history, Polity Press Ltd, 2004. Chapter 4.

2　Ewen, C.E., Witch hunting and witch trials, The Indictments for Witchcraft from the Records of 1373 Assizes Held for the Home Circuit CE 1559-1736, Routledge, New York, 2011.

3　Stark, R., For the Glory of God: How Monotheism Led to Reformations, Science, Witch-Hunts, and the End of Slavery, Princeton University Press, 2003.

相比之下,猎巫运动是欧洲社会在小冰河期中因为缺乏阳光降雨、气候异常导致的多神论(渔猎文明)和一神论(商业文明)之间的文明冲突。渔猎文明(多神文化)的女巫被一神论(基督教文明)指责为气候恶化的替罪羊,直到在文明冲突中诞生了现代科学为止才结束女巫迫害。图87是女巫迫害高潮期间1621年出版的一张版画,代表着当时的环境危机和女巫迫害高潮,这是欧洲社会对气候节点气候恶化的一种响应模式。

所以,当我们看到欧洲的女巫电影,自然想到这是当地生存环境恶劣带来的文明冲突和宗教冲突,需要放在气候脉动的背景下才能认识。所以,宗教也是环境决定的结果,一种环境决定一种宗教态度,环境变化是宗教冲突的原因,宗教或意识形态的冲突也是经济危机和环境危机共同决定的结果。

▶ 英国分裂之谜

英国作为一个离开欧洲大陆的岛国,其发展历史对气候的波动是高度敏感的,几乎每一个气候节点附近都会发生重大改革。这是对气候脉动的一种响应,这与英伦三岛的位置靠近北冰洋有关。冰岛更近,但自身的光热和土壤条件更差,养不起足够的人口来影响世界。英国有足够的人口去从事渔猎经济和商贸经济,征服了庞大的殖民地,面对经常性的气候挑战,需要做出及时的响应。由于缺乏历史气候记录,本书还不能像对中国那样为英国建立完整的、详尽的气候框架,只能依赖气候脉动律来认识其中的规律性,效果同样显著。英国的重大政治事件可以在下表中总结,他们都发生在气候节点,代表着英国社会对气候的典型响应。英国的政治改革,与气候造成的饥荒一道,是社会面对气候危机的典型响应。

表20　英国重大政治事件的气候背景[1]

	时间	节点	气候	事件
1	1136	1140	暖相	威尔士反抗诺曼人的起义
2	1171	1170	冷相	爱尔兰的陷落
3	1258	1260	暖相	威尔士公国成立
4	1348～1350	1350	冷相	黑死病在英国肆虐
5	1380	1380	暖相	瓦特·泰勒起义
6	1412	1410	冷相	欧文·格兰道尔叛乱

1 麻庭光,气候灾情与应急,美国学术出版社,2019.10。

	时间	节点	气候	事件
7	1530	1530	冷相	圈地运动
8	1536	1530	冷相	英格兰吞并威尔士
9	1588	1590	冷相	暴风雨打败了无敌舰队
10	1649	1650	冷相	英国资产阶级革命,成立共和国
11	1679	1680	暖相	英国政党起源
12	1688	1680	暖相	光荣革命
13	1707	1710	冷相	英国吞并苏格兰
13	1801	1800	暖相	英国吞并爱尔兰
14	1922	1920	暖相	爱尔兰独立
15	2015	2010	冷相	苏格兰公投

　　从上表,我们可以看出在气候节点,英国农业的生产条件容易发生恶化,引发各种合纵连横事件。一般的规律是,"暖相独立,冷相兼并",与中国南方(火耕文明)和北方(游牧文明)的"暖相分离,冷相集中"的趋势相当。唯一的一次农民起义和一次叛乱也都发生在气候节点,说明环境张力对于社会稳定的贡献十分显著。气候的脉动性特征和地理条件的局限性孵化了英国的保守主义传统。在周期性的饥荒面前,英国走上了对外殖民和发展商贸,对内创新和工业革命的道路,这是典型的外因论和新环境决定论。

战争和平之谜

▶ 战争周期之谜

　　最近发生的俄乌战争何时结束?有可能很短,有可能很长。多长呢?历史经验告诉我们,如果一场战争旷日持久,那么这场战争往往会持续30年的倍数,如30、60、120、180、240年。以下有100次耗时很久的著名战争或王朝,符合这些气候周期决定的战争周期。

　　延续30年跨度的战争至少有40次,包括如下内容:

　　1.曲沃内战(前706年～前678年,28年);

　　2.斯巴达的第二次阁楼战争(前446～前418,28年)

3. 伯罗奔尼撒战争（前431~前404,27年）;

4. 撒克逊战争（772~804,32年）;

5. 越南内战（938~968,30年）;

6. 宋辽战争（989~1004,25年）;

7. 诺曼征服意大利（1041~1071,30年）

8. 女真崛起（1115~1141,26年）

9. 第一次苏格兰独立战争（1296~1328,32年）;

10. 瑞典反抗诺夫哥罗德之战（1293~1323,30年）;

11. 中亚帖木儿征服战（1370~1405,35年）;

12. 胡斯战争（1415~1453,38年）;

13. 克里米亚汗国独立于金帐汗国,但落入奥斯曼帝国之手（1449~1478,29年）

14. 伦巴第之战（1425~1454,29年）;

15. 奥斯曼马哈麦德征服者扩张战（1451~1481,30年）;

16. 英国玫瑰战争（1455~1485,30年）;

17. 帕尼帕特战役（1526~1556,30年）;

18. 利沃尼亚战争（又叫拉脱维亚战争,1558~1583,25年）;

19. 法国宗教内战（胡格诺战争,1562~1598,36年）;

20. 波兰－瑞典战争（1600年~1629年,29年）;

21. 欧洲三十年战争（1616~1648,32年）;

22. 清、明对抗战争（1616~1644,28年）;

23. 陕北民变（1627~1658,31年）;

24. 法国西班牙战争（1635~1659,24年）;

25. 波兰土耳其战争（1667~1699年,32年）;

26. 大小金川之役（1747~1776,29年）;

27. 英国－迈索尔战争（1767~1799,32年）;

28. 法国革命和拿破仑战争（1789~1815,26年）;

29. 西班牙南美独立战争（1808~1833,25年）;

30. 俄国高加索战争（1830~1864,34年）;

31. 法国越南战争（1858~1884,26年）;

32. 太平天国与东干暴动（1850~1876,26年）;

33. 两次世界大战（1914～1945，31 年）；

34. 第二次印度支那战争（1946～1976，30 年）；

35. 五次中东战争（1948～1982，34 年）；

36. 美苏冷战（1962～1991，29 年）

37. 北爱尔兰冲突（1969～1998，29 年）；

38. 安哥拉内战（1975～2003，28 年）；

39. 老挝内战（1975～2007，32 年）；

40. 斯里兰卡内战（1983～2009，26 年）。

满足 60 年跨度的战争至少有 20 次，分别是：

1. 希波战争（公元前 513～前 449，64 年）；

2. 两次伯罗奔尼撒战争（前 460～前 404，56 年）；

3. 凯尔特（高卢）人入侵罗马（公元前 390～前 331 年，59 年）；

4. 四次马其顿战争（前 215～148 年，67 年）；

5. 汉武帝发动的汉匈之战（前 133～前 71，62 年）；

6. 罗马内战（前 88～前 31，57 年）；

7. 犹太人起义与罗马镇压（66～135，69 年）

8. 越南暴动（541～602，61 年）

9. 第二次汉羌之战（107～169，62 年）；

10. 日本南北朝内战（1336～1392，56 年）；

11. 波兰－都铎王朝骑士团战争（1409～1466，57 年）；

12. 意大利内战（1494～1559，65 年）；

13. 西班牙土耳其战争（1520～1580，60 年）

14. 越南南北朝与内战（1533～1592，59 年）；

15. 哥萨克起义（1591～1656，65 年）

16. 荷兰－葡萄牙之战（1602～1661，59 年）；

17. 荷兰占领台湾（1604～1662 年，58 年）；

18. 满蒙战争（1635～1691，56 年）

19. 美洲印第安人水獭之战（1640～1701，61 年）；

20. 英缅战争（1824～1885，61 年）；

满足 120 年跨度的战争至少有 15 次：

1. 胡人背景的中山国从公元前 414 年立国，到公元前 296 年被赵国灭亡，实际持续了 118 年；

2. 具有游牧背景的中山国，从公元前 414 年建国到公元前 296 年赵国灭亡，历时 118 年；

3. 在秦皇统一中国之前，先后克服了三次东方各国的联合抵抗，第一次是魏国领导的连横，时间跨度是公元前 352～322 年；第二次齐国领导的连横，时间跨度是公元前 310～284 年，第三次是赵国的顽强抵抗，时间跨度是公元前 269～234 年，各国都持续抵抗了 30 年，前后跨度是 118 年。

4. 罗马的三次布匿战争，起于公元前 264 年，终于公元前 146 年，实际持续了 118 年；

5. 汉羌之战的另一种说法是从公元 57 年烧当羌滇吾之乱开始，169 年结束，因此是 112 年；

6. 五胡乱华史，从 311 年推翻西晋开始，到 439 年北方统一结束，实际持续了 128 年；

7. 阿拉伯帝国东扩和北扩，从 634 年至 751 年，持续 117 年；

8. 女真民族的第一次崛起，从 1115 年独立，到 1234 年败亡，实际持续了 119 年；

9. 蒙古民族的对外扩张史，从 1206 年开始，到 1324 年结束，实际持续了 118 年；

10. 英法之百年战争，起于 1337，终于 1453 年，实际持续了 116 年；

11. 迪特马尔申共和国（Dithmarschen Republic）是拥有独特共和政体的"农民共和国"，存在于公元 1444～1559 年之间，持续了 115 年，之后成为丹麦的一部分，现在是德国石勒苏益格 – 荷尔斯泰因州西部的一个县。

12. 满蒙战争，从 1635 年征服内蒙古（察哈尔部），1696 年征服外蒙古（喀尔喀部），1724 年征服青海蒙古（卫拉特部），到 1757 年征服新疆蒙古（准格尔部），实际持续了 122 年。当然，在 1635 年之前与内蒙古林丹汗的冲突没有包括在其中，满蒙冲突从 1630 年开始。

13. 从 1779 年开始，老挝被暹罗入侵并占领，1827 年，越南入侵，1893 年沦为法国保护国。其中属于暹罗占领的时间是 114 年。

14. 俄罗斯分别于公元 1602 年、公元 1715 年和公元 1839 年向中亚发起了三次远征（特别是针对希瓦汗国）。中亚征服行动持续了 120 年。

15. 从公元 1794 年的科希丘什科起义到公元 1917 年 [1920] 第一次世界大战结束,波兰被俄罗斯统治了 123 年。

持续 180 年的战争有 8 次:

1. 公元前 403 年魏文侯被周威烈王册封为侯,公元前 344 年称王,至公元前 225 年为秦国所灭,共 179 年。

2. 欧洲发动的十字军东征,从 1096 到 1272 年,耗时 176 年(有时还要算上中东根据地被侵占失去的时间,后者又持续了大约 20 年)。

3. 唐蕃之战,从 636 年吐谷浑之战开始,到 821 年长庆会盟结束,持续了 185 年。

4. 唐代西域的地方政权归义军(张义潮),自从 850 年从吐蕃独立,到 1037 年被西夏灭亡,大约在西域孤立地维持了 187 年。

5. 库曼人在 1055 年第一次遇到罗斯,当时他们向罗斯佩列亚斯拉夫公国推进,但基辅王子 Vsevolod I 与他们达成协议,从而避免了军事对抗。然而,在 1061 年,库曼人在酋长索卡尔的领导下入侵并摧毁了罗斯佩列亚斯拉夫尔公国。这是一场将持续 175 年的战争的开始。

6. 公元 1582 年缅甸入侵中国,战败。第二次中缅战争发生于 1762 年,结束于 1769 年,历时 187 年。

7. 俄罗斯从 1547 年由大公国升级为王国,到 1721 年彼得一世建立起俄罗斯帝国的这 174 年间,通过与波立邦联、瑞典和奥斯曼帝国的战争,以及俄罗斯征服西伯利亚这一重大事件,沙皇俄国的领土如同连接着打气筒的气球一般越吹越大,其增速每年高达 3.5 万平方公里。

8. 从公元 1717 年,彼得大帝耗资 25 万卢布,派遣别科维奇·切尔卡斯基公爵为首的 6655 人的远征队从阿斯特拉罕出发去征服希瓦汗国,到 1895 年俄罗斯和英国在伦敦举行会议,私自瓜分了帕米尔高原,塔吉克斯坦全归了俄国。俄罗斯花费了 178 年实现了对中亚地区 390 万平方公里的征服。

跨度 210 年的战争只有 2 次。

1. 第一次是奥斯曼土耳其的扩张(1360 ～ 1571),持续 211 年。其对外征服战争可以分为三个阶段。第一阶段是 1360 ～ 1402 年(42 年),经过两位皇帝的西征东讨,奥斯曼国土面积扩大了数倍。第二阶段是 1451 ～ 1512 年(61),奥斯曼由于帖木儿的侵略曾一度中衰。经过内战和对西方基督徒的战争又复强大起来。这一时期奥斯曼帝国灭了拜占庭,占领了巴尔干,完成了安纳托利亚的统一。第三阶段是 1512～1571 年(59 年),奥斯曼帝国处于极盛时期,建成地跨亚欧非的庞大帝国。也就是说土耳其 211 年的扩张史是由 2 个 60 年战争和一个 42 年战争所组成。

2. 第二次是奥地利和奥斯曼土耳其帝国之间的奥突战争,时间跨度从公元 1529 年[1530]到公元 1739 年[1740],持续 210 年。土耳其人试图向欧洲本土扩张,而奥地利人则在怀有他们自己的扩张主义梦想的同时挡住了土耳其扩张的道路。

持续 240 年的战争有 3 次。

1. 第一次是 1240 年蒙古西征攻占基辅,基辅罗斯也彻底分崩离析。1476 年,初步羽翼丰满的莫斯科公国大公伊凡三世拒绝交纳年贡。1480 年金帐汗国大汗率兵征讨未果,并死于内乱。蒙古人对俄罗斯的有效治理,大约是 240 年。

2. 第二次次是土耳其 – 波斯战争,始于公元 1514 年,结束于公元 1746 年,历时 232[240]年。

3. 第三次是俄土战争,始于公元 1676 年[1680],结束于公元 1917 年[1920],包括 11 次战争,历时 241[240]年。

历史学家总是想知道为什么中国的朝代不能超过 300 年。在气候节点的政治事件的推动下,中外王朝的寿命大多止步于 270 年。以下是这种模式下的几个案例。

1. 传说中的商朝最初是一种渔猎文明,为了躲避黄河洪水,多次在中原迁徙。然而,根据发掘的历史记录《竹书纪年》,商朝的首都停留在一个叫做殷(今河南安阳)的地方,并连续停留了 273 年。

2. 从公元前 1046 年周朝建立到公元前 770 年东周建立,西周的政治中心在关中停留了 276 年。

3. 从公元 317 年东晋建立到公元 589 年中国统一,中国的分裂局面持续了 272 年。

4. 欧洲的墨洛温王朝从公元 476 年持续到公元 750 年,历时 274 年。

5. 从公元 618 年到 907 年,唐朝持续了 289 年。

6. 欧洲的维京时代从公元 793 年持续到 1066 年,历时 273 年。

7. 埃及的马穆鲁克从公元 1250 年至 1517 年统治埃及,历时 267 年。

8. 从公元 1368 年到 1644 年,明朝持续了 276 年。

9. 从公元 1517 年至 1798 年，土耳其人占领并统治埃及，历时 281 年。

10. 从公元 1600 年到 1858 年，英国东印度公司统治印度 258 年。

11. 日本的江户时期，或称德川时期，从公元1603年持续到1868年，历时265年。

12. 从 1644 年到 1911 年，清朝延续了 268 年。

由于 270 大约是 500 的一半，我们可以粗略地得出结论，大多数王朝的寿命受到半文明化周期的制约，因为某一文明（生产资料）只能繁荣大约 500 年。由于人口密度低，草原王朝可能不会遵循这一规则（如阿拉伯人的阿拔斯王朝 510 年，土耳其人的奥斯曼帝国 630 年），尽管他们会不由自主地遵循气候脉动的规则（即内嵌 30 年的气候周期）。到目前为止，还没有发现可以解释这一现象的外部原因。

对这些规则的战争周期或王朝周期的外因论解释是，由于气候脉动引发的环境危机导致两个对等的部落、民族、国家、文明的实力发展不平衡（外部失衡）以及一个部落内部的人口生产与物质生产之间的不平衡（内部失衡），都有可能引发冲突。但是，冲突很难持续到下一次气候的高峰年（或转折点，表现为生态或经济危机），后者会导致冲突的一方或双方筋疲力尽，从而结束战争，比如欧洲混乱的三十年战争（结束于公元 1648 年）和 20 世纪的两次世界大战（结束于公元 1945 年），都是在冷相气候高峰年的节点附近结束，体现了气候的威力。战争的起点是环境张力最大的气候节点，终点也是环境张力最大的气候节点，战争就是面对气候脉动的社会响应，这是过去史学界从未注意到的观点。

历史学家可能会争论某场战争的确切原因，但重大战争的模式是由对可用资源的竞争限制所预先确定的。无论原因是什么，战争开始是因为双方都认为自己可以负担得起，而结束是因为一方或双方都认为自己不再负担得起。从负担得起到负担不起，气候脉动是无形的手在起作用。

世界和平也存在类似的 30 年周期性，以下 6 次著名的和平时段，也和气候周期发生共振。

1. 汉胡和平 [1]（北方匈奴民族在前 457 年被赵国打退，到前 330 年再次出现赵国北方，大约有 120 年的和平时段）；

2. 托勒密和平（从公元前 332 到前 216，中东地区在托勒密王国的带领下没有

1 狄宇宙著，贺严，高书文译，古代中国与其强邻 [M]。中国社会科学出版社，2010。

气候脉动一千年

战争,持续 116 年的和平）

3. 罗马共和和平（Roman Republic Peace，前 203～前 90 年），持续 113 年；

4. 罗马和平（Pax Romana），是指罗马在五位贤能的皇帝带领下，从公元 30 到 180 年曾经经历 150 年的和平时段；有时也称作奥古斯都和平（Pax Augusta），从公元前 27 年到公元 180 年，合计 207 年；

5. 蒙古人的征服为欧亚大陆带来了一个和平与繁荣的时代——这个时代被称为"蒙古和平（Pax Mongolia）"。从公元 1227 年成吉思汗去世到公元 1346 年暴发瘟疫，蒙古和平共持续了 119 年。

6. 宋辽和平是指从 1004 年的澶渊之盟到 1124 年的辽国灭亡，宋辽之间经历了 120 年的和平；

上述的和平时段，不少是冷相开始，冷相结束，可能与降温改善降水有关。如果有充足的降雨，农业或游牧社会可以维持其自给自足的生存状态，降低了对外攻击的力度和需求。从这些案例可以看出，战争与和平的原动力来自气候脉动，气候脉动导致的人口与物质生产波动，会导致社会发展的不平衡现象，结果就是战争。

著名史学家汤因比认为，在 16 世纪以降的国际体系一直存在着一个以 115 年为周期的"全面战争"与"全面和平"的大循环。这种经验性的观察，经常作为霸权周期论的引子，引入对政治霸权的讨论，但没有得到深入分析。在本书中，这是气候发生周期性脉动的结果，战争是政治的延续，政治是经济的回响，经济依赖气候，气候存在周期，所以战争与和平都是人类社会针对气候脉动的一种周期性响应。

▶ 东亚海盗之谜

中世纪温暖期（900～1400），中国的商业文明迅速发展。然而，中央政府对海外贸易表现出矛盾的态度。有时它邀请海外贸易商，有时它以关门的方式拒绝海外贸易。这些态度的变化与经济有关，而经济又与气候脉动有关，态度变化的结果，对南方的商业文明带来很大的扰动，产生了所谓的走私与海盗现象。

随着小冰河时代的到来，整体经济萎缩。因此，政府对海外通货的需求也会萎缩。因此，政府将海外贸易视为农业主导社会的不稳定因素，因此频繁禁止海外贸易。结果，那些不受控制的贸易势力就如同海盗一样潜入地下，以非法的方式进行贸易。此外,中国以外的邻居也有渔猎文明的成分,他们会在气候冲击下迁移或掠夺,也被视为海盗。第三,渔猎文明在气候危机前比较脆弱,容易发生武装移民,通常也被认为是海盗。所以,我们可以在东亚发现以下事件[1],可以视为商业文明(有时包含渔猎文明)与农业文明之间的文明冲突,几乎都发生在环境危机严重的气候节点。

811 年,朝鲜海盗袭击日本。

862 年,倭寇活跃于内海。

932 年,日本创设了一个岗位叫做"海盗镇压者"。

1019 年,女真海盗袭击对马岛和壹岐,史称"刀伊入寇"。

1114 年,武僧与熊野海贼作战。

1223 年,第一次倭寇袭击朝鲜。

1274 年,蒙古人第一次入侵日本。

1281 年,蒙古第二次入侵日本。

1350 年,倭寇突袭高丽。

1358 年,倭寇突袭中国山东。

1376 年,登州(蓬莱)水城在中国建成,对付倭寇。

1380 年,倭寇舰队被炮火摧毁。

1405 年,日本被捕的倭寇被公开处死。第一次郑和下西洋期间,郑和擒杀旧港海盗陈祖义等三贼首,扫清困扰海上贸易的南洋海盗问题,间接导致旧港宣慰司(海外地方政权)在 30 年后的崩溃。

1419 年,朝鲜人发动了对马岛的"大荣入侵",或称"己亥东征"。

1443 年,加基津条约。

1467 年,应仁之乱爆发,日本进入战国时代。

1523 年,日本商人在宁波发生武装冲突,"争贡之役"。

1555 年,戚继光受命在中国打击海盗。

1556 年,以徐海为首的海盗突袭中国。

1559 年,大商人汪直被诱捕杀害,海盗群龙无首,局面恶化。

1 Turnbull, S., Hook, R., Pirate of the far east, 811－1639, Osprey Publishing Ltd, 2007, page 25.

1567 年，戚继光战胜倭寇，中国解除对外贸易禁令。

1585 年，入侵四国。

1592 年，日本第一次入侵朝鲜，相当于倭寇入侵；

1605 年，英国轮船 Tiger 号第一次遭遇倭寇。

1625 年，尼古拉斯·一官（西班牙名，中文名郑芝龙）继承了一支私人舰队，开始了他作为海盗和走私者的职业生涯。

1683 年，台湾作为南方海盗基地和商业帝国的中心，被清政府占领。

从这些事件中可以看出，海盗事件多发生在气候节点附近，意味着环境危机是文明冲突的驱动力。在接管中国大陆之前，肃慎／女真／满洲／通古斯人过着捕鱼狩猎的生活，因此在气候冲击下很脆弱。它曾经向日本岛屿进行了 3 次武装移民，分别发生在 544/660/1019 年，其中最重要的一次是在 1019 年的"刀伊入寇"。

日本是一个半农半渔猎文明的社会，在资源有限的环境下，需要海盗或海外掠夺才能维持生计。日本在公元 1526 年发现了著名的石见银矿，迅速积累了资金，通过为明朝提供了廉价的白银发展了自己的商业文明。然而，随着明朝因白银涌入而为避免通货膨胀而关闭大门，这些商人们不得不下海为盗。

海盗和走私也是中国东南部（如福建浙江广东三省）商业文明独立发展的一种解决方案，其地理位置使人们始终处于马尔萨斯陷阱的边缘。由于地势多山，靠近海边，唐宋早期就孕育了商业文明。在中央政府的强力控制下，这些海外贸易不得不以海盗和走私的形式转入地下。

海盗经济的顶峰是郑成功的父亲郑芝龙在 1625 年继承了私人的海盗队伍，并发扬光大。他的杰出儿子和继承者郑成功在禁海令和迁海令的压迫下，不得不在 1661 年登陆台湾岛驱逐荷兰殖民者，并在那里建立了商业帝国。不幸的是，气候变暖使他们的政治制度变得虚弱，福建长城（或迁海令）的拦阻让他们难以接触农业文明，台湾的气候和文化偏向火耕背景，结果导致在 1683 年被清政府所推翻。当时中国的统治阶级出身于渔猎文明背景，国家安全问题被列为重中之重，结果是中国南方商业文明被北方的渔猎文明沦陷。

总之，海盗／倭寇现象是气候脉动的结果，来源于气候脉动引发的环境危机，伴随着小冰河期推动的东北渔猎文明和东南商业文明的迅速崛起。由于中国农耕文明垄断了所有的资源，由于工业文明薄弱和气候变暖的先决条件，脆弱的商业文明很难在火耕文明主导的台湾岛维持下去。这是"中欧科技大分流"背后的环境因素,因此是中国版环境决定论,"天地人三才理论"决定的结果。

▶ 俄乌冲突之谜

几千年来,一代又一代的历史学家和哲学家研究战争爆发的原因,却很难达成共识。人们普遍认为,战争是出于经济原因而进行的。然而,是什么因素导致了这种经济差距尚不清楚。智者的决定是一种直接的说法,而不是根本的解决方案,它无法解释历史上脉动的战争行为,而且貌似偶然的决定不会产生周期性的战争与和平。当前正在进行的俄乌战争在历史上有许多先例和线索,给我们提供了检验气候理论的机会。检查它们发生的气候背景,我们可以发现气候脉动在文明冲突与政治周期中的决定性作用。

838 年,罗斯维京人首次在西方文学中被提及。维京人在基辅成立的罗斯政权,是俄白乌三国共同的源头。

989 年,基辅王子弗拉基米尔围攻克里米亚的拜占庭堡垒 Chersonesus,娶了拜占庭皇帝巴西尔二世的妹妹安娜,并为自己和他的王国接受了基督教,代表着俄国加入欧洲的第一次努力。

1054 年,因女儿嫁给欧洲统治王朝成员而被历史学家称为"欧洲岳父"的智者雅罗斯拉夫王子去世,标志着基辅罗斯开始解体。

1113～1125 年,弗拉基米尔·莫诺马赫王子暂时恢复了基辅罗斯的统一,并推动了《初级编年史》的写作,这是中世纪乌克兰历史的主要叙述来源。

1492 年,乌克兰哥萨克人首次在历史资料中被提及。

自 1591 年以来,哥萨克科辛斯基起义在接下来的 60 年里将哥萨克人建立一支强大的军事力量和独特的社会秩序,也奠定了哥萨克作为少数民族每 60 年造反一次的基础。

1648 年,哥萨克军官博赫丹·赫梅利尼茨基发动了一场反对波兰立陶宛联邦的起义,导致波兰地主被驱逐、犹太人大屠杀,并建立了一个名为 Hetmanate(哥萨克酋长国)的哥萨克国家。不久之后的公元 1654 年,哥萨克酋长国承认莫斯科沙皇的宗主权,导致莫斯科和华沙之间就乌克兰的控制权进行长期对抗。列宾绘制了《赫梅利尼茨基向哥萨克宣布〈佩列亚斯拉夫协议〉》(见图 88),代表了当时的政治形势。

1708 年当瑞典的盟友波兰人挥军入侵乌克兰,彼得一世却拒绝支援哥萨克,这彻底惹怒了乌克兰的首领马泽帕。他以俄国人违反《佩列亚斯拉夫协议》为由,转

图 88　赫梅利尼茨基向哥萨克宣布《佩列亚斯拉夫协议》

而与彼得的宿敌——瑞典人结盟。这引起彼得大帝的惊愕与盛怒,他斥责马泽帕为
"新犹大",趁其在外作战之时,迅速攻陷哥萨克首都巴图林,将城中6000人血腥屠
杀,并重新扶持傀儡以取代马泽帕。马泽帕则向各地散布文告,号召人民发动起义。
很可惜,由于对俄军屠城暴行的惧怕,以及对与信仰新教的瑞典人结盟的不理解,大
多数民众并没有支持马泽帕。只有扎波罗热塞契响应号召,但他们在1709年5月
被俄军攻破。马泽帕只得率领4000孤军投奔瑞典人,最终在7月的波尔塔瓦战役
中被俄军击败(见图89),流亡而死。由于俄罗斯军队在波尔塔瓦战役获得了胜利,
结果导致哥萨克酋长国被废除,酋长国的自治权进一步受到限制。

图 89　油画《波尔塔瓦战役》

1764 年,作为俄罗斯中央集权改革的一部分,叶卡捷琳娜二世先下手为强,对哥萨克酋长国开始清算。1768 年,波兰贵族的律师联盟和海达马基农民起义伴随着乌克兰右岸对联合军和犹太人的屠杀。1775 年彼得大帝遗志的继承者,叶卡捷琳娜二世下令将扎波罗热塞契夷为平地,所有塞契哥萨克解除武装,财物档案被收缴,这个延续 200 余年的乌克兰梁山泊最终烟消云散。10 年后,女皇废除了哥萨克酋长国残余的行政体系。在热闹了 270 年(半个文明周期)之后,乌克兰哥萨克从此在世间消失,只存在于作家们的想象中了。

1830 年,俄罗斯治理之下的波兰人发动起义,导致波兰地主与俄罗斯政府争夺乌克兰农民的忠诚度。

1861 年,俄罗斯帝国的农奴解放和亚历山大二世的自由改革"解放农奴"改变了乌克兰的经济、社会和文化格局。

在 1890 年代中,土地饥荒导致乌克兰农民从奥匈帝国移民到美国和加拿大,从俄罗斯统治的乌克兰移民到北高加索和俄罗斯远东地区。

1917 年,俄罗斯君主制的瓦解为建立乌克兰国家打开了大门,这一进程由乌克兰革命议会的社会主义者领导。然而,独立不久的乌克兰国很快选择在 1922 年加入了苏联。

1954 年,尼基塔·赫鲁晓夫决定将克里米亚从俄罗斯转移到深陷经济危机中的乌克兰,以促进半岛的经济复苏。

1991 年,在莫斯科政变失败后,乌克兰带领其他苏联加盟共和国退出了联盟,在 12 月 1 日的独立公投中对苏联造成了致命的打击。

在 2008~2009 年的经济危机中,乌克兰宣布加入欧盟,申请加入北约成员国行动计划,加入欧盟东部伙伴关系计划,这让俄罗斯的怀疑进一步升级,结果导致 2014 年的克里米亚公投事件,导致乌克兰的解体。失败的经济政策需要用反俄的态度来遮掩,这是俄乌冲突的本因。

从这些事件中,我们可以看出乌克兰曾经是游牧文明主导的混合文明(包括农业、畜牧业、渔猎和工业传统),曾经是哥萨克主导的游牧文明,必须从邻国波兰(渔猎文明)或俄罗斯(渔猎文明)那里寻求庇护。气候的周期性脉动推动了经济危机和政治叛乱,历史上的政治决定至今仍影响着乌克兰的重大抉择。这没有对错之分,只是在这些气候脉动下生死攸关的政治选择。借助于气候脉动律,我们可以更好地理解俄乌冲突背后的环境危机和社会响应模式。

第五章
新版环境决定论

新环境决定论

　　二十世纪初,埃尔斯沃思·亨廷顿在游历了中东各国之后,回到耶鲁大学从事地理学教学和写作,并通过发表《气候与文明》提出了著名的环境决定论。他认为公元400～500年期间,由于罗马帝国大部分地区出现干旱,导致土地生产力的下降与农业产值的减少。食粮的紧缺使得帝国陷入紧张局面并使得其政治形势濒临崩溃。不过,他没有搞理清气候的准确定义,认为温度和降雨就是气候,因此得到很多过于简单的结论,如温度越高发展越落后,温度适中适合创造性工作等奇怪的机械论观点,仅得到一时的拥趸。环境决定论通常有两种观点,人类是环境的塑造者和环境塑造人类的行为。这两种观点经常一起出现。例如,亨廷顿认为某些室内条件,如相当冷的天气、显著的季节差异性和经常发生热带气旋,对人类来说是永远促进健康、能力和成就,以及社会和智力的进展。因此,现代的空调技术(人工制造的环境),一旦引入,就会对人类社会产生某些必要的影响,不管该社会的特征如何。亨廷顿认为,当代社会文明的不同发展状态,是由于气候模式的差异性造成的。现在落后,而过去曾经发达过的文明,无一例外地都曾经经历过更刺激的气候变化,衰败和落后是由于气候恶化造成的结果。"过去的希腊、罗马和古代所有的帝国，都曾经拥有超过现代水准的特征，如过度的人类活力"。因此亨廷顿认为，文明的兴衰是环境决定论的动态发展，而气候的自然波动是推动变化的原因。

环境决定论把环境当作一个孤立的、简单的不受文化影响的原因或"因素"[1]，在文化的影响之外，并从外部影响文化。这种观点强调环境对某一效果的决定性作用，不受时间和空间的影响。环境决定论在解释一种自然—社会互动的给定场景下认为环境因素的作用比社会因素有更大更重要的影响，这种观点强调环境在决定结果中的决定性作用。从 1920 年开始，人们观察到越来越多的不能用地理条件来解释的现象，因此人们放弃了这种过于简化的、不充分的环境决定论。环境决定论逐步丧失了学术界的地位。到 1930 年代末，环境决定论的拥护者成为一小群边缘化、被质疑的少数派。很多人认为环境决定论是反动的政治观点，因为它通过合理化权力和繁荣的不平等，让人群和国家比另一群人或另一个国家更低等。这一观点被地理学家 Karl Haushofer 有意识地扩展成"地理政治学"，为希特勒政权的意识形态斗争服务。环境主义者的"地理政治学"强调，自然背景决定人类使用的特征，而人种理论则反过来，人群的内在特质是塑造地理形势的决定性因子，"全能"的雅利安民族不受塑造能力的制约，而低等的民族会滥用。这是一厢情愿的说法，为当时的政治形势服务。

然而，在 1990 年代环境决定论出现了一位创新者贾瑞德·戴蒙德，他从自己在印尼爪哇岛研究鸟类活动期间的人类学观察，认识到技术传播的地理障碍，因此出版了一本《枪炮、钢铁和细菌》，推出了他的"地理决定论"观点，获得普利策最佳科普创作奖和广泛的认可。地理决定论，在一段较长的时间尺度（人类快速进化的千年尺度上）非常有用，深刻解释了物种驯化的差异性对人类社会带来的影响。在他的下一本书《崩溃，社会如何选择成败兴亡》中，他又检查了古代世界文明崩溃的几个样本，通过分析当时人类的错误决策为未来总结经验，即文明发展的人错决定论。对于堕落的文明，他总结并引入了五个因素，即人类破坏、气候变化、敌对邻国、缺少友好支持和社会反应。然而，他过分强调了人类对破坏环境的贡献，而气候变化的贡献由于其内在的不确定性而模糊不清。由于他对气候脉动的模式一无所知，他笔下的外部挑战是抽象而脆弱的。小型生态系统的崩溃对于预测大型社会的崩

1　W.B. Meyer, D.MT. Guss, Neo-environmental determinism, Palgrave, 2017.

溃和人类文明的命运缺乏足够的相似度和关联性。

戴蒙德的理论成功地解释了欧亚大陆在技术转让和发展方面的差异性,从地理条件多样化的角度来认识文明发展的不同步性,取得相当的效果。不过,他仍然是立足于西方(欧洲)中心论,对中国发生的情况知之甚少,只会用"踉踉跄跄(Lurching)"来形容历史上中国政策的剧烈变化,却无法深入探究其原因。对于在西方文化环境中的读者来说,中国古代的政策变化似乎永远是不可预测、难以捉摸的。从本书的大部分案例可以看出,由于中国大部分地区接受的太阳能比欧洲多,对气候变化的弹性比欧洲大,因此可以通过政策调整应对气候脉动的能力更强,中国气候变化的波动性对古代政策的推动造成了过山车般的改革行为。欧洲政策的稳定性来源于欧洲气候的单一性,由于缺乏阳光(所以欧洲白人多,需要白皮肤来吸收阳光),导致欧洲社会普遍缺乏对气候波动的弹性,欧洲可以改革的空间小,没必要进行幅度巨大的改革。不管是经济金融还是政治军事,欧洲都害怕剧烈的改革,如英国的保守党。中国对环境变化的适应性和弹性主要来自每年的阳光输入。只有在太阳能投入充足的情况下,才有可能采取"踉踉跄跄"的政策调整,如对海外贸易的时而推动,时而封关,都是在响应当时的环境危机。

在这里,我们将重新认识中国传统的基于天地人三要素的文明兴衰世界观。"天"代表气候脉动对人类社会的影响、"地"代表地理上的脆弱性和局限性,而"人"包括技术和文化,是人类社会响应气候变化的结果,来自于社会响应气候危机的典型模式。因此我们从历史上的科技技术、经济政治、宗教习俗等的重大进展中可以观察到环境变量的贡献,气候变化是推动社会变化和文明演化的主要原动力。在明确的气候脉动律的框架指引下,我们可以更好地理解历史学家汤因比提出的"挑战 – 响应 – 发展"的文明演化规律。

气候依赖性(天)

气候(天)对人类社会的影响,是通过水利工程、货币(纸钞)改革、经济(税法)改革和政府开荒等社会响应来体现的。

▶ 唐代剑南道的水利工程

面对高温少雨的气候形势,唐代社会大力发展水利设施,广泛应用于灌溉农田,泄水开田,引水治碱,漕运及水运,城市用水,碾硙用水,以及防务等诸多方面。中国的水利事业至唐代时,达到了一个鼎盛阶段,无论对水利建设数量,规模,水利设施的管理与使用,都达到了前所未有的水平。在全国十道中,除陇右道水利工程失载,其余九道的农田水利工程总数多达264处,以江南道为最多,有71处;其次为河北道,有58处[1]。这些水利工程大都是在唐前期(元和寒潮之前,气候温暖)完成的。这些水利工程的兴修,对唐代农业的生产和水稻的推广,以及人口的恢复,发挥了重要的推动作用。

举一个例子,《新唐书·地理志》所载唐代剑南道(四川地区)大约有19次水利工程[2],如下表所示,它们几乎都是发生在气候节点,说明气候节点附近的环境危机是推动水利工程,发生农业进步的必要条件。

表 21　唐代剑南道的水利工程

No.	水利工程	时间	预期节点	气候特征	目的
1	万岁池	742～756	750	冷相	积水灌溉
2	官源渠	743	750	冷相	有堤百余里
3	新源水	735			复开隋代故渠
4	不详	684～704	690	冷相	引沱江水
5	小堰	701			
6	侍郎堰/百丈堰	661～663	660	暖相	引江水灌溉彭、益州
7	远济堰	740	750	冷相	灌溉田地
8	筑堤堰	805	810	冷相	
9	通济大堰	713～741	720	暖相	疏导水流
10	不详	827～835	840	暖相	凿山开渠
11	百汁池	632	630	冷相	决水东流
12	广济陂	688	690	冷相	因故开渠
13	洛水堰	632	630	冷相	引安西水入县
14	茫江堰	654	660	暖相	引射水溉田
15	杨村堰	805	810	冷相	引水溉田
16	折脚堰	627	630	冷相	
17	云门堰	627	630	冷相	引水灌田
18	利人渠	663	660	暖相	
19	汉阳渠	618	630	冷相	684年(冷相)恢复

1　李增高.隋唐时期华北地区的农田水利与稻作 [J].农业考古,2008,2008.
2　姚汉源,中国水利发展史 [M],上海人民出版社,2005,第235页。

从该表可以看出,在 16 次气候脉动推动的水利工程中,11 次冷相(水多),5 次暖相(水少)。即使是远离海边的四川省,仍然受到气候脉动的影响,说明"环球同此凉热"。农耕方式最关心的问题是灌溉问题,水利工程必须配合气候的脉动。不管是排水抗涝,还是引水灌溉,水利工程也是农耕社会针对气候脉动的一种响应措施。这些抗旱和排涝的水利工程,从另一个角度证明了农业社会对水利工程的依赖性。为了对付抗旱排涝的灾情,中国必须维持一支常设的官僚队伍,诞生了东方专制主义,这是魏特夫发现的、李约瑟赞同的文明密码[1],也是中国农耕文明得以长盛不衰的秘密。

▶ 福建天宝陂重修之谜

天宝陂,福建省文物保护单位,位于福建省福州市福清市龙江街道观音埔村。该水利工程始建于唐天宝年间(742~756)。天宝年间,福清地方官员带领老百姓,开始兴建天宝陂。在龙江河畔、五马山麓,工匠们用竹笼拦水,筑木成桩,采山石围堰,砌高陂横江截流,历载建成。"太守仍兼长乐经略使……高璠天宝九载(750)任"[2]。

宋祥符年间(1008~1016),知县郎简重修,后为洪水所毁,宋真宗景德二年(1005)进士及第,补试秘书省校书郎,知宁国县,迁福清县令。在任期间"县有石塘陂,岁久湮塞,募民浚筑,溉废田百余顷,邑人为立生祠"[3]。

大约 60 年后,熙宁五年(1072),"知县崔宗臣鸣鼓兴筑,有不至者则罚之,圳长 700 余丈,灌溉田千余石,后又毁"。

宋元符二年(1099),"钟提举因巡历,乃委知县庄柔正修之,移旧地之上,陂旁有大榕,日听讼其下以董役,汁铁以锢其基,广十丈,溉田如昔时"[4],更名元符陂。

明洪武三十四年(1401),按察司佥事陈灏"檄本县募众重修,溉田种一千余石"[5]。当时气候开始变冷,陈灏面对的冷相气候造成的降水危机,因此需要整修天宝陂。

---

1 魏特夫.东方专制主义 [M].中国社会科学出版社,1989。
2 (清)徐景熹,乾隆本福州府志·卷 31。
3 宋史·卷 299·列传卷 58·郎简传。
4 (宋)梁克家,淳熙三山志·卷 16。
5 八闽通志·卷 22。

万历己丑年（1589），"耆民周大勋奉邑令欧阳侯之命，甃西陈石圳二百余丈，农民赖之"[1]。这一次修天宝陂，关键是"石圳"，目的是为了解决降水增加造成的溃坝风险，说明这是冷相气候降水增加带来的后果。

30年后，任福清知县的广东番禺人王命卿（1618年进士）初到福清，对当地情况还不清楚，但也明白"兹陂为邑大利病"，恰好这一年天雨不止，修陂提上了议事日程。王命卿向长期在县中任事的吏员询问，谁能担当修陂的大任，吏员推荐了过世坝长周大勋之子文遴，因为他"笃诚勤干，习于水利，令之董役，必能底绩"[2]。王命卿遂任命周文遴负责此事，并发动全县百姓修筑，终于完成此项事业。这件事，大约发生在1618年之后的万历年间，因此只能是1619年。这一次的修整工程是为了解决降水减少的旱灾危机，应对暖相气候带来的挑战。

最后，在清咸丰十年（1860）秋，洪水暴发，天宝陂被冲决，直至咸丰十五年（1865）始修复，曾改名"咸丰坝"。同治十三年（1874）夏，遭遇大旱的天宝陂却因年久失修，丧失拦水功能。知县石鸣倡紧急发动群众抢修，使得天宝陂灌区的旱情得到缓解。

我们把这8次事件总结成一张表，如下表所示。

表22　天宝陂的修复工程时机与气候背景

	时间	主持者	节点	气候模式
1	750	高璠	750	冷相
2	1012	郎简	1020	暖相
3	1072	崔宗臣	1080	暖相
4	1099	庄柔正	1110	冷相
5	1401	陈灏	1410	冷相
6	1589	欧阳侯	1590	冷相
7	1619	王命卿	1620	暖相
8	1865～1874	石鸣倡	1860	暖相

从上表可以看出，天宝陂的维修工程主要出现在气候节点，环境危机推动了相关的维修工程。它们大多内嵌60年的气候周期，气候脉动带来周期性的环境危机，推动周期性的修治陂塘的工程。一般而言，陂塘的修复工程是由两个因素决定，冷相气候的降水增加（需要加固蓄水能力）和暖相气候的降水减少（需要恢复蓄水能

1　（明）叶向高，重修天宝陂记。

2　（明）叶向高，重修天宝陂记。

力），两者都有可能在环境危机最大的节点附近推动修陂工程。

▶ 浙江通济堰重修之谜

2014 年，浙江丽水县通济堰成功入选世界灌溉工程遗产。我们把历史上的重修事件汇总起来，很容易发现气候脉动对水利工程带来的推动作用和影响。

表 23　浙江通济堰的修缮工程及其发生时机

序号	时间	通济渠整修	节点	气候模式	通济渠史料
1	南朝萧梁天监四年（505）		510	冷相	
2	北宋元祐八年（1093）	关景晖			丽水县通济堰詹南二司马庙记碑
3	北宋政和元年（1111）	王禔／叶秉心	1110	冷相	
4	南宋绍兴八年（1138）	赵学老	1140	暖相	
5	南宋乾道四年（1168）	范成大	1170	冷相	重修通济堰规碑；丽水县通济堰石函记；丽水县修通济堰规
6	南宋开禧元年（1205）	何澹	1200	暖相	
7	元至顺二年（1331）	也先不花／三不都			（元至顺）丽水县重修通济堰记
8	元至正二年至三年（1342～1343）	梁顺	1350	冷相	
9	明嘉靖十二年（1533）	吴仲／林茂	1530	冷相	（明嘉靖癸巳）丽水县重修通济堰
10	明万历四年（1576）	陈一夔／陈翡／吴伯诚			（明万历四年）丽水县重修通济堰记
11	明万历三十七年（1609）	樊良枢／汤显祖			（明万历）丽水县重修通济堰碑（明万历）通济堰规叙（明万历）通济堰新规八则
12	清顺治六年（1649）	方享咸	1650	冷相	（清顺治）重修通济堰引
13	清康熙十九年（1680）	王秉义			
14	清康熙二十五年（1686）	刘廷玑	1680	暖相	（清康熙）刘郡候重造通济堰石堤记
15	清康熙三十二年（1693）和三十九年（1700）	刘廷玑	1710	冷相	
16	清康熙五十四年（1715）				
17	清康熙五十八年（1719）	万瑄			
18	清雍正七年（1729）	王钧			

序号	时间	通济渠整修	节点	气候模式	通济渠史料
19	清乾隆三年(1738)	黄	1740	暖相	
20	清乾隆十三年(1748)	冷模			
21	清乾隆十六年(1751)	梁卿材			
22	清乾隆三十七年(1772)	胡加栗	1770	冷相	
23	清嘉庆十九年(1813)	涂以鳞/韩克均			(清嘉庆十九年)重修通济堰记 重立通济堰规
24	清道光四年(1824)	雷学海	1830	冷相	道光新规八条
25	清道光九年(1829)	黎应南	1830	冷相	重修通济堰记 (清道光九年)重修朱村亭堰堤碑乐助缘碑
26	清道光二十四年(1844)	恒奎			
27	清同治五年(1866)	白清安	1860	暖相	(清同治)重修通济堰记
28	清同治九年(1870)	冯誉	1860	暖相	(清同治九年)重修通济堰志序
29	清光绪二年(1876)	潘绍诒	1869		
30	清宣统元年(1909)	萧文昭			(宣统元年)丙午大修通济堰记

从这张表,我们可以看出,当地的降水模式在不断地响应气候脉动的变化,基本上符合"冷相多水需规范,暖相缺水需调节"的修缮模式。中国的气候脉动,来自遥远的北冰洋,通过洋流运动传播过来。那么,那些洋流恶化的冷相气候就会有更多的降水,洋流缺乏的暖相气候就会有更多的降水危机(旱灾),两者都需要政府主导的水利行动。

地理依赖性(地)

地理对中国社会的限制是通过贵金属短缺(通货危机)、周期性的苗族起义(来自火耕文明的文明冲突)、周期性的长城建设(来自游牧文明的文明冲突)和周期性的内战等体现的。当暖相气候到来之后,农耕文明的邻居(渔猎、火耕和游牧文明)获得很大的人口增长。这些文明的崛起经常会挑战农耕文明的稳定性,给宋政府带来严重的国防危机,长城建设是一种应对措施,土司制度是另一种应对措施,募兵制不亚于是一次国防革命,然而给社会带来沉重的经济负担,推动了宋代社会的商业文明的超常发展,可以说因祸得福,关键变量是中世纪温暖期的气候改善和人口增加。

▶ 改土归流之谜

从宋代开始,对南方的经营主要通过代理人或土司制度来实现。然而,南方社会很难平静发展,往往在气候节点爆发冲突和危机,这时候中央政府面临两种选择,一种是"改土归流",另一种是"改流设土"。唐宋以降,针对南方土司的 20 次改革事件如下表所示。

表 24　针对土司的重大改革事件

	事件	时间	预期节点	气候背景
1	杨瑞占据并经营播州	876	870	冷相
2	镇压侬志高叛乱后,成立广西土司	1056	1050	冷相
3	越南之乱,"改土归流"未遂	1080	1080	暖相
4	宋代首次设土官	1088	1080	暖相
5	宋代"改土归流"	1107	1110	冷相
6	宋代"以蛮治蛮"	1203	1200	暖相
7	元代设宣慰司,相当于"改流设土"	1267	1260	暖相
8	明代继承土司制度,"改流设土"	1383	1380	暖相
9	越南之乱,"改土归流"	1403～1427	1410	冷相
10	朱砂矿井之乱,"改土归流"	1411～1413	1410	冷相
11	麓川之役,维持现状	1439～1448	1440	暖相
12	大藤峡之役,维持现状	1440 年代	1440	暖相
13	越南之乱,"改土归流"未遂	1470	1470	冷相
14	大藤峡之役,"改土归流"	1527	1530	暖相
15	播州之役,"改土归流"	1596～1600	1590	冷相
16	奢安之役,"改土归流"	1621～1636	1620	暖相
17	湘西/麻龙德,"改土归流"	1710	1710	冷相
18	鄂尔泰,"改土归流"	1726～1731	1740	暖相
19	越南之乱,"改土归流"未遂	1778	1770	冷相
20	中华人民共和国成立后改土归流	1950 年代	1950	冷相

上表总结的 20 次重大决策事件,大多发生在气候节点,基本趋势是"暖相改土归流不果,冷相改土归流成功"。针对暖相气候带来的复杂的冲突形势和高昂的管理成本,政府做出的应对措施都是"以蛮治蛮"或"改流设土",有利于土司制度的兴盛。针对冷相气候带来的"改土归流"诉求,政府通常能够拿下,改革成功。这是因

为冷相气候导致土司纷争（或者内乱）而引发的朝廷干涉事件，朝廷干涉的结果是"改土归流"。因此，我们可以大致判断，土司制度"因暖相气候而兴，因冷相气候而衰"的大趋势。使用气候脉动理论的解释是，暖相气候日照增加，人口增加，内乱增加，所以治理的成本和难度增加，有利于中央政府采取"以蛮治蛮"的不干涉对策，以便降低行政管理的支出；冷相气候日照减少，收成减少，灾害增加，地方政府应对危机失败导致内部冲突增加，需要中央政府的武力干预，结果是改土归流。

中国南部土司流行地区的生产方式是火耕，火耕生产缺乏人工灌溉和人力投入，因此对气候的依赖性较大。土司与流官制度的矛盾在于，两者应对气候危机的弹性和响应方式不同，土司生活在火耕区，气候依赖大，流官代表农耕区，气候依赖小。随着小冰河期在1285年之后的到来，火耕文明失去了暖相气候的保护（南方山区和高原通过瘟疫和降水排斥农耕生产方式），农业科技不断引进，农耕文明不断蚕食火耕文明，结果是流官制度不断代替土司制度。社会发展的大趋势是农耕替代火耕，也因为小冰河期有利于农耕，不利于火耕，火耕文明整体是不断收缩的，土司制度的兴衰仅仅是气候脉动的一种外在表现。

为什么清代全面性的"改土归流"会在战术上取得成功？第一，中央政府管理的国土面积大，对气候变化的弹性大，能够通过资源调度来克服地方的灾情；第二，以精耕细作为代表的农耕方式产出多，有实力支持脱产的官僚阶层进行长远的谋划；第三，从事水利和农耕的民族善于合作，通过各周围州县的协作围剿，实现改土归流的目标。改土归流必须全面进行，湖广地区的改土归流就是为了策应云贵地区的改土归流，实现全国一盘棋。第四，小冰河期气候变冷，有利于南方移民，导致"苗民冲突"增加，带来了"改土归流"的必要性；第五，土司制度下强行推广的科举制度和儒家教育，为改土归流奠定了思想统一的基础。

但是，清代"改土归流"基本完成之后，南方少数民族又发生了三次大规模的民族起义，可以算作是改土归流在战略上失败的外部表现。这三次民族起义，分别是清雍正十三年至乾隆元年（1735～1736）的"雍乾起义"、清乾隆六十年至嘉庆十一年（1795～1806）的"乾嘉起义"、和清咸丰同治之交（1849～1872）的"咸同起义"。这三次民族起义（清政府称作"苗民冲突"），表面上看是对异族统治者的不满，其实也是地方政府应对暖相气候不力的结果，因为这三次苗族起义，恰好发生在暖相气候的节点，显然有气候变暖的贡献。暖相气候带来的气候异常（降雨不时）不利于西南地区的火耕生产实践，改土归流之后上交的税收增加，外来移民对火耕地区公有土地的侵占等,都会导致暖相气候更容易产生民族矛盾。因此,少数民族地区一直存在"三十年一小反,六十年一大反"的政治周期[1],其实就是火耕生产地区对气候周期性脉动的一种社会性响应措施,需要放在气候脉动的背景下观察。这三次民族冲突常常被认为是经济上拖垮清政府的重要推手之一,因此气候脉动带来的民族冲突也是导致"中欧科技大分流"的重要原因之一。

▶ 长城建设之谜

历代长城的建设时机如下表所示,从中也可以推断当时环境危机的性质和影响。

表 25　历代长城的建设背景

	长城	修筑时间	对象	预期时间	气候背景
1	魏长城	前 361～前 351	胡	前 360	暖相
2	秦惠文王长城	前 332	胡	前 330	冷相
3	楚长城	前 299	胡	前 300	暖相
4	赵长城	前 300	胡	前 300	暖相
5	燕长城	前 283	胡	前 270	冷相
6	秦昭王长城	前 272	胡	前 270	冷相
7	秦始皇长城	前 216～前 209	匈奴	前 210	冷相
8	汉武帝长城	前 127～前 101	匈奴	前 120	暖相
9	北魏长城	423～483	柔然	420/480	暖相
10	北齐长城	552～565	突厥	570	冷相
11	隋长城	581～608	突厥	600	暖相
12	明长城	1472～明末	蒙古	1470	冷相

上述针对游牧文明的北方长城事件,大部分发生在暖相气候周期内或靠近暖相气候节点,说明暖相气候有助于南方农耕文明的扩张,因为日照期增加有利于农耕,可以把农耕区的北界向北推移。所以长城作为农耕文明扩张的堡垒,在暖相气候有很大的必要性。为了保卫新占据的领土,保卫刚扩充的养马场,需要建设长城以坚守待援。

另一方面,随着冷相气候造成的环境恶化,游牧文明有很大的动力去南下移民(如明代占领鄂尔多斯高原),这意味着游牧文明的扩张,长城是作为农耕文明的防御工具而建设。所以,古代建设北方长城的一般规律是,"冷相收缩抵抗入侵,暖相

1　刘钊,清代苗族起义原因散论 [J].贵州文史丛刊 ,1993(2):27-33.

扩张保卫领土"。

根据气候规律，我们可以总结出农耕和游牧文明的气候响应规律，"暖相有利分裂北伐，冷相有利统一南侵"，这是导致文明冲突的最重要原因，是推动文明进化的单一外部原因。其核心原因在于，冷相气候，导致资源紧张，人口减少，有助于草原部落的内部统一和对外征伐。暖相气候，带来日照期或无霜期增加，有利资源增长和乐观情绪蔓延，引发草原的内乱或叛乱，有时需要通过南侵来维护内部的团结和统一。因此在冷相周期，中原农耕文明通常采取被动防御措施，比如秦、赵、燕长城都是在冷相气候的背景下建设的；另一方面，在冷相气候条件下，草原气候的恶化更显著，因此早期的中原对外行动，容易取得胜利的结果。暖相周期，农耕经济受到无霜期增加的促进，经济改善，后勤提高，对付北方游牧民族的北伐容易成功。

关于长城建设的动机，主要有两种，一种是防御性的，为了保卫农耕文明不受游牧文明的侵扰；另一种是扩张性的，为了保卫农耕文明深入游牧草原的扩张行动。然而，中国的长城不止局限于北方长城，按照长城两端的生产方式（文明种类）来区分，可以有如下图所示的五种长城。古代中国的土地上存在火耕（西南）、农耕和工业（中原）、商业（东南）、游牧（西北）和渔猎（东北）六大文明，长城就是为了隔离这五大文明之间（不包括工业文明）的冲突而建设（见图90）。

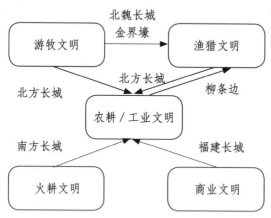

图90　长城的本质是防止两种不同文明之间的冲突（箭头代表攻击方向）

面对经常性的游牧民族入侵，农耕文明以及手工业主导的工业文明通常采用筑长城的方法来避免文明的冲突。面对游牧文明入侵的高度机动性，渔猎文明除了定期扫荡草原，消灭过度人口增长之外，也实行了隔离政策，只不过他们缺乏战略地点来建设长城，也缺乏足够的经济实力，所以他们的长城通常是比较简陋，如"金界壕"。所以,长城是一种隔离两种生产方式(文明)的手段,目的是在环境危机时缓解和避免两者的冲突,同时也有减少国防支出,降低农耕阶层的赋税水平的作用。宋代为了维持一支职业化的军队,不得不在各个层面想尽办法"搞钱",这种"横征暴敛"是历代儒家学者所不齿的。为了避免让常备军成为国家和农民的财政负担,建设长城是一种开支较小的选择,也是明代政府单一农业经济主导下的唯一选择。

▶ 南方统一之谜

人类社会的政治,存在一个简单的气候依赖性,那就是"冷相集中统一,暖心离心分散"。例如,公元前 3 世纪初,气候开始整体变冷,推动了罗马(商业文明)、秦国(农耕文明)和印度(火耕文明)的崛起。公元前 264 年罗马开始布匿战争,前 262 年秦国发动长平之战,前 261 年印度阿育王征服羯陵伽国,分别代表了三个文明对气候变冷的响应措施,意味着冷相气候推动政治上集中统一的趋势。这三大文明中,只有中国把统一状态维持到今天,这是成功应对气候挑战的结果,体现了中国地理和气候条件的特殊性和农耕文明对环境变化的韧性。

另一方面,公元 840 年前后,党项(渔猎文明)内部发生暴动;回鹘汗国(游牧文明)被下属的黠戛斯部落突袭而分裂瓦解;吐蕃王国(游牧文明)陷入长期的内乱和内战而实力大衰;契丹(游牧文明)南下附唐;就连远在欧洲的法兰克王国(农耕文明)也发生分裂,奠定了今日法国、德国和意大利的国土雏形。这些分裂事件,与当时的暖相气候高度相关,因此暖相气候有推动分裂的倾向,因此中央政府经常会发动对外对内战争,目的是解决暖相气候造成的司马迁陷阱(见第 5/6/7 节)。

为什么面临暖相气候,各种文明都会发生程度不同的分裂和内耗?导致暖相气候的太阳能输入带来环境产出(包括农业、渔业、牧业和打猎)的增加,让各文明实体之间的差异性得到放大,所以会产生政治分裂。气候温暖的唐宋时期,农耕文明的国防压力很大,关键是周围的邻居(文明)各个都很强大。气候变暖会增加民族之间的离心力,增加了文明的多样性,同时也增加了各个文明的国防压力,后者正是宋代商品经济高度发达的外因。

因此,我们可以总结出社会政治响应气候脉动的规律性是"冷相有利统一,暖相容易分裂"。这一点,在分析火耕、游牧和渔猎文明的异动时非常有用。下表所示是中国古代发生北方征服南方的 23 次统一事件。

表 26　历代发动统一战争的气候背景

序号	统一战争	发生时间	预期节点	气候特征	效果
1	秦国统一之战	前246～前221	240	暖相	成功
2	汉武帝征服南越	前113	120	暖相	成功
3	赤壁之战	208	210	冷相	失败
4	晋灭吴之战	279	270	冷相	成功
5	淝水之战	383	390	冷相	失败
6	钟离之战	507	510	冷相	失败
7	隋灭陈之战	588～591	600	暖相	成功
8	清口之战	897	900	暖相	失败
9	宋灭南唐之战	955～974	960	暖相	成功
10	收复越南	1403	1410	冷相	失败
11	绍兴和议	1140	1140	暖相	失败
12	采石之战	1161	1170	冷相	失败
13	襄阳之战	1267～1273	1260	暖相	成功
14	收复西南（大理之战）	1382	1380	暖相	成功
15	收复越南	1403～1427	1410	冷相	失败
16	明缅之战	1576～1606	1590	冷相	失败
17	收复台湾	1683	1680	暖相	成功
18	清缅之战	1762～1769	1770	冷相	失败
19	安南之役	1788	1770	冷相	失败
20	中法战争	1883～1885	1890	冷相	失败
21	解放战争	1949	1950	冷相	失败
22	对越战争	1979	1980	暖相	成功

中原政权在暖相气候发动的 10 次战争,8 次取得成功。暖相气候更不利于南方,容易产生内乱和纷争,从苗民三大起义都发生在暖相气候节点可以看出,暖相气候对南方的生产活动更不利。由于高温、缺水（旱灾）、瘟疫和离心等趋势,导致南方政权在暖相气候的政治经济更加失稳,这是北方能够统一全国的关键性因素。

相比之下,中原政权在冷相气候发动的 12 次统一战争,只有一次成功。这意味着,冷相气候有利于南方的发展和凝聚人心,所以中原政权在冷相期间发动的 12 次统一战争有 11 次未能达到预期的目标。只有一次例外,晋灭吴之战发生在大量的舆论反对之下,而且是冷相气候模式。冷相气候带来的环境挑战,相当于动员了社会,把抗灾的力量用于抵抗入侵,因此南方能够成功抵御北方的征服。最典型的例子是赤壁之战,发生在典型的冷相气候节点附件,也遭遇南方最大的团结和反抗,因此失败。

▶ 司马迁陷阱

修昔底德陷阱,由美国哈佛大学教授格雷厄姆·艾利森提出,此说法源自古希腊历史学家修昔底德就伯奔尼撒战争得出的结论,雅典的崛起给斯巴达带来恐惧,使战争变得不可避免。

埃及学者(Dr.Nadia Helmy)在欧洲媒体 modern diplomacy 上发表的一篇文章《司马迁陷阱 vs 修昔底德陷阱》,首次提出了司马迁陷阱的新概念。她明智地看出了中国想摆脱"修昔底德陷阱",根据"汉帝国与匈奴帝国的故事",提出司马迁在面对敌对力量时的因应"理论"是:建立一个永久性的敌人,让每个人都聚集在这个敌人周围,团结全国人民来消灭它。显然,她对司马迁陷阱的认识出发点仍然是你死我活的斗争,与"修昔底德陷阱"的认识相差不大。

不过,她并不太了解那段时间的详细历史,因此对司马迁陷阱的认识有所偏差。司马迁陷阱的本质是不同文明面对暖相气候都会发生离心分散的趋势,面对分裂和篡位的风险,农耕文明不得不采取行动,维护统一。

面对暖相气候,火耕文明有起义反抗的趋势,如南越国分别在公元前 180 年和前 120 年前后发生叛乱,越南在 602 年(李佛子叛乱)、722 年(梅玄成叛乱)、1080 年(宋越熙宁战争)、1802 年(阮福映独立)分别发生叛乱,南方苗瑶族分别在 1740 年、1800 和 1860 年前后发生大规模起义等,都曾经招致中原文明的强力干涉。

与此同时,暖相气候节点的日照增加也会带来日照增加,推动畜牧业扩张,让游牧部落产生离心独立的倾向,如公元前 60 年前后的五单于争位冲突,公元 1 年前后的西域大分裂(从 36 国分成 55 国)、公元 48 年南北匈奴分裂等。面对暖相分裂的内在趋势,为了维持中央集权的稳定性,游牧文明不得不发动对外战争。

在暖相气候的推动下,农耕文明内部也会促进商业和手工业的大发展,推动商人和游侠地位的上升,带来社会不稳定因素。历史上经常会在暖相气候节点附近发生政权交替行为,如莽新政权在公元 1 年前后建立,八王之乱发生在公元 300 年前后,刘宋政权建立在 420 年前后,萧齐政权在 480 年前后建立,赵宋政权在公元 960 年前后建立,朱明政权在 1380 年前后需要打击胡惟庸集团,吴三桂在 1673 年发动"三藩之乱",1860 年前后的"太平天国运动"等。所以,汉武帝主动发动的汉匈战争,一个隐含的理由是通过对外战争获得国内政权的稳定性。公元 1979 年发动的对越战争,恰好发生在气候节点附近,也有政权稳定性的内部考量,符合历史的大趋势。

此外，美国也存在"司马迁陷阱"，如1860年前后的美国内战，1920年前后的"大萧条"，1980年前后的能源危机和金融危机等。

所以，"司马迁陷阱"的本质是，面对暖相气候造成的经济、金融、政治和宗教危机，以农业生产为主体的农耕文明不得不发动对外战争来凝聚内部各方力量，打击分裂势力和实现祖国统一。"司马迁陷阱"和商业文明或渔猎文明下的"修昔底德陷阱"有本质上的不同，前者出于预防性的自卫，后者发动侵略性的扩张。

文化依赖性（人）

文化受环境的影响是通过艺术（耕织图）、宗教运动（毁淫祠和打压佛教）和医学革命来体现的。

▶ 耕织图之谜

中国古代有一类宣传画，不仅向上层揭示劳动生产的辛苦，也向普通民众科普农耕蚕桑的技术性，叫做《耕织图》。通过历史上诞生《耕织图》的时机和气候窗口，我们可以更好地认识气候对中国社会的影响。

楼璹在宋高宗时期担任於潜（今浙江省临安市）县令时（1132～1135），深感农夫、蚕妇之辛苦，格外留意农事，究其始末，作耕、织二套图诗来描绘农桑生产的各个环节。其中，耕图从"浸种"到"入仓"一共21个画面，织图从"浴蚕"到"剪帛"共24幅，真实详尽地记录了农作生产过程。据记载，"楼璹耕织图一卷，高宗阅后，即令嘉奖，并敕翰林画院摹之"[1]。高宗在得到楼璹本的《耕织图》后便令画院摹之，原作在推广的过程中不复留存。

最早的摹本是宋人"蚕织图"卷或吴皇后本《耕织图》，绢本，线描，淡彩，长513cm，高27.5cm，由24幅画面组成。其内容为描绘南宋初年浙东一带，蚕织户自"腊月浴蚕"开始，到"织帛下机"为止的养蚕、缫丝、织帛生产的全过程。此卷系楼璹"蚕织图"的摹本，每幅画面下部有宋高宗续配吴皇后亲笔题注（见图45）。

1 宋史·艺文志4。

楼璹侄（从子）楼钥于隆兴元年（1163）试南宫[1]，为太子师，此时也临摹楼璹留下的副本，绘成《耕织图》一套两卷，供太子观览。

据《画史会要》载："刘松年，钱塘人，居清波门外，俗呼暗门刘，淳熙画院学生，绍熙年间待诏。山水、人物师张敦礼而神气过之。宁宗朝进《耕织图》，称旨赐金带。"可推知刘松年在宋宁宗朝制作过《耕织图》，刘松年本的创作时间大约是1195年。

宋宁宗嘉泰年间（1201～1204）的梁楷本（见图48），现有日本东京国立美术馆本和美国克利夫兰美术馆两本，两者的《织图》部分几乎一致。两者与楼璹本比，其场景有删减和合并。夏文彦《图绘宝鉴》卷四记述："梁楷，东平人，善画人物、山水道士、鬼神。师贾师古，描写飘逸，青过于蓝。嘉泰年画院待诏，赐金带，楷不受，挂于院内，嗜酒自乐，号曰梁疯子。"因此，两图的祖本可能是梁楷在宁宗嘉泰年间（1201～1204）供职画院中所作。

《耕织图》的祖本即南宋楼璹所绘《耕织图》，正本进呈高宗后，于嘉定三年（1211）用副本刻石[2]。楼璹从曾孙楼构于嘉熙元年（1237）为其重刻本所作"题记"中称，刻石之后二十年（1230）会稽知府汪纲又"命工重图，以锡诸梓"（即第一次普及民间的汪纲本）。南宋程珌在《缴进耕织图劄子》中也记录了这段历史："绍兴间，有於潜令璹，尝进《耕织图》，耕则自初浸谷以至春簸入廪，织则自初浴蚕以至机杼剪帛，各有图画纤悉必具，如在郊野目击田家。高宗嘉奖，宣示后宫，擢置六院。绍兴师臣汪纲近开板于郡治，臣旦夕当缴进一本，以备宴览，玉音嘉纳之。"同时可知程珌在汪纲版做好之后，便"装背成帙"缴进一本给宋理宗。

美国华盛顿的佛利尔美术馆现藏有程棨本《耕织图》（见图54）。程棨为南宋重臣程大昌（1123～1195）的曾孙，徽州休宁会里人。程棨本《蚕织图》虽然也是刘松年本的临摹，这有后落"松年笔"款可证，但绘时加留了空白，用小篆题书了楼璹诗。程棨与赵孟頫（1254～1322）交往很多，说明他是赵孟頫的同时代人。程棨本《耕织图》应该诞生在1290年前后，当时的气候危机最严重，最需要《耕织图》背后的耕织技术。

在元代，据赵孟頫《农桑图序》所言："延祐五年（1318）四月二十七日，上御嘉禧殿，集贤大学士臣邦宁、大司徒臣源进呈《农桑图》。"元代的《农桑图》即《耕织图》，当时是赵孟頫的诗与杨叔谦的画一起进呈。元仁宗看后大加赞赏，又命赵孟頫

---

1 周昕，中国《耕织图》的历史与现状 [J]，古今农业，1994(3)：9。
2 [宋] 楼钥，丛书集成初编·《耕织图》后序。

写下了《农桑图序》一文。同年，司农司苗好谦编写《栽桑图说》，将元初李声临摹的楼璹《耕织图》一同编为《农桑图说》，印发给百姓。说明当时产生了两个版本的耕织图，一本向上传到宫廷，一本向下传到民间。

在明代，明初编辑的《永乐大典》曾收《耕织图》，可惜已失传。明英宗天顺六年（1462），江西按察佥事宋宗鲁刻印的宋代《耕织图》的摹本进行发行和推广，该版本至今尚未发现。王增裕在《耕织图题记》中指出"宋公宗鲁耕织图一卷，可谓有关于世教者，让世人知道耕织乃衣食之本，足以铭训后人者，是不可不传也"，故录此图以示人者以教化及民知为政之本也。不过，日本延宝四年（1676）京都狩野永纳曾据此版进行了翻刻复制，今均以狩野永纳本等价于宋宗鲁本，作为楼璹本在明代流传的代表（见图62）。

明代苏州府吴县（今江苏吴县）知县邝璠（1465～1505）在弘治十五年（1502）的苏州出版了《便民图纂》，其中"务农"和"女红"两章包含了很多《耕织图》的内容，把原图楼璹所题的五言诗换成了平畅易晓的吴歌，即竹枝词，唱起来朗朗上口，增强了该图的地方特色和使用效果。该图也是依楼璹图而改绘的，作为插图形式出现于《便民图纂》中，画幅数减为16幅，便于普通读者接受（见图64）。其弘治初刻本（1502）未见流传，现存有嘉靖甲辰蓝印本（1544）和郑振铎先生遗藏的明万历二十一年（1593）于永清刻本。

康熙皇帝第二次南巡时（1689），得呈南宋楼璹《耕织图》，即命宫廷画师焦秉贞重绘耕图、织图各23幅，并亲自题序，为每幅图作诗一章。1696年内府刊本《御制耕织图》，用以向下传播（见图77）。《御制耕织图》又名《佩文斋耕织图》，以后又出现很多不同的版本，日本、韩国等都有《耕织图》的临摹本与翻刻本，流传甚广。

图91　清焦秉贞《耕织图册》之《耕第一图 浸种》

宫廷画师冷枚亦受命绘过《耕织图》(见图92),冷枚本与乃师焦秉贞本相较,其画目名称、数量及顺序则完全相同,其画面内容与焦图也无大差别。前有康熙帝御笔题《耕织图·序》,最后一"成衣"图上有"臣冷枚恭画"五字及冷枚印幅章。冷枚也担任职宫廷画师,作品见于1703~1717年间,画风师事焦秉贞,尤其擅长人物与楼阁。

图92 清·冷枚《耕织图册》之《浸种》和《耕》

雍正皇帝在担任雍亲王期间(1709~1721),也曾经通过宫廷画师制作了一套《耕织图》(见图93),自己题诗并成为绘画中的主角。由于该系列诞生于其掌权之前,属于自娱自乐的性质,并没有获得很大的推广。

图93 清雍正版《耕织图》,故宫博物院收藏版

清高宗于乾隆四年（1739）令陈枚绘《耕织图》一套（见图94）。陈枚是乾隆年间宫廷画师，师承焦秉贞，画法工细净丽，奉敕据焦秉贞图重绘着彩"蚕织图"每图均配有乾隆手题诗一首。据乾隆皇帝为此图所写后记，感圣祖康熙"重农桑，勤恤民隐"因命工绘前图，每幅书旧作旋上，自惟辞义赛浅"。此图录入《石渠宝笈·卷二十三》，原图藏于台北故宫博物院。乾隆六年（1741），鄂尔泰、张廷玉等奉乾隆之命撰《钦定授时通考》，其中"谷种"和"蚕桑"两节插图使用了《御制耕织图》的内容，代表着向下传播的努力。同时代的杨屾，根据《诗经·豳风·七月》这首诗，确信陕西古时可以植桑养蚕，那么现在（当时靠近暖相气候节点）依然可以，所以在1742年出版了《豳风广义》，对中国古代栽桑养蚕和养羊等方面的许多经验和创造发明，进行了比较全面的总结。该书代表了向关中地区输送耕织技术的意图。

图 94．清·陈枚《耕织图》·犁田与耕田

清乾隆三十年（1765）四月，河北保定直隶总督方观承将棉花种植、纺织和炼染的全过程绘制图共十六幅，每图都配有文字说明和七言诗一首，装裱成《棉花图册》，呈送乾隆皇帝御览（见图95）。同月，乾隆应方观承的请求，为《棉花图册》的每幅图分别题了七言律诗一首，共计十六首，体现了乾隆帝的农本思想。同时准予将方观承所作诗句附在每幅图的末尾。方观承将经过乾隆御题的《棉花图册》正式定名为《御题棉花图》，并精心临摹副本，清乾隆三十年（1765）七月镌刻于珍贵的端石之上。乾隆三十四年（1769）命画院双钩临摹刻石，每图长53厘米，高34厘

米,加上乾隆皇帝御笔所题识共48方,镶嵌于玉河斋左右游廊墙壁上[1]。

图95 《御题棉花图册》之一

嘉庆十三年(1808),嘉庆帝命大学士董浩等据乾隆《御题棉花图》编定并在内廷刻版的十六幅《棉花图》又名《授衣广训》。其画目及画面内容与《御题棉花图》基本相同。书中除辑录有清帝康熙、乾隆及方观承题诗外,还增加了嘉庆帝题《棉花图》七言诗16首。另有耕织图出现在嘉庆版《什邡县志》[2]上。嘉庆十七年(1812)省府檄征邑乘,大奎便集时春等县中生员分行采访,参照乾隆旧志例而增檄编纂,越明年得以成书刊行。同时,何太青《和耕织二图诗》作于嘉庆十六年(1811)其任于潜知县时,念及农夫蚕妇之苦,作耕织二图及诗,但由于年代久远,於潜人已不熟悉楼璹的图及诗,于是何太青仿焦秉贞《耕织图》重新绘制了一组耕织图,并附五言诗,以示敬仰。其摹绘的应该是前言中提到"嘉庆十三年《耕织图诗》补刊本",因为此本上有嘉庆帝的题诗。

光绪木刻《桑织图》刻于清光绪十五年(1889),书者为甘肃候补州判邑人张集贤,绘者为候选从九品邑人郝子雅,原图24幅,册首图上有"种桑歌",尾有跋语。从跋语可知,这一木刻《桑织图》是由下层官员兼地方士绅以1740年的《豳风广义》为蓝本绘制的,这与清代《耕织图》多由帝王倡导有所不同。而绘图的目的,则是在关中地区宣传推广此地早已失传的蚕桑养殖与丝织生产。因此,此《桑织图》也代表着向下劝导及技术推广的目的。类似地,光绪《蚕桑图》,作于光绪十六年(1890),由浙江钱塘人(今杭州)宗承烈据宗景藩(曾于同治年间任湖北蒲圻知县)所撰《蚕桑说略》,请当时著名画家吴家猷配图而来,故名《蚕桑图说》。编著此书的目的,宗承烈在序言中说:"蚕桑者,衣之源,民之命也","植桑养蚕之法,浙民为善",而"楚地却耕而不桑",他认为这是"未谙其法"所导致的。此图有种桑图5幅,养蚕图10幅。每幅图的文字不是题诗,而是极详细的文字说明,介绍适宜楚地栽

---

1 王潮生, 颐和园重现耕织图, 农业考古, 2005年3期。
2 嘉庆版什邡县志·卷48·艺文。

桑养蚕的技术,因此也是用于推广技术。

透过这些耕织图(主要是织图)的诞生时间,给我们打开了一扇认识气候变化的窗口,以下是中国历代耕织图的诞生时机。

表27　历代耕织图信息大汇总

序号	发生时间	预期时间	主导者	名称	地点	特点	向下
1	755	750	张萱	捣练图	关中		
2	1038～1040	1050	孙奭	尚书·无逸图	开封		
3	1132～1135	1140	楼璹	耕织图	浙江于潜	楼璹题诗	
4	绍兴间	[1140]	翰林院	蚕织图		吴皇后题注	
5	1163	1170	楼钥	耕织图			
6	1195	1200	刘松年	蚕织图			
7	1201～1204	1200	梁楷	耕织图			
8	1230左右	1230	汪纲	耕织图	会稽(绍兴)	重刻楼璹诗	1
9	元初	1290	程棨	蚕织图		重刻楼璹诗	
10	1318	1320	李声	农桑图说		苗好谦题诗	2
11	1318	1320	杨叔谦	农桑图	大都(北京)	赵孟頫题诗	
12	1462	1470	宋宗鲁	耕织图(翻刻)	江西	王增佑序	
13	1502	1500	邝璠	便民图纂·女红图	苏州	邝璠作吴歌	3
14	嘉靖初	[1530]	仇英	宫蚕图	苏州	无题诗	
15	不确定	[1500]	唐寅	蚕织图		无题诗	
16	1696	1710	焦秉贞	御制耕织图		清圣祖序及题诗	4
17	1703～1717	1710	冷枚	蚕织图		清圣祖题诗	
18	1709～1721	1710	雍正	耕织图		雍亲王题诗	
19	1739	1740	陈枚	蚕织图		清圣祖题诗高宗序	
20	1740	1740	鄂尔泰	钦定授时通考		奉旨编纂	5
21	1740	1740	杨屾	豳风广义	关中		6
22	1765	1770	方观承	御题棉花图	直隶(北京)	方观承献《棉花图》,乾隆题诗,并康熙《木棉赋》	
23	1769	1770	宫廷画院	蚕织图(石刻)、蚕织图(实景)		清圣祖题诗高宗序	
24	不确定	[1770]	无名氏	蚕织图(袖珍)		清圣祖诗序、清世宗、高宗题诗	
25	1808	1800	内府	授衣广训		木刻雕版印刷的棉花图,并更名	7

序号	发生时间	预期时间	主导者	名称	地点	特点	向下
26	1812	1800	无名氏	什邡县志·蚕织图	四川什邡	无题诗	8
27	1812	1800	何太青	於潜县志·蚕织图	浙江于潜	清圣祖序、楼璹诗并何太青题诗	9
28	1827	1830	曾逢吉	皇泽寺蚕桑十二事图碑	四川广元	无题诗	10
29	1889	1890	郝子雅	桑织图（木刻）	关中	无题诗	11
30	1890	1890	吴嘉猷	蚕桑图说	浙江	无题诗	12

从这张表中，我们得到如下的观察结果。

在 30 次耕织图的传播中，有 12 次是向下传播，18 次向上献图。向上献图有两个目的，艺术性（命题作文）或者时政性（政策建议），以便适应皇权集中的需要；向下传播只有一个目的，技术性，以便适应社会应对危机的技术需要。一些耕织图是出于个人爱好和命题作文，由于没有气候背景或环境危机的帮助，通常流通不广，仅仅是提到或传闻，如楼钥、仇英、唐寅、雍正等；只有那些真正体察到社会的需要，12 次进行向下传播的耕织图，才能发挥较大的影响力，并推动技术进步。

绝大部分耕织图是响应冷相气候节点附近的气候变冷趋势，因此可以用预期的气候节点来表达，第三列是使用气候脉动律预报的气候节点，个别不详时间也可以预估节点。个别耕织图对技术内容进行了调整，代表对地方耕种条件的适应。推广耕织图的地方，包括宋代的浙江、明代的江西，清代的四川和关中，颇有先进耕织技术开拓殖民边疆的意味，也代表着部分地区对环境变化的主动适应，比如陕西变暖就可以发展蚕桑业。由于耕织图的出现符合气候脉动律预报的气候节点，因此耕织图是社会响应气候脉动的一种方式。

个别耕织图是响应暖相气候节点附近的气候突变趋势，异常点可以用某次火山爆发造成的气候异常来解释。从环境角度，气候脉动产生了市场需求；从地理角度，不同的地方种植条件产生不同的技术需求；从人才角度，有人看到了社会需要，做出了开创性的贡献。因此，耕织图是环境决定的结果，是气候脉动对人类社会的影响。

耕织图的本质是农业生产的集约化（耕图）和工业生产的标准化（织图）。当冷相气候危机来临时，年度日照时间缩短，高度依赖水热条件的水稻种植需要精密控制其生长时间，高度依赖环境温度产生需求的纺织业需要标准化其工作流程，这在农业生产和工业生产上被称作集约化[1]。因此，耕织图的出现，是气候脉动推动的环境条件对工农业生产提出新的集约化要求的外部表现，是社会应对环境危机的典型对策。所以，造成《耕织图》流行的环境挑战来自外部，是气候脉动规律和异常气候扰动共同推动的结果。

耕织图的兴衰规律，证明了气候脉动律的有效性，说明气候脉动的周期性和规律性，是推动社会进步的重要推动力量。另一方面，蚕桑技术的持续流行，意味着环境还不够冷，社会对棉花技术的整体重视程度不够。虽然上海松江在1296年获得黄道婆带来的纺织新技术，可是作为环境危机的棉纺织技术要等到1765年才能得到中央政府的重视，到1808年才会得到中央政府的大力推广，这意味着中国古代技术一直锁定在水稻种植和蚕桑丝绸业（都是高度依赖暖相气候的技术，欧洲基本没有）的发展上，缺乏推动棉纺织技术大幅前进的寒潮或外部动力，因此中国不会自发走上类似英国工业革命的道路，这是一种"路径锁定"或"环境决定论"，来源于中国气候条件比欧洲温暖的基本事实。因此，蚕织图反复流行背后的"环境差异"和"路径锁定"，是"中欧科技大分流"的一种解释。

此外，小冰河期是一个来源于欧洲的概念，一般认为是1300～1850年之间。可是，气候变冷通常是洋流恶化来推动的，而钱塘江的海潮危机，一般认为1116年是中世纪温暖期之后的第一次[2]。所以，如果我们采取定义比较宽松的范围，小冰河期从1110年开始，到1920年结束，则耕织图的普及和流行是中国社会响应小冰河期的一种外部表现，需要放到气候变化的背景下才能深刻认识。

▶ 毁淫祠之谜

在气候节点发生的环境危机带来人口危机和瘟疫危机，往往带来信仰的高潮，推动宗教革命。然而，农耕文明的官僚阶层高度警惕宗教活动对社会资源的吸引，因此经常性发动"毁淫祠"运动，本质上是一次局部的经济危机。我们可以搜集到32次的毁淫祠事件，几乎都发生在气候节点或气候恶化的时段，代表着人类社会对气候变化的一种应对措施。我们把这些事件总结在一张表（见下表）中，可以观察到气候脉动对民间信仰的推动作用。

---

1 Boserup, The Conditions of Agricultural Growth: The Economics of Agrarian Change Under Population Pressure, Routledge, 1993.

2 伊懋可, 梅雪芹, 毛利霞, 等: 大象的退却: 一部中国环境史 [M]。江苏人民出版社, 2014。

表 28 毁淫祠事件的气候背景

	人物	时间	节点	气候特征
1	西门豹	前 422	420	暖相
2	汉成帝	前 32	30	冷相
3	汉平帝	1	0	暖相
4	第五伦	53	60	暖相
5	宋均	56	60	暖相
6	栾巴	144	150	冷相
7	曹操	184	180	暖相
8	魏文帝	224		
9	魏明帝	233	240	暖相
10	晋武帝	266	270	冷相
11	毛修之	413	420	暖相
12	宋武帝刘裕	421	420	暖相
13	李安世	约 485	480	暖相
14	王神念	523	510	冷相
15	袁君正	约 540	540	暖相
16	北周武帝	574	570	冷相
17	隋文帝	596	600	暖相
18	唐高祖	626	630	冷相
19	王湛	663	660	暖相
20	狄仁杰	688	690	冷相
21	韦景骏	729	720	暖相
22	卢奂	736		暖相
23	罗向	780 前后	780	暖相
24	李德裕	823	810	冷相
25	韦正贯	846～851	840	暖相
26	周世宗	956	960	暖相
27	宋真宗	1023	1020	暖相
28	陈希亮		1050	冷相
29	宋徽宗	1111	1110	冷相
30	宋光宗	1190	1200	暖相
31	嘉靖	1530	1530	冷相
32	康熙／汤斌	1684	1680	暖相

上述 32 次"毁淫祠"事件,冷相暖相都有。有 11 次发生在冷相气候节点附近,2 次不详(其实应该算暖相),还有 19 次发生在暖相气候节点。暖相冷相的控制行

动频次大约是2：1,这有四个原因。第一,气候节点的气候异常现象比较多,民智未开,需要淫祠崇拜来补偿认知的不足;第二,暖相气候下民间更有经济实力来办淫祠崇拜,引来政府或个人从经济原因出发的干涉行动。第三,淫祠是火耕遗产,水利是农耕工具,仰赖水利的农耕文明在抗灾中有较大的优势,因此需要克服淫祠活动带来的资金陷阱;第四,祭祀和奉献用品有时就是通货,因此引来饱受通货短缺困扰的中央政府的干涉,所以暖相气候下的货币危机是推动毁淫祠的主要原因。

▶ 打压佛教之谜

历史上针对佛教的兴盛,历届政府发动过17次政治运动,我们可以把他们的气候背景总结在下表中。

表29　唐宋之间的佛教兴衰与气候变化

	时间	主持人	态度	气候节点	气候特征
1	446	北魏太武帝	抑佛	450	冷相
2	507	梁武帝	倡佛	510	冷相
3	574～577	北周武帝	抑佛	570	冷相
4	626/627	唐太宗	抑佛	630	冷相
5	690	武则天	倡佛	690	冷相
6	714	唐玄宗	抑佛	720	暖相
7	756	唐肃宗	倡佛	750	暖相
8	779	李叔明	抑佛	780	暖相
9	819	唐宪宗	倡佛	810	冷相
10	845	唐武宗	抑佛	840	暖相
11	955	后周武帝	抑佛	960	暖相
12	982	宋太宗	倡佛	990	冷相
13	1022	宋真宗	抑佛	1020	暖相
14	1066～1077	宋英宗/宋神宗	抑佛	1080	暖相
15	1119	宋徽宗	抑佛	1110	冷相
16		宋高宗	抑佛	1140	暖相
17	1168～1172	宋孝宗	倡佛	1170	冷相

上述倡佛和抑佛事件,除前四次外,都符合"冷相倡佛,暖相抑佛"的规律性。也就是说,由于气候变冷,灾难增加,社会需要稳定,宗教可以发挥稳定社会的作用,因此冷相气候有利于推动倡佛;由于气候变暖,经济扩张,社会需要佛教的财产来弥补甲类钱荒(通货缺乏),所以需要抑佛。这一趋势交替发生很多次,抑制了佛教

地位的无限上升。这些兴衰背后，仍然离不开"气候变化推动灾情，灾情和经济主导宗教"的基本规律性，具体表现是"冷相倡佛为稳定，暖相抑佛为经济"。

此外，前四次抑佛行动，部分是因为个人的原因（统治者厌恶佛教），部分也是针对当时的冷相气候，符合佛教前期发展规律的社会响应。当气候变冷（意味着自然灾害增加和人口危机），社会对宗教的热情大增，施舍奉献大增，破坏了社会平衡，于是少数官员和帝王，从维护社会稳定的目的出发，提出了"灭佛"或"抑佛"的主张，也是对当时冷相气候的一种应对措施。因为当时的人口不足，打击佛教相当于"打土豪，分田地"的效果，起到"开源敛财"的作用。

气候对社会的影响

▶ 文明演化规律

在中国的国土上，存在六种生产方式或文明。在这里"文明"是一个相对的概念，采集和狩猎是完全依赖大自然的馈赠，因此是"野蛮"的。然而，随着人口的增长，人类不再满足于完全依赖大自然的被动生活，而是通过驯化物种、技术发明和农业种植，走上定居的生活。定居生活又带来主要生产方式上的差异，形成了火耕、渔猎、游牧、农耕、商业和工业六种方式，前三种缺乏文字记录，因其好战侵略倾向有时也被称作"野蛮"。在此，我们强调他们在地理位置上的差异性，因此在不同的环境危机中表现各不相同，给社会发展带来不同的贡献和遗产。

火耕文明是最早发展起来的利用"火"作为耕作手段的一种生产方式，在某些灌溉不足的山区，仍是主要的生存手段，如缅甸。然而，这种方式曾经是古代中国缺乏技术手段的春秋时期主要的生存方式，其代表性的作物是比较抗旱的粟菽。由于生产力的不足，火耕文明之间的冲突是经常性的，所以火耕时代充满了各种各样的兼并战争。如周代800年，有上百个国家被灭国和兼并，而最终的统一和平是农耕文明的代表秦国来实现的。

中国统一之后，火耕生产方式因其低效而逐渐退缩到南方。然而，气候脉动给他们造成的刺激造成了自从马援在西汉初年经营西南以来，南方社会"三十年一小乱，六十年一大乱"的局面。面对农耕文明入侵带来的人口压力，火耕文明只能通过经常性的反抗和起义来表达自己的不满。然而他们技术上发展落后，组织上缺乏协调,经济上缺乏支持,因此总是被打败和征服。仅仅是因为温暖气候的帮助,才让中央政府采取"暖相改流设土,冷相改土归流"的策略,降低直接统治的成本,于是南方土司制度有了近千年的发展窗口。火耕文明对现代社会的最大贡献,一是物种(如美洲作物基本上都是美洲火耕文明的驯化成果),二是宗教。中国的大部分宗教都是来自南方,包括来自印度的佛教,他们都借鉴了火耕文明与大自然的良好纽带,从对"上天"的互动中发展而来。面对阵发性的宗教(经济)危机,不信鬼神信人力的农耕文明,总是在环境危机最大的时刻采取"毁淫祠",给我们的社会带来多神信仰和无神信仰两个传统的茅盾与冲突。

取代火耕生产方式的是农耕文明,两者的差异是通过水利工程来实现的。由于开发了陂塘工程,农耕文明可以不再依赖降水时机,可以更灵活地利用太阳能的馈赠,因此在资源利用和人口开发上具有更大的优势。由于土地的产出较高,由此形成了一个不事生产只作管理的官僚阶层,即所谓的"宏寄生"模式。在这套宏寄生模式之下,农耕社会形成两个阶级,一个是官僚阶层和他们的代表皇帝,一个是从事种地的生产者。由于气候危机带来的环境危机,农耕社会总是通过各种各样的税制改革来保证内政(稳定)和外交(和平)。所以,我们会在气候节点看到各种税制改革以及军制改革,因为国防也是政府存在并征税的主要理由。农业社会的劳动所得,主要用于养活官僚阶层,进行灾难救助(政府支付功能),维持国防力量(防止外部侵略)。长城是一种国防手段不足,不得已而采用的替代性办法,所以也算是响应气候脉动造成的环境危机。

在特定地区发展起来的游牧文明,充分利用地理条件和马匹的优势,不断发动对农耕文明的侵略行动,可以算是气候脉动的社会响应。在中世纪温暖期,草原人口高涨,曾经发动对全球的战争,改变了地域的政治格局。应对草原的威胁,有农耕文明的长城建设。

在特定地区发展起来的渔猎文明,也曾经发挥狩猎的优势,在短时间内爆发性崛起,改变了中国的国土面积。渔猎文明的兼容性、对国土和资源的渴望、对火药技术的重视,曾经打破中国疆域受到农耕社会为主体的地理限制,行省制的成功推广造成了中国多元化的政治结构。在气候危机面前,渔猎文明也曾响应环境危机而迁都,是典型的气候移民的代表。

司马迁并列"食货",意味着随着农耕文明出现盈余,产生了商业文明和工业文明。在中国统一之后,商业文明和工业文明获得很大的市场和刺激。然而,受限于中国的贵金属供应,中国的商业贸易一直受到货币不足的限制,因此在唐代通过"两税法"改革之后,中国社会面临经常性的"钱荒",间接推动了海外贸易的进展。对此,宋代政府是通过纸钞革命和海外贸易来解决的通货危机的。通过周期性地刺激贸易和改革货币,宋代的商业文明获得超常的发展,为"中欧科技大分流"的前半段领先奠定了基础。伴随商业文明崛起的是水神崇拜(妈祖)和海盗社会,两者都是响应气候脉动而发生的社会响应。

中国的工业文明对世界的最大贡献是水力工具、纺织技术和陶瓷。水磨、水碓、水碓、水排,这些依赖于中国降雨条件而开发的工具,对英国的工业革命带来深远的影响。欧洲正是在仿造改进来自中国的纺织技术和陶瓷烧制技术后取得了卓越的效果。在这些技术得到推广的背后,往往有气候变化的贡献。

以上是中国六种文明(生产方式)对气候变化的主要响应模式。前面提到的550次社会响应气候脉动事件,大体围绕六大文明展开,是人类社会响应气候危机的典型社会应对,需要放在气候脉动的基础上才能认识。不同文明对气候脉动的响应模式可以大致总结成下表。

表30　不同文明对气候的响应模式

文明	暖相	冷相
游牧文明	多分裂与扩张	多统一南侵
火耕文明	多大乱暴动	多矛盾冲突
农耕文明	多旱灾、饥荒、内乱、北伐；变法改革	多水灾,有利经济和社会强盛
渔猎文明	收缩／解体	扩张／迁都
商贸文明	商人太多需管理	风险增加,邀请贸易
工业文明	能源革命,工业扩张	贸易危机,工业收缩

为什么是中国? 决定中国人特质的是三样东西:阳光、降雨和金属(通货)。第一是阳光,由于太阳能供应充沛,才能导致农耕火耕的产出大,养得起官僚阶层进行垂直管理,也是中国人口得以持续增长、技术进步的外部先决条件,同时,伴随高温的环境有瘟疫,是困扰人口增长的主要拦阻,因此存在"人口增长依阳光,人口瓶颈靠瘟疫";第二是降雨,由于中国的季风特征,降雨在时空上是不均匀的,为各地的水利工程提供了必要性,通过大规模的治水活动,各地被紧密地组织起来,水利工程决定了农业发展的优先地位,构成的官僚基层是组成农业帝国的前提条件,即存在"火耕生产看气象,农耕发展赖水利"的依赖性;第三是金属。由于中国地理条

件上的不足,古代一直无法提供充足的贵重金属来支持经济运行,导致了唐宋商业文明发展之后,不得不推动海外贸易的发展。为了赚取外国的通货,于是有各种各样的"丝绸之路"和"海上丝绸之路",他们都是中国金属短缺的附带结果。等中国有了海外白银的超量供应,发展经济的火车头顿时失去了动力,也就造成了"中欧科技大分流"的后果。因此存在"商品经济重货币,工业发展因市场"的特点。而阳光(天)、通货(地)和水利(人),恰好分别是文明发展的天地人三要素,因此是决定中华文明的主要推手。此外,还有两个周边的文明对中国的影响也是通过气候脉动来实现,中国的中央集权制度是为了对抗北方的游牧文明的袭扰而发展起来的,渔猎文明的行省制度对于维护祖国统一有很大的功劳。因此,存在"游牧掠夺促集权,渔猎行省维统一"的说法。

最后,我们可以把决定中国文明的环境决定论总结成一首打油诗,作为环境决定论对中国文明的决定性影响与后果:

人口增长依阳光,人口瓶颈靠瘟疫。

火耕生产看气象,农耕发展赖水利。

商品经济重货币,工业发展因市场。

游牧掠夺促集权,渔猎行省维统一。

▶ 中欧科技大分流

20 世纪初,中国打开国门之后,送出国的留学生们深切感受到了中外科技的差距,所以先后有《科学》杂志创刊号(1915)任鸿隽的文章"说中国无科学之原因"、1922 年冯友兰作"为什么中国没有科学"、1945 年竺可桢发表的"为什么中国古代没有产生自然科学"等反思文章。这批早期的"海归"都把中外的科技差距当作显而易见的前提,对中国古代的科技发展提出了疑问,为什么中国不能像西方那样发展科技? 这些海归的观点也影响了一位外国人,约瑟夫·尼德汉姆,即广为人知的李约瑟。李约瑟是化学家,因为实验室的中国学生而对中国历史感兴趣,借着英国政府在二战期间的国际关系重整的机会来到中国。他很快关注到这批中国学者的观点,认为自己懂得西方科技的发展,更懂得现代科技的来源,所以他把这个问题总结为:"尽管中国古代对人类科技发展做出了很多重要贡献,但为什么科学和工业革命没有在近代的中国发生?"之后有陈立、钱宝综、魏特夫等人,还有大名鼎鼎的爱因斯坦都卷入到这场学术史争辩之中。1976 年,美国经济学家肯尼思·博尔丁称之为李约瑟难题,另一种更普遍的说法是"(中欧科技)大分流"[1]。

李约瑟难题的真正核心是中欧创造力转折点是 15 世纪初的某个时段。在这个时间点之后,欧洲加速了,中国停滞了。也就是说,15 世纪初中欧对科技作用的看法发生逆转,技术可以是自己发明的,也可以外部引进的。中国停滞论表现在,中国对于欧洲的新技术不再敏感,产生了科技史常见的技术锁定现象。为什么 15 世纪之后,中国不再引领发明和引进技术?这是李约瑟难题的灵魂与核心。

这个问题可以转化为,气候变化会给中国社会带来哪些影响?

首先,气候变暖带来较多的太阳能输入,推动农业产出的增加,推动人口的快速增长,表现为气候节点附近的人口危机(薅子危机)。人口危机伴随着环境危机,给宋代中国带来了福利革命、医学革命和宗教革命;

其次,气候变暖也会导致非农产业,如畜牧业和渔猎业的产出增加,结果是人口增加和周边文明(游牧文明和渔猎文明)的崛起,给农耕文明带来很大的国防压力,催动相关的经济、政治和国防危机。由于中国比欧洲相对更温暖一点,因此在温暖期遇到的环境挑战更多一点,带来了宋代科技的超常发展。宋代的职业兵制,与当时经济的商品化趋势密切相关,可以说为了养兵,不得不从事高额的商业税开发,推动了城市文明的进步。职业兵制、商品经济、纸钞革命、海外贸易、改流设土(羁縻政策),都是中国社会响应中世纪温暖期带来的气候危机的应对办法。

第三,经济上的压力推动商业和贸易的超常发展,宋代不得不开发丝绸和陶瓷技术,积极发展化石能源(石炭),推动了能源革命和工业革命的萌芽。

同样,小冰河期到来之后,气候形势变化,催生了一系列适应环境危机的政治经济制度改革,走到了宋代制度的反面:卫所兵制(回归军户制,放弃募兵制)、农业主导(放弃商业税种)、白银经济(放弃基于纸币/信用货币的虚拟金融)、经常封海(放弃海外贸易,避免输入型通货膨胀)、改土归流(放弃对南方的自治(改流设土)对策,即加强对火耕经济的掠夺)等政策,这是小冰河期大形势对中国政治、经济、文化和国防带来的影响,用缺乏环境危机才能解释。也就是说,温暖的中国,在暖相气候中更加危机严重,产生的制度有利于政权的强盛。而寒冷的欧洲,在寒冷的气候模式中危机更加严重,产生的制度有利于欧洲的崛起。政治制度对气候模式的响应见下表所示。

1 彭慕兰,大分流:欧洲、中国及现代世界经济的发展 [M]。江苏人民出版社,2008。

表 31 不同气候模式对中国社会和制度的影响

	中世纪温暖期	小冰河期
兵制	职业兵制（募兵制）	卫所制（军户制）
经济	鼓励商品经济	推动小农经济，抑制商品经济
政府	增加政府规模和成本	缩小政府规模和成本
货币	纸钞加香料（铜本位）	贵金属通货（银本位）
科技	火药、印刷术、指南针	无
贸易	鼓励海外贸易	时断时倡海外贸易
宗教	道教和佛教	多神信仰高涨
南疆	改流设土	改土归流
北疆	扩张性长城	防御性长城

从这张表中我们可以看出，环境的挑战带来科技和制度创新的机会，气候模式的变化会推动政治制度的改革，不同的社会都需要针对气候模式进行政经制度调整，以便应对环境危机带来的社会危机，中世纪温暖期的环境危机推动了唐宋社会的高度发展，而小冰河期的环境改善则抑制了明清社会的科技创新。就此而论，中欧走上不同的发展道路都是当时的人们针对环境危机进行的主动选择，是顺应气候脉动和环境危机的必然选择和最佳决策，因此"中欧科技大分流"是必然的、外因的和环境决定的结果。认识气候，可以让我们更好地理解环境的挑战与社会的应对。

从本质上说，决定中国发展速度的是阳光（太阳能，决定土地的产出）、雨露（季风导致降雨不均，推动水利工程）和金属（货币，决定商业和工业）。这三种依赖性导致了中国在暖相气候面临更多的环境挑战（或市场需求），而社会发展的原动力就是气候脉动带来的市场需求，因此中国在温暖期发展更快，欧洲在寒冷期发展更快，这是不同气候模式对人类社会的影响。本质上，近代中国的科技落后局面，是因为欧洲人首先发现美洲大陆（扩大金属供应基地）带来的后果，而海上贸易之争，本质上又是为了弥补短缺、赚取通货。成也萧何败萧何，古代中国的发展都是与金属短缺的这一地理条件的困境息息相关。如今，中国又一次进入了气候变暖期，环境造成的市场需求增加，因此中国进入了发展的快车道。气候脉动的无形推手，是文明发展的外部单一决定性力量，诚不我欺也。

自从竺可桢提出气候变化的物候学证据以来，学术界一直怀疑中欧之间的气候存在"跷跷板"的趋势（即全球气候需要符合能量守恒原理，不能产生太大的波动）。由于在时域（某一年或某几年）和空域（面积太大）缺乏足够的对比，人们仅仅是怀疑,却无法证明。这里发现,欧洲在暖相气候经常出现因阴雨绵绵导致的日照不足,结果出现农业颗粒无收,不得不移民抛荒的局面;而中国则经常在暖相气候周期出现因为缺乏降雨而导致的旱灾(水利工程是代表),因为缺乏寒潮导致农业丰收(常平仓是代表)。所以,中欧之间是通过日照和降雨的差异来实现气候的"跷跷板"效应。

中欧之间的主要差异是日照强度。虽然,欧洲有北大西洋暖流的帮助,在气温上适宜人居(比同纬度的西伯利亚要温暖不少),但是高纬度带来的日照不足难题,一直困扰这欧洲的发展。在中世纪温暖期,太阳能输入相对平稳,导致农业发展缓慢,整个欧洲都缺乏推动农业发展的动力,结果就是中世纪黑暗期。农业的本质是光合作用,有效利用太阳能。只有到了日照不足的"小冰河期",才会发生以博思拉普型农业技术革命为代表(轮作增效)的农业革命。这和中国在暖相气候周期发生的围绕水利工程的"洪亮吉"型农业革命(开源节流)有本质性的区别。关键在于中国的日照强度足,有充分的裕量来开源节流,欧洲的日照强度不足,只能在有限的太阳能输入下进行轮作,这是典型的环境决定论。

中欧之间的制度差异主要是通过生产方式的差异来实现的。中国的日照条件保证了农业的充分发展,足以养活官僚阶层,进一步推动农业生产方式的普及,是农业造成了中国大一统的局面。而欧洲向来都不能从土地中获得稳定的供应,因此只好采用封建制,一方水土养活一批人,没有跨区之间的管理能力。每次发生饥荒,受灾群众除了教会的捐款帮助之外,很难从政府获得有效的支持(政府的财政盈余比较少)。因此,政治上的分裂局面一直保留到今天。所以,中国历史上的统一是阳光(天)、通货(地)和水利(人)共同决定的结果,这是中国古代的环境决定论,至今仍然有效。

此外,水磨作为工业文明的代表性技术,其流行也存在中欧地理条件的差异性。中国的水能利用,其普及开发有两个前提条件:旱灾导致供水工程的扩张(即可控水能供应的增加),暖相气候导致商品交易市场的扩张(即水能利用市场需求的扩张),两者都是在暖相气候周期实现。所以,水磨的兴盛,代表手工业的扩张和交易市场的增加,通常会发生在气候变暖的时段。相比之下,西方的工业革命主要是取暖需求决定的,通常发生在冷相气候周期。所以,中欧存在不同的市场需求,这是导致"中欧科技大分流"的本质性的差异。假如全球气候并没有按时进入小冰河期,而是进入"温暖期",那么不会出现某个朱元璋来消减政府规模,国防压力导致政府拼命发展经济，瘟疫压力导致政府鼓励探索医学，结果就是工业革命和医学革命。所以，中国落后的关键是"小冰河期"。

综上所述，相同的外部挑战在不同地理环境下产生不同的环境危机，导致了社会的不同应对模式。结果整合起来，就是不同的发展道路。因此通过认识中世纪温暖期的气候变化特征，我们可以更好地认识气候与社会的互动，以及气候变化带来的环境挑战。这是地理条件和气候条件共同决定的结果，因此仍然是"环境决定论"。不是某一种气候条件决定人种的差异性，而是气候模式的交替作用，对某一地理环境下的人口和政治制度产生不同性质的推动结果，结果导致了文明发展的差异性。"天地人三才理论"是中国古人的环境决定论，可以更好地解释人类的发展道路。

后 记

　　本文来源于我为自己的第一本书《气候灾情与应急》搜集在附录中的物候学证据。当时仅有 200 多条物候学证据,现在扩充到社会学领域,增加到 500 多条,目的是证明气候脉动律的可靠性和有效性。要证明气候脉动律的存在,常见的思路是借鉴竺可桢的物候学思路,从自然界的响应来说明气候的冷暖。《中国历朝气候变化》提供了主要的物候学证据源头,也是多人多年辛勤工作、努力收集的结果。然而,并不是所有的气候异常都有物候学记录,真正的物候学证据是非常零散且枯燥的,缺乏可读性。因此,本书的新思路是首先建立一个关于气候脉动的猜想(气候脉动律),然后从社会学寻找人类社会改革的规律性。动植物有脉动,但很难被观测到,人类社会有脉动,表现为各种政、经、科、技改革事件,是基于对环境危机的审慎响应,因此很容易识别出来。抱着"凡事必有因","需求来自气候危机","周期性重复来自气候脉动"等假设或原则进行搜寻和扩充,一下子开阔了眼界,可以从丰富的历史记录寻找证据,建立了人类社会响应气候脉动的一般规律。其中社会响应最丰富的时段,发生在 750 年到 1750 年之间。从世界历史来看,前半段是中国和中东两地商业文明快速发展的时段,后半段是欧洲的大航海和商业文明快速发展的时段。对比这两段时间内中欧发生商业革命的缘由和当时的环境危机本质,"中欧科技大分流"的外部原因是呼之欲出的。

　　本书主要的篇幅是发生在 35 个节点(覆盖 1020 年)的环境危机与相应的社

会响应,构成了气候脉动律的证据池。任何人都可以从本书的千年脉动证据中找到某一时段的气候特征,从而更好地认识当时的政经改革措施。后半段是应用,通过 39 段重复性、脉动性的社会变革,认识气候脉动对人类社会无所不在、深入久远的影响。"不识庐山真面目,只缘身在此山中",当我们跳出现代政治经济理论的干扰来看待古代农业社会的周期性危机,就会有豁然开朗的感觉,原来气候脉动是如此的规律,历史进程是如此的重复,文明是周期性环境变化推动的结果。莎士比亚有一句广为人知的名言"我们的命运不在于星辰(宗教活动),而在于我们自身(指改造环境的活动)"。在这本书里,我最想表达的观点是,"我们的命运不在我们自身(个人的决策和政治文化事件),而在于星辰的变化(指气候脉动的源头,太阳能的变化)"。在天文领域,日食现象受到太阳地球和月亮的影响,其半周期(Inex 周期)恰好是 29 年(欠 20 天),可以用来解释气候脉动的外部源头。一切都是那么宿命,一切就是那么有规律。下一本书,将会从武王伐纣(公元前 1046 年)开始到公元 690 年之间的 58 个气候节点来认识中国社会的响应,也会有类似的周期性规律。历史上的德政、暴政和仁政,其实都是在响应当时的环境危机,当你认识到这一点,一定会有"恍然大悟"、"历史不过如此"的感受,这就是本书和下一本书的写作目的,文明就是在气候脉动的不断重复中推动社会发生突破和进步的结果。

从体例上看,本书像一本《大事记》,是对《中国历朝气候变化》的重整和解读,但又忽略了很多非节点的响应,特别是人事领域的冲突和气候相关的技术内容,而是侧重于外部环境对人类社会的影响和社会领域的气候证据,因此与中国二十六史中偏重人事的记录传统有本质上的差别。从内容上看,本书把中国文明的优秀成果在气候脉动的平台上进行分析和展示,符合当前思政教育的需要。一般科技史只能告诉你何时何地谁在干(即由何,where/when/who)和是何(what),本书则侧重于告诉你为何(why)、如何(how)和若何(if)。例如,世人都说郑和下西洋是如何伟大,但前有先例,后有响应,决定性的因素是环境危机造成的经济危机,而经济活动是高度跟随气候脉动的社会响应,因此郑和下西洋的经济动机在气候脉动面前异常显著。从解读环境危机的前提下,可以对中华文明的优秀成果进行深入的解读,对人类文明的大趋势进行预报,这才是中国古人的环境决定论,即"天地人三才理论",通过本书得到更好的诠释。我们不是说古人的做法都一定是正确的,但通过对当时环境的分析,确实可以帮助我们深入认识古代变革的动机,从而让我们获得认识世界的重要武器和工具。在气候脉动带来的强大外"因"面前,所有的改革都是人类社会的被动响应结的"果"，人类仅发挥了少许的主动选择和淘汰作用，文明发展的真正源头在于我们的环境变化。这种人类文明发展的环境决定论，才是本书需要强调的重点与核心观念。

本书背后的气候脉动理论，来自我对《中国火灾大典》通篇阅读之后的心理感触。当我第一次看到 4 万例火灾记录和更多的历史气候证据，就像《侠客行》的主角石破天，在侠客岛第 24 室里看着那些蝌蚪文，本来也是茫然不知所措的。可是我突然顿悟到，如果他们有一个共同的背景，就是气候脉动律，历史上的灾情就可以顺利解读。而其他的众多政治经济改革事件，不过是看上去很随机的蝌蚪文，只需要把他们的气候危机找出来，也可以顺利解读了。在强大的气候脉动面前，人类非常渺小，做出的最佳响应往往是在重复上一次的应对。这或许就是工科大学生更喜欢看武侠小说的内在动机了。在气候脉动律这一"庖丁解牛之刀"的加持下，"十步杀一人，千里不留行。事了拂衣去，深藏身与名"。气候脉动律就是这样一把刀，是可以用来解读历史与社会的一把利器。为了打磨这把刀，我花了 12 年的时间来研究总结气候变化的规律，最后破解了中华文明的奥秘，可以简单总结成 56 字的打油诗如下：

人口官僚因阳光，民主竞争待降雨；

商品贸易依金属，政治集权为灾情；

民族团结需自治，社会稳定赖行省；

气候弹性靠水利，文明进步看气候。

您瞧，为了收集社会应对气候脉动的响应事件，我一不小心把本书写成了《国情溯源》、《文化原理》或《文明密码》，可以作为大学中学小学思政教育的辅导材料，增强我们对基本国情的认识，包括：文明差异、环境认同、宗教起源、经济规律、金融政策、政治改革、军制差异、长城奥秘、民族政策、货币原理、基因（农业）革命、技术突破（工业革命）、艺术鉴赏、应急文化、战争起因等，所有这些都是文明密码，都可以用气候变化规律的钥匙来解读。"一诗一挑战，一画一危机"，只要知道原作的年代窗口，就能发掘出背后的环境危机和发生条件，这就是气候脉动律的魅力。气候脉动对社会发展的刺激作用如同大浪淘沙，留下来的都是最适应社会需求的，符合进化原理的文明精华。气候脉动律在中国社会各个领域都能够破解文化的起源之谜，让我们更加制度自信和文化自信。这是上海应用技术大学研究生课程思政教育项目的研究成果，是为跋！